21 世纪全国高等院校物流专业创新型应用人才培养规划教材

物流配送中心规划与设计

主　编　孔继利
参　编　石　欣　马立坤　班　岚
　　　　徐　妍　贾　智　甘翠颖
　　　　崔　宇　吴运泽

U0231947

北京大学出版社
PEKING UNIVERSITY PRESS

内 容 简 介

物流配送中心规划与设计是物流专业的核心课程之一，其随着我国物流园区、物流配送中心的规划与建设及物流产业振兴规划的出台而备受重视。本书以市场需求为导向，立足于物流配送中心规划与设计的最新理论和实践成果，并力求对知识体系进行精简与优化，达到知识点"少而精"的效果，从"概念—理论—方法—工具"等方面系统设计教材的内容体系。本书理论教学主要突出"分析—规划—设计"的特色；实践教学在强调与理论教学衔接的同时，重视技术工具的熟练使用，注重培养学生的实践能力。本书提供了大量不同类型物流配送中心规划与设计的案例、丰富的知识资料、形式多样的习题和实际操作训练内容，以供读者阅读、训练或操作使用。

本书可以作为高等院校物流工程、工业工程、物流管理及其他相关专业的教材，也可以作为物流企业、工业企业的物流部门、物流配送中心的技术人员和管理人员的自学参考书。

图书在版编目(CIP)数据

物流配送中心规划与设计/孔继利主编. —北京：北京大学出版社，2014.3
(21 世纪全国高等院校物流专业创新型应用人才培养规划教材)
ISBN 978-7-301-23847-9

Ⅰ. ①物…　Ⅱ. ①孔…　Ⅲ. ①物流配送中心—经济规划—高等学校—教材②物流配送中心—建筑设计—高等学校—教材　Ⅳ. ①F252②TU249

中国版本图书馆 CIP 数据核字(2014)第 018964 号

书　　　　名：物流配送中心规划与设计
著作责任者：孔继利　主　编
策 划 编 辑：李　虎　刘　丽
责 任 编 辑：刘　丽
标 准 书 号：ISBN 978-7-301-23847-9/U·0105
出 版 发 行：北京大学出版社
地　　　　址：北京市海淀区成府路 205 号　100871
网　　　　址：http://www.pup.cn　新浪官方微博：@北京大学出版社
电 子 信 箱：pup_6@163.com
电　　　　话：邮购部 62752015　发行部 62750672　编辑部 62750667　出版部 62754962
印 刷 者：北京虎彩文化传播有限公司
经 销 者：新华书店
　　　　　　787 毫米×1092 毫米　16 开本　26 印张　603 千字
　　　　　　2014 年 3 月第 1 版　2018 年 7 月第 4 次印刷
定　　　　价：49.00 元

21世纪全国高等院校物流专业创新型应用人才培养规划教材

编写指导委员会

(按姓名拼音顺序)

主 任 委 员	齐二石			
副主任委员	白世贞	董千里	黄福华	李向文
	刘元洪	王道平	王海刚	王汉新
	王槐林	魏国辰	肖生苓	徐 琪
委 员	曹翠珍	柴庆春	陈 虎	丁小龙
	杜彦华	冯爱兰	甘卫华	高举红
	郝 海	阚功俭	孔继利	李传荣
	李学工	李晓龙	李於洪	林丽华
	刘永胜	柳雨霁	马建华	孟祥茹
	乔志强	汪传雷	王 侃	吴 健
	于 英	张 浩	张 潜	张旭辉
	赵丽君	赵 宁	周晓晔	周兴建

丛 书 总 序

　　物流业是商品经济和社会生产力发展到较高水平的产物，它是融合运输业、仓储业、货代业和信息业等的一种复合型服务产业，是国民经济的重要组成部分，涉及领域广，吸纳就业人数多，促进生产、拉动消费作用大，在促进产业结构调整、转变经济发展方式和增强国民经济竞争力等方面发挥着非常重要的作用。

　　随着我国经济的高速发展，物流专业在我国的发展很快，社会对物流专业人才需求逐年递增，尤其是对有一定理论基础、实践能力强的物流技术及管理人才的需求更加迫切。同时随着我国教学改革的不断深入以及毕业生就业市场的不断变化，以就业市场为导向，培养具备职业化特征的创新型应用人才已成为大多数高等院校物流专业的教学目标，从而对物流专业的课程体系以及教材建设都提出了新的要求。

　　为适应我国当前物流专业教育教学改革和教材建设的迫切需要，北京大学出版社联合全国多所高校教师共同合作编写出版了本套《21 世纪全国高等院校物流专业创新型应用人才培养规划教材》。其宗旨是：立足现代物流业发展和相关从业人员的现实需要，强调理论与实践的有机结合，从"创新"和"应用"两个层面切入进行编写，力求涵盖现代物流专业研究和应用的主要领域，希望以此推进物流专业的理论发展和学科体系建设，并有助于提高我国物流业从业人员的专业素养和理论功底。

　　本系列教材按照物流专业规范、培养方案以及课程教学大纲的要求，合理定位，由长期在教学第一线从事教学工作的教师编写而成。教材立足于物流学科发展的需要，深入分析了物流专业学生现状及存在的问题，尝试探索了物流专业学生综合素质培养的途径，着重体现了"新思维、新理念、新能力"三个方面的特色。

　　1. 新思维

　　(1) 编写体例新颖。借鉴优秀教材特别是国外精品教材的写作思路、写作方法，图文并茂、清新活泼。

　　(2) 教学内容更新。充分展示了最新的知识及教学改革成果，并且将未来的发展趋势和前沿资料以阅读材料的方式介绍给学生。

　　(3) 知识体系实用有效。着眼于学生就业所需的专业知识和操作技能，着重讲解应用型人才培养所需的内容和关键点，与就业市场结合，与时俱进，让学生学而有用，学而能用。

　　2. 新理念

　　(1) 以学生为本。站在学生的角度思考问题，考虑学生学习的动力，强调锻炼学生的思维能力以及运用知识解决问题的能力。

　　(2) 注重拓展学生的知识面。让学生能在学习了必要知识点的同时也对其他相关知识有所了解。

　　(3) 注重融入人文知识。将人文知识融入理论讲解，提高学生的人文素养。

3. 新能力

(1) 理论讲解简单实用。理论讲解简单化，注重讲解理论的来源、出处以及用处，不做过多的推导与介绍。

(2) 案例式教学。有机融入了最新的实例以及操作性较强的案例，并对案例进行有效的分析，着重培养学生的职业意识和职业能力。

(3) 重视实践环节。强化实际操作训练，加深学生对理论知识的理解。习题设计多样化，题型丰富，具有启发性，全方位考查学生对知识的掌握程度。

我们要感谢参加本系列教材编写和审稿的各位老师，他们为本系列教材的出版付出了大量卓有成效的辛勤劳动。由于编写时间紧、相互协调难度大等原因，本系列教材肯定还存在不足之处。我们相信，在各位老师的关心和帮助下，本系列教材一定能不断地改进和完善，并在我国物流专业的教学改革和课程体系建设中起到应有的促进作用。

齐二石
2009 年 10 月

齐二石　本系列教材编写指导委员会主任，博士、教授、博士生导师。天津大学管理学院院长，国务院学位委员会学科评议组成员，第五届国家 863/CIMS 主题专家，科技部信息化科技工程总体专家，中国机械工程学会工业工程分会理事长，教育部管理科学与工程教学指导委员会主任委员，是最早将物流概念引入中国和研究物流的专家之一。

前　　言

现代物流业已成为衡量一个国家综合国力和现代化水平的重要标志之一。目前，我国物流业正处于蓬勃发展的时期，对物流规划与设计类的人才需求不断加大，同时对其要求也逐步提高。因此，物流规划与设计类的人才培养必须立足于当前中国物流业发展的需求，重视创新思维的发掘，以创新的人才培养理念来充分调动学习者的积极性和主观能动性，确保培养出来的物流专业人才能够胜任物流系统规划与设计类的工作。

"物流配送中心规划与设计"是物流系统规划与设计的重要组成部分，在教学中不仅要求学习者掌握物流配送中心规划与设计的基本理论、方法和模型，而且要重点培养学习者的实践动手能力。

本书结合我国物流配送中心建设的特色，立足于物流配送中心规划与设计的最新理论和实践成果，从物流配送中心概述，物流配送中心规划与设计概述，物流配送中心选址规划，物流配送中心作业流程、组织管理体系和区域布局规划与设计，物流配送中心作业区域和设施规划与设计，物流配送中心配送运输系统规划与设计，物流配送中心的设备选用，物流配送中心管理信息系统规划与设计，物流配送中心运营管理系统规划与设计，物流配送中心系统规划方案评价等方面对物流配送中心规划与设计的基本原理、方法、技术工具、实践进行了详细论述。本书对各章的教学要点和技能要点进行了详细总结，便于初学者把握学习的精髓；并提供了大量不同类型物流配送中心的规划与设计案例、丰富的知识资料，以供读者阅读；各章提供形式多样、内容丰富的习题和实际操作训练内容，以供学习者练习和操作使用，便于其对所学知识的巩固和对物流实操能力的培养。同时，本书借助 200 多幅图、100 多张表对知识进行了讲解与分析，增强了知识的可读性。

本书主要具有以下特色。

(1) 确保准确性、系统性和统一性。本书取材翔实，概念定义确切，推理逻辑严密，数据可靠准确；体系清晰，结构严谨，层次分明，条理清楚；名词、术语前后统一，数字、符号、图表、公式书写统一，文字与图表、公式配合统一。

(2) 强化实践性与应用性。本书不仅在各章前后分别安排导入案例、案例分析，并在理论讲解过程中穿插了大量知识拓展或案例分析供学习者研读；正文中提供大量的例题供学习者练习和巩固；每章后附有选择题、简答题、判断题、计算题及结合实际考查学生观察与思考能力的思考题，各章还配有类型不同、形式丰富的实际操作训练，以便学生进行实训或实际操作。

(3) 增加趣味性。为了便于学生对知识的掌握及了解，本书不仅在每章前后附有本章教学要点、本章技能要点、知识架构、本章小结、关键术语，还通过资料卡、小知识、看图学物流等形式引入了大量背景资料、常用知识，以扩大学生的知识范围，便于学生对所学知识的掌握与应用。

为了便于教师安排教学进度，本书给出了多学时与少学时的教学建议，见下表。利用本书教学时，教师可以根据实际的教学需要进行合理取舍。

章　书	多学时教学		少学时教学	
	理论课时	实验课时	理论课时	实验课时
第1章　物流配送中心概述	2		2	
第2章　物流配送中心规划与设计概述	2	4	2	4
第3章　物流配送中心选址规划	4		4	
第4章　物流配送中心作业流程、组织管理体系和区域布局规划与设计	6		4	
第5章　物流配送中心作业区域和设施规划与设计	6		4	
第6章　物流配送中心配送运输系统规划与设计	4		4	
第7章　物流配送中心的设备选用	4	4	2	
第8章　物流配送中心管理信息系统规划与设计	4		2	
第9章　物流配送中心运营管理系统规划与设计	4		2	
第10章　物流配送中心系统规划方案评价	4		2	
合　计	40	8	28	4
	48		32	

　　本书由孔继利担任主编，并提出编写大纲、负责统稿与完善；参编人员包括石欣、马立坤、班岚、徐妍、贾智、甘翠颖、崔宇和吴运泽。参与本书编写的院校包括北京邮电大学、北京科技大学天津学院、北京航空航天大学、北京科技大学和重庆大学。其中，第1、3、5章由孔继利编写，第2章由孔继利和吴运泽编写，第4章由贾智和孔继利编写，第6章由石欣编写(沈雪华负责部分资料的整理，孔继利负责"单回路运输——TSP模型及求解"部分的编写)，第7章由徐妍编写(孔继利负责部分资料的整理)，第8章由马立坤和孔继利编写，第9章由孔继利、甘翠颖和崔宇编写，第10章由班岚编写。

　　本书在编写过程中参阅了大量专家、学者的有关著作、教材和文献，引用了其中的相关理论、方法、模型及国内外不同类型物流配送中心规划与设计的实例，并已尽可能在参考文献中列出，同时通过互联网学习并借鉴了一些相关报道资料。在此，编者对这些作者表示衷心的感谢！

　　由于受编者学识水平和实践能力的限制，书中难免会有疏漏和不足之处，恳请广大读者批评指正(具体联系邮箱：kongjili1026@163.com)。

孔继利

2013 年 10 月

目　　录

第1章 物流配送中心概述

【本章教学要点】

知识要点	掌握程度	相关知识
物流配送中心的概念	掌握	配送的概念，配送中心的概念，物流中心的概念，配送中心与物流中心的对比分析、物流配送中心的概念
物流配送中心的功能	掌握	基本功能，增值服务功能
物流配送中心的分类	掌握	按经营主体分类，按服务区域分类，按物的流向分类，按服务的适应性分类，按服务对象分类，按主要功能分类，按配送物品种类分类，按物流配送中心的自动化程度分类
物流配送中心的地位和作用	了解	物流配送中心的地位，物流配送中心的作用
物流配送中心的建设与发展	了解	我国物流配送中心的建设与发展，发达国家或地区物流配送中心的建设与发展，物流配送中心的发展趋势

【本章技能要点】

技能要点	掌握程度	应用方向
配送中心与物流中心的对比分析	掌握	能够有效地对配送中心和物流中心的区别与联系进行界定，明确各自的内涵和外延
物流配送中心的功能	掌握	以物流配送中心的功能为依据，可以深入分析需要规划设计的物流配送中心的功能模块构成，进一步为区域布局奠定基础
物流配送中心的分类	掌握	利用物流配送中心的分类结果，可以对不同类型的物流配送中心进行有针对性的规划设计，使规划设计结果更科学

【知识架构】

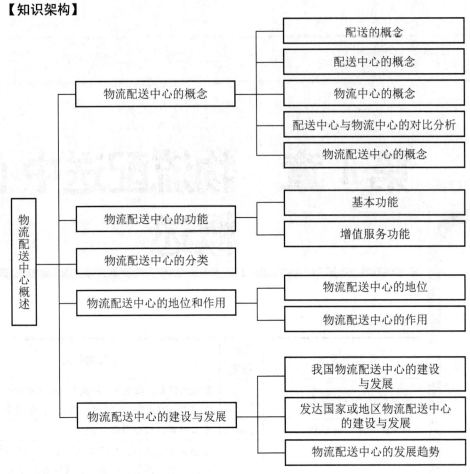

导入案例

一个折中的词汇——物流配送中心

我国现代物流思想早期是间接地从日本传入的，进入20世纪90年代，欧美物流思想逐渐占据主流，大量欧美物流著作被翻译过来，使得各种物流思想进入我国，以至于人们对一些基本物流概念的理解出现模糊和偏颇。人们对"物流中心"和"配送中心"关系的争论尤为常见，以至于出现了一个折中的词汇——物流配送中心。

如果仅从物流中心和配送中心的定义上看，我们可以得出感性的认识，但在实际操作中，还是难以区分哪个是物流中心，哪个是配送中心。在我国，物流中心常用于宏观物流领域，如称某个城市为"物流中心城市"，通常没有"配送中心城市"的说法，这说明配送中心主要用于微观物流领域，是针对功能而言的词汇。

物流配送中心的用法目前已经被社会广泛接受，其也就可以顺其自然地被人们使用了。因此，物流中心、配送中心和物流配送中心三种用语都是可以接受的。

资料来源：张芮. 配送中心运营管理[M]. 北京：中国物资出版社，2011.

思考题：
(1) 配送中心与物流中心的概念是什么？
(2) 配送中心与物流中心的区别与联系是什么？
(3) 物流配送中心的概念是什么？
(4) 物流配送中心的作用和功能是什么？

随着人们对物流重要性认可程度的不断加强，"第三利润源泉"的理念已经被越来越多的学术界和企业界的人士所接受。如何降低物流成本，提高物流服务水平和物流效率，是备受企业关注的问题。国内外的物流实践证明：发展专业化、社会化的物流配送中心是实现这一目标的有效途径之一，也是我国传统储运业迎接国内外竞争挑战，向现代物流业转变的一个重要途径。

1.1　物流配送中心的概念

1.1.1　配送的概念

根据中华人民共和国国家标准《物流术语》(GB/T 18354—2006)的规定，配送(Distribution)是指在经济合理的区域范围内，根据客户要求，对物品进行拣选、加工、包装、分割、组配等作业，并按时送达指定地点的物流活动。

配送作为一种特殊的物流活动，几乎涵盖了物流中所有的要素和功能，是物流的一个缩影或某一范围内物流全部活动的体现。

配送是配送中心的核心业务，它是一种特殊的、带有现代色彩的物流活动。追溯其历史，"配送"最早起源于日本，在物流活动中最初主要是指运送、输送和交货，并不包含其他内容。

按照不同的分类标准，可以将配送分为不同的类别，表 1-1 为配送种类的详细划分结果。

表 1-1　配送种类

分类标准	种　类
配送主体所处行业	制造业配送、农业配送、商业配送、物流企业配送
实施配送的节点	配送中心配送、仓库配送、生产企业配送、商店配送
配送商品的特征	单品种大批量配送、多品种小批量多批次配送、成套配套配送
配送的服务方式	定时配送、定量配送、定时定量配送、定时定路线配送、即时配送
经营形式	销售配送、供应配送、销售供应一体化配送、代存代供配送
加工程度	加工配送、集疏配送
专业化程度	综合配送、专业配送(如生鲜产品的配送等)

配送的发展阶段

配送的发展大体经历了以下 3 个阶段。

(1) 萌芽阶段。配送的雏形形成于 20 世纪 60 年代,这一时期物流活动中的一般性送货开始向备货、送货一体化方向发展。从形式上看,这个时期的配送只是一种粗放型、单一性的活动,其活动范围小、规模也不大。这个时期所开展的配送活动的重要目的是为了促进商品销售和提高商品的市场占有率。因此,在这个时期,配送主要是以促销的职能来发挥其作用的。

(2) 发展阶段。20 世纪 60 年代中后期至 80 年代,发达国家的经济发展迅速,随着货物运输量的急剧增加和市场竞争的日益激烈,配送得到了进一步发展。在这个时期,欧美的物流业相继调整了仓库结构,组建或设立了配送组织(配送中心),配送活动范围不断扩大。从配送形式和配送组织上看,其特征是建立了适应物流发展的配送体系。

(3) 成熟阶段。20 世纪 80 年代以后,受全球经济发展的影响,配送有了长足的发展。在这个时期,配送已经演化成了广泛的、以高新技术为支撑手段的系列化、多功能性的供货活动,具体表现为配送区域进一步扩大,劳动手段日益先进,配送的集约化程度明显提高,配送方式日趋多样化,从而使配送能力达到了相当高的水平。

在配送的发展过程中,实现合理化和标准化的标志就是配送中心的建立。

查阅相关资料,分析配送与运输的区别和联系。

1.1.2 配送中心的概念

根据中华人民共和国国家标准《物流术语》(GB/T 18354—2006)的规定,配送中心(Distribution Center)是指从事配送业务且具有完善的信息网络的场所或组织,其应符合下列基本要求:①主要为特定客户或末端客户提供服务;②配送功能健全;③辐射范围小;④提供高频率、小批量、多批次配送服务。

对配送中心可以从以下几个角度来进一步理解。

(1) 配送中心的"配送"工作是其主要的、独特的工作,是全部由配送中心完成的。

(2) 配送中心为了实现"配货"和"送货",要进行必要的货物储备。

(3) 配送中心可以按一定的配送辐射范围完全自行承担送货,也可以利用社会物流企业完成送货。配送中心是配送的组织者。

(4) 配送中心利用完善的信息网络实现其配送活动,将配送活动与销售或供应等经营活动相结合,而不是单纯的物流配送活动。

(5) 配送中心是"现代流通设施",在这个流通设施中,以现代物流装备和工艺为基础,不但处理商流,而且处理物流,是兼具商流、物流功能的流通设施。由此可见,配送中心是从供应者手中接收多种大量的货物,进行倒装、分类、保管、流通加工和信息处理等作业,然后按照众多需求者的订货要求备齐货物,针对特定用户,以令人满意的服务水平进行配送的设施。

(6) 在配送中心中，为了能更好地进行配送的组织，必须采用零星集货、批量进货等各种资源收集货物，然后对货物进行分拣、配备等工作，因此，它具有集货中心、分货中心的职能。为了更有效地配送，配送中心还应具有比较强的流通加工能力。配送中心实际上是集货中心、分货中心、加工中心功能的高度综合。

(7) 配送中心是在物流领域中社会分工、专业分工进一步细化的产物。配送中心不但要承担起物流节点的功能，还要起到衔接不同运输方式和不同规模的运输职能。

小知识

配送中心具有健全的物流功能，但应该强调的是，一个配送中心应该有其核心功能，并且它们的功能应该根据企业的实际需要向上、向下进行延伸。

许多新型企业，特别是高科技制造企业、全球分销企业以及全球第三方物流企业根据自身的业务需求，建立了适合企业发展定位的配送中心，不少跨国企业在全球的产品分销仅靠一个或少数几个巨型配送中心。

因此，配送中心是决定物流企业成败的战略性业务实体。

1.1.3 物流中心的概念

根据中华人民共和国国家标准《物流术语》(GB/T 18354—2006)的规定，物流中心(Logistics Center)是指从事物流活动且具有完善信息网络的场所或组织，其应基本符合下列要求：①主要面向社会提供公共物流服务；②物流功能健全；③集聚辐射范围大；④存储、吞吐能力强；⑤对下游配送中心客户提供物流服务。

"物流中心"一词在政府部门及许多行业、企业的不同层次物流系统中应用得十分频繁，而不同部门、行业、企业的人们对其理解又不尽一致的重要概念。概括起来，对物流中心的理解可以归纳为以下几种表述。

(1) 物流中心是从国民经济系统要求出发，所建立的以城市为依托、开放型的物品储存、运输、包装、装卸等综合性的物流业务基础设施。这种物流中心通常由集团化组织经营，一般称为社会物流中心。

(2) 物流中心是为了实现物流系统化、效率化，在社会物流中心下所设置的货物配送中心。这种物流中心从供应者手中受理大量的多种类型货物，进行分类、包装、保管、流通加工、信息处理，并按众多用户要求完成配货、送货等作业。

(3) 物流中心是组织、衔接、调节、管理物流活动的较大的物流节点。物流节点的种类虽然很多，但大都可以看作是以仓库为基础，以在各物流环节方面提供延伸服务为依托。为了与传统静态管理的仓库概念相区别，将涉及物流动态管理的新型物流节点称为物流中心。这种含义下的物流中心数目较多、分布也较广。

小知识

物流节点(Logistics Node)是指物流网络中相邻物流线路的联结之处。除运输之外，物流功能中的其他所有要素(储存保管、装卸搬运、包装、分货、集货、流通加工等)都是在物流节点内完成的。

现代物流网络中的物流节点对整个物流网络的优化起着重要作用。在现代物流供应链中，这些节点不仅执行一般的物流职能，而且越来越多地执行指挥调度、信息处理、设计咨询、作业优化、教育培训等神经中枢的职能，是整个物流网络的灵魂所在。

广义物流节点和狭义物流节点

物流节点有广义和狭义之分，其具体包括以下内容。

(1) 广义物流节点。广义物流节点是指所有进行物资中转、集散和储运的节点，包括港口、空港、铁路货运站、公路枢纽、大型公共仓库、物流园区、配送中心和物流中心等。

(2) 狭义物流节点。狭义物流节点是指排除了港口、空港、铁路货运站、公路枢纽等物流基础设施部分，专指商品流通集散中心与生产企业拥有的原材料、在制品与产成品流通基础设施，即仅指现代物流意义上的配送中心、物流中心等。

(4) 物流中心是以交通运输枢纽为依托建立起来的经营社会物流业务的货物集散场所。由于货运枢纽是一些货运站场构成的联网运作体系，实际上也是构成社会物流网络的节点，当它们具有实现订货、咨询、取货、包装、仓储、装卸、中转、配载、送货等物流服务的基础设施、移动设备、通信设备、控制设备，以及相应的组织结构和经营方式时，就具备了成为物流中心的条件。这类物流中心是构筑区域物流系统的重要组成部分。

(5) 国际物流中心是指以国际货运枢纽(如国际港口)为依托，建立起来的经营开放型的物品储存、包装、装卸、运输等物流作业活动的大型集散场所。国际物流中心必须做到物流、商流、信息流(即"三流")的有机统一。当代电子信息技术的迅速发展，能够对国际物流中心的"三流"有机统一提供重要的技术支持，这样可以大大减少文件数量及文件处理成本，提高"三流"效率。

1.1.4 配送中心与物流中心的对比分析

1. 相同点

配送中心(Distribution Center)与物流中心(Logistics Center)都是英译而来的，不同地区的翻译略有不同。亚洲地区使用 Logistics Center 多一些，而欧美地区经常使用 Distribution Center。

一般来讲，两者在本质上没有太大的区别。因为它们都是现代物流网络中的物流节点。在两者内部储存的物品种类都比较多，存储周期都比较短；且两者都可以实现规模化运作，具备多种功能。

2. 不同点

从定义出发去理解，它们还是有一定的区别的。

(1) 配送中心是以组织配送性销售或供应，执行实物配送为主要职能的流通型节点。配送中心的位置一般处于供应链的下游环节，通常服务的是特定客户或末端客户，如百货公司、超级市场、专卖店等。由于客户需求的多样化，配送中心通常采用高频率、小批量、多频次配送服务方式。

(2) 物流中心是集商流、物流、信息流和资金流为一体，具有综合性、地域性等特征的大批量物资的集散地，是产销企业之间的中介。物流中心的位置一般处于供应链的中游，是制造企业仓库与配送中心的中间环节，一般距离制造企业与配送中心较远。为实现运输的经济性，物流中心通常采用大容量汽车或铁路运输方式，以及少批次、大批量的出入库方式。

配送中心与物流中心的区别见表 1-2。

表 1-2　配送中心与物流中心的区别

比较项目	配送中心	物流中心
功能	具有较强的"配"与"送"的功能，以配送为主，存储为辅	具有较强的存储能力、吞吐能力和调节功能
辐射范围	辐射范围小	辐射范围大
所处位置	通常在供应链的下游	通常在供应链的中游
物流特点	高频率、多品种、小批量、多供应商	少品种、大批量、少供应商
服务对象	一般为公司内部服务，其专业性很强	通常提供第三方物流服务,在某个领域的综合性、专业性较强

从上述对比分析可以看出：配送中心和物流中心既有相似之处，又有一定的区别。配送中心和物流中心的位置常常处于供应链的中下游，能够从事大规模的物流活动，同时为了实现仓储、运输作业的规模化和共同化，并为了节约费用，它们往往具有强大的多客户、多品种、多频次的拣选和配送功能；配送中心和物流中心的功能都比较健全，不仅能进行"配"与"送"等基本运作，还能够完成流通加工、包装、结算、单证处理和信息传递等其他功能。

由此可见，配送中心是物流中心的一种主要形式，两者既有区别又高度关联，因此产生了"物流配送中心"的说法。

小思考

阅读本章并查阅相关资料，阐述对图 1-1 中关于"物流中心与配送中心关系的几种理解"的思考。

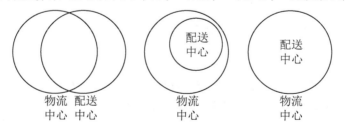

图 1-1　物流中心与配送中心关系的几种理解

1.1.5　物流配送中心的概念

本书主要侧重于物流中心和配送中心的共同特性，研究其规划与设计问题，严格区分两者的意义并不大。因此，本书在其后内容将不再对物流中心和配送中心进行详细区分，依照惯例，统称为物流配送中心。

本书中的物流配送中心可以理解为企业(生产企业、商业企业、物流企业等)中从事大规模、多功能物流活动的业务实体，它的主要功能是大规模集结、吞吐货物，因此往往具备运输、仓储、分拣、装卸搬运、配载、包装、流通加工、单证处理、信息传递、结算等主要功能，甚至具有贸易、展示、货运代理、报关检验、物流方案设计咨询、物流教育培训等一系列延伸功能。

1.2 物流配送中心的功能

一般而言，作为功能健全的物流配送中心，应该具备很多功能，大体上可以将其分为两大类，即基本功能和增值服务功能。

1.2.1 基本功能

1. 集货发货功能

集货发货功能就是将分散的、小批量的货物集中起来，以便于集中处理。生产型物流配送中心往往从各地采购原材料、零部件，在进入生产组装线之前，总要集货，以便于按生产的节拍投入物料。同时，生产企业的产成品和零配件也要集中保管、分拣、发运。商业型物流配送中心需要采购几万种商品进行集中保管，按店铺销售情况进行分拣、包装、配送、补货，以满足消费需求。第三方物流配送中心则实现货物的转运、换载、配载、配送等功能。

集货发货功能要求物流配送中心一般具有实现长、短途两种运输方式货物交换的平台和工具，如码头、站台、库房、吊车、传送设施、分拣设备等。

集货时需要考虑的问题

采购集货时需要考虑以下问题。

(1) 广泛地收集供应商信息，如哪些供应商能提供货源，各自的供货价格是多少，选择何种运输方式等。

(2) 从众多供应商中选择诚实可靠、信誉良好者，与其保持长期、稳定的合作关系，实行供应商一体化，一方面杜绝假冒伪劣物料的混入；另一方面确保物料能够稳定、良好地供应。

(3) 对市场进行调查，了解物料供需状况，据此安排采购工作，避免采购不当造成库存积压，尽量降低采购集货风险。

(4) 确定合理的采购时间，防止因采购、供应不及时造成脱销或停止生产，以及因采购过早而导致库存积压。

2. 储存与库存控制功能

为了及时满足市场需求和应对不确定性，不论何种类型的物流配送中心都需要具备储存功能，特别是在供货商距离较远的情况下。储存主要包括对进入物流配送中心的物品进行堆放、管理、保管、保养、维护等一系列活动。

物品在储存期间，为了降低库存总成本，同时更好地满足客户需求，提高自身的服务

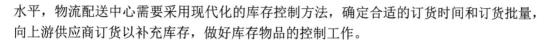

水平，物流配送中心需要采用现代化的库存控制方法，确定合适的订货时间和订货批量，向上游供应商订货以补充库存，做好库存物品的控制工作。

3．流通加工功能

为了方便生产或销售，同时满足客户需求，提高自身物流服务水平，物流配送中心通常可以根据进出物品的物流特性，与固定的制造商或分销商进行长期合作，开展一定的流通加工作业，对库存的物品在出库前进行再加工。物流配送中心应具备的基本流通加工功能包括制作并粘贴条形码、剪切、弯折、称重、组装、再包装等。这些作业既可以给物流配送中心带来一定的社会效益，还可以创造一定的经济效益。

4．拣选功能

物流配送中心从供应商处集中的物品在品种、规格、储运单位、质量等级等方面存在一定的差异，需要分类、分区并按照一定的原则安排具体的储位进行存储。分货时，需要按照客户订单要求从储位将物品挑选出来集中到指定位置，此作业称为"拣选"。通常，拣选作业的效率直接影响着物流配送中心的作业效率和经营效益，是物流配送中心服务水平高低的重要标志。

5．包装功能

物流配送中心的包装作业目的不是要改变商品的销售包装，而在于通过对销售包装进行组合、拼配、加固，形成适于物流和配送的组合包装单元。

 小知识

包装功能主要体现在以下 3 个方面。

(1) 保护商品的功能。即保护商品不受损伤，防止水、汽、热、腐蚀物和冲击等对商品的影响，这是包装的主要目的。

(2) 便于储运的功能。在流通的各个环节，商品经过合理的包装，会大大提高物流的效率和效益，能够便于流通，满足储存、运输和装卸的要求。

(3) 促销的功能。包装的表面形态是商品最好的宣传品，精美的包装能够唤起人们的购买欲望，刺激感官，促进销售。

6．运输配送及组织功能

到达物流配送中心的物品，有的需要在卸货区直接装车，运送到市内各需求地；有的需要暂时存放在物流配送中心的仓储区，然后再根据客户需求组织运送；有的需要先运到流通加工区进行简单加工再进行运输作业。为了完成上述运输任务，物流配送中心必须有强大的运输功能与之相配套，需要自己拥有或租赁一定规模的运输工具，形成覆盖一定区域的运营网络，负责为客户选择满足客户需要的运输线路，然后具体组织运输作业，在规定的时间内将物品运抵目的地，并达到安全、迅速、低廉的要求。

配送是"配装"和"运送"的结合，包括车辆的选择、物品的配装、运输线路的确定等问题。为了充分利用运输车辆的容积和载重能力，提高运输效率，必须选择合适的车型，然后将不同用户的物品组合配装在同一车辆上。混装时有一些基本要求，如按送货地点到达的先后顺序装车，先到的装载在混载货体的上面或外面，后到的装载在下面或里面，以及"重不压轻"等。运送物品时为了使距离最短、时间最少、费用最低，往往涉及线路的选择问题。如运输任务为单任务，只送货或只取货，相对简单，只涉及最短和次短路径的选择；如运输任务为双重任务，既送又取，问题就变得复杂了，不仅有路径的选择，还涉及先取、送谁，后取、送谁的问题。

7. 装卸搬运功能

物流配送中心为加快物品的流通速度，包括对运输、储存、包装、流通加工等进行的衔接活动，以及在物品存储过程中为进行检验、维护、保养所进行的装卸活动，应具备装卸搬运功能，应配备专业化的装载、卸载、提升、码垛等装卸搬运机械，以提高装卸搬运作业效率。

由于装卸搬运本身不产生效用和价值，且不良的装卸搬运还会损伤、损坏和弄污物品，所以，应尽量减少装卸搬运的次数和距离。

8. 物流信息处理功能

物流配送中心的整个业务活动涉及众多信息的处理，包括对下游客户的订货信息、上游供应商的供货信息及自身库存信息的综合处理，应据此制订采购和配送计划，进行物品的采购和配送。对于现代化的物流配送中心，物流的效率和效益，都与物流信息处理功能息息相关。

1.2.2 增值服务功能

1. 商品展示与贸易功能

一些现代化的物流配送中心还提供了商品展示和贸易功能。例如，东京和平岛物流配送中心就专门设立了商品展示和贸易大楼。这也是物流配送中心向高级阶段发展的必然趋势，因为物品只有卖出去才能有价值。

2. 结算功能

结算功能是物流配送中心对物流功能的一种延伸。物流配送中心的结算不仅仅是物流费用的结算，在从事代理、配送的情况下，物流配送中心还要替货主向收货人结算货款等。

3. 需求预测功能

物流配送中心经常负责根据物流配送中心商品进货、出货信息来预测未来一段时间内的商品进出库量，进而预测市场对商品的需求。

4. 物流系统设计咨询功能

物流配送中心要充当货主的物流专家，因而必须为货主设计物流系统，代替货主选择和评价运输商、仓储商及其他物流服务供应商。国内有些专业物流公司正在进行这项尝试，这是一项增加价值、增加物流配送中心竞争力的服务。

5. 物流教育与培训功能

物流配送中心的运作需要货主的支持与理解，通过向货主提供物流培训服务，可以培养货主与物流配送中心经营管理者的认同感，可以提高货主的物流管理水平，可以将物流配送中心经营管理者的要求传达给货主，也便于确立物流作业标准。

6. 接待参观功能

一些物流配送中心为了进一步提升其自身的知名度和美誉度，效仿生产企业提供接待参观服务。这些物流配送中心会设置专门机构和人员处理来自学校、企业或个人的参观请求，为这些参观请求安排具体的参观日程；参观当天会有专人陪同，负责讲解工作，全面介绍物流配送中心的服务对象、经营商品类别、各不同功能区域以及运作流程等。

随着电子商务在世界范围的普遍应用，物流成为制约商品流通的真正瓶颈，现代物流配送中心应该更多地考虑如何提供增值性物流服务。这些增值性物流服务是物流配送中心基本功能的合理延伸，其作用主要是加快物流过程、降低物流成本、提高物流作业效率、增加物流的透明度等。提供增值性服务是现代物流配送中心赢得竞争优势的必要条件。

 知识拓展

物流配送中心功能的分期规划

考虑到开发期的实际需求和未来的发展需要，物流配送中心的功能可以按照近期、中期、远期需要进行开发、设置。物流配送中心的功能建设进程可参考表 1-3 进行规划。

表 1-3 物流配送中心功能建设进程

序号	功能	近期	中期	远期	序号	功能	近期	中期	远期
1	集货发货	●			14	物品跟踪		▲	
2	储存与存货控制	●			15	电子商务		▲	
3	流通加工		▲		16	商品展示与贸易			★
4	拣选	●			17	结算			★
5	包装		▲		18	需求预测		▲	
6	运输配送及组织	●			19	物流系统设计咨询			★
7	装卸搬运	●			20	物流教育与培训			★
8	物流信息服务		▲		21	接待参观		▲	
9	订单处理	●			22	保险服务	●		
10	联运服务			★	23	商务支持			★
11	金融服务			★	24	物流设备租赁			★
12	运输经济人服务			★	25	工商、税务服务	●		
13	海关服务			★	26	停车、加油	●		

(1) 近期。由于该时期的物流市场还不成熟，物流服务需求还以传统的运输、仓储、装卸搬运为主，配以相关的辅助业务，如停车、加油、保险服务等。因此，在物流配送中心建设的近期应立足于仓储、运输等基本的服务形式，逐步发展现代物流服务业务。其中，仓储业务主要为仓库租赁与代货主存储保管物品；运输业务主要完成辐射区域物品集散、干线配货及中转运输等。

(2) 中期。随着业务的成熟和拓展、网络的形成及信息系统的建立，应根据需要逐步完善各项基本物流服务。为了提高利润空间，开展包装、流通加工、物品跟踪等各项功能作为仓储功能的必要补充，也为生产、商贸企业提供更为完备的第三方物流服务。物流信息系统的建立与完善，既方便了对各个作业环节中的物流信息进行实时采集、分析、处理和传递，也为利用信息平台开展需求预测和电子商务等提供了条件。

(3) 远期。该阶段物流基本功能已经完善，在保证服务水平的基础上，借助于物流配送中心在行业中的优势，开展延伸服务，如物流费用结算、物流系统设计咨询、物流设备租赁、金融服务等。如果空间条件允许，也可为企业提供更为广泛商品展示、商务洽谈等服务。

1.3 物流配送中心的分类

为了更加细致和深入地了解物流配送中心，为后续针对不同特点的物流配送中心的规划设计奠定基础，要对物流配送中心的类型做出适当地划分。在总结、归纳国内外物流配送中心建设和运营情况的基础上，根据不同的分类标准，可以把物流配送中心分为不同的类型。

1.3.1 按经营主体分类

根据不同的经营主体划分，物流配送中心可以分为生产企业物流配送中心、商业企业物流配送中心、第三方物流配送中心。

1. 生产企业物流配送中心

生产企业物流配送中心一般由规模较大的跨国公司出资兴建，其目的是为本公司的产品生产或销售提供物流服务。生产企业需要的物流配送中心有以下两种。

(1) 为企业生产活动提供支持的物流配送中心，它的功能需求与生产企业对原材料供应商的需求相同，即要求物流配送中心将原材料配送给工厂。物流配送中心的客户主要是工厂，处理的对象主要是生产产品所需要的原材料及零部件。原材料与零部件存在一定的数量关系，其品项会随着产品种类的增加而较快的增加。因此，物流配送中心的功能应注重原材料的配套储存、拣选、运输送货、流通加工等。

(2) 服务于生产企业产品分销网络的物流配送中心。这类物流配送中心是企业分销网络的中枢，其市场覆盖面广，有的企业具有区域物流配送中心，甚至全国物流配送中心。这类物流配送中心具有分销能力强、市场信息收集和传递及时、运输和配送物品快速、需求预测与订单处理功能完善等优点。

资料卡

在经济发达国家，生产企业物流配送中心的数量比较多。

美国 MAIN STREET 物流配送中心，建筑面积 11 000m²，是专营服装和鞋类的大型联合企业，它设有 21 家商店和一个哥伦比亚物流配送中心。

德国林德公司所建物流配送中心，建筑面积 12 000m²，主要从事林德产品的维修零部件服务。

日本的小松、日产、松下、丰田、资生堂、菱食、东芝、三菱、王子等公司，都拥有自己的物流配送中心和运输工具，有的还拥有专用码头。

国内的许多大型生产企业也建设有这种类型的物流配送中心。

三精制药股份有限公司物流配送中心占地 6 270m²，建筑面积 9 083m²，共有 10 000 个货位，出入库能力 260 托盘/h，用于原材料、成品药、包装材料的管理，是集物流、资金流和信息流于一体的物流配送中心。

海尔集团的两个物流配送中心，一个位于青岛海尔信息产业园，另一个坐落在距离青岛市区 60km 的黄岛。其中，位于黄岛的海尔国际物流配送中心立体库区共有货位 18 000 余个，是当时国内自行研制开发的规模最大、功能最齐全、科技水平最高的自动化物流系统。

这些生产企业的规模都很大，因此常常将零部件及产成品的运输、仓储部分独立出来，建立物流配送中心。可以预见，尽管第三方物流日渐被人们接受，但大型企业的自营物流也不会消亡，因为这种物流配送中心有本企业产品的支持。

2. 商业企业物流配送中心

许多大型商业企业因业务需要而设立物流配送中心。因商业企业主要包括批发商和零售商，故将商业企业物流配送中心细分为批发商型物流配送中心和零售商型物流配送中心。这类物流配送中心有的从事原材料、燃料、辅助材料的流转，有的从事大型超市、连锁店的产品配送，如沃尔玛、麦德龙、家乐福等大型零售企业自办物流配送中心，主要目的是为了降低采购成本。

商业企业物流配送中心有以下特点：首先，由于大部分物流配送中心由商品采购部门转换而来，因此很多企业的物流配送中心与采购部门合二为一；其次，商业企业物流配送中心随着商业连锁形式的发展，逐渐向网络化的方向发展，商品采购实行统一管理；最后，商业企业物流配送中心的组织形式与商业规模有很大的关系，商业规模较小的物流配送中心实行直线式组织形式，大型连锁商业企业一般实行职能制组织形式。

资料卡

北京京客隆商业集团股份有限公司主营业务为商品零售及批发业务，是同时拥有生鲜配送中心、常温配送中心和批发物流分销中心的零售与批发业务类商业企业。该公司特有的零售兼批发的经营模式，使其成为大北京地区最主要的日用消费品分销商之一。截至 2012 年 12 月 31 日，该公司直营和特许加盟 250 家连锁门店，包括社区购物中心、大卖场、综合超市和便利店四种业态，总经营面积约 312 995 m²，并通过控股子公司北京朝批商贸股份有限公司(以下简称"朝批商贸")经营批发分销业务。

该公司的批发业务通过下属子公司朝批商贸来实现，朝批商贸有 12 家二级子公司，批发业务品种涵盖了 11 大类、34 个小类商品。截至 2012 年 12 月 31 日，朝批商贸的物流配送中心共有 6 个库房，其中 5 个位于北京地区，1 个位于天津地区，总面积达到 185 870 m²；拥有标准储位 168 000 个，可存储 800 万标准箱商品；全面实行货位管理；引进日本先进的自动分拣流水线系统及电子标签模式的自动拆零设备，有效提高分拣效率。物流配送中心年吞吐量达 9 000 万箱，日最高吞吐量达 60 万箱。批发服务客户包括北京地区主要的快速消费品零售商。

资料来源：北京京客隆商业集团股份有限公司 2013 年公司债券上市公告书.

3. 第三方物流配送中心

第三方物流配送中心是由生产企业、商业企业以外的物流企业提供物流服务的业务模式。第三方物流配送中心一般拥有公共使用的装卸货平台、大型自动化立体仓库、较先进的货物拣选系统、较强的运输能力及快速及时的信息处理能力。第三方物流配送中心可以是具有某些功能(如仓储、运输、配送等)的专业组织，也可以是集物流、商流和资金流于一体的物流组织。

原来的仓储企业可以转变为第三方物流配送中心，因为它拥有土地、库房、站点和装卸设备，为了适应连锁商业的快速发展，经过企业重组和功能拓展，可逐渐转变为第三方物流企业。从 20 世纪 70 年代起，美国一些原先从事仓储业务的企业，开始转变为物流配送中心。

运输企业也可以过渡到第三方物流配送中心，它需要物流节点以整理、配载、换载货物，同时还需要物流配送中心的信息服务作为平台支撑。

以此类推，轮船公司、邮政部门、铁路运营公司、机场及航空运输企业都可拥有自己的物流配送中心。

 资料卡

美国的 APA 运输公司在纽约就拥有一个第三方物流配送中心，该物流配送中心占地约 50 000m²，建有一个 20 000m² 的流转库，每天分拣公司集卡运来的送往纽约市和从纽约市送往外地的货物。这里运输业务是主营业务，保管、分拣业务是延伸业务。

美国的 RPS 公司主要从事小包装货物的运输活动，服务范围几乎遍及全美。其洛杉矶中心配备的公路运输用车 27 400 多辆，集货、配货用车 8 000 多辆，设立了 13 个物流配送中心和 120 多个集货站，拥有两台自动分拣系统，货物分拣能力为 12 000 件/h，经营规模为 57 亿美元。

资料来源：周凌云，赵钢. 物流中心规划与设计[M]. 北京：清华大学出版社，北京交通大学出版社，2010.

1.3.2 按服务区域分类

1. 区域物流配送中心

区域物流配送中心是以较强的辐射能力和较高的库存水平，向省际、全国乃至国际范围的客户进行配送的物流配送中心。区域物流配送中心有三个基本特征：其一，经营规模比较大，设施和设备齐全，并且数量较多，活动能力较强。其二，配送的货物批量较大而批次较少。例如，有的区域物流配送中心每周只为用户配送三次货物，但每次配送的货物都很多。其三，在配送实践中，区域物流配送中心虽然也从事零星的配送活动，但这不是其主要业务。许多物流配送中心常常向城市物流配送中心和大型工商企业配送商品，因而这种物流配送中心是配送网络或配送体系的支柱结构。

资料卡

荷兰 Nedlloyd 集团的国际物流配送中心、瑞典 DAG AB 公司在乔鲁德市的布洛物流配送中心和美国沃尔玛公司下属的物流配送中心都属于区域物流配送中心。

沃尔玛百货有限公司由美国零售业的传奇人物山姆·沃尔顿先生于 1962 年在阿肯色州成立。沃尔玛于 1996 年进入中国市场，在深圳开设了第一家商店。2002 年，沃尔玛全球采购办公室于深圳设立。考虑到中国战略市场的重要地位，沃尔玛继续升级在中国的运营管理，投资建设更多门店和区域物流配送中心，为未来在中国长远的发展奠定良好的基础。截至 2013 年，沃尔玛已在深圳、嘉兴、天津三地建成华南、华东、华北 3 个区域物流配送中心，分别服务不同的区域。未来几年，沃尔玛打算在西南地区再建一个区域物流配送中心。

荷兰的"国际物流配送中心"，其业务活动范围更广，该中心在接到订(货)单之后，24h 之内即可将货物装好，仅用 3～4 天的时间就可以把货物运到欧盟成员国的客户手中；目前该中心不仅在国内建立了许多现代化的仓库，而且装备了很多现代化的物流设备。

资料来源：改编自 2013 年的《沃尔玛重返《财富》美国 500 强榜首》和《沃尔玛将建西南物流配送中心》两篇报道.

2. 城市物流配送中心

城市物流配送中心是以城市区域为配送范围的物流配送中心。由于城市范围一般处于汽车运输的经济里程内，这种物流配送中心可直接配送到最终用户，且常常采用汽车进行配送。所以，这种物流配送中心往往和零售经营相结合。由于运距短、反应快，因而从事多品种、少批量、多用户的配送较有优势。

1.3.3　按物的流向分类

1. 供应型物流配送中心

供应型物流配送中心是专门为某个或某些客户组织供应的物流配送中心。例如，为大型连锁超市组织供应的物流配送中心；代替零件加工厂送货的零件物流配送中心，它使零件加工厂对装配厂的供应合理化。

资料卡

我国上海地区 6 家造船厂共同组建的钢板物流配送中心、服务于汽车制造业的英国 Honda 斯温登物流配送中心、美国 Suzuki Motor 洛杉矶物流配送中心及德国 Mazda Motor 物流配送中心等都属于供应型物流配送中心。

英国 Honda 斯温登物流配送中心，其占地面积为 150 000m^2，总建筑面积 7 000m^2，经营的汽车配件 6 万种。该物流配送中心储存货物的能力，大型配件可达 1 560 间格，小型配件为 5 万箱左右。美国 Suzuki Motor 洛杉矶物流配送中心占地面积 40 000m^2，总建筑面积 8 200m^2，经营的汽车配件达 1 万种。

2. 销售型物流配送中心

销售型物流配送中心是以销售经营为目的、以配送为手段的物流配送中心。销售型物流配送中心大体有 3 种类型：生产企业为本身产品直接销售给消费者而设立的物流配送中心；流通企业作为本身经营的一种方式，建立物流配送中心以扩大销售；流通企业和生产企业联合的协作型物流配送中心。比较起来，国内外的发展趋势都向以销售型物流配送中心为主的方向发展。

1.3.4 按服务的适应性分类

1. 专业物流配送中心

专业物流配送中心大体上有两种含义：一是配送对象、配送技术属于某专业领域，如医药物流配送中心；二是以配送为专业化职能，基本不从事经营的服务型物流配送。

2. 柔性物流配送中心

柔性物流配送中心在某种程度上是和专业物流配送中心相对立的物流配送中心，它不向固定化、专业化的方向发展，而向能随时变化、对用户要求有很强适应性、不固定供需关系、不断发展新的客户的方向发展。

1.3.5 按服务对象分类

1. 面向最终消费者的物流配送中心

在商物分离的交易模式下，消费者在店铺看样品挑选购买后，商品由物流配送中心直接送达消费者手中。一般来说，家具、大型电器等商品适合这种配送方式。

2. 面向制造企业的物流配送中心

根据制造企业的生产需要，将生产所需的原材料或零部件，按照生产计划调度的安排，送达企业的仓库或直接送生产现场。这种类型的物流配送中心承担了生产企业大部分原材料或零部件的供应工作，减少了企业物流作业活动，也为企业实现"零库存"经营提供了物流条件。

3. 面向零售商的物流配送中心

物流配送中心按照零售店铺的订货要求，将各种商品备齐后送达零售店铺。它包括为连锁店服务的物流配送中心和为百货店服务的物流配送中心等。

1.3.6 按主要功能分类

1. 集货中心

集货中心是以将零星货物集中成批量货物为主要功能的物流配送中心。该类型的物流配送中心通常多分布在小企业群、农业区、果业区、牧业区等地域。集货中心一般拥有计量、称重和质检等仪器，储存和装卸设施，以及分拣、加工、包装设备和运载工具。

集货中心主要具有以下功能。

(1) 集中货物，将分散的产品、物品集中成批量货物。

(2) 初级加工，进行分选、分级、除杂、剪裁、冷藏、冷冻等作业。

(3) 运输包装，包装以适应大批量、高速度、高效率、低成本的运输要求。

(4) 集装作业，采用托盘系列、集装箱等进行货物集装作业，提高物流过程的连贯性。

(5) 货物仓储，进行季节性存储保管作业等。

2. 分货中心

分货中心是指主要从事分拣工作的物流配送中心。分货中心一般设置在交通枢纽处或城市物流基地。分货中心应有自备或共用的专运线和站台等接发货设施，以及装卸、分拣、分装/包装设备和运载工具。

分货中心主要具有以下功能。

(1) 分装货物，将大批量、大包装货物按销售要求进行分装、加工和包装，形成小的销售包装。

(2) 分送货物，送货至零售商、用户。

(3) 货物仓储等。

3. 转运中心

转运中心是实现不同运输方式或同种运输方式联合(接力)运输的物流配送中心，通常称为多式联运站、集装箱中转站、货运中转站等。转运中心多分布在综合运网的节点处、枢纽站等地域。转运中心除应具有装卸货的设施设备外，还应具有进行分拣、拆零、码垛、包装和储运等作业的设施设备。

转运中心主要具有以下功能。

(1) 货物中转，不同运输设备间货物装卸中转。

(2) 货物集散与配载，集零为整、化整为零，针对不同目的地进行配载作业。

(3) 货物仓储及其他服务等。

4. 配送中心

配送中心具有储存保管、装卸搬运、流通加工、包装、配货、送货、信息服务等功能，是在一定区域内专门从事配送业务的物流配送中心，也是最高形式、最典型的物流配送中心。配送中心多分布于城市边缘且交通方便的地带。配送中心应有储存、装卸平台和配货场地等设施，有拣选、分拣所必需的输送系统，具备条形码甚至射频技术的应用装置和条件，有叉车、自动导引车等搬运装卸设备，尤其要有适用于一般和特殊货物运输的各种车辆工具。

5. 流通加工中心

流通加工中心是主要从事流通加工业务的物流配送中心。这类物流配送中心多分布在原料、产品产地或消费地。经过流通加工后的货物再使用专用车辆、专用设备(装置)以及相应的专用设施进行作业，如冷藏车、冷藏仓库、煤浆输送管道、煤浆加压设施、水泥散装车等，可以提高物流质量、效率并降低物流成本。

6. 配载中心

配载中心是为解决长途运输车辆的返程空驶和中小批量货物的中长途运输而设立的货物集散地。配载中心需要配备货物临时存放场所，并为运输车辆提供停泊场地。配载中心以提供货物配载信息为核心，搭建可供公共查阅的待运货物和车辆信息平台。

案例 1—1

<h3 style="text-align:center">传化公路港·苏州基地的"货运信息超市"</h3>

传化公路港·苏州基地是苏州市现代物流业发展的重点项目之一,其坐落在 312 国道与京杭大运河交叉处。

传化公路港·苏州基地内的物流信息交易中心每天至少要发布 2 500 条货运信息;该物流信息交易中心中分布着 300 多家物流企业的交易门市;经过诚信认证的司机能通过信息屏幕迅速找到自己需要的货运信息,大大缩短了配货时间,这个交易中心被称为"货运信息超市"。

为了进一步提升配货效率,传化公路港·苏州基地推出了货运信息短信。所有车辆进入基地停车场后只要登记车辆信息、司机身份,并通过了诚信系统认证,货车司机就会在短时间内收到和自己车型、货源、运输方向相匹配的货运信息短信,便捷的信息系统在物流企业和货车司机之间搭建了一个信息对称平台,大大缩短了交易周期。

改编自资料: 物流与采购教育认证网(http://www.clpp.org.cn/clpp/newss/content/201112/201124084.html).

7. 保税物流中心

保税物流中心是封闭的海关监管区域,具备口岸功能,其分为 A 型和 B 型两种。

A 型保税物流中心是指经海关批准,由中国境内企业法人经营、专门从事保税仓储物流业务的海关监管场所。

B 型保税物流中心是指经海关批准,由中国境内一家企业法人经营,多家企业进入并从事保税仓储物流业务的海关集中监管场所。

1.3.7 按配送物品种类分类

根据物流配送中心处理的物品种类不同,可将物流配送中心分为食品物流配送中心、日用品物流配送中心、医药品物流配送中心、化妆品物流配送中心、家电产品物流配送中心、电子(3C)产品物流配送中心、书籍产品物流配送中心、服饰产品物流配送中心、汽车零件物流配送中心、农产品物流配送中心、钢材物流配送中心、生鲜产品物流配送中心、建材物流配送中心等。

1.3.8 按物流配送中心的自动化程度分类

根据物流配送中心的自动化程度,可将物流配送中心分为:人力物流配送中心、计算机管理物流配送中心、自动化和信息化物流配送中心、智能化物流配送中心。

1.4 物流配送中心的地位和作用

1.4.1 物流配送中心的地位

1. 物流配送中心的衔接地位

在经济活动中,生产企业和零售企业在分工和功能上存在诸多差异。

(1) 产品品种、数量差异。一般来说生产企业在生产中,无论产品品种多少,其某一品种的单位批量较大;而各类零售企业在经营中则需要品种丰富、单位批量较小、批次较多的产品。

(2) 产销空间差异。生产企业的选址需要考虑交通、电力等相关因素的需求,因此产品的生产地大都较为集中;而零售企业为了满足广大消费者的需要,则需遍布销售网点。

(3) 产销时间差异。在人们的生活中,生产和消费通常不是同时进行的,很多产品属常年生产、季节性消费,如空调、羽绒服等;也有产品属季节性生产、常年消费,如农产品。

针对上述供需矛盾,物流配送中心利用其专门设施,集物流、商流、信息流于一体的完善功能,通过开展货物配送活动,把各种工业产品和农产品直接运送到用户手中,客观上起到了生产和消费的媒介作用。同时,物流配送中心还可以集合产需双方多家用户的业务,进行大量采购、大量配送、合理存储和运输,使供需企业的购货成本和销货成本得以大幅度降低。另外,通过集货和储存货物,物流配送中心又起到了平衡供需作用,有效地解决了季节性货物的产需衔接问题。

2. 物流配送中心的指导地位

物流配送中心在物流系统中不仅承担直接为用户服务的功能,还根据客户的要求,起着指导物流全过程的作用。

现代流通要求进入流通领域营销渠道中的企业按需生产和销售,以满足消费者的需要为企业经营宗旨。但由于社会分工的需要,处于营销渠道中的供应商、生产商和中间商在经济活动中的侧重点不尽相同。供应商侧重于上游产品——原材料的供应工作,对下游最终消费品的市场情况不太了解;中游的生产企业侧重于提供质量上乘、批量较大的产品,对最终产品的适销对路状况也了解不深;中间商中的零售商对市场情况比较熟悉,但力量薄弱,无力承担引导生产的重任。而应运而生的物流配送中心,特别是综合性的物流配送中心,则可利用其规模和物质上的优势及衔接供需的特殊地位,为上游企业提供相关市场信息,帮助它们及时掌握市场需求的最新动态,指导其及时调整市场定位、按需供应、按需生产、按需经营。

1.4.2 物流配送中心的作用

物流配送中心的作用可以从两个角度进行分析。

1. 从供应企业和制造企业的角度

物流配送中心对制造企业具有战略意义,可以更好地辅助企业的经营。其物流配送中心具有以下作用。

(1) 物流配送中心有助于企业降低销售环节的物流成本。物流配送中心主要通过简化货物供应链和集中运输来降低物流成本。"多品种、小批量、多频次"的配送要求加大了企业产品配送管理的难度,如果是传统配送方式("一对一"方式),还增加了物流成本。而物流配送中心参与到产品配送环节,反而会降低物流运作成本,这是物流配送中心最根本的作用。当然,物流配送中心布局的合理性是降低成本的前提条件。

物流配送中心可以将"多品种、小批量、多频次"的待运货物进行集中,对相同方向的货物进行统一运输，运输货物数量的增加可以使制造企业用整车运输代替零担运输，从而降低单位货物运输成本。同时，物流配送中心还可以简化货物的供应链，减少供应链上的配送运输的作业次数，使企业可以更有效地利用现有资源和人力，节约配送的管理费用。

(2) 物流配送中心有助于企业电子商务业务的开展。随着网络技术的发展，电子商务作为一种新的交易方式，正逐步被消费者和商家所接受，也将成为制造企业未来销售模式的发展方向。但是，我国传统的货物配送的滞后性成为我国电子商务发展公认的瓶颈。物流配送中心是随着现代物流技术的发展而出现的，是对传统货物配送体系的运作模式的改进，它提高了货物配送的效率，缩短了企业对产品需求变化的反应时间。产品自销售模式可以消除产品销售中的不必要环节，从而降低产品销售的成本。我国一些制造企业一直不能成功地推广产品的自销模式，这是由企业配送系统的滞后所造成的。因此，企业可以通过合理地建设物流配送中心来改善企业的配送体系，为电子商务的实施提供良好的支持。

(3) 物流配送中心可以提高企业的服务质量，扩大产品的市场占有率。产品种类的日新月异，消费者对产品品牌忠诚度的下降，使同类产品制造企业之间的竞争越来越激烈。如果产品不能适时、适量地配送到需求点，就会造成产品的缺货现象，使得客户的忠诚度进一步下降。因此，提高配送服务水平将为企业的发展提供机遇。

制造企业建设物流配送中心，可以缩短产品的交货时间，提高供货的频率，提供适时、适量的配送服务，降低缺货率。企业提供配送服务水平的提高，可以增强产品的市场竞争力，从而扩大产品的市场占有率。

(4) 配送提高了物资利用率和库存周转率。采用物流配送中心集中库存，可以利用有限库存在更大范围为更多客户所利用，需求更大、市场面更广，物资利用率和库存周转率必然大大提高。还可以使仓储与配送环节建立和运用规模经济优势，使单位存货配送和管理的成本下降。

(5) 配送完善了干线运输中的社会物流功能体系。采用配送作业方式，可以在一定范围内，将干线、支线运输与仓储环节统一起来，使干线输送过程及功能体系得以优化和完善，形成一个大范围物流与局部范围配送相结合的、完善的物流配送体系。

(6) 配送对整个社会和生态环境起着重要作用。配送可以减少运输车辆，缓解交通紧张状况，减少噪声、尾气排放等运输污染，为保持生态平衡，创建美好家园作出贡献。

2. 从需求方的角度

物流配送中心对需求方具有以下作用。

(1) 降低进货成本。物流配送中心集中进货不仅可以降低进货成本(运输、管理费用等)，还可以在价格上享受优惠，使产品的成本降低，利润率升高。

(2) 改善店铺的库存水平。由物流配送中心实行及时配送，有利于店铺实现无库存经营。集中库存还可以达到降低库存总水平的目的。

(3) 减少店铺的采购、验收、入库等费用。物流配送中心可以利用软硬件系统，大批量、高效率地登记入库，从而大大简化各个店铺的相应工作程序。

(4) 减少交易费用，降低物流整体成本。例如，M 个厂商同 N 个客户分别交易情况下，交易次数为 $M \times N$ 次，如果通过物流配送中心的中介，则交易次数仅为 $M + N$ 次，其交易次数示意图如图 1-2 所示。显然，厂商和客户数目越多，节约的费用越多。

(5) 促进信息沟通。连锁店的物流配送中心起着供需双方的中介作用，掌握着供方的产品信息。通过物流配送中心，可有效地衔接供需双方，促进双方的信息沟通。

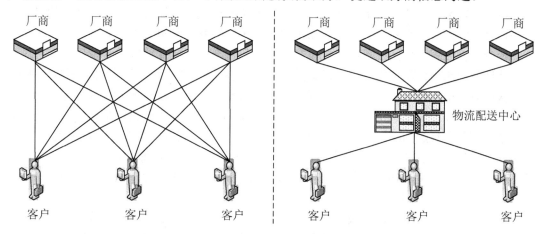

图1-2　引入物流配送中心之前和之后的交易次数示意图

1.5　物流配送中心的建设与发展

1.5.1　我国物流配送中心的建设与发展

1. 我国物流配送中心的发展历程

直至20世纪80年代初，我国才引入物流的概念。我国作为一个发展中国家，物流业起步较晚，物流社会化程度低，物流管理体制混乱，机构多元化，这种分散的多元化物流格局，导致社会化大生产、专业化流通和集约化经营优势难以发挥，规模经营、规模效益难以实现，设施利用率低，布局不合理，重复建设，资金浪费严重。由于利益冲突及信息不畅通等原因，大量物资不能及时调配，滞留在流通领域，造成资金沉淀，发生相当多的库存费用。另外，由于我国物流企业与物流组织的总体水平低，设备陈旧，损失率大，效率低，运输能力严重不足，形成了物流发展的"瓶颈"，制约了物流业的进一步发展。

1986年，物流系统开始在河北省石家庄市进行"三定一送"(定时、定点、定量、送货上门)的物资配送供应方式。随后，产生了一批试验性质的物流中心与配送中心，从而揭开了我国开展配送和发展建设物流配送中心的序幕。

1992年，原商业部从适应商品经济的发展，加速商业储运业社会化、合理化和现代化，构建高效通畅的网络化物流体系出发，就商品物流配送中心建设试点工作组织了广泛、深入的论证，并在全国范围内选择了部分大中型商业储运企业和批发企业进行了大型物流配送中心和区域化商品物流配送中心建设试点。

1996年原国内贸易部发出了《关于加强商业物流配送中心发展建设工作的通知》，指出了发展建设物流配送中心的重要意义，提出发展建设的指导思想和原则等，同时，还印发了《商业储运企业进一步深化改革与发展的意见》，提出了"转换机制，集约经营，完善功能，发展物流，增强实力"的改革与发展方针，确定了向现代化物流配送中心转变、建设社会化的物流配送中心、发展现代物流网络的主要发展方向。

1996 年以后，随着连锁商业的发展，商品物流配送中心建设在全国部分大中城市纷纷展开。北京、上海、广州等地的商品物流配送中心建设成效尤其突出。上海华联超市公司配送中心，在为集团内各超市、连锁店提供全方位配送服务，促进其全面发展的同时，自身在设施、管理、技术和业务经验方面也得到了不断完善。承担着为上海市产品开拓全国市场使命的上海一百集团，正在建设旨在为集团已在全国各地发展或准备发展的上百家大中型连锁商店承担供配货任务的一百集团供配货中心系统，该系统由以市内外环线为基准，以市区的东、南、西、北、中五大区域为单元，以便利交通、合理配送为前提的 5 个大型供配货中心和 1 个大型物流中心构成。北京市粮食局系统的八百佳物流配送中心，是以北京市 800 家国营粮店为配送对象、以粮油加工食品为主要配送商品的专业性物流配送中心，自 1995 年初正式运营以来，配送商品品种已达 300 多种，配送的商店达 300 多家，其中包括 100 多家粮店。北京市商业储运公司利用其雄厚的储运设施，为一些大型生产企业作销售代理，配送业也得到了较大发展。

近年来，随着市场经济的快速增长，特别是连锁商业的发展，各种形式的物流配送中心如雨后春笋般发展起来。据不完全统计，目前全国共有各种类型的物流配送中心 1 000 多家。其中上海和广东数量最多，发展也最为成熟。

2. 我国物流配送中心建设中存在的问题

总体来看，我国物流配送中心存在着经营分散、社会化程度低、物流布局不合理、物流技术含量低等问题。

1) 体制弊端

目前在我国经济领域中存在的部门分割、地区分割等现象严重阻碍了现代化物流配送中心的发展。由于各部门、各地区都从自身的利益出发，存在一种"肥水不流外人田"的思想，在制定发展规划时，缺乏必要的统筹与协调，缺乏综合性规划。较为常见的是铁路与公路等运输部门都组建了自己的物流配送中心，但这些物流配送中心横向联系少，资源不能共享，造成重复建设与资源利用率较低。

专业化分工和协作是物流配送中心赖以生存和发展的基础环境，而条块分割和区域封锁严重制约着现代化物流配送中心的建设和发展。主要表现在产业结构趋同化，即各地区没有很好根据当地的实际情况，建立起能发挥本地区优势的产业，做到与其他地区优势互补。这种不合理性降低了地区间的比较优势，减少了商品流通的相对规模，使物流配送中心的生存空间受到相当大的挤压，增加了物流配送中心开展业务的难度，削弱了物流配送中心可能带来的比较利益。

2) 物流配送中心的信息化程度较低

目前，我国的物流配送中心在获取信息的手段和技术等方面与国外物流配送中心相比，有很大的差距。尽管我国的物流配送中心也已经开始了网络化建设，但其网络的覆盖面还远远不能满足需求。在信息化时代，没有及时、准确、全面的信息支持，物流配送中心的成功运作是相当困难的。

3) 物流配送中心的社会化程度较低

目前我国的生产企业、流通企业中的"大而全""小而全"现象和思想仍然存在，这些企业一般都拥有自己的物流体系，这就造成了我国物流配送中心的规模小而分散，社会化、组织化程度低，在物流配送的各环节上衔接配套差，物流服务功能不完善。

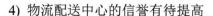
4) 物流配送中心的信誉有待提高

目前我国的物流配送中心还远远没有实现规模经营，因此带来的信誉问题是不可避免的。物流配送中心不能按照事先与客户达成的协议，圆满完成物流服务，从而使自己在客户中的声誉受到影响，这种现象经常出现。这将对物流配送中心的未来发展带来严重不利影响。

3. 部分城市物流配送中心建设规划

1) 北京市物流配送中心建设规划

《北京市"十一五"时期物流业发展规划》要求在六环路附近重点规划建设物流基地，在五环路附近重点规划建设物流中心，在四环路附近重点规划建设配送中心，形成物流基地、物流中心和配送中心由远及近、相互依托、协调发展的空间格局。

"十一五"时期，北京市加快顺义空港、通州马驹桥、平谷马坊和大兴京南等物流基地，以及十八里店物流中心、西南物流中心等一批物流中心(综合物流区)和配送中心(专业物流区)的规划与建设，形成了以物流基地、物流中心为载体，专业物流为特色的多层次节点布局，以及与交通线网有效衔接的物流网络。点、线、面相互协调的"三环、五带、多中心"的物流设施空间格局基本建立。

《北京市"十二五"时期物流业发展规划》指出，"十二五"时期物流规划空间布局的思路是：继续完善"三环、五带、多中心"物流节点空间布局，发挥各物流节点的设施功能优势，引导物流资源在空间上的合理配置；适应未来五年物流业发展的实际需要，以加快物流业发展方式转变和服务水平提升为着力点，深化内涵、延伸发展，按照城市保障物流、专业物流、区域物流和国际物流的发展主线，强化本市物流业发展"广覆盖""多组团""立体化"的网络结构特征，进一步优化全市物流空间布局。

"十二五"时期，北京市重点建设以下物流配送中心工程。

(1) 首农(北京)安全食品仓储、物流中心群：北京首都农业集团有限公司环城区周边(多方位)五、六环间区域自用规划产业土地，约12宗，总建筑面积148万平方米。

(2) 超市发生鲜配送中心：位于海淀区后八间榆庄子，占地面积约为45亩。

(3) 华冠大型连锁配送中心：位于房山区良乡镇小营村，占地面积206亩，总建筑面积14万平方米，主要分三期建成常温库6.5万平方米、低温库2.7万平方米及物流中心4.2万平方米。

(4) 科园信海医药物流中心：位于空港物流基地，顺于路北侧，规划面积4.3万平方米，建设3.5万平方米医药产品仓储物流及配送设施。

(5) 顺义航空产业园航空物流中心：位于顺义区仁和镇，建设内容为航空物流中心综合库房2万平方米。

(6) 燕山四联石化物流中心：位于房山区燕山东流水工业区内，规划占地90亩，建设总面积2万平方米、仓储规模达到6万吨的现代化固体石化产品物流中心。

2) 天津市物流配送中心建设规划

"十一五"期间，天津在建设完成开发区工业物流园区、保税区国际物流运作区、天津港散货物流中心、天津港集装箱物流中心、天津空港国际物流园区、天津空港物流加工区、天津邮政物流中心和天津市物流货运中心的基础上，还要建设完成东丽区的东部物流基地、西青区的西部物流基地，以及位于海河下游的多功能物流加工园区等一批为专项工业或为工业区综合服务的物流中心，完成工业消费品、生产资料和食品等三大商贸物流基地的建设。

《天津市现代物流业发展"十二五"规划》指出，"十二五"时期，天津现代物流业将形成"两带三区双环"的空间发展格局。其中，两带是指以天津港为原点，构建沿海岸线形成的沿海物流发展带以及沿京津走廊形成的京津物流发展带。三区是指位于宝坻区、蓟县形成的服务于新型生态农业及现代商贸的北部物流聚集区；位于津南区、西青区形成的服务于新型工业产业及高端电子信息产业的南部物流聚集区；位于静海县、西青区形成服务于钢铁、冶金、建材及现代商贸的西部物流聚集区。双环是指以中心城区、滨海新区核心区为依托，在双城区周边构建支持城市生产、生活、商贸的市域物流配送环。其在建或拟建的物流配送中心项目包括：津工物流配送中心、天津市蓟县家乐物流配送中心、天津劝宝农副产品及农业生产资料配送中心、环渤海绿色农产品交易物流中心等。

3) 上海市物流配送中心建设规划

上海市"十一五"物流节点总体规划如下：一是进一步加快建设四个重点物流园区，即深水港物流园区、外高桥物流园区、浦东空港物流园区、西北综合物流园区的开发建设，提升园区功能，促进保税物流发展；二是重点推进四个专业物流基地，即国际汽车城物流基地、化学工业区物流基地、临港装备制造业物流基地、钢铁及冶金产品物流基地的建设，大力发展为制造业生产服务的专业化物流。三是合理布局区域性物流基地和配送节点，结合各区县物流业发展的实际，逐步形成层次清晰、相互衔接、运作高效的现代物流网络，促进本市现代物流业与区域产业发展相适应，与城市居民生活需求相适应。

《上海市现代物流业发展"十二五"规划》指出，"十二五"时期，围绕上海市"四个中心"功能建设和产业结构调整需要，根据上海市现代物流业发展目标和重点发展领域，规划布局五大重点物流园区、四个重点制造业专业物流基地，规划引导形成一个城市特色配送物流带，进一步强化与城市规划、产业结构、节能降耗、交通组织等方面的衔接，形成科学合理的物流业发展布局。其中，重点物流园区包括：深水港物流园区、外高桥物流园区、浦东空港物流园区、西北综合物流园区和西南综合物流园区。重点制造业物流基地包括：国际汽车城物流基地、化学工业区物流基地、临港装备制造业物流基地和钢铁及冶金产品物流基地。城市特色配送物流带包括电商快递和快速消费品城市配送带。

4) 浙江省物流配送中心建设规划

《浙江省"十二五"物流业发展规划》指出，要推进实施一批重点物流项目。按照规划先导、适度超前、滚动开发的原则，推进实施一批符合区域和行业发展规划，具有战略性、带动性和可行性的重点物流项目。主要分五大类：一是布局在杭州、宁波—舟山、金华—义乌和温州四大物流枢纽及其他物流节点的物流项目；二是与大宗商品物流和国际集装箱物流相关的港口物流、保税物流项目；三是服务于专业市场和产业集群的仓储与货运配载物流项目和供应链集成服务物流项目；四是构建适应城乡物流配送网络体系需要的城市配送、网货快递和乡村物流配送项目；五是加快推进适应物流信息化、标准化需要的物流信息平台、通用物流信息管理软件开发与推广和物流标准化试点项目。其中，重点物流配送中心项目包括：杭州市石大路货运物流中心项目、浙江新农都现代农产品物流中心项目、宁波梅山保税物流园区保税物流配送中心项目、绍兴滨海物流中心项目和舟山水产品国际物流中心项目等。

1.5.2 发达国家或地区物流配送中心的建设与发展

第二次世界大战以后，欧美国家及日本为适应经济发展和商品流通需要，在仓储、运输、批发等企业基础上发展建设了众多形态的物流配送中心。这些物流配送中心或作为独立的企业提供社会化的配送服务，或作为企业集团的一个重要组成部分，以保障集团内部生产和流通业务需求。到 20 世纪 80 年代，这些物流配送中心已经取代了传统的批发体系，发展成为商品流通体系的骨干力量，为促进流通向现代化发展，实现贸易国际化，起到了重要的保障和中介作用。因此，分析、比较发达国家或地区物流配送中心的特点，学习、借鉴其发展物流配送中心的先进经验，对我国发展现代化的物流配送中心具有重要的现实意义。

1. 美国的物流配送中心

美国的物流配送中心以萌芽早、发展速度快、活动范围广、经营范围大和现代化水平高而著称于世。从 20 世纪 60 年代起，商品配送合理化在发达国家普遍得到重视。美国的一些企业认为：当生产效率提高到劳动生产率的潜力被耗尽后，调整流通领域的商品流量是企业获取利润的主要来源，也是稳定消费物价和提高国际竞争能力的重要因素。为了向流通领域要效益，美国企业采取了以下措施：一是将老式的仓库改为物流配送中心；二是引进计算机管理网络，对装卸、搬运、保管实行标准化操作，提高作业效率；三是连锁店共建物流配送中心，促进连锁店效益的增长。美国的物流配送中心正是在改造老式仓库的基础上于 20 世纪 60～70 年代逐步形成和发展起来的。

美国的物流配送中心发展需具备以下主要外部条件。

(1) 美国经济高速发展，市场消费相当可观，使物流量急剧上升。

(2) 美国自 20 世纪 50 年代开始，大力兴建州际高速公路，已建成数十万公里的高速公路，把全美各地连接起来，与铁路、港口、空运一起形成了四通八达的交通网络。

(3) 超市、平价俱乐部等连锁经营的出现，带动了物流的变革。

(4) 经济的发展带来社会专业分工的细化，观念的转变，使制造商要求摆脱物流、销售等，集中精力开发研制新产品。

美国的物流配送中心管理的特点表现在一流的服务、确定合理的配送价格、千方百计地降低作业成本等几个方面。其主要包括以下类型。

(1) 特大型生产企业独资建立的物流配送中心，主要为生产企业自身服务。

(2) 大型零售企业或连锁企业自有的物流配送中心。

(3) 为扩大生产企业和商业企业的服务范围而建立的社会化的物流配送中心。

社会化的物流配送中心可分为两种：一种是本身没有商品所有权的纯物流性质的配送组织，主要依托众多的生产企业，依据生产企业的指令(或者受生产企业委托)向零售企业或其他客户配送商品。实践中，作为需求者的零售商要向工厂订货；工厂汇总用户的订单之后，通知物流配送中心按其指令进行配货、送货。具体的送货时间由各物流配送中心与用户(零售商)协商确定，但货款结算要在零售商和工厂之间进行(即货款由零售商与工厂结算)。另一种社会化物流配送中心是兼从事商品分销(代理)活动的配送组织，主要依托零售商、超市等用户从事经营活动。在实践中，物流配送中心根据用户的订单，先从生产企业进货，然后再组织配送。对于组织进来的货物，物流配送中心拥有所有权。

2. 日本物流配送中心

第二次世界大战之后，工业的复兴使日本经济进入了高速增长时期。特别是20世纪60年代，日本经济完成了向重工业化转化以后，更呈现出高速增长态势。这个时期，产品产量和货物运输量均急剧增加，然而，由于流通发展滞后，阻碍了生产的快速发展。日本政府从提高物流效率、促进经济发展的愿望出发，采用了多种措施扶持企业进行物流设施建设。其中包括统一规划城市中的仓储设施建设，修建"流通团地"，并且制定规划有关物流的法律、法规和颁布提倡企业革新物流技术、更新物流设备的优惠政策。与此同时，日本工商企业也在积极探索提高物流效率的可行性办法和途径。调整物流组织，提出"物流系统化"的目标、策略和规划，如发货"大量化"、运输"计划化"、物流"共同化"与"专业化"等。在实施物流规划过程中，日本的生产商和批发商为了扩大单元发货量和提高供货效率，一方面实行了奖励制度和优惠价格制度；另一方面建立了"发货中心""流通中心"等物流设施。

日本随着商业连锁化经营步伐的加快发展，对社会化配送组织提出更高的要求。其发展趋势如下：系统内自建的物流配送中心逐步缩小，而共同享用商品配送的社会化物流设施和物流配送共同化趋势日益显著，主要包括以下几种类型。

(1) 大型商业企业自有的物流配送中心。一般由资金雄厚的商业销售公司或连锁超市公司投资建设，主要为本系统内的零售店铺配送，同时也受理社会中小零售店的配送业务。配送商品主要有食品、酒类、生鲜食品、香烟、衣物、日用品等。

(2) 批发商投资、小型零售商加盟组建的物流配送中心。为了与大型连锁超市公司竞争，由一些小型零售企业和连锁超市加盟合作，自愿组合，接受批发商投资建设的物流配送中心的进货与配送。这种以批发商为龙头，由零售商加盟的物流配送中心，实际上是商品社会化配送。这样的配送形式，既可解决小型零售商因规模小、资金少而难以实现低成本经营的问题，也提高了批发商自身在市场的占有率，同时实现了物流设施充分利用的社会效益。

(3) 接受委托，为其他企业服务的物流配送中心。在完成对本系统的配送之外，接受其他企业的委托进行配送服务。其主要配送对象是大量小型化便利店或超市，以合同为双方约束手段，开展稳定的业务合作。

上述3种类型的物流配送中心，实际上不同程度地承担了社会配送功能，并且还有进一步扩大配送范围的发展趋势。

日本的物流配送中心由于实现了较为成熟的计算机管理，建立了严格的规章制度和配备了比较先进的物流设施，确保了商品配送过程的准确及时到位，真正起到了降低流通费用，加速流转速度，提高经济效益的作用。其管理具有以下特点。

(1) 普遍实现计算网络管理，使商品配送及时准确，保证物流经营正常进行。由于采用计算机联网订货、记账、分拣、配货等，使得整个物流过程衔接紧密、准确、合理，零售商店的货架存量压缩到最小限度，直接为零售店服务的物流配送中心基本上做到零库存，大大降低了缺货率，缩短了要货周期，加速了商品周转，给企业带来了可观的经济效益。

(2) 严格的规章制度使商品配送作业准确有序地进行，真正体现了优质服务。物流配送中心设立了一套严格规章制度，使物流配送中心的各个环节作业安排周密，按规定时间完成，并且都有详细的作业记录。例如，配送冷藏食品的物流配送中心，对送货时间和冷藏车的温度要求很严格，在送货的冷藏车上都安装了检测器，冷藏车司机送货到每个点都必须按照计算机规定的计划执行。物流配送中心对门店订货到送货之间的时间都有严格的规定，一般是保鲜程度要求高的食品，今天订货明天到货；其他如香烟、可乐、百货等，今天订货后天到货。如送货途中因意外不能准时到达，必须立刻与总部联系，总部采取紧急补救措施，确保履行合同。

(3) 先进的物流设施，节约了劳动力成本，并保证提供优质的商品。日本物流配送中心的物流设施都比较先进，一是自动化程度高，节约人力；二是对冷藏保鲜控制温度要求高，保证商品新鲜。收货、发货时按相应按钮，计算机会自动记录，并将信息分别送至统计、结算、配车等有关部门。温控自动化立体仓库的冷冻库和冷藏库设计科学合理，钢货架底座设有可移动的轨道，使用方便，大大提高了冷库的面积利用率和高度利用率。此外，送货冷藏车上，可同时容纳3种温度的商品，确保各类商品的不同温度要求，并在整个物流过程中都能控制温度。

3. 发达国家或地区物流配送中心的发展比较

发达国家或地区的物流配送中心的建设和运作，一方面体现了时代特点；另一方面也融入了各自的社会文化特点。

1) 相同点

(1) 物流配送中心的规模较大。在日本，20世纪70年代以前的物流配送中心的建筑面积为5 000～10 000m²。20世纪70年代以后，出现了许多10 000m²以上的建筑。东京物流团地的建筑面积更是超过了400 000m²。

(2) 物流配送中心功能及附属设施较为齐全。在发达国家，即使是较小的物流配送中心，也拥有集装箱场站及装卸、搬运、起重等设施。因此，除了主体建筑占地以外，其他设施占地几乎等于或大于主体建筑的占地面积。

(3) 物流配送中心的区位选择较为合理。物流配送中心尤其是大型物流配送中心都分布在城市郊区、交通运输枢纽(如车站、码头、机场、公路交会处)等。一般距城市边缘5～40km。

(4) 物流配送中心均采用了计算机管理等高科技的管理手段。日本小松的补给中心在20世纪70年代就使用了计算机进行管理，这么多年来不断更新换代，自动化程度较高。例如，采用RFID技术或条形码技术自动采集货物信息，由计算机整理信息后发出自动存货、补货、分拣、传送、包装、装卸指令，完成相应作业。物流配送中心实际上就是高新技术使用集中的场所。

2) 不同点

(1) 各国物流配送中心的分布不同。美国的物流配送中心分布比较分散；日本的物流配送中心分布集中；欧洲大力发展的是公共型物流配送中心，有众多物流企业聚集。各国物流配送中心的分布不同，一方面是国土拥有量不同所致；另一方面是物流配送中心发展的阶段不同所致。欧洲的物流配送中心起步较晚，因此能适应当前物流企业聚集发展的形势。

物流配送中心规划与设计 ------------------------------

(2) 物流配送中心的规模及建筑形式不同。美国的物流配送中心单体建筑规模较大，一般都在 20 000m² 以上；而欧洲的物流配送中心单体建筑只有 5 000m² 左右，很少见到一栋物流配送中心的面积在 20 000m² 以上的。日本的物流配送中心多为楼库；而欧美物流配送中心的建筑多为平库，呈矩形。

从产生原因、特色功能、网点布局和设施设备、管理特点、发展趋势等几个方面运用比较分析方法，对当今世界发达国家或地区和我国的物流配送中心进行分析比较，结果如表 1-4 所示。

表 1-4　各国(地区)物流配送中心特点比较

比较项目 ＼ 国家(地区)	美 国	日 本	加拿大	中 国 上 海	中 国 台 湾
产生原因	消费市场发达、多频次、小批量、库存周转加快、物流成本上升、城市交通阻塞、环境污染等				
特色功能	客户服务功能	战略功能、控制功能、应变功能	批发商、零售商服务功能		
网点布局和设施设备	立体仓库、环保设施、机械化与半自动化设备	合理选址、规模适中、自动分拣、无线通信	大型单层、自动分拣、自动打包	立体仓库、高架叉车	中小规模、平房仓库、本土化设备
管理特点	网络化信息处理系统、明确的服务范围和区域	网络管理、严格的规章制度	计算机管理、条形码技术	开发中的计算机管理与条形码技术	结合本土特点、吸收国外经验、重视人才培养
发展趋势	全球化战略、区域性贸易	无纸化、无人化		多功能化、信息化优质服务	从整合到聚集

4. 发达国家或地区物流配送中心对我国的启示

(1) 政府在经济规划与管理中应将物流业作为总体规划的一个有机组成部分，统一规划，统一运筹。目前，我国连锁商业发展势头强劲，尤其是零售商业中的超市、便利店及仓储式商店等业态异军突起，而连锁商业中"第三方物流"实施社会化配送程度很低，大大制约了连锁商业的发展进程。根据国外建设物流基地或物流配送中心的经验表明，物流企业是一个投资大、回收期长、社会效益显著的特殊产业，因此政府在税收、贷款利率等方面要给予优惠和支持，并在政策、舆论导向上积极引导中小企业进入物流配送中心实施共同配送，鼓励支持跨行业、跨地区、跨所有制的相关产业部门建立集商流、物流、信息流和资金流为一体的社会化物流配送中心。在物流配送中心的发展形式上，因地制宜，形式多样化，依据我们的具体国情，以现有物流配送中心为基础，实行横向的联合兼并与纵向的垂直整合，逐步发展大型物流配送中心与区域性物流配送中心相配套，综合性物流配送中心与专业性物流配送中心相结合，建立以社会化、共同化物流配送中心为主体功能的综合化的物流配送体系。总之，在充分开发与利用社会物流资源上，强化政府的宏观调控与指导，在统一规划的前提下，确保物流配送中心建设的规模经济效益和物流资源的最优化配置。

(2) 应推进综合物流管理，做好市场调研，促进物流配送业的空间布局合理化与科学化。物流在国外如美国、日本等国家已有近百年的研究与发展历史，自从物流是"第三利润源泉"的观点发表之后，引起西方国家政府与企业界的高度重视。日本针对商业营销费用的50%是物流费用的事实，拟订了《综合物流施策大纲》，目的在于进一步有效地控制和降低成本，实施全社会的物流一体化、全球化战略。我国是一个中小型企业占相当比重的国家，为降低流通成本，谋求物流的高效化，推进综合物流管理已成为我国目前亟待解决的问题，尤其是物流配送业的空间布局，它不但影响到国民经济结构，也影响到商品流通产业结构和业态结构的优化与重组。科学合理的物流业空间布局，必须适应我国中小企业多批次、小批量、缩短供货周期等对物流服务的客观要求；避免一哄而上大办物流配送，切实做好市场调研、市场预测与决策工作，一切从市场需求出发。首先要搞好物流配送中心建设的地理定位，对周边社会经济、文化环境的科学分析，测定商圈范围，以获得物流配送中心市场的有效辐射力；其次要整合物流配送中心市场运作中所具备的仓储、交通运输、信息等方面的基础条件，以及物流业与工商企业双方的联盟关系，形成风险共担、规模经济效益共享的社会化物流配送体系；最后要协调好区域物流配送中心和城市物流配送中心在空间布局上的有效性和合理性，在物流服务上真正实现其优势互补，有利于物流服务营销网络体系的构建，进一步迈入物流社会化、共同化乃至全球化的发展轨道。

(3) 集约化、网络化、信息化和现代化物流配送中心集商流、物流、信息流于一体，一头连接生产，一头连接零售，将广大中小型零售企业组织起来，是降低流通成本、提高效率的有效途径。在进一步深化商业体制改革中，认真借鉴国外成功的经验，将改组传统批发商业企业和传统储运企业结合起来，重建现代批发网络体系，且与完善物流配送中心的集货、分货、拣货、包装、运输、信息、咨询等综合化服务功能结合起来。加大科技改革的力度，提高物流配送企业的组织化程度和企业化经营的水平，加快物流业的软件建设和专业化人才培养，在实践中不断探索、不断完善，积累经验。在发展定位上，应立足于我国商业深化改革的实际，针对物流业发展的内外部环境与条件，为零售商业领域"量身定做"社会化物流配送中心，从市场需求出发，通过集约化、规范化经营，吸收并引进国外先进的物流技术与管理方法，以推动我国物流配送中心的发展。

(4) 其他国家与地区的经验表明，社会化物流配送中心的建设，各国均采用了适合本国发展的物流配送中心模式，以物流业的规模结构优化调整作为本国物流发展的战略，这给我们的启发与借鉴也提出了一个新的课题，即物流配送中心发展模式及本土化问题。发展社会化物流配送中心，真正将物流中的运输、储存、装卸、包装、流通加工及信息等功能整合成为一个完整的物流系统，这是理解现代物流理念的基础和关键。在吸收国外经验的同时，重点学习其观念、原则，而更为重要的是要立足于本国，从实际出发，从国情出发，结合我国批发商业、仓储、运输等领域的企业实际，在融合国外现成物流管理方面经验的基础上，同时能根据自身的需求特点，这是实现与促进物流本土化的基本条件，否则盲目地照抄照搬，追求"大而全""遍地开花"的模式，盲目规划建设及物流业态单一化等形式都不利于我国物流配送中心的发展。总之，物流配送中心发展必须立足于了解自己，在规划建设、选址、经营规模、市场定位、组织形态、运作方式等方面，按照我国国民经济发展的需要及连锁商业发展的水平要求进行总体规划与建设。此外，对物流专业技术人才的培养和储备，将是我国社会化物流配送中心健康发展的关键因素。

1.5.3 物流配送中心的发展趋势

随着社会的进步和经济的发展，物流配送中心将有进一步的发展，而且会以计算机技术等高科技手段为支持，形成系列化、多功能的供货活动形式。今后物流配送中心的发展趋势将主要体现在以下几个方面。

1. 物流配送中心的配送区域进一步扩大

建设专业物流配送中心，实施物流配送的国家已不限于发达国家，许多发展中国家也按照流通社会化的要求实行了物流配送制，并且积极开展物流配送。就发达国家而言，物流配送的活动范围已经扩大到了省际、国际和洲际。

2. 物流配送中心共同配送的进一步发展

无论是物流配送的种类和数量，还是物流配送的方式、方法都得到了迅猛的发展。同时，由于经济发展带来的货物种类急剧增加，消费向小批量、多品种转化，销售行业竞争激烈，传统的做法被淘汰，销售企业向大型化、综合化发展，使得物流配送的数量增加也非常迅速。另外，随着物流配送货物数量增加，物流配送中心除自己配送外，还采取转承包的配送策略。而且，在物流配送实践中，除了独立配送、直达配送等一般性的配送方式外，又出现了"共同配送"、"即时配送"等配送方式。共同配送是经长期的发展和探索优化出的一种追求合理化配送的配送方式。这样，物流配送方式得到了进一步发展。

 资料卡

共同配送是指多个客户联合起来共同由一个第三方物流企业来提供配送服务。它是在物流配送中心的统一计划、统一调度下展开的。共同配送的本质是通过作业活动的规模化降低作业成本，提高物流资源的利用效率。

即时配送是指完全根据客户提出的品种、数量、时间要求提供的一种随要随送的配送方式。这种配送方式由于所要求的时限很短，因此对配送组织者提出了较高的要求。对于客户而言，它具有很高的灵活性，可以使客户实现安全存货的零库存。

3. 物流配送中心技术水平提高，作业效率进一步提高

物流配送中心的各项作业经历了从手工劳动、半机械化、机械化到自动化 4 个阶段。进入 21 世纪以来，各种先进技术特别是计算机技术的应用，使物流配送中心基本上实现了自动化。发达国家普遍采用了诸如自动分拣、光电识别、条形码、定位追踪、RFID 等先进技术，并建立了配套体系和配备了先进的设备，如无人搬运车、无人分拣机等，使物流配送中心服务的准确性和效率大大提高。有的工序因采用先进技术和先进设备，工作效率提高了 5～10 倍。在某些发达国家，有的物流配送中心人均搬运作业每小时可达 500 个托盘，分拣能力已达 1.45 万件。目前，一些先进国家正朝着集成化和智能化发展。我国物流配送中心处在起步发展阶段，物流配送中心存在着人力、机械和自动控制作业等多种方式。随

着经济发展水平的提高和物流技术的完善，机械化、自动化、集成化、智能化技术将是我国物流配送中心的发展方向。

4. 物流配送中心的集约化程度明显提高

随着市场竞争日益激烈以及企业兼并速度明显加快，小规模的物流配送企业的数量在逐步减少。但是，总体的实力和经营规模却在增长，物流配送的集约化程度不断提高。多个系统、企业乃至地区，各自的商品物流配送中心，从突破自身制约条件、维持和开拓市场、最大限度地创造效益和获得发展的意图出发，携起手来，开展交叉配送；或者多个系统、企业或地区联合共建物流配送中心，实现集约化配送，"以市场换市场"，优势互补，资源共享，最终构造出辐射全社会的物流服务网络，形成"物畅其流"的大同世界。据有关资料介绍，美国通用磨坊食品公司已用新建的 20 个物流配送中心取代了以前建立的 200 个仓库，以此形成了规模经营优势。由于物流配送企业相对集中，故物流配送系统处理货物的能力有了很大提高。物流配送中心作为物流活动的场所、物流系统网络的节点、物流产业的载体，将在社会经济生活中发挥重要作用，特别是对推动物流产业发展具有重要作用。

5. 物流配送中心竞争日趋激烈，优胜劣汰

大量的规模小、设施欠缺、技术与管理较差的企业集团内部物流配送中心，在为其内部实施商品配送过程中，若不能体现价格、质量、服务水平等方面的优势，必然走向消亡。少数大型的、具有较高组织化程度和现代化水平的企业集团物流配送中心，将通过其规模优势的充分发挥，不断地得以发展和完善，最终部分或完全走向社会化。在未来激烈的市场竞争中，物流配送中心必须保持高质量的服务，必须确保物流配送中心服务准确、快速、高效。

6. 物流配送中心管理规范化与经营集团化

随着物流的产业化发展，物流业将逐步走向成熟，按照物流配送中心发展的规律进行规范化管理将是大势所趋。发达国家物流配送中心发展的成功经验表明，实行物流配送中心的集团化、网络化，将成为物流中心的发展方向。特别是跨地区、跨部门、跨企业的集团化、网络化组织经营，对发挥物流系统效率，提高物流经营效益，实现信息共享，降低全社会物流成本等，具有重要的意义。

7. 物流配送中心标准化建设加速

物流标准化不仅是物流系统化的前提，而且还是和国际接轨的前提，因此无论是物流装备，还是物流系统建设与服务，必须首先满足标准化的要求。物流配送中心的标准化必须和整个物流系统的标准化具有一致性、统一性。物流配送中心的标准化涉及物流配送中心库房的设计建造、装卸存储等硬件的标准化，以及包括票据等的软件标准化。硬件标准化要能够适应"门到门"的直达配送，信息与服务的标准化是实现电子数据交换、信息化和服务优质、规范的基础。

8. 物流配送中心管理与服务信息化

未来的社会将是信息化的社会，物流必须和信息流相伴才能达到通畅、高效的目的。随着计算机技术与通信技术的充分发展，以及全球信息网络的建成，物流配送中心的信息化趋势将进一步加强。

本 章 小 结

本章主要介绍物流配送中心的概念、物流配送中心的功能、物流配送中心的分类、物流配送中心的地位和作用、物流配送中心的建设与发展等基本内容。

配送中心是指从事配送业务且具有完善信息网络的场所或组织,应符合下列基本要求:①主要为特定客户或末端客户提供服务;②配送功能健全;③辐射范围小;④提供高频率、小批量、多批次配送服务。

物流中心是指从事物流活动且具有完善信息网络的场所或组织,应符合下列基本要求:①主要面向社会提供公共物流服务;②物流功能健全;③集聚辐射范围大;④存储、吞吐能力强;⑤对下游配送中心客户提供物流服务。

物流配送中心可以理解为企业(生产企业、商业企业、物流企业等)中从事大规模、多功能物流活动的业务实体,它的主要功能是大规模集结、吞吐货物,因此往往具备运输、仓储、分拣、装卸搬运、配载、包装、流通加工、单证处理、信息传递、结算等主要功能,甚至具有贸易、展示、货运代理、报关检验、物流方案设计咨询、物流教育培训等一系列延伸功能。

根据不同的分类标准,可以把物流配送中心分为不同的类型。

物流配送中心的地位主要体现在衔接地位和指导地位两个方面。物流配送中心的作用可以从供应企业和制造企业的角度、需求方的角度等两个大的方面进行分析。

 关键术语

配送(Distribution)

配送中心(Distribution Center)

物流中心(Logistics Center)

物流节点(Logistics Node)

物流配送中心(Logistics Distribution Center)

物流网络(Logistics Network)

区域物流配送中心(Regional Logistics Distribution Center)

转运中心(Transit Center)

保税物流中心(Bonded Logistics Center)

习 题

1. 选择题

(1) 以下关于配送的表述正确的是( )。

 A. 配送是指在经济合理的区域范围内,根据客户要求,对物品进行拣选、加工、包装、分割、组配等作业,并按时送达指定地点的物流活动

 B. 配送是配送中心的核心业务,它是一种特殊的、带有现代色彩的物流活动

  C. 配送就是运输，两者之间没有本质的区别

  D. 配送几乎涵盖了物流中所有的要素和功能，是物流的一个缩影或某一范围内物流全部活动的体现

(2) 以下关于配送中心的表述正确的是(　　)。

  A. 配送中心是从事配送业务且具有完善信息网络的场所或组织，应基本符合下列要求：①主要为特定客户或末端客户提供服务；②配送功能健全；③辐射范围小；④提供高频率、小批量、多批次配送服务

  B. 配送中心不但要承担起物流节点的功能，还要起到衔接不同运输方式和不同规模的运输职能

  C. 配送中心为了实现"配货"和"送货"，要进行必要的货物储备

  D. 配送中心的"配送"工作是其主要的、独特的工作，是全部由配送中心完成的

(3) 以下关于物流中心的表述正确的是(　　)。

  A. 物流中心是从事物流活动且具有完善信息网络的场所或组织，应基本符合下列要求：①主要面向社会提供公共物流服务；②物流功能健全；③集聚辐射范围大；④存储、吞吐能力强；⑤对下游配送中心客户提供物流服务

  B. 物流中心就是超大规模的仓库

  C. 物流中心从供应者手中受理大量的多种类型的货物，进行分类、包装、保管、流通加工、信息处理，并按众多用户要求完成配货、送货等作业

  D. 物流中心是组织、衔接、调节、管理物流活动的较大的物流节点

(4) 以下关于配送中心和物流中心的对比分析表述正确的是(　　)。

  A. 配送中心和物流中心既有相似之处，又有一定的区别

  B. 配送中心和物流中心都可以实现规模化运作，具备多种功能

  C. 配送中心一般位于供应链上中上游

  D. 物流中心能够从事大规模的物流活动，辐射范围大

(5) 物流配送中心的增值服务功能包括(　　)。

  A. 需求预测功能　　　　　　　　B. 物流系统设计咨询功能

  C. 物流教育与培训功能　　　　　D. 物流信息处理功能

(6) 按服务区域进行分类，物流配送中心包括(　　)。

  A. 区域物流配送中心　　　　　　B. 供应型物流配送中心

  C. 销售型物流配送中心　　　　　D. 城市物流配送中心

(7) 物流配送中心的作用包括(　　)。

  A. 有助于企业降低销售环节的物流成本

  B. 提高企业的服务质量，扩大产品的市场占有率

  C. 减少交易费用，降低物流整体成本

  D. 有助于企业电子商务业务的开展

(8) 物流配送中心的发展趋势包括(　　)。

  A. 配送区域进一步扩大　　　　　B. 集约化程度明显提高

  C. 标准化建设加速　　　　　　　D. 管理规范化与经营集团化

2. 简答题

(1) 配送、配送中心和物流中心的概念分别是什么?

(2) 物流配送中心的概念是什么?

(3) 物流配送中心的主要功能是什么?

(4) 物流配送中心如何分类?

(5) 从供应商和制造商的角度,分析物流配送中心的作用。

3. 判断题

(1) 配送不属于物流的基本活动。 ( )

(2) 配送中心提供高频率、小批量、多批次配送服务。 ( )

(3) 物流中心和配送中心都是进行物流配送的设施,没有区别。 ( )

(4) 提供增值性服务是现代物流配送中心赢得竞争优势的必要条件。 ( )

(5) 物流配送中心内的装卸搬运活动不产生效用和价值,且不良的装卸搬运还会损伤、损坏和弄污物品,所以,应尽量减少装卸搬运的次数和距离。 ( )

(6) 转运中心是以将零星货物集中成批量货物为主要功能的物流配送中心。 ( )

(7) 物流配送中心的标准化涉及硬件的标准化和软件的标准化两方面内容。 ( )

(8) 海尔集团的物流配送中心属于商业企业物流配送中心。 ( )

4. 思考题

(1) 分析配送中心与物流中心的异同。

(2) 分析发达国家或地区物流配送中心的异同点,并总结其对我国物流配送中心的建设带来的启示。

(3) 查阅相关网站、书籍或文献资料,找到两家知名企业(一家生产型企业,一家商业型企业),对两家企业的物流配送中心进行对比分析。

 实际操作训练

课题:某区域物流配送中心功能与作业流程调研

实训项目:某区域物流配送中心功能与作业流程调研。

实训目的:了解该区域物流配送中心完成的功能类别,掌握该区域物流中心作业的基本流程。

实训内容:调研该区域物流配送中心的功能和作业流程,并绘制该区域物流配送中心的作业流程图。

实训要求:首先,将学生进行分组,每5人一组;各组成员自行联系,并调查一个区域物流配送中心,(或通过网站、书籍等资料,查阅一个区域物流配送中心的相关信息),分析该区域物流配送中心所完成的基本功能和增值服务功能,并对各功能进行详细总结和描述;同时对该区域物流配送中心的作业流程进行分析,并利用图形描述工具绘制各基本作业环节的作业流程;在前述工作的基础上,结合所学专业知识,提出本组认为可行的、该区域物流配送中心可以拓展的功能,同时优化该区域物流配送中心的作业流程;针对本组的分析和设计结果,与该区域物流配送中心的管理人员进行沟通,听取他们对分析结果和改进设计方案的建议,之后改进相应的设计方案,如此反复直至得到管理人员的认可为止。每个小组将上述调研、分析、改进的过程和结果形成一个完整的调研分析报告。

 案例分析

海尔集团的物流配送中心

海尔集团在全国各地建有 42 个物流配送中心,这 42 个物流配送中心构成了海尔集团服务市场和客户需求的重要物流网络。为确保物流配送中心实现高效运转,并为管理系统提供及时、准确的物流数据,物流配送中心的日常作业方式必须改变传统的手工作业,应建设一套高效、准确的数据采集系统。针对海尔物流配送中心的业务特点,借鉴国外先进制造企业的应用经验,海尔集团决定在各地的物流配送中心全面应用便携式数据终端设备,在物流配送中心的入库、出库、盘点、移库等作业环节,实现高效、准确、及时的数据采集和管理功能。

在物流配送中心的入库作业环节,数据终端从主机系统下载有关的入库数据后,操作人员通过在数据终端上输入相应的入库单据编号,便可获得详细的入库数据,具体包括入库产品条形码、单位、数量等。操作人员通过对实际入库产品条形码的扫描,并将实收数据与应收数据核对,实现对入库数据的高效采集和流程控制功能。最后,数据终端上采集的数据被上传到主机系统中,供物流管理系统做进一步的处理和分析。

在物流配送中心的出库作业环节,在数据终端下载主机系统的出库数据之后,操作人员在数据终端上输入相应的出库单据号,便可获得当前批次出库的产品条形码和数量。依据数据终端中的出库数据,操作人员可实现对出库产品的扫描、核对和确认,从而实现对出库作业的严密管理。最后,数据终端的实际出库数据被上传到主机系统中。

在物流配送中心的盘点作业中,在数据终端下载由主机系统生成的盘点数据之后,操作人员便可在数据终端的操作提示下,对库存商品进行逐项扫描、清点和确认,待盘点数据上载到主机系统之后,便可获得库存的盘点差异数据。

在物流配送中心的库位移动作业中,待数据终端从主机系统下载移库指令后,操作人员便可在数据终端的操作指示下,将某个库位的商品转移到目的库位,待所有移库操作完成后,再将数据终端上传至主机系统,实现移库作业的确认。

此外,在海尔集团的物流管理系统中,所有的物流资源包括作业人员、物流托盘、物流容器和作业表单等,都通过条形码实现了数字化标识,并由数据终端扫描后实现数据采集,从而由物流信息系统实现了作业统计、流程控制、作业调度等功能,并实现了整个物流系统和资源的高效运作和管理。

目前,海尔特色物流管理的“一流三网”充分体现了现代物流的特征:“一流”是指以订单信息流为中心;“三网”分别是全球供应链资源网络、全球用户资源网络和计算机信息网络。“三网”同步运作,为订单信息流的增值提供支持。“一流三网”可以实现四个目标:一是为订单而采购,消灭库存;二是实现双赢,海尔和分供方之间不再是简单的买卖关系,国际化分供方提前参与到海尔产品的设计阶段,与海尔共同面向客户,使订单增值;三是 3 个 JIT 实现同步流程,由于物流技术和计算机管理的支持,海尔物流通过 3 个 JIT,即 JIT 采购、JIT 配送和 JIT 分拨物流来实现同步流程;四是计算机网络连接提高速度,海尔 100% 的采购订单由网上下达,使采购周期由原来的平均 10 天降低到 3 天,网上支付已达总额支付的 20%,降低了供应链成本。

海尔目前每天可将 5 万多台定制产品配送到 1 550 个海尔专卖店和 9 000 多个营销点。在中心城市实现 8h 配送到位,区域内 24h 到位,全国 4 天以内到位。

资料来源: http://abc.wm23.com/dandan1/175473.html;
http://www.chinawuliu.com.cn/zixun/200104/04/40072.shtml.

问题：

(1) 海尔物流配送中心属于什么类型的物流配送中心？

(2) 海尔物流配送中心完成的主要功能是什么？

(3) 海尔物流配送中心数据采集系统的特点是什么？

(4) 海尔物流管理的特征是什么？

(5) 海尔"一流三网"可以实现哪些目标？

第2章 物流配送中心规划与设计概述

【本章教学要点】

知识要点	掌握程度	相关知识
物流配送中心规划与设计的含义	了解	物流配送中心规划、物流配送中心设计、两者的异同点
物流配送中心规划与设计的目标任务和原则	了解	目标任务、规划与设计原则
物流配送中心规划与设计的基础资料收集与分析	重点掌握	基础规划资料的收集、基础规划资料的定量分析、基础规划资料的定性分析
物流配送中心规划与设计的程序和内容	掌握	新建与改造物流配送中心规划与设计的区别、新建与改造物流配送中心规划与设计的步骤

【本章技能要点】

技能要点	掌握程度	应用方向
基础规划资料的定量与定性分析	重点掌握	利用定性和定量的分析方法对物流配送中心的基础规划资料进行分析后得到的有用信息，可以作为后续物流配送中心规划与设计的主要参考依据
新建与改造物流配送中心规划与设计的步骤	掌握	为新建或改造的物流配送中心规划与设计工作提供指导，方便规划和设计人员按照相应的步骤和内容开展工作

【知识架构】

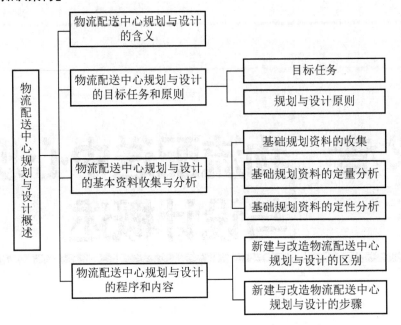

 **导入案例**

河南省建设 15 个城市物流配送中心

河南省政府下发《2013 年河南省服务业重点领域发展行动方案》(以下简称《方案》),年底前,我省将制定实施洛阳、商丘、南阳、信阳、安阳、濮阳、三门峡 7 个物流节点城市建设方案,建成投用 15 个区域分拨和城市物流配送中心。

航空物流也是我省发展服务业的重要内容之一。《方案》显示,年底前,我省将深化与联合包裹速递服务公司(UPS)、空桥公司、国货航公司、国泰公司等企业的合作,巩固现有通达美、欧、亚航线航班,新开辟至中东、澳洲、东南亚等地国际航线。我省还将适时启动卡车航班和高铁行邮业务试点。

此外,加快建设郑州航空港顺丰快件转运中心、邮政速递航空快件转运中心等重点工程,加快推进电子商务快递物流园建设,培育形成全国重要的快递集散中心。

与此同时,还主导发展冷链物流。支持众品公司、双汇集团等企业依托国内食品冷链配送网络优势,加强与境外大型商业企业和航空运输企业合作,推动农产品物流园区和生产基地建设,大力开展海鲜、果蔬、花卉、生鲜农产品等进出口业务,在郑州航空港加快建设全国重要的航空冷链物流基地。

改编自资料:齐亚琼.河南商报,第 A07 版:时讯,2013 年 9 月 17 日.

思考题:

(1) 规划设计一个新物流配送中心,需要收集哪些资料?

(2) 分析收集到的关于物流配送中心基础资料的方法有哪些?

(3) 规划设计一个新物流配送中心的程序和内容是什么?

(4) 河南省规划建设物流配送中心的原因可能有哪些?

(5) 物流配送中心的经营主体应如何做好物流配送中心项目规划论证?

2.1　物流配送中心规划与设计的含义

物流配送中心规划是对于拟建物流配送中心的长远的、总体的发展计划。"物流配送中心规划"与"物流配送中心设计"是两个不同但容易混淆的概念，二者有密切的联系，但也存在区别。在物流配送中心的建设过程中，如果将规划工作与设计工作相混淆，必然会给实际工作带来许多不应有的困难。因此，比较物流配送中心规划与物流配送中心设计的异同，阐明二者的相互关系，对于正确理解物流配送中心规划与设计的含义具有重要意义。

在建设项目管理中，将项目设计分为高阶段设计和施工图设计两个阶段。高阶段设计又分为项目决策设计和初步设计两个阶段。项目决策设计阶段的工作内容包括制定项目建议书和可行性研究报告。通常，也将初步设计和施工图设计阶段统称为狭义的二阶段设计。对于一些工程，在项目决策设计阶段进行总体规划工作，作为可行性研究的一个内容和初步设计的依据。因此，物流配送中心规划属于物流配送中心建设项目的总体规划，是可行性研究的一部分，而物流配送中心设计则属于项目初步设计的一部分内容。物流配送中心规划与物流配送中心设计具有以下相同之处。

(1) 属于项目的高阶段设计过程，内容上不包括项目施工图等的设计。

(2) 二者理论依据相同，基本方法相似。物流配送中心规划与设计工作都是以物流学原理作为理论依据，运用系统分析观点，采取定量与定性相结合的方法进行的。

物流配送中心规划与物流配送中心设计具有以下不同之处。

(1) 目的不同。物流配送中心规划是关于物流配送中心建设全面的、长远的发展计划，是进行可行性论证的依据。物流配送中心设计是在一定的技术与经济条件下，预先对物流配送中心的建设制定详细方案，是项目施工图设计的依据。

(2) 内容不同。物流配送中心规划强调宏观指导性，而物流配送中心设计强调微观可操作性。

2.2　物流配送中心规划与设计的目标任务和原则

2.2.1　目标任务

物流配送中心是集约化、多功能的物流中枢，系统庞杂，投资巨大，因此，正确的决策是至关重要的。建造新的物流配送中心，需要解决的问题可能有以下几点。

(1) 企业经营规模不断扩大，市场区域不断拓展，经营物品的品项数和商品量逐步增加，现有的物流网点、人员和设备能力不足，物流业务处理已不能满足客户的需要。

(2) 在某些区域，物流网点较分散，规模小，造成物流成本居高不下，运输规划难以掌握，信息不畅，运输效率不高，需要对物流网点进行重组和整合。

(3) 物流设施陈旧，设备工具落后，维护费用高，又难以改造，不能适应企业物流业务的拓展。

(4) 周边环境发生变化，如城市市政建设需要原物流配送中心地址迁移；或者由于客户需求向少量化、多批次发展，使得物流配送中心的出货日趋细化，迫切需要对物流设施加以改善。

因此，物流配送中心规划与设计的核心就是运用系统工程的理念和方法对物流的各个功能进行优化整合，从而保证物流系统的良性、健康、有序发展。其主要包括以下目标。

(1) 提高物流系统的吞吐能力和运转效率，以适应经营业务扩展的需求。

(2) 快速响应客户需求，供货准确适时，为客户提供必要的信息咨询服务，提高核心竞争力。

(3) 建立一个柔性物流配送中心，主动适应品项变化需求，及时响应运行过程中可能出现的各种意外情况，保证正常运转。

(4) 对物流系统中的产品进行实时跟踪。

(5) 改善劳动条件和工作环境，减轻员工的劳动强度。

(6) 合理规划运输，关注废弃物的回收与再利用，减放、减排，提倡低碳物流、绿色物流，做到环境友好。

由此可知，物流配送中心规划与设计总的目标是使人力、资金、设备和人流、物流、信息流得到最合理、最经济、最有效、最环保的配置和安排，力求以最小的投入获取最大的效益和最强的服务竞争力。

上述目标之间实际存在"效用背反"问题，往往存在冲突。因此，需要对整个系统进行综合评价，以期达到总体目标的最优化。

2.2.2 规划与设计原则

规划与设计是物流配送中心建设的基础性工作，应当遵循以下原则。

1. 需求导向原则

物流配送中心的规划与设计要充分考虑物流业务的需求来构建物流配送中心的规模、功能和结构，只有以市场需求和业务需求为导向，才能使构建的物流配送中心既能够有效支持供应链的运作，又能保持很高的设施和设备利用效率。

2. 系统工程原则

物流配送中心的工作，包括进货入库、储存保管、搬运装卸、拣选、流通加工、包装、配送、信息处理，以及与供货商、连锁商场的连接方式等内容。归纳起来可分为：进货入库作业管理、在库保管作业管理、拣选作业管理、流通加工作业管理、出库作业管理、配送运输作业管理和信息系统管理。这些作业内容相互依存、相互影响，有着密不可分的内在联系。如何使各项作业和管理均衡协调、有序高效的运转，实现工序合理化、操作简单化和作业机械化是极为重要的。物流配送中心工作的关键是做好物流量的分析预测，调节业务量，把握物流的最合理流程，调整物流作业方式。同时，由于运输线路和物流节点的交织网络特征，物流配送中心的选址对于调节物流量、控制物流速度、降低物流成本、提高物流效率都具有非常重要的作用。

3. 经济性原则

物流配送中心必须对物品进行储存并组织运输与配送活动，因而在进行规划和设计时应综合考虑储存费用、运量、运费和运距等多方面因素，并可以通过适当的数学方法求解出不同可选方案下总的成本大小，最终为物流配送中心的决策提供参考。

4. 软件先进、硬件适度的原则

近年来，随着市场需求的不断升级和科学技术的飞速发展，在物流领域不断涌现出许多先进的设施设备和实用技术。在物流配送中心规划与设计时，是否采用某种先进技术不能一概而论，而应对技术指标、使用条件、功能需求、能力要求和经济成本等方面进行综合论证，审慎地做出选择。一般来说，软、硬件设备系统的水平常常被看成是物流配送中心先进性的标志，因而为了追求先进性就要配备高度机械化、自动化的设备，会给投资方面带来很大的负担。但是，欧洲物流界认为"先进性"就是合理配备，能以较简单的设备、较少的投资，实现预定的功能，也就是强调先进的思想、先进的方法。从功能方面来看，设备的机械化、自动化程度不是衡量先进性的最主要因素。根据我国的实际情况，对于物流配送中心的建设，比较一致的认识是贯彻软件先进、硬件适度的原则。也就是说，机械设施设备等硬件条件要根据资金筹措难度大、人工费用相对较低、空间利用要求不严格等特点，在满足作业要求的前提下，更多选用一般机械化、半机械化的设备。例如，仓库机械化可以使用叉车或者与货架相配合的高位叉车；在作业面积受到限制，一半仓库不能满足使用要求的情况下，也可以考虑建设高架自动化立体仓库。然而，对于物流配送中心的软件建设，则要瞄准国际先进水平，采用国际通用格式标准，加强计算机管理信息系统与控制软件的研究开发，搭建与国际接轨的、迅速便捷的信息平台。

5. 发展的原则

规划与设计物流配送中心时，无论是建筑设施的规划和机械设备的选择，还是管理信息系统的设计，都要考虑到使其具有较强的应变能力、较高的柔性化程度，以适应物流量增大、经营范围拓展的需要。由于可能对市场变化和未来需求把握不准，而建设物流配送中心投资巨大、建设周期长，因此可以考虑进行分期建设。在规划设计第一期工程时，应将第二期工程纳入总体规划，并充分考虑到扩建时的业务需要。

6. 环境保护原则

环境保护和可持续发展一直是我国的国策，尤其在低碳经济背景下，环境保护成为物流配送中心进行规划和设计时不可忽略的重要原则。在构建物流配送中心时，应该把握经济性与环保的平衡，尽可能做到低污染和低排放。

2.3　物流配送中心规划与设计的基础资料收集与分析

2.3.1　基础规划资料的收集

为了保证物流配送中心的成功规划与设计，必须成立一个高效的领导班子来协调和指挥物流配送中心的建设工作。考虑到建造物流配送中心的专业性、技术性、系统性和前瞻性等因素，还应与物流专家学者、物流系统工程技术人员紧密合作，全面听取有关物流配送中心建设的合理化建议，确保物流配送中心规划与设计的顺利实施。

根据建设物流配送中心的类型，首先要进行规划用的基础资料的收集和调查研究工作。调查研究方法包括现场访问记录和厂商实际使用的表单收集。基础规划资料的收集过程分为两个阶段，即现行资料的收集和未来规划资料的收集。

1. 现行资料的收集

现行资料的收集是针对准备建设物流配送中心的类型和需求而进行的，具体现行资料包括以下内容。

(1) 运行资料：业务类型、营业范围、营业额、从业人员数、运输车辆数、供应厂商和客户数量等。

(2) 物品资料：物品类型、品种规格、品项数、供货渠道、保管形式等。

(3) 订单资料：物品种类、名称、数量、单位、订货日期、交货日期、交易方式、生产厂家等。

(4) 货物特性：货物形态、气味、温湿度要求、腐蚀变质特性、装填性质、重量、体积、尺寸、包装规格、包装形式、储存特性和有效期限等。

(5) 销售资料：按物品、种类、用途、地区、客户及时间等要素分别统计。

(6) 作业流程：进货、搬运、储存、拣选、补货、流通加工、备货发货、配送、退货、盘点、仓储配合作业(移仓调拨、容器回收、废弃物回收处理)等。

(7) 事务流程与单据传递：接单分类处理、采购任务指派、发货计划传送、相关库存管理和相关账务系统管理等。

(8) 厂房设施资料：厂房结构与规模、布置形式、地理环境与交通特性、主要设备规格、吞吐能力等。

(9) 作业工时资料：机构设置、组织结构、各作业区人数、工作时数、作业时间与时序分布等。

(10) 物品搬运资料：进货发货频率及数量、在库搬运车辆类型及能力、时段分布与作业形式等。

(11) 供货厂商资料：供货厂商类型，物品种类、规格、质量、地理位置，供货厂商的规模、信誉、交货能力，供货家数及据点分布、送货时间段等。

(12) 配送网点与分布：配送网点分布与规模、配送路线、交通状况、收货时段、特殊配送要求等。

2. 未来规划资料的收集

除收集现行资料外，还要考虑到物流配送中心在该计划区域的发展，收集未来发展的趋势和需求变化的相关资料。

(1) 运营策略和中长期发展计划，包括国家经济发展和产业政策走向、外部环境变化、企业未来发展、国际现代物流技术、国外相关行业的发展趋势等。

(2) 物品现在销售增长率、未来商品需求预测、未来消费增长趋势。

(3) 物品在品种和类型方面的可能变化趋势。

(4) 物流配送中心未来可能发展的规模和水平，预测将来可能发展的厂址和面积。

2.3.2　基础规划资料的定量分析

上述来自各个方面的原始资料，必须从政策性、可靠性等方面进行整理分析，并结合新建物流配送中心的实际情况加以修订，才能作为规划与设计的参考依据。基础规划资料的分析分为定量分析和定性分析。

定量分析内容有库存类别分析、销售额变化趋势分析、订单品项数量分析、物品与包装特性分析、储运单位分析。定性分析内容有作业流程分析、事务流程分析、作业时序分析和自动化水平分析。

需特别注意的是，一般规划分析者常犯的错误是只会把资料做一番整理、统计和计算之类的工作，而不善于把资料和规划设计有机地结合，最后只得到一堆数据与表格。为此，在分析过程中，结合实际需要有效进行数据分析是很重要的。

1. 库存类别分析

物流配送中心库存物品种类繁多，少则几千种，多则上万种，甚至几十万种。每种物品的价格不同，库存数量也不等，有的物品品项数不多但价值很大，即占有资金很多；而有的物品品项数很多但价值不高，占有资金不多。如果对所有库存物品均给以相同的重视程度和管理是不可能的，也是不符合实际的。面对纷繁杂乱的库存物品，如果分不清主次，那么效率和效益也不可能很高，而分清主次却可以事半功倍。ABC 分析法(ABC Analysis Classification)就是根据库存物品的重要程度进行分类排列，从而实现区别对待、分类管理和控制的一种方法。

ABC 分析法，又称帕累托分析法、柏拉图分析法、主次因分析法、分类管理法、ABC 管理法、"80/20" 法则，由意大利经济学家维尔弗雷多·帕累托(Vilfredo Pareto)于 1879 年首创。1951 年，管理学家戴克 (H.F.Dickie)首先将 ABC 分析法用于库存管理。ABC 分析法就是将库存物品按重要程度分为特别重要库存 (A 类库存)、重要库存(B 类库存)和不重要库存(C 类库存)三个等级，然后针对不同等级物品，采取不同的管理策略进行控制。例如，采用不同的库存方法，设置不同的最低库存量和最高库存量，选用相应层次的储存和搬运设备。

ABC 分析法是依据"对应价值大小投入努力"来获得收益的有效管理技巧，表明了关键的少数和次要的多数之间的关系，是分析物流管理的基本方法之一。ABC 分析法还可以应用到质量管理、成本管理和营销管理等各个方面。应该说明的是，应用 ABC 分析法，一般是将分析对象分成 A、B、C 三类，但也可以根据分析对象重要性分布的特征和对象数量的大小分成 3 类以上，如分成 4 类、5 类等。

采用 ABC 分析法包括以下几个步骤。

1) 收集资料

按库存管理的要求，收集与物品储存有关的资料，包括各种物品的单价、储存特性、库存量、销售量和结存量等。库存量和销售量收集半年到一年的资料，结存量应收集最新的盘点分析资料。

2) 处理资料

将收集来的数据资料进行整理并按价值(或重要性、保管难度等)进行计算和汇总，如计算销售额、品项数、累计品项数、累计品项百分数、累计销售额、累计销售额百分数等。当物品品项数不多时，应以每一种物品为单元进行统计；当物品品项数较多时，可将库存物品按价值大小逐步递增的办法进行分类统计，分别计算出各范围所包含物品的库存量和价值。

3) 绘制 ABC 分析表

ABC 分析表栏目构成见表 2-1：第 1 栏为物品或范围名称；第 2 栏为品项数累计，即每一种物品皆为一个品项数，品项数累计实际就是序号；第 3 栏为累计品项百分数，即累计品项数对总品项项数的百分比；第 4 栏为物品单价；第 5 栏为平均库存；第 6 栏是第 4 栏单价乘以第 5 栏平均库存，为各种物品平均资金占用额；第 7 栏为平均资金占用额累计；第 8 栏为平均资金占用额累计百分数；第 9 栏为分类结果。

表 2-1 库存物品数量与价值统计表

物品名称	品项数累计	累计品项百分数/%	物品单价	平均库存	平均资金占用额			分类结果
					金额	累计	累计百分数	

制表按下述步骤进行：将第二步已经算出的平均资金占用额以大排队方式，由高至低填入表中第 6 栏。以此栏为准，将相应物品名称填入第 1 栏、物品单价填入第 4 栏、平均库存填入第 5 栏，在第 2 栏中按 1、2、3、4、……编号，则为品项数累计。此后，计算累计品项百分数，填入第 3 栏；计算平均资金占用额累计，填入第 7 栏；计算平均资金占用额累计百分数，填入第 8 栏。

4) 根据 ABC 分析表确定分类

按 ABC 分析表，观察第 3 栏累计品项百分数和第 8 栏平均资金占用额累计百分数，将累计品项百分数为 5%～15%，而平均资金占用额累计百分数为 60%～80%的前几类物品，确定为 A 类；将累计品项百分数为 20%～30%，而平均资金占用额累计百分数为 20%～30%的物品，确定为 B 类；其余为 C 类，C 类情况和 A 类正好相反，其累计品项百分数为 60%～80%，而平均资金占用额累计百分数仅为 5%～15%。

5) 绘制 ABC 分析图

以累计品项百分数为横坐标，以平均资金占用额累计百分数为纵坐标，按 ABC 分析表第 3 栏和第 8 栏所提供的数据，在坐标图上取点，并连接各点，绘成 ABC 分析曲线。按 ABC 分析曲线对应的数据和 ABC 分析表确定 A、B、C 三个类别的方法，在图上标明 A、B、C 三类，则制成 ABC 分析图(图 2-1)。

按照 ABC 分析的结果，结合物流配送中心的管理资源和经济效果，对 A、B、C 三类物品分别采取不同的管理办法和采购储存策略。

(1) A 类物品在品种数量上仅占 15%左右，管理好 A 类物品，就能管理好 70%左右的年消耗金额，是关键的少数，要进行重点管理。对仓储管理来说，保管时货位尽量靠近物流配送中心出口，对物流配送中心要进行定时盘点和检查，必要时每天都要盘点检查。在保证安全库存和不缺货的前提下，小批量、多批次按需组织采购、储存和发货，最好能做到准时制管理，尽可能地降低库存总量，减少仓储管理和资金占用成本，提高资金周转率，随时监控需求的动态变化，尽可能缩短订货提前期。

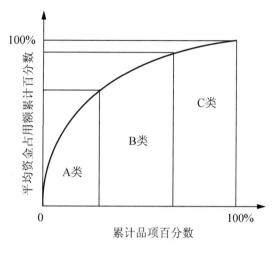

图 2-1   ABC 分析图

(2) B 类物品属于中批量物品，进行次重点管理，即常规管理。库存期比 A 类物品长，需加强日期管理，先进先出，采用立体货架进行储存。采用定量订购方法，中量采购。前置期时间可较长，进行盘点和检查的周期比 A 类物品长，一般是每周一次。

(3) C 类物品品种数量巨大，消耗金额比重十分小，不应投入过多的管理力量。采购量可大一些，从而获得价格上的优惠。由于 C 类物品所消耗金额非常小，即使多储备，也不会增加太多金额。可以多储备一些关键物料，少报警，避免发生缺货现象。同时要简化库存管理，每月循环盘点一遍。对于积压和不能发生作用的物品，应该每周向公司决策层通报，及时清理出物流配送中心。

2. 销售额变化趋势分析

销售额的大小是决定新建物流配送中心规模的基本条件。对于任何企业，最关心的是销售额和利润。通过调查分析，掌握销售额的基本数据，对决定建设物流配送中心的性质和规模非常重要。

首先汇总整理收集来的历年销售和发货资料，并进行分析，从而了解销售趋势和变化情况。然后根据预测的不同类型的销售额变化趋势，制定相应的对策和目标值。若某订单的峰值和谷值之比超过 3，则在同一个物流系统内处理，将使效率降低，运营将更为困难。此时，必须制定适宜的运营政策和方法，以取得经济效益和运营规模的平衡。

关于分析过程的时间单位，视资料收集范围及广度而定。对于预测未来发展趋势，以一年为单位；对季节变化预测，则以月为单位；分析月或周内变化倾向，则以天为单位。

常用的分析方法有时间序列分析法、回归分析法和统计分析法等。这里仅运用时间序列分析法，对销售量进行分析预测。

1) 时间序列分析法

时间序列分析法是根据某一事物的纵向历史资料，按时间进程组成动态数列，并进行分析、预测未来的方法。这种方法比较适合市场预测，如市场资源量、采购量、需求量、销售量和价格的预测。

运用时间序列分析，首先要选择模型参数，这里选一次指数平滑预测为预测物流配送中心的模型参数。

一次指数平滑预测是利用时间序列中本期实际销售量与本期的预测销售量加权平均作为下一期的预测销售量，其基本公式为

$$F_{t+1} = \alpha x_t + (1-\alpha)F_t \qquad (2\text{-}1)$$

式中，F_{t+1} 为在 $t+1$ 时刻一次指数平滑预测销售量；x_t 为 t 时刻的实际销售量；α 为平滑系数，$0 < \alpha < 1$；F_t 为在 t 时刻一次指数平滑预测销售量。

式(2-1)的实际含义为

下期预测销售量=本期实际销售量的一部分+本期预测销售量的一部分

要运用一次指数平滑公式进行预测，就必须首先确定 F_1，F_1 被称为初始值。初始值是不能直接得到的，应通过一定的方法选取。若收集到的时间序列数据较多且比较可靠，就可以将已知数据的某一个或已知数据的某一部分的算术平均值或加权平均值作为初始值 F_1。若收集到的时间序列数据比较少或者数据的可靠性比较差，通常用专家评估的办法选取 F_1。

平滑系数 $\alpha(0 < \alpha < 1)$ 的取值大小，体现了不同时期数据在预测中所起的作用。α 值越大，对近期数据影响越大，模型灵敏度越高；α 值越小，则对近期数据影响越小，可以消除随机波动，只反映长期的大致发展趋势。如何掌握 α 值，是运用指数平滑模型的重要技巧，一般采用多方案比较，从中选出最能反映实际变化规律的 α 值。

本期实际销售量反映当前的现实，本期预测销售量反映历史的状况，因为预测销售量是由过去的数据推算而来的。α 值越大，现实销售量在预测中占的比例就越大；α 值越小，历史销售量在预测中占的比重就越大。由此可见，α 值是事物发展的历史总趋势与事物当前变化的现实之间相互权衡的天平砝码。它的一般取值原则是：初始值 F_1 的准确性小的，α 宜取大些；按时间序列，只有一部分预测销售量与实际销售量拟合较好而大部分不好时，α 宜取较大的数值(大于 0.5)；预测销售量与实际销售量虽有不规则摆动，但总的趋势较为平稳，α 宜取小些(小于 0.5)，以强调重视历史发展趋势；预测销售量与实际销售量差异和变化都较大时，α 宜取大些(大于 0.5)，以强调重视近期实际的变化状态。

【例 2-1】表 2-2 为某物流配送中心 1～12 月某物品的市场销售收集资料统计，试预测次年 1 月该物品的市场销售额。

表 2-2 某物流配送中心某物品销售预测表

月份	期数	市场销售额/t	预测销售额/t	月份	期数	市场销售额/t	预测销售额/t
1 月	1	51		7 月	7	52	47.24
2 月	2	35	44.50	8 月	8	48	49.62
3 月	3	28	39.75	9 月	9	42	48.81
4 月	4	32	33.88	10 月	10	46	45.41
5 月	5	48	32.94	11 月	11	44	45.71
6 月	6	54	40.74	12 月	12	47	44.86
				次年 1 月	次年 1 月		45.93

解：首先确定初始值。由于前 3 个月的销售额差别比较大，不能取某个月的销售额为初始值。这里取前 3 个月销售额的算术平均值为初始销售额，即

$$F_1 = \frac{x_1 + x_2 + x_3}{3} = \frac{51 + 35 + 28}{3} = 38t$$

然后确定平滑系数。从实际统计的销售额来看，在上、下半年各有一次销售波动，其频率适中，平滑系数 α 不宜选得过大或过小，这里选 α 为0.5。

最后计算预测销售额。根据式(2-1)，可以此计算2月、3月、……、次年1月的预测销售额。

$$F_2 = \alpha x_1 + (1 - \alpha_1)F_1 = (0.5 \times 51 + 0.5 \times 38) = 44.50t$$

$$F_3 = \alpha x_2 + (1 - \alpha)F_2 = (0.5 \times 35 + 0.5 \times 44.50) = 39.75t$$

$$\vdots$$

$$F_{13} = \alpha x_{12} + (1 - \alpha)F_{12} = (0.5 \times 47 + 0.5 \times 44.86) = 45.93t$$

即次年1月的预测销售额为45.93t。

按重要程度进行分类排列，从而实现区别对待、分类管理和控制。

小知识

平滑系数分析是通过数据的加权求和"平滑掉"短期不规则的过程。平滑后的数据反映了长期市场趋势和经济周期的信息。因此，在物流预测中都是极其有用的方法。特别是该方法所用的数据量，就总体而言并不是很多，对任何时间序列都有较好的适用性，因而被广泛应用于市场资源量、采购量、需求量、销售量及价格的预测中。

2) 年度销售量变化趋势分析

若分析一个年度销售量的变化，则选月份为时间单位，取为横坐标，而纵坐标代表销售量。对此按时间序列进行分析，就货物销售趋势而言有：长时间内是渐增或渐减的长期趋势；以一年为周期的因自然气候、文化传统、商业习惯等因素影响的季节变化；以固定周期为单位(如月、周)的循环变动；不规则变化趋势的偶然变动。即包括长期趋势变化、季节变化、循环变化和不规则变化4种情况。根据不同的变化趋势来预测未来市场销售情况，从而确定目标值，决定投资策略，制定设备购置和利用计划。

(1) 长期渐增趋势如图2-2所示，还应结合更长周期的成长趋势加以判断。规划时以中期需求量，即峰值的80%为目标值，若需考虑长期渐增的需求，则可预留空间或考虑设备的扩充弹性，以分期投资为宜。

(2) 季节变化趋势如图2-3所示，通常以峰值的80%为目标值。如果季节变动的差距超过3倍，可考虑部分物品外包或租赁设备，以避免过多的投资造成淡季的设备闲置。另外，在淡季应争取互补性的物品服务，以增加设备的利用率。

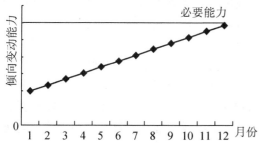

图2-2 长期渐增趋势图

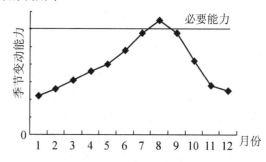

图2-3 季节变化趋势图

(3) 循环变化趋势图如图 2-4 所示,其变化周期以季度为单位,若峰值与谷值差距不大,可以利用峰值进行规划,后续分析仅以一个周期为单位进行。

(4) 不规则变化趋势图如图 2-5 所示,系统较难规划,宜采用通用设备,以增加设备的利用弹性。

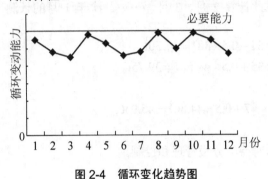

图 2-4　循环变化趋势图　　　　　　图 2-5　不规则变化趋势图

3. 订单品项数量分析

众所周知,订单是物流配送中心的生命线,如果没有订单,物流配送中心就失去了存在的意义。订单的品种、数量、发货日期差别很大,且在不断变化,它既是物流配送中心的活力表现所在,又是难以把握的不确定性因素,也就是说物流配送中心随订单变化而波动。这往往使物流配送中心的规划人员,无论是规划新系统还是改造旧系统,都感到无从下手。若能掌握数据分析的原则,做出有效的资料组群,简化分析过程再进行相关分析,则可得出较可靠的分析结果,这是规划与设计的基础性工作。

日本学者铃木震倡导的 EIQ 规划法用于物流配送中心的设计与规划很有成效。所谓 EIQ,就是指订单(Entry)、品项(Item)和数量(Quantity)。EIQ 是物流特性的关键因素。

小知识

在物流配送中心的规划与设计中,要注意研究物流配送中心的 7 个规划要素:E、I、Q、R、S、T、C。E 代表 Entity,指配送客户一般以订单形式体现;I 代表 Item,指配送商品的种类;Q 代表 Quantity,指配送商品的数量或库存量;R 代表 Route,指配送的路线;S 代表 Service,指物流的服务品质;T 代表 Time,指物流的交货时间;C 代表 Cost,指配送商品的成本或建造设施的投入。目前流行的 EIQ 分析方法就是利用 E、I、Q 这 3 个物流关键要素,来研究物流配送中心的需求特性,为物流配送中心的规划与设计提供依据。

EIQ 规划法是针对不确定和波动状态物流系统的一种规划方法。其意义在于,根据物流配送中心的设置目的掌握物流特性,并对物流状态和运作方式规划出符合实际的物流系统。这种 EIQ 规划法能有效地规划出系统的大略框架结构,从宏观上有效掌握系统特色。

在进行订单品项数量分析时,首先应考虑时间范围和单位。在以天为时间单位的数据分析中,主要订单发货资料可分解为表 2-3 所示的格式。在资料分析时必须注意统一数量单位,应把所有订单、品项、发货量转换成相同的计算单位。如重量、体积、箱或金额等单位。金额与价值功能分析有关,多用在物品和储区分类等方面。重量、体积等单位与物流作业有直接密切的关系,它们将影响整个系统的规划。

表2-3 EIQ 资料分解格式

时间: 　 年 　 月 　 日 　 　 　 　 　 　 　 　 　 　 　 　 　 　 （单位：箱）

发货订单	发货品项						订单发货数量	订单发货品项数
	I_1	I_2	I_3	I_4	I_5	…		
E_1	Q_{11}	Q_{12}	Q_{13}	Q_{14}	Q_{15}	…	Q_1	N_1
E_2	Q_{21}	Q_{22}	Q_{23}	Q_{24}	Q_{25}	…	Q_2	N_2
E_3	Q_{31}	Q_{32}	Q_{33}	Q_{34}	Y_{35}	…	Q_3	N_3
⋮	⋮	⋮	⋮	⋮	⋮	…	⋮	⋮
单品发货量	$Q_{.1}$	$Q_{.2}$	$Q_{.3}$	$Q_{.4}$	$Q_{.5}$	…	—	$N_.$
发货次数	K_1	K_2	K_3	K_4	K_5	…	—	$K_.$

注：Q_i(订单E_i的发货量)$=Q_{11}+Q_{12}+Q_{13}+Q_{14}+Q_{15}+\cdots$；　$Q_{.i}$(品项I_i的发货量)$=Q_{11}+Q_{21}+Q_{31}+Q_{41}+Q_{51}+\cdots$；$N_1$(订单$E_1$的发货品项数)$=$计数$(Q_{11},Q_{12},Q_{13},Q_{14},Q_{15},\cdots)>0$；$K_1$(品项$I_1$的发货次数)$=$计数 $(Q_{11},Q_{21},Q_{31},Q_{41},Q_{51},\cdots)>0$；$N_.$(所有订单的发货品总项数)$=$计数$(K_1,K_2,K_3,K_4,K_5,\cdots)>0$；$K_.$(所有产品的发货总次数)$=K_1+K_2+K_3+K_4+K_5+\cdots$。

【例2-2】表2-4为某物流配送中心重力式货架区淡季某一天的发货订单品项数量资料统计，试对其进行 EIQ 分析。

表2-4 某物流配送中心重力式货架区淡季某一天的发货订单品项数量资料统计 （单位：箱）

品项 ╲ 订单	I_1	I_2	I_3	I_4	I_5	I_6
E_1	300	200	0	60	100	150
E_2	150	750	200	0	0	600
E_3	60	0	300	400	0	250
E_4	0	0	0	500	300	150
E_5	90	150	70	200	350	70

解：订单发货量为

$Q_1=(300+200+0+60+100+150)=810$(箱)

$Q_2=(150+750+200+0+0+600)=1\,700$(箱)

同理，可计算出 $Q_3=1\,010$箱；$Q_4=950$箱；$Q_5=930$箱。

订单发货项数为 $N_1=5$；$N_2=4$；$N_3=4$；$N_4=3$；$N_5=6$。

品项的发货量为

$Q_{.1}=(300+150+60+0+90)=600$(箱)

$Q_{.2}=(200+750+0+0+150)=1100$(箱)

同理，可计算出 $Q_{.3}=570$箱；$Q_{.4}=1160$箱；$Q_{.5}=750$箱；$Q_{.6}=1\,220$箱。

品项发货次数为 $K_1=4$；$K_2=3$；$K_3=3$；$K_4=4$；$K_5=3$；$K_6=5$。

所有订单的发货总项数：$N_.=6$。

所有产品的总发货次数：$K_.=4+3+3+4+3+5=22$。

要了解物流配送中心实际运作的物流特性，只分析一天的资料是不够的。但若分析一年的资料，往往因资料数量庞大，分析过程费时、费力而难以做到。为此，可选取具有代表性的某个月或某个星期为样本，以一天的发货量为单位进行分析，找出可能的作业周期和波动幅度。若各周期中出现大致相同的发货量，则可以缩小资料范围，如一周内发货量集中在星期五和星期六，一个月内集中在月初或月末，一年内集中在某一季度发货量最大。这样可求出作业周期和峰值时间。总之，尽可能将分析资料压缩到某一个月、一年中每月的月初第一周或者一年中每周的周末。如此取样既可节省许多时间和人力，又具有足够的代表性。

1) 订单量分析

通过对订单量(EQ)的分析可以了解每张订单的订购量分布情况，从而可以确定订单处理的原则，以便进行拣货系统、发货方式和发货区的规划。一般以对营业日的 EQ 分析为主。EQ 分布图对规划储存区的拣货模式也有重要参考价值。当订单量分布趋势越明显时，分区规划越容易，否则应以柔性较强的设计为主。EQ 量很小的订单数所占比例大于 50% 时，应把这些订单另外分类，以提高效率。

2) 品项数量分析

通过对品项数量(IQ)分析可以掌握各种物品发货量的分布情况，可进一步分析物品的重要程度。IQ 分析可用于仓储系统的规划、储位空间的估算、拣货方式及拣货区的规划。

EQ 分布图和 IQ 分布图的类型分析十分相似，现就物流配送中心几种常见 EQ 和 IQ 类型分析如下。

(1) Ⅰ型。EQ 和 IQ 的分布图类型如图 2-6 所示。此为一般物流配送中心的常见模式。

① EQ 分析：由于订货量分布趋于两极化，可利用 ABC 分析法做进一步分类。规划时可将订单分级处理，少数量大的订单可进行重点管理，相关拣货设备的使用亦可分级。

② IQ 分析：由于订货量分布趋于两极化，可利用 ABC 分析法做进一步分类。规划时可将物品按储存区分类储存，不同类型的物品可设不同水平的储存单位。

(2) Ⅱ型。EQ 和 IQ 的分布图类型如图 2-7 所示。该类型的特点是大部分订单量(或发货量)相近，仅少数有特大量及特小量。

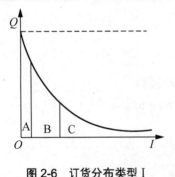

图 2-6 订货分布类型Ⅰ   图 2-7 订货分布类型Ⅱ

① EQ 分析：对主要量的分布范围进行规划，少数差异较大者进行特例处理。

② IQ 分析：对同一规格的储存系统和固定储位进行规划，少数差异较大者进行特例处理。

(3) Ⅲ型。EQ 和 IQ 的分布图类型如图 2-8 所示。该类型的特点是订单量(或发货量)分布呈渐减趋势,无特别集中于某些订单或范围。

① EQ 分析:系统较难规划,宜规划通用设备,以增加设备柔性。

② IQ 分析:与 EQ 分析相同。

(4) Ⅳ型。EQ 和 IQ 的分布图类型如图 2-9 所示。该类型的特点是订单量(或发货量)分布相近,仅少数订单量(或发货量)较少。

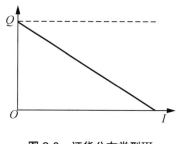

图 2-8　订货分布类型Ⅲ

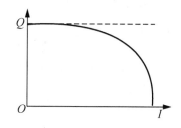

图 2-9　订货分布类型Ⅳ

① EQ 分析:可分为两种类型,部分少量订单可以批次处理或以零星拣货方式规划。

② IQ 分析:可分为两种类型,部分少量物品可用轻型储存设备存放。

(5) Ⅴ型。EQ 和 IQ 的分布图类型如图 2-10 所示。该类型的特点是订单量(或发货量)集中于特定数量且为无连续性渐减,可能为整数发货,或为大型物件的少量发货。

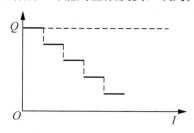

图 2-10　订货分布类型Ⅴ

① EQ 分析:可以较大单元负载单位规划,而不考虑零星发货。

② IQ 分析:可以较大单元负载单位或重量型储存设备规划,但仍需考虑物品特性。

一般来说,在规划储存区时多采用时间周期为一年的 IQ 分析为主,在规划拣货区时还要参考单日的 IQ 分析。通过对单日和全年的 IQ 数据分析,结合发货量和发货频率的相关分析,使整个仓储拣货系统的规划更符合实际情况。

4. 物品特性与包装分析

在对订单品项数量分析的同时,应当结合物品特性与包装情况等因素进行分析,以便划分不同的仓储区和拣货区。

1) 物品特性

物理特性通常是影响物品分类的最重要因素,也就是说,任何物品的类别通常是按其物理性质来划分的。

(1) 尺寸:长、宽、高。

(2) 物态:固体、液体和气体,不稳定的、黏的、热的、湿的、脏的等。

(3) 重量：每运输单元重量或单位体积重量。

(4) 形状：扁平的、弯曲的、可叠套的、不规则的等。

(5) 损伤的可能性：易碎、易爆、易污染、有毒、有腐蚀性等。

(6) 价格：贵重物品或一般物品。

(7) 储存温度：普通、冷冻或冷藏等。

(8) 湿度要求。

(9) 气味：中性、刺激等。

2) 基本单位与包装单位

(1) 基本单位：个、包、条、瓶、箱、盒、捆、托盘等。

(2) 包装单位：个数(基本单位/包装单元)。

3) 包装材料

包装材料可以分为纸箱、捆包、袋、金属容器、塑料容器或包膜等。

5. 储运单位分析

储运单位分析就是考察物流配送中心各个主要作业(进货、拣货、出货)环节的基本储运单位。一般物流配送中心的储运单位包括托盘(P)、标准箱(C)和单品(B)。对于不同的储运单位，所配备的储存和搬运设备也不同。因此，掌握物流过程中的单位变换相当重要。

P、C和B所采用的储存搬运设备不同，系统规划也相应有差异，因此建立一个把P、C、B形状图表化的辅助系统很有必要。储运单位分析的内容就是将货态(P、C、B)纳入分析范围，用货态图和表格作为表现形式，并把它们换算成相同的单位，以方便物流过程中的储存和搬运工作。

当货物之间的形状、尺寸、重量相差较大时，则将它们分成大物、中物、小物或组合等几种类型，然后分别选择相对合适的搬运与储存设备。

在物流下游企业的订单中，常常同时包含各类出货状态。应合理规划仓储区和拣货区，将订单按出货单位类型进行分析，正确计算出各作业区域的实际需求，以便选择相应设备进行相关作业。

2.3.3 基础规划资料的定性分析

在进行物流配送中心规划时，除了2.3.2节中的定量化资料分析外，物流与信息流定性化资料分析也很重要。物流与信息流定性分析可分为作业流程分析、事务流程分析、作业时序分析及自动化水平分析等。

1. 作业流程分析

作业流程分析是针对一般常态性和非常态性的作业加以分类，并整理出物流配送中心的基本作业流程。因为产业与产品不同，物流配送中心的作业流程也不相同。一般物流配送中心作业流程内容的分析包括以下项目。

1) 一般常态性物流作业

(1) 进货作业，包括车辆进货、卸载、验收、编号和理货等内容。

(2) 储存保管作业，包括入库和调拨补充等内容。

(3) 拣货作业，包括按单拣选、批量拣选等内容。

(4) 发货作业，包括流通加工、集货、品检、点收和装载等内容。

(5) 配送作业，包括车辆调度、路线安排和交货等内容。

(6) 仓储管理作业，包括盘点、抽盘、移仓与储位调整和到期品处理等内容。

2) 非常态性物流作业

(1) 退货作业，包括退货卸载、点收、责任确认，以及退货良品、瑕疵品和废品处理等内容。

(2) 换货、补货作业，包括误差责任确认，以及零星补货拣取、包装和运送等内容。

(3) 辅助作业，包括车辆出入管制、停泊，以及容器回收、空容器暂存、废料回收处理等内容。

2. 事务流程分析

物流配送中心在运转过程中，除了物流与信息流相结合之外，还有大量表单和资料在传递。一般物流配送中心由于品项繁多，每日订单量大，使得处理订单和相关发货表单的工作量相当大。如果每日接单发货的工作量太大，传统的处理方式不可能完成。使物流逐步实现无纸化作业，关键在于信息流和信息传递界面的分析与规划，而事务流程分析就是信息流和信息传递界面的分析与规划。

1) 物流支援作业

(1) 接单作业，包括客户资料维护、订单资料处理、货量分配计划、订单资料维护、订单资料异动、退货资料处理、客户咨询服务和交易分析查询等内容。

(2) 发货作业，包括发货资料处理、发货资料维护、发货与订购差异处理、换货补货处理和紧急发货处理等内容。

(3) 采购作业，包括供应商资料维护、采购资料处理、采购资料维护、采购资料异动和货源规划等内容。

(4) 进货作业，包括进货资料处理、进货资料维护、进货与采购差异的处理和进货时序管理等内容。

(5) 库存管理作业，包括物品资料维护、储位资料管理、库存资料处理、到期时间管理、盘点资料处理和移仓资料处理等内容。

(6) 订单拣取作业，包括配送计划制作、拣选作业指示处理、配送标签印制处理和分拣条形码印制处理等内容。

(7) 运输配送作业，包括运输计划制作、车辆调度管理、配送路径规划、配送点管理、货运行业基础资料维护和运输费用资料处理等内容。

2) 一般事务作业

(1) 财务会计作业，包括一般进销存账业务处理、成本核算会计作业和相关财务报表作业等内容。

(2) 人事薪金作业，包括人事考核作业、缺勤资料处理、薪金发放作业、员工福利、教育培训和绩效管理等内容。

(3) 厂务管理作业，包括设备财产管理、门卫管理、公共安全措施、厂区卫生维护和办公物品订购发放等内容。

3) 决策支援作业

(1) 效益分析，包括物流成本分析和营运绩效分析等内容。

(2) 决策支援管理，包括运营现状分析、市场走向分析与企业发展分析等内容。

3. 作业时序分析

作业时序分析，就是物流配送中心在工作过程中必须了解作业时间分布。由于社会的不断发展和竞争的日趋激烈，夜间生活形式已逐渐普及，为此，必须根据客户作息时间考虑配送时间，以满足客户需要。许多物流配送中心采取夜间进货，一来避免白天车流量大，二来此时间段购物人少，便于进行进货、验收等作业。如图 2-11 所示为某物流配送中心一天内各项作业的时间段分布，由图可以观察和分析该物流配送中心的作业时序安排和特性。

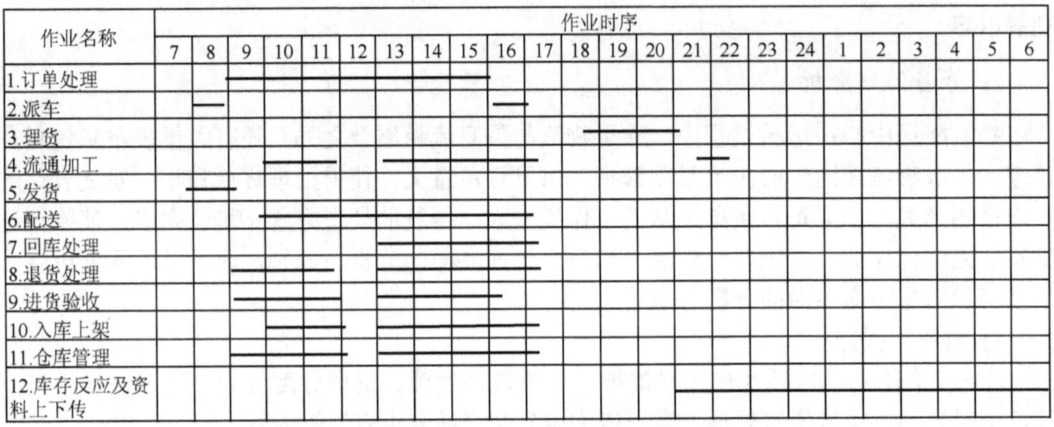

作业名称	作业时序
	7 8 9 10 11 12 13 14 15 16 17 18 19 20 21 22 23 24 1 2 3 4 5 6
1.订单处理	
2.派车	
3.理货	
4.流通加工	
5.发货	
6.配送	
7.回库处理	
8.退货处理	
9.进货验收	
10.入库上架	
11.仓库管理	
12.库存反应及资料上下传	

图 2-11　某物流配送中心一天内各项作业的时间段分布

4. 自动化水平分析

自动化水平分析是对现有物流设备的自动化程度进行分析。通过分析可知，自动化水平过低或过高都会影响物流配送中心的效益。这种分析结果对规划新建物流配送中心具有极其重要的参考价值。物流配送中心自动化水平分析表见表 2-5。

表 2-5　物流配送中心自动化水平分析表

作业分类	作业内容	自动化水平				
		人　工	手动+机械	机械化	自动化	智能化
进货作业	□车辆卸载					
	□进货暂存					
	□点收检验					
	□理货					
储存保管	□入库					
	□调拨补充					
拣货作业	□订单拣货					
	□批次拣货					
	□分拣					
	□集货					

作业分类	作业内容	自动化水平				
		人　工	手动+机械	机械化	自动化	智能化
发货作业	□流通加工					
	□包装堆叠					
	□发货检验					
	□装载					
配送作业	□运输调度					
	□车辆运送					
	□交货					
在库管理	□盘点					
	□移仓					
	□到期物品处理					

2.4　物流配送中心规划与设计的程序和内容

物流配送中心的规划与设计是一项系统工程，要符合合理化、简单化和机械化的设计原则。合理化就是各项作业流程具有必要性和合理性；简单化就是使整个系统简单、明确、易操作，并努力做到作业标准化；机械化就是规划与设计的现代物流系统应力求减少人工作业，尽量采用机械或自动化设备来提高生产效率，降低人为可能造成的错误。

2.4.1　新建与改造物流配送中心规划与设计的区别

物流配送中心规划与设计可以分为两类：一类是新建物流配送中心的规划与设计；另一类是原有物流组织(企业)向物流配送中心转型的改造规划与设计。新建物流配送中心规划与设计又可以分为单个物流配送中心的规划与设计和多个物流配送中心的规划与设计两种形式。表2-6列出了这几种规划与设计形式的特点和内容。

表2-6　物流配送中心规划与设计的特点与形式

类　型	新　建		改　造
	单个物流配送中心	多个物流配送中心	
委托方	新型企业、跨国企业、政府部门		大多为老企业
规划目的	高起点、高标准、低成本	成为企业、区域的新经济增长点或支柱产业	实现从传统物流组织向现代物流配送中心的转变
关键点	物流配送中心选址	系统构造、网点布局	进行作业流程重组分析与设计，充分利用现有设施

续表

类　型	新　建		改　造
	单个物流配送中心	多个物流配送中心	
规划与设计内容	(1) 物流配送中心发展战略研究； (2) 业务分析与需求分析； (3) 作业功能与布局规划； (4) 物流设施规划； (5) 物流设备选用与设计； (6) 作业流程设计； (7) 管理信息系统规划	(1) 物流配送中心发展战略研究； (2) 物流系统规划； (3) 业务分析与需求分析； (4) 物流网点布局规划； (5) 作业功能与布局规划； (6) 物流设施规划； (7) 物流设备选用与设计； (8) 作业流程设计； (9) 管理信息系统规划	(1) 物流配送中心发展战略研究； (2) 业务分析与需求分析； (3) 现有流程与数据分析； (4) 作业功能与布局改造规划； (5) 物流设施改造规划； (6) 物流设备改造设计； (7) 作业流程改造设计； (8) 信息系统改造规划
规划原理与方法	物流学、统计学、物流系统分析、物流管理信息系统	物流学、统计学、物流系统分析、设施布置与规划、城市规划、物流管理信息系统	物流学、统计学、企业发展战略、物流系统分析、物流管理信息系统

从表 2-6 可以看出，新建物流配送中心的规划与设计首先必须考虑物流配送中心战略发展的需要，分析货物流量、货物流向、供应商与客户分布、交通条件、自然环境和政策环境等因素进行选址规划。然后通过业务分析与需求分析，对物流配送中心进行作业功能与布局规划，即对物流配送中心的功能种类和区域进行规划设计，对空间布局进行整体规划。在此基础上，进行物流设施的规划，即确定库房、装卸平台、货场道路、建筑设施等的规格和标准，进行物流配送中心设备的选用和设计，并对管理信息系统进行规划等。

相对于新建物流配送中心的规划与设计，物流配送中心的改造规划与设计也必须考虑物流配送中心战略发展的需要，但更注重于在已有基础上进行设计和主体改造提升。在进行物流配送中心的改造规划与设计时，首先必须充分考虑业务发展的需要，并进行严密的需求分析，从而为物流配送中心的改造规划提供依据。在对比业务发展需要的基础上，必须对现有流程和数据进行充分分析。其中对现有作业流程的分析，可以对无效或不合理的作业流程进行改进，降低物流作业工作量，减少物流工作时间；而对现有的物流数据进行分析，可以对不同性质的物品采取个性化的仓储管理模式，使用针对性较强的自动化设备进行仓储、拣选、搬运、配送作业，进而提高作业效率。在此基础上，物流配送中心进行作业功能与布局改造规划，包括功能改造规划和空间布局的调整，然后考虑设施和设备的改造规划和设计。最后，必须充分根据改造后的仓储系统、配送系统、作业模式、作业效率、作业流程进行管理信息系统的开发和改造。物流配送中心的改造规划与设计的流程步骤如图 2-12 所示。其中，在进行物流配送中心设备改造设计时，其运营效率的提升途径主要来自于搬运效率、拣选效率及仓储效率这 3 个方面。

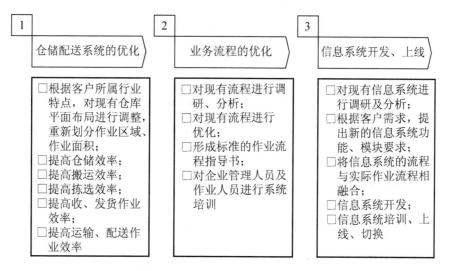

图 2-12 物流配送中心改造规划与设计的流程步骤

2.4.2 新建与改造物流配送中心规划与设计的步骤

新建与改造物流配送中心的规划与设计是一项复杂的工作,新建物流配送中心的规划与设计步骤如图 2-13 所示,改造物流配送中心的规划与设计步骤如图 2-14 所示。

比较图 2-13 和图 2-14 可以看出,新建与改造物流配送中心的规划与设计步骤的主要区别在于:新建物流配送中心必须先进行选址规划,而改造物流配送中心则是在已有的基础设施的基础上进行改造提升,其关键是对现有流程与数据进行分析,再进行各项改造规划和设计。

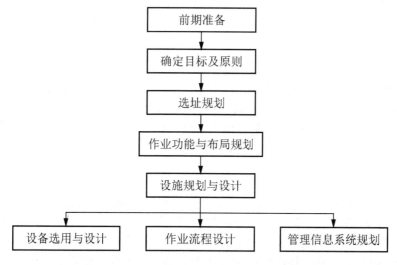

图 2-13 新建物流配送中心的规划与设计步骤

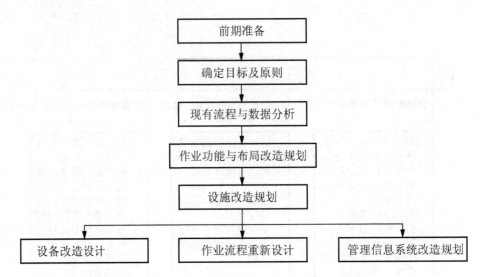

图 2-14 改造物流配送中心的规划与设计步骤

下面对新建物流配送中心的规划与设计步骤进行具体说明，改造物流配送中心的规划与设计步骤可以参照执行。

1. 前期准备

前期准备工作是为物流配送中心规划与设计提供必要的基础资料，常采用调研的方法，包括网上调研、图书资料调研与现场调研等，其主要包括以下内容。

(1) 收集物流配送中心建设的内部条件、外部条件及潜在客户的信息。

(2) 分析物流配送中心经营物品的品种、货源、流量及流向。

(3) 调查物流服务的供需情况、物流行业的发展状况等。

2. 确定目标及原则

确定物流配送中心建设的目标是物流配送中心规划与设计的第一步，主要是依据前期准备工作的资料，确定物流配送中心建设的近期、中期和远期目标。

3. 选址规划

物流配送中心位置的选择，将显著影响其实际运营的效率与成本，以及日后仓储规模的扩充与发展。因此在决定物流配送中心设置的位置方案时，必须谨慎考虑相关因素，并按适当步骤进行。在选择过程中，如果已经有预定地点或区位方案，应于规划前先行提出，并成为规划过程的限制因素；如果没有预定地点，则可在可行性研究时提出几个备选方案，并对比各备选方案的优劣，以供决策者选择。

4. 作业功能与布局规划

物流配送中心的作业功能与布局规划首先须对物流配送中心进行业务分析与需求分析，进行物流配送中心的作业功能规划，即将物流配送中心作为一个整体的物流系统来考虑，依据确定的目标，规划物流配送中心为完成业务而应该具备的物流功能，并进一步进行相应的能力设计。其后，物流配送中心的作业功能与布局规划还必须根据各作业流程、作业区域的功能及能力进行空间区域的布置规划和作业区域的区块布置工作，以及标识各作业区域的面积和界限范围等。

物流配送中心作业功能的规划与设计包括三个方面，一是总的作业流程规划；二是作业区域的功能规划；三是作业区域的能力设计。通常的步骤如下：针对不同类别的物流配送中心的功能需求和典型的作业流程，设计适合该物流配送中心的作业流程；然后根据确定的作业流程规划物流作业区和外围辅助活动区的功能；最后确定各作业区的具体作业内容和作业能力。

在完成作业功能的规划与设计，并确定主要物流设备与外围设施的基本方案后，就可以进行物流配送中心的区域布置规划了。物流配送中心区域布置规划的目的是有效地利用空间、设备、人员和能源，最大限度地减少物料搬运，简化作业流程，缩短生产周期，力求投资最低，为员工提供方便、舒适、安全和卫生的工作环境。物流配送中心区域布置规划的一般程序如下：规划资料分析→流程分析→作业区域设置→物流相关性分析→非物流相关性分析→区域平面布置→修正与调整→方案选择。规划的成果是产生作业区域的布置图，设定各作业区域的面积和界限范围。

5. 设施规划与设计

物流配送中心设施的规划与设计涉及建筑模式、空间布局、设备安置等多方面的问题，需要运用系统分析的方法求得整体优化，最大限度地减少物料搬运、简化作业流程，创造良好、舒适的工作环境。这部分工作主要包括以下内容：库房设计、装卸货平台设计、货场及道路设计和其他建筑设施规划。

6. 设备选用与设计

物流配送中心的主要作业活动基本上均与储存、搬运和拣取等作业有关。因此，在物流配送中心的规划与设计中，对物流设备的规划设计和选用是规划的重要内容。不同功能的物流配送中心需要不同的设备，不同的设备使厂房布置和面积需求发生变化，因此必须按照实际需求选取适合的物流设备。在总体规划阶段，厂房布置尚未完成，物流设备的设计主要以需求的功能、数量和选用型号等内容为主。在详细规划阶段，必须进行设备的详细规格、标准等内容的设计。

一般来说，物流配送中心的主要物流设备包括储存设备、装卸搬运设备、运输设备、分拣设备、包装设备、流通加工设备、集装单元器具、外围配合设备等，如图2-15所示。对物流配送中心的主要设备进行正确的选用与设计是保证物流配送中心顺利运作的必要条件。

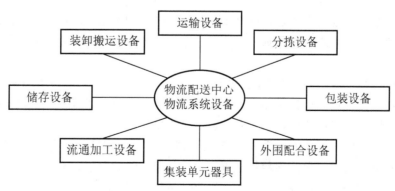

图2-15 物流配送中心物流作业区域主要设备构成

7. 作业流程设计

物流配送中心的作用在于"化零为整"和"化整为零",使物品通过它迅速流转。无论是以人工作业为主的物流系统,还是机械化的物流系统,或者是自动化或智能化的物流系统,如果没有正确有效的作业方法配合,那么不论具有多么先进的系统和设备,也未必能取得最佳的经济效益。总体上讲,物流配送中心的基本作业流程综合归纳为 7 项作业活动:客户及订单管理;入库作业;理货作业;装卸搬运作业;流通加工作业;出库作业;配送作业。

8. 管理信息系统规划

信息化、网络化、自动化是物流配送中心的发展趋势。管理信息系统规划是物流配送中心规划的重要组成部分。当物流配送中心的作业功能、结构、设施规划初步完成后,便可以对物流配送中心的管理信息系统进行规划。物流配送中心的管理信息系统规划,既要考虑满足物流配送中心内部作业的要求,有助于提高物流作业的效率;也要考虑同物流配送中心外部的管理信息系统相连,方便物流配送中心及时获取和处理各种经营信息。一般而言,影响物流配送中心管理信息系统规划的主要因素包括物流的组织结构及作业内容和物流配送中心的作业管理制度。

在管理信息系统建设上,需要选择合适的开发模式,一般主要有自行开发、系统开发外包、合作开发和直接购买 4 种模式。在管理信息系统规划选择相关软件时还必须设计相应的采购策略,主要包括对开发商的评审策略与对外购软件的评估策略。最后,进入系统实施与运行维护阶段时,主要工作内容包括编程、测试、运行、维护等。

本 章 小 结

本章主要介绍物流配送中心规划与设计的含义、物流配送中心规划与设计的目标任务和原则、物流配送中心规划与设计的基础资料收集与分析、物流配送中心规划与设计的程序和内容 4 方面的内容。

"物流配送中心规划"与"物流配送中心设计"是两个不同但是容易混淆的概念,二者有密切的联系,但也存在区别。其中,物流配送中心规划属于物流配送中心建设项目的总体规划,是可行性研究的一部分;而物流配送中心设计则属于项目初步设计的一部分内容。

物流配送中心规划与设计是建设物流配送中心的基础性工作,在开展物流配送中心规划与设计时应当遵循需求导向原则、系统工程原则、经济性原则、软件先进和硬件适度原则、发展的原则、环境保护原则。

根据建设物流配送中心的类型,首先要进行规划用的基础资料的收集和调查研究工作。调查研究方法包括现场访问记录和厂商实际使用的表单收集。基础规划资料的收集过程分为两个阶段,即现行资料的收集和未来规划资料的收集。

基础规划资料的分析分为定量分析和定性分析。其中,定量分析内容有库存分类分析、销售额变化趋势分析、订单品项数量分析、物品与包装特性分析、储运单位分析;定性分析内容有作业流程分析、事务流程分析、作业时序分析和自动化水平分析。

物流配送中心规划与设计可以分为两类:一类是新建物流配送中心的规划与设计;另

一类是原有物流组织(企业)向物流配送中心转型的改造规划与设计。新建物流配送中心的规划与设计又可以分为单个物流配送中心的规划与设计和多个物流配送中心的规划与设计两种形式。新建与改造物流配送中心的规划与设计步骤的主要区别在于：新建物流配送中心必须先进行选址规划，而改造物流配送中心则是在已有的基础设施的基础上进行改造提升，其关键是对现有流程与数据进行分析，再进行各项改造规划和设计。

 关键术语

物流配送中心规划(Logistics Distribution Center Planning)

物流配送中心设计(Logistics Distribution Center Design)

物流配送中心规划与设计(Logistics Distribution Center Planning and Design)

ABC 分析法(ABC Analysis)

时间序列分析法(Time Series Analysis)

订单品项数量分析法(EIQ Analysis)

储运单位分析(Storage and Transport Unit Analysis)

习　　题

1. 选择题

(1) 物流配送中心规划与设计的原则包括(　　)。

　　A. 需求导向原则　　　　　　　　　B. 系统工程原则

　　C. 经济性原则　　　　　　　　　　D. 环境保护原则

(2) 物流配送中心的现行资料包括(　　)。

　　A. 基本运行资料　　　　　　　　　B. 订单资料

　　C. 国家产业政策资料　　　　　　　D. 物品资料

(3) 销售额变化趋势主要包括(　　)。

　　A. 长期渐增趋势　　　　　　　　　B. 季节性变化趋势

　　C. 循环变化趋势　　　　　　　　　D. 不规则变化趋势

(4) EIQ 分析指的是(　　)。

　　A. 帕累托分析　　　　　　　　　　B. 订单品项数量分析

　　C. 物品特性分析　　　　　　　　　D. 储运单位分析

(5) 新建物流配送中心规划与设计的步骤包括(　　)。

　　A. 选址规划　　　　　　　　　　　B. 设施规划与设计

　　C. 作业功能与布局改造规划　　　　D. 设备选用与设计

2. 简答题

(1) 简述物流配送中心规划与物流配送中心设计的异同点。

(2) 简述物流配送中心规划与设计的目标。

(3) 物流配送中心基础资料的定量和定性分析方法包括哪些？

(4) 简述 ABC 分析法的步骤。

(5) EIQ 规划法的 4 个单项分析内容分别是什么？

(6) 用图形描述改造物流配送中心规划与设计的步骤。

3．判断题

(1)"物流配送中心规划"与"物流配送中心设计"是一个概念的两种不同表述形式。

（　　）

(2) 根据建设物流配送中心的类型，首先要进行规划用的基础资料的收集和调查研究工作。（　　）

(3) 基础规划资料的分析分为定量分析和定性分析两大类。（　　）

(4) 应用 ABC 分析法，只能将分析对象分成 A、B、C 三类。（　　）

(5) 在一次指数平滑预测模型中，预测销售量与实际销售量的差异和变化都较大时，平滑系数宜取小些，以强调重视历史发展趋势。（　　）

(6) EIQ 规划法是针对确定和稳定状态物流系统的一种规划方法。（　　）

4．计算题

(1) 某物流配送中心共有 10 种物品类别，它们的预测数量和单价情况见表 2-7，根据库存数量和资金占用比例之间的关系，进行 ABC 分类。

表 2-7　预测数量和单价情况表

物品名称	序　号	库存量/件	单价/元	年资金占用额/元
M_1	1	500	15	7 500
M_2	2	600	10	6 000
M_3	3	450	4	1 800
M_4	4	400	3	1 200
M_5	5	300	2.5	750
M_6	6	800	0.8	640
M_7	7	400	0.9	360
M_8	8	200	0.12	24
M_9	9	300	0.7	210
M_{10}	10	100	0.13	13

(2) 表 2-8 给出了 EIQ 分析资料的基础信息，请完成 EIQ 分析的 EQ、EN、IQ、IK 的分析内容。

表 2-8　EIQ 分析资料的基础信息表

项　　目		发货品项						订单发货数量	订单发货品项
		l_1	l_2	l_3	l_4	l_5	l_6	EQ	EN
客户订单	E_1	3	5	0	1	2	3		
	E_2	2	0	4	6	7	0		
	E_3	4	0	0	0	0	8		
	E_4	2	8	0	3	5	2		

续表

项 目		发货品项						订单发货数量	订单发货品项
		I_1	I_2	I_3	I_4	I_5	I_6	EQ	EN
单品发货量	IQ								
单品发货次数	IK								

5. 思考题

(1) 查阅相关文献、书籍或网络信息，了解物流配送中心规划与设计的研究现状，总结物流配送中心规划与设计的方法。

(2) 查阅相关案例资料，分别找出一个新建和一个改造物流配送中心规划与设计的案例，分析两种不同类型规划设计方案的特点。

实际操作训练

课题：一物流配送中心某天收集到的订单数据的 EIQ 分析

实训项目：一物流配送中心某天收集到的订单数据的 EIQ 分析。

实训目的：掌握 EIQ 规划法的原理、步骤和分析工具的使用方法。

实训内容：完成该物流配送中心某天收集到的订单数据的 EIQ 分析的相关内容，涉及 4 个单个项目的分析和 1～2 个交叉项目的分析。

实训要求：学生以个人为单位，详细分析 EIQ 规划法的原理和步骤。在此基础上，利用 Excel 工具进行 EQ、EN、IQ、IK 四个单个项目的分析，需要求出各自对应的特征值，绘制帕累托图和频次分布图等。同时，完成 EQ 与 IQ、IQ 与 IK 等的交叉分析。最后，将实训内容形成一个完整的报告。

案例分析

穗规划世界一流物流中心

昨日从广州市经贸委获悉，广州市现代物流发展布局规划(2012—2020 年)出炉，规划中引人注目的是，广州市提出要加强和香港、深圳的合作，共建大珠三角物流枢纽体系，完善交通运输网络的建设，"打造世界一流的物流中心"。而广东省经信委也正就《加快发展汽车零部件产业进一步完善汽车产业体系行动方案》征求意见。

1. 用地规模将超过 44km²

打造一流的物流中心，用地规模成为重要的指标之一，记者看到，广州将继续大力提升空港、海港、铁路等大型基础设施的建设规模、服务水平和辐射能力，到 2020 年，广州市各类现代物流基础设施用地规模将达到 44.1km²，比现状增长 231%。

2. 航空设施

到 2020 年，将新增 3 条跑道，新增货站西区，在其中新建国内和国际两个货站，开通航线超过 260 条。

3. 铁路

计划在 2020 年，建成 8 个主要铁路货场，规划新建广州枢纽东北货车外绕线和南沙港铁路。逐步关闭棠溪、广州西站、广州东站等货场等。

4. 邮政基础设施

要重点发展大型快件作业中心，以及与电子商务平台相结合的物流信息平台，达到发达国家水平。

5. 至 2020 年货运量增长幅度

航空以 145.8% 的增幅排在第一，其次是铁路，达到 108.8%，再次依顺序为公路 82.6%、水路 67.7%。

资料来源：徐海星. 广州日报，AII1 版：财经，2013 年 1 月 31 日.

问题：

(1) 广州市具备哪些优势来"打造世界一流的物流中心"？

(2) 政府在物流中心规划、建设与运营中应发挥什么作用？

(3) 该规划的物流中心将会给广州市带来哪些好处？

第3章 物流配送中心选址规划

【本章教学要点】

知识要点	掌握程度	相关知识
物流配送中心选址规划的含义	了解	物流配送中心选址规划的含义、物流配送中心的选位和定址
物流配送中心选址规划的目标、原则和影响因素	了解	物流配送中心选址的目标、物流配送中心选址的原则、物流配送中心选址的影响因素
物流配送中心选址规划的程序与内容	掌握	物流配送中心选址规划的程序与内容
物流配送中心选址规划的基本理论与方法	重点掌握	物流配送中心选址方法总结，典型选址方法、模型及算法

【本章技能要点】

技能要点	掌握程度	应用方向
物流配送中心选址的原则	掌握	作为进行物流配送中心选址时重点考虑的指标，也为后续对物流配送中心选址效果进行评价提供方向性的依据
物流配送中心选址规划的程序与内容	掌握	为物流配送中心的选址工作提供指导，方便企业人员按照相应的步骤和内容开展工作
物流配送中心选址方法总结	重点掌握	掌握各种方法的优缺点和适用范围，为规划人员正确选择选址方法提供理论基础
典型选址方法、模型及算法	重点掌握	利用这些方法，规划人员可得出最佳物流配送中心选址结果

【知识架构】

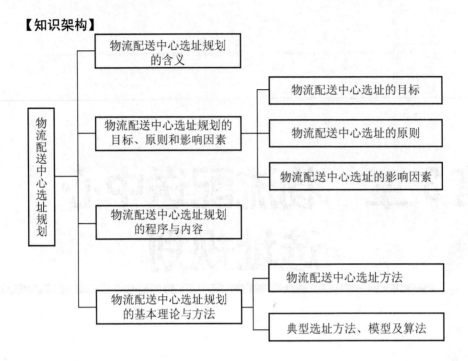

导入案例

辽宁省锦州市乳制品物流配送中心选址

锦州地处辽宁省西南部,总面积为 10 301km²,人口 312.91 万人,具有 6 个市辖区、2 个县、代管 2 个县级市,共 88 个乡镇。地势由西北部山地向东南滨海平原倾斜。地理位置优越,区位优势独具特色,位于著名的"辽西走廊"东端,是连接中国东北地区和华北地区的交通枢纽。2010 全市经济运行态势良好,畜牧业健康发展,锦州市牛奶产量为 12.3 万吨,其中三大奶牛生产大县的产量分别为凌海 3.4 万吨,太和区 2.7 万吨,义县 0.89 万吨,可满足锦州市奶业中长期发展需要。锦州市人均消耗乳制品 8kg,远高于全国 6.6kg 的平均水平。

锦州市已规划建设辽西国际性物流园区、凌南区域性物流园区和凌西市域性物流园区,但几乎没有方便当地居民日常生活的专门性的物流配送中心。当前乳制品物流配送中心建设主要是依托比较分散的生鲜乳收购站,没有相对集中的综合乳制品物流配送中心,因此需要结合定性和定量的方法,选择一处乳制品综合物流配送中心,负责全市的乳制品收购配送的总体调控,并配套建设高水平的低温冷冻设施,以保证食品安全和提高人民的生活水平。

1. 乳制品物流配送中心选址因素分析

(1) 资源供给因素分析。乳制品物流配送中心应尽量靠近资源地,以缩短运输距离和降低运输费用。锦州市乳制品生产情况呈现出以集中生产为主、分散农户为辅的特点。该市已发展奶农专业生产合作社 17 家,其中凌海市、太和区和义县是锦州市的三大奶牛生产大县,占到全市总量的 72.2%,拥有生鲜乳收购站 38 家,约占全市总量的 77.6%,乳品企业累计日加工能力达 600 多吨。

(2) 消费需求因素分析。乳制品消费为比较分散的大众消费,且与人口呈正相关。超市、零售网点和居民小区为其主要的消费群体,这些消费群体多分布在人口稠密或集中的地方,因此选址时必然要考虑接近人口稠密的地区以提高服务水准及降低配送成本。以锦州市 88 个乡镇作为乳制品配送的需求点,各点的需求量根据乡镇的人口数量确定,按照每人每年消耗 8kg 乳制品计算。

2. 乳制品物流配送中心重心法选址与优化

此处采用重心法模型对辽宁省锦州市乳制品物流配送中心进行选址。针对乳制品配送中心选址的空间特性,选用空间分析的基本工具 GIS 软件和 Excel 的"规划求解"工具来求解模型。通过以上步骤可得,集货配送中心的坐标为(41.185°N,121.289°E),疏货配送中心的坐标为(41.319°N,121.404°E)。

按照重心法初选的两个坐标点间的几何中心位置为(41.258°N,121.342°E),该点虽然在物流成本上是最低的,但在实际中并不可行。因为该处地形起伏较大,且交通通达度不高,增加了乳制品配送的成本。结合锦州市的实际情况,最终将(41.275°N,121.258°E)作为乳制品配送中心的最佳区位,其区位具有以下优势。

(1) 从物流总量角度分析,该地位于资源点和需求点分布的集中区域,既方便了乳制品资源的获取,又紧邻凌海市、太和区、凌河区和古塔区等锦州市人口密集分布区。随着经济的快速增长,该区会出现越来越多的消费人群,可获得更大的经济收益。

(2) 从交通运输条件角度分析,该地位于通往市区的公路交口,附近有省道204、阜锦高速和铁路线经过,交通便利,方便物流配送中心对各点的配送,对各配送点能起到辐射作用。

(3) 从用地条件角度分析,该地位于凌海市郊区,土地价格相对于市区要低,物流配送中心在此选址其土地有增值空间。此外该地区有大片未利用平坦土地,可以根据锦州市乳制品需求规模的增长,确定适当的土地面积并留有扩展空间。

资料来源:王文茜,王利,郑玲. 乳制品物流配送中心选址研究——以辽宁省锦州市为例[J].

安徽农业科学,2012,40(27): 13625-13627.

思考题:

(1) 辽宁省锦州市乳制品物流配送中心选址时考虑了哪些因素?

(2) 辽宁省锦州市乳制品物流配送中心选址采用了哪种选址方法?该方法的适用范围和优缺点是什么?

(3) 案例中是如何对乳制品物流配送中心的选址结果进行优化的?

(4) 案例中的 Excel"规划求解"工具如何使用?

　　有关物流配送中心位置的选择,将显著地影响物流配送中心实际运营的效率与成本,以及日后总体规模的扩充和发展。因此,进行物流配送的选址规划,是物流配送中心规划与设计的重要内容。企业在对物流配送中心的位置进行决策时,必须谨慎参考相关因素,并按适当步骤进行,通常在选择过程中,如果已经有预定地点或区位方案,应在系统规划前先行提出,并作为规划过程的限制因素;如果没有预定地点,则可在系统规划方案成形后,进行位置方案的选择,必要时需要修正系统规划方案,以配合实际土地及区块面积的限制。本章从物流配送中心选址规划的含义、目标、原则、影响因素、程序与内容、基本理论与方法等几个方面进行阐述。

3.1　物流配送中心选址规划的含义

　　物流配送中心选址规划是指在具有若干个供应点及需求点的经济区域内,选择合适的地址设置物流配送中心的规划过程。

　　一般来说,较优的物流配送中心选址方案是使物品通过物流配送中心的汇集、中转、分发,直至配送到需求点全过程的效益最好。物流配送中心拥有众多设施及固定物流设备,一旦建成很难搬迁，如果选址不当，将付出长远代价。因此，物流配送中心的选址规划是物流配送中心规划与设计的关键环节。

物流配送中心的选位和定址

物流配送中心的选址包括两个层次：地理区域的选择(选位)和具体地址的选择(定址)。

物流配送中心的选址首先要选择合适的地理区域，对各地理区域进行审慎评估，选择一个适当范围为考虑的区域，如华东区、华南区、华中区、华北区等。在选择地理区域时，决策层要全面掌握企业目前的经营状况，把握未来区域策略走向、企业业务拓展空间，同时结合企业物品特性、服务范围和企业经营策略，审慎评估决策所带来的投资、效益和风险，选择一个合适的地理区域范围作为进一步选址的对象。

物流配送中心的地理区域确定之后，还需要确定具体的建设地点。如果是制造商型的物流配送中心，应以接近上游生产厂商或进口港为宜；如果是日常消费品型的物流配送中心，应以接近居民生活区为宜。一般应以进货与出货物品类型特征及交通运输的复杂度来选择接近上游点或下游点的选址策略。

物流配送中心选址规划的典型管理问题包括以下几种。
(1) 应该建设几座物流配送中心？它们应该坐落在何处？
(2) 每个物流配送中心应该服务于哪些客户或市场领域？
(3) 在每个物流配送中心里应该储存哪些物品？
(4) 应该结合哪些公共和私人的物流设施？

物流配送中心选址决策是物流系统中具有战略性意义的投资决策问题，其布局是否合理，将对整个物流系统的物流合理化、物流的社会效益和企业命运起决定性的作用。

在什么情况下，企业需要面临物流配送中心的选址决策？

3.2 物流配送中心选址规划的目标、原则和影响因素

在进行物流配送中心的选址规划时，企业首先需要明确物流配送中心选址规划的目标和原则，之后分析影响物流配送中心选址的因素，为合理确定物流配送中心数量、位置和规模奠定基础。

3.2.1 物流配送中心选址的目标

物流配送中心选址规划的目标，简单地说，就是服务好、费用低、社会效益高。具体包括如下几个方面。

1．提供优质的物流服务

在激烈的市场竞争环境中，优质的物流服务是不可缺少的。如果没有完善的物流系统将承接的订货迅速、准确地送出，企业就难以在销售竞争中取胜。作为提供专业物流服务的物流配送中心，必须适应客户多品种、小批量、短交货期、高频率配送的要求。也就是说，按期、保质、保量交货，提高物流服务效率，在销售战略上是非常重要的。

2．降低物流总成本

物流配送中心是连接生产和消费的流通部门，是利用时间及场所创造效益的机构。由于高速公路网日益完善和信息网络的普及，电子商务和大量处理多批次、小批量的软件系统的应用，使得作业速度越来越快，配送时间大大缩短。将物流节点集中，设立较大规模的物流配送中心，可以集中库存，实现规模化采购，获得更多折扣优惠；同时实现集中仓储，使运输计划化、大型化，可以扩大多品种货物的配送范围，通过协同配送降低运输费用；可以减少土地购买费、建设费、机器设备费、人力费用等，从而降低物流总成本。

3．注重社会效益

物流配送中心的选址规划应从整个区域的物流大系统出发，使物流配送中心的区域分布与区域物流资源和需求分布相适应，符合相关地区的经济发展需求。同时，物流配送中心的选址规划必须考虑环境保护，推行绿色物流；设置物流配送中心时一定要把减少迂回运输、交错运输、单程运输等作为考虑内容，并且必须考虑包装材料的再利用、废旧物品合理回收、废弃物品净化处理、噪声控制在允许的范围内等问题。

3.2.2　物流配送中心选址的原则

物流配送中心选址规划应遵循以下几个方面的原则(图 3-1)。

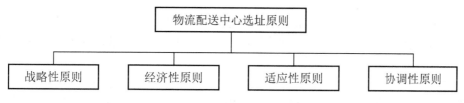

图 3-1　物流配送中心选址的原则

1．战略性原则

国民经济的不断发展使得生产力布局不断变更，生产结构和物流条件也随之发生变化，这些变化会对物流系统的效益产生新的要求和影响。因此，物流配送中心的选址一定要具有战略眼光：一是要考虑全局，二是要考虑长远。局部要服从全局，眼前利益要服从长远利益，既要考虑目前的实际需求，又要考虑日后发展的可能。

2．经济性原则

在物流配送中心发展过程中，与选址有关的费用主要包括建设费用和经营费用。物流配送中心的选址定在市区、近郊还是远郊，其未来物流活动所需的物流设备和设施的建设规模、投资费用及仓储、拣选和配送等物流费用是不同的。选址时，应以总费用最低作为物流配送中心选址的经济性原则。

3. 适应性原则

物流配送中心的选址应与国家及区域的经济发展规划、方针、经济政策相适应，与我国资源分布和需求分布相适应，与国民经济和社会发展相适应。

4. 协调性原则

企业在进行物流配送中心选址时，应考虑国家物流网络这个大系统，使物流配送中心的物流设施和设备，在地区分布、物流作业生产力、技术水平等方面相互协调。

3.2.3　物流配送中心选址的影响因素

物流配送中心的选址要考虑自然环境、经营环境、基础设施、法律法规、社会及竞争对手等因素，如图 3-2 所示。

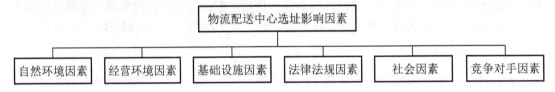

图 3-2　物流配送中心选址的影响因素

1. 自然环境因素

1) 气象条件

物流配送中心选址时，主要考虑的气象条件有温度、风力、降水量、无霜期、冻土深度、年平均蒸发量、日照等。例如，选址时要避开风口，因为在风口建设会加速露天堆放物品的老化。

2) 地质条件

某些容重很大的材料堆码起来会对地面造成很大压力，如果物流中心地面以下存在着淤泥层、流沙层、松土层等不良地质条件，会在受压地段造成沉陷、翻浆等严重后果。因此，在物流配送中心选址时，需要考虑地质条件，要求土壤承载力较高。

3) 水文条件

物流配送中心选址需远离容易泛滥的河川流域与上溢的地下水区域。要认真考察近年的水文资料，地下水位不能过高，洪泛区、内涝区、干河滩等区域应禁止使用。

4) 地形条件

物流配送中心所在地应地势较高，地形平坦，且应具有适当的面积与外形。选在完全平坦的地形上是最理想的；其次选择稍有坡度或起伏的地方；对于山区陡坡地区则应该完全避开。在外形上可选长方形，不宜选择狭长或不规则形状。

2. 经营环境因素

1) 产业政策

物流配送中心所在地区的优惠物流产业政策对物流企业的经济效益会产生重要影响。

2) 货物流量

物流配送中心设立的根本目的是降低社会物流成本，如果没有足够的货物流量，物流配送中心的规模效益就不能发挥。所以，物流配送中心的建设一定要以足够的货物流量为基础。

3) 货物流向

货物流向决定着物流配送中心的工作内容和物流设施设备配置。对于供应物流来说，物流配送中心主要为生产企业提供原材料、零部件，应选择靠近生产企业的地点，便于减少生产企业的库存，随时为生产企业提供服务，同时还可以为生产企业提供暂存或发运工作。对于销售物流来说，物流配送中心的主要职能是将产品集中、分拣，配送到门店或客户手中，故应选择靠近客户的地点。

在货物流向分析上要考虑客户的分布和供应商的分布。

(1) 客户的分布：为了提高服务水平及降低物流成本，物流配送中心多建在城市边缘接近客户分布的地区，如零售商型物流配送中心，其主要客户是超市和零售店，这些客户大部分是分布在人口密集的地方或大城市，物流配送中心选址要接近这样的城市或区域。

(2) 供应商的分布：供应商的分布地区也是物流配送中心选址应该考虑的重要因素。物流配送中心较接近供应商，则其物品的安全库存可以控制在较低的水平上。

4) 物品特性

经营不同类型物品的物流配送中心应该根据物品的特性进行选址。物流配送中心的选址应与产业结构、产品结构、工业布局等紧密结合。

5) 物流费用

物流费用是物流配送中心选址的重要考虑因素之一。大多数物流配送中心选择接近物流服务需求地，如接近大型工业、商业区，以缩短运距，降低运费等物流费用。

6) 物流服务水平

物流服务水平是物流配送中心选址的考虑因素。在现代物流系统中，能否实现准时运送是服务水平高低的重要标准。因此，在物流配送中心选址时，应保证客户在任何时候向物流配送中心提出物流需求时，都能获得快速满意的服务。

7) 人力资源条件

数量充足和素质较高的人力资源条件也是物流配送中心选址考虑的重要因素之一。特别是随着现代物流配送中心的建设，现代化运作需要机械化、自动化的物流设备，采用高素质的人力资源有利于物流配送中心的建设与运营。

人力资源的评估条件有附近人口、交通条件、工资水平等。如果物流配送中心选址位置附近人口不多且交通不方便，则基层的作业人员就不容易招募；如果附近地区的工资水平太高，也会影响到基层作业人员的招募，因为一般的物流作业属于服务行业，工资水平比较低且辛苦。

8) 城市的扩张与发展

城市物流配送中心的选址，既要考虑城市扩张的速度和方向，又要考虑节省分拨费用和减少装卸次数。

 资料卡

20世纪70年代以前，许多企业的仓库都处于城乡结合部，不会对城市产生交通压力，但随着城市的发展，这些仓库现在处于闹市区，大型货车的进出受到管制，铁路专线的使用也受到限制，不得不选择外迁。

一般道路修通之后，立即就有住宅和工商企业兴起，城市实际上沿着道路一块一块发展着、迁徙着，物流配送中心也不是固守一地的。

3. 基础设施因素

1) 交通条件

交通条件是影响物流配送中心配送成本及效率的重要因素之一，交通运输的不便将直接影响车辆配送的进行。因此必须考虑对外交通的运输通路，以及未来交通与邻近地区的发展状况等因素。物流配送中心地址宜紧邻重要的运输线路，以方便配送运输作业的进行。衡量交通方便程度的因素有高速公路、国道、铁路、快速道路、港口、交通限制规定等。一般物流配送中心应尽量选择在交通方便的高速公路、国道及快速道路附近，如果以铁路及轮船作为运输工具，则要考虑靠近火车站、港口等。

2) 周边公共设施状况

物流配送中心所在地要求道路、通信等周边公共设施齐备，有充足的供电、水、燃气的能力，且周边应该具备污水、固体废弃物处理能力。选址时既要保证物流作业的安全，满足消防、生活等方面的需求，又要保证物品的品质。

4. 法律法规因素

物流配送中心的选址应符合国家的法律法规要求，其选址应在国家法律法规允许的范围之内，符合国家对物流设施标准、员工劳动条件、环境保护等的要求。

5. 社会因素

社会因素包括所选城市的地位、生活环境、就业情况、居民生活态度、治安情况和环境保护等。例如，环境保护要求物流配送中心的选址要考虑保护自然环境与人文环境，尽可能降低对居民生活的干扰。对于大型转运枢纽，应适当设置在远离城市中心的地方，使城市交通状况不受影响，城市生态建设得以维持和提高。

6. 竞争对手因素

所谓"知己知彼，百战不殆"，在企业进行物流配送中心选址的决策时必须考虑到竞争对手的布局情况，根据物流配送中心经营的物品或提供的服务特征来决定是靠近竞争对手还是远离竞争对手。若不考虑竞争性要求，而仅仅从土地成本、线路最短、速度最快等角度出发，就会影响企业市场的拓展及服务质量的提高。物流配送中心选址要考虑市场竞争对手的物流配送中心选址位置及未来发展战略，只有这样，才能在激烈的竞争市场中占得先机。

 案例 3-1

Dell 选址考虑的影响因素

1984 年，Michael Dell 在得克萨斯州的奥斯汀成立了 Dell 公司。1994 年，相邻城市 Round Rock 提供 Dell 一个一揽子的优惠税收政策，如将 Dell 所交的 2% 的销售税的 31% 返还 60 年，100% 地免除 Dell 的财产税 5 年，50% 地免除 50 年等，于是，Dell 就将总部移到了 Round Rock。同样，Dell 在田纳西州建立工厂及将亚洲的第一个工厂建在马来西亚也是同样的原因。

Dell 在爱尔兰建立了欧洲市场的第一个工厂。一方面是由于当地低成本、高质量的劳动力及爱尔兰较低的企业税；另一方面是由于爱尔兰是欧盟成员国，在爱尔兰制造的计算机产品可以直接发往欧洲市场而无须缴纳增值税；再者，由于爱尔兰属于欧元区，可以通过欧元的稳定性，减小欧洲内的汇率风险。

Dell 在田纳西州的工厂位置靠近骨干高速公路，同时靠近联邦快递的一个物流配送中心。

Dell 选择的得克萨斯州及田纳西州的劳动力成本要比硅谷低，马来西亚要比新加坡低，爱尔兰在欧盟中属于劳动力成本较低的地区。

Dell 在爱尔兰的工厂建立在 Limerick，最主要看重当地较低的劳动力资源。随着 Dell 的进入及相应供应商的进入，劳动力的成本越来越高，但是，Dell 对于当地的劳动力资源比较满意，因为当地的劳动力素质比较高，在 Dell 的 Limerick 工厂中 5 006 名员工都具有学士学位。

资料来源：孔继利. 企业物流管理[M]. 北京：北京大学出版社，2012.

3.3　物流配送中心选址规划的程序与内容

物流配送中心选址规划包括若干个层次的筛选，是一个逐步缩小范围的决策过程。物流配送中心选址的具体程序如图 3-3 所示。

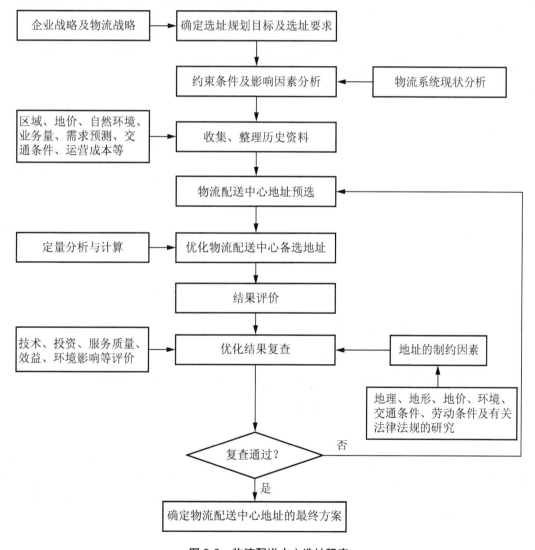

图 3-3　物流配送中心选址程序

1. 确定选址规划目标及选址要求

物流配送中心选址规划时，首先要分析企业发展战略及物流战略规划，明确企业业务发展方向及物流系统在企业发展中的地位。在此基础上，进一步明确物流配送中心在物流系统的地位，明确现有物流设施的布局，分析新建物流配送中心的必要性和意义，明确新建物流配送中心规划目标，将选址规划目标明确化。此外，需详细界定企业对物流配送中心选址的要求。

2. 约束条件及影响因素分析

然后根据物流系统的现状进行分析，制定物流配送中心选址计划，确定所需要了解的基本条件，以便有效地缩小选址的范围。

1) 需求条件

主要分析物流配送中心的服务对象——顾客现在的分布情况，对其未来的分布情况进行预测，分析物流量增长率及物流配送的区域范围。

2) 运输条件

应靠近干线公路、铁路货运站、内河港口、空港基地等重要交通枢纽，同时也应靠近服务市场及考虑多种运输方式的有效衔接。考虑到通行方便，是否要限定物流配送中心的选址范围。

3) 配送服务的条件

根据客户要求的到货时间、发货频率等计算从物流配送中心到客户的距离和服务范围。

4) 用地条件

根据企业实际情况，考虑是利用现有土地还是重新征用土地；重新征用土地的成本有多大；地价允许范围内的用地分布情况如何。

5) 区域规划

根据区域规划的要求，了解选定区域的用地性质，考虑区域内物流产业用地规划及产业集聚发展的需求。

6) 流通加工职能条件

考虑商流职能是否要与物流职能分开；物流配送中心是否也附有流通加工的职能。

7) 其他

不同类别的物流配送中心对选址的要求有所不同，如农产品物流配送中心、建材物流配送中心、化工产品物流配送中心等对选址都有特殊要求。

此外，还需从内部、外部两个方面列出选址影响因素。由于影响因素众多，因此可以依据实际情况，寻找关键成功因素(Key Success Factors)。

3. 收集、整理历史资料

物流配送中心的选址方法一般是通过成本计算，也就是将运输费用、配送费用及物流设施费用模型化，根据约束条件及目标函数建立数学模型，从中寻求费用最小的方案。但是，采用这种选择方法寻求最优的选址解时，必须对业务量和费用进行正确的分析和判断。

1) 业务量资料

物流配送中心选址时，应掌握的业务量数据主要包括以下几类。

(1) 物流配送中心向顾客配送的货物数量。

(2) 物流配送中心保管的货物数量。

(3) 工厂到物流配送中心的货物运输量。

(4) 配送路线上的业务量。

由于这些数量在不同时期内会有波动，因此，要对所采用的数据进行研究。另外，除了对现状的各项数据进行分析外，还必须确定物流配送中心投入使用后的预测数据。

2）费用资料

物流配送中心选址时，应掌握的费用数据包括：

(1) 工厂到物流配送中心的运输费用。

(2) 物流配送中心到客户的运输费用。

(3) 与设施、土地有关的费用及人工费、业务费等。

由于前两项费用会随着业务量和运距的变化而变动，所以必须对吨公里的费用进行分析。第 3 项包括固定费用和可变费用，最好根据固定费用与可变费用之和进行成本分析。

3）其他

在物流配送中心的选址过程中，还需要用缩尺地图表示顾客的位置、现有设施的位置和工厂的位置，并整理各候选地址的配送路线及距离等资料；对必备车辆数、作业人员数、装卸方式、装卸费用等要与成本分析结合起来确定。

4. 物流配送中心地址预选

在进行物流配送中心位置选择时，首先要根据上述各影响因素进行定性分析和评估，大致确定几个备选地址。在确定备选地址时首先要确定区域范围，如在世界范围内选址，首先要确定某个国家；在某一国家范围内选址，首先要确定某个省份。然后要做的是进一步将位置确定在某个城市或商业地区。

备选地址的选择是否恰当，将直接影响到后续最优方案的确定。备选地址过多，候选方案的优化工作量将过大，成本高；备选方案过少，可能导致最后的方案远离最优方案，选址效果差。所以合适的备选地址的确定是物流配送中心选址及物流网点布局中非常关键的一步。

5. 优化物流配送中心备选地址

在备选地址确定后，下一步要做的是更详细地考察若干具体地点。针对不同情况，确定选址评价方法，得出优化后的地址。如果对单一物流配送中心进行选址，可以采用重心法等；如果对多个物流配送中心进行选址，可采用鲍摩-瓦尔夫模型等。近年来，选址理论发展迅速，计算机技术在其中也得到了广泛应用，这些发展都为定量化选址方法的研究提供了有力的支持。

6. 结果评价

由于在定量分析中主要考察对选址产生影响的经济因素，所以当直接应用定量模型得出的结果进行物流配送中心选址时，常常会发现：在经济上最为可取的地点，在实际中却行不通。这是因为除了经济因素外，还有很多非经济因素影响物流配送中心的选址，如气候、地形等因素。因此，要结合市场适应性、购置土地条件、服务质量、交通、劳动力等因素，对计算所得结果进行评价，看优化结果是否具有现实可行性。

7. 优化结果复查

分析其他影响因素对计算结果的相对影响程度，分别赋予它们一定的权重，采用权重因素分析法对计算结果进行复查。如果复查通过，则原计算结果即为最终结果；如果复查发现原计算结果不适用，则返回物流配送中心地址预选阶段，重新分析，直至得到最终结果为止。

8. 确定物流配送中心选址的最终方案

如果优化结果通过复查，即可将优化结果作为最终选址结果。但是所得解不一定为最优解，可能只是符合企业实际状况的满意解。

3.4　物流配送中心选址规划的基本理论与方法

企业在物流配送中心的选址过程中，应该注意将定性和定量两类不同的分析方法结合使用。下面对常用的设施选址的方法进行介绍。

3.4.1　物流配送中心选址方法

1. 定性分析方法

定性分析法主要是根据选址影响因素和选址原则，依靠专家或管理人员丰富的经验、知识及其综合分析能力，确定物流配送中心具体位置的选址方法。其步骤一般为：根据经验确定评价指标，利用该指标对候选物流配送中心位置进行优劣检验，并综合检验结果做出决策。常用的定性分析方法有专家打分法和德尔菲法。

2. 定量分析方法

定量分析方法是依靠数学模型对收集、整理的相应资料进行定量的计算，进而确定物流配送中心具体位置的选址方法，主要包括解析法、数学规划法、多准则决策方法、启发式算法和仿真方法等。

1) 解析法

解析法一般是根据具体需求量、时间等因素，通过坐标表示，以物流配送中心位置为因变量，用代数方法来求解物流配送中心的坐标。解析法中最常用的有重心法、交叉中值法。解析法考虑的影响因素较少，模型简单，主要适用于单个物流配送中心的选址问题。对于复杂的选址问题，使用解析法通常需要借助其他更为综合的分析技术。

2) 数学规划法

数学规划法是在一些特定的约束条件下，通过建立数学规划模型和求解方法，从许多可行的方案中挑选出一个最佳方案。该方法是选址中最常用的方法。其优点是它属于精确算法，能获得最优解；不足之处是对一些复杂问题很难建立合适的数学规划模型，由于大多数选址模型是 NP-hard 问题，很难求得选址模型的最优解。该方法常用的模型有线性规划模型、非线性规划模型、整数规划模型、混合整数规划模型、动态规划模型和网络规划模型等。许多选址问题基本都可以用数学规划法求解，但对于大规模的问题求解往往比较困难。

3) 多准则决策方法

在物流配送中心的选址中除了单准则问题外，还有大量的多准则决策问题。多准则选址问题涉及多个选择方案(对象)，每个方案都有若干个不同的准则，要通过多个准则对方案(对象)做出综合性的选择。物流配送中心的选址常用建设和运作的总成本最小化，满足顾客需求，满足社会、环境要求等为准则进行决策。多准则决策方法包括多指标决策方法与多属性决策方法两类，比较常用的有层次分析法(AHP)、模糊综合评价、聚类方法、数据包络分析(DEA)、TOPSIS方法、优序法等，其中层次分析法和模糊综合评价法在物流配送中心的选址研究中有着较为广泛的应用，但这两种方法都是基于线性的决策思想。在当今复杂多变的环境下，线性的决策思想逐渐暴露出其固有的局限性，非线性的决策方法是今后进一步研究的重点和趋势。

4) 启发式算法

启发式算法是相对最优化方法而言的，是一种逐次逼近最优解的方法，该方法对所求得的解进行反复判断、改进，直至满意为止，它常常能够比较有效地处理 NP-hard 问题，因此比较适合规模较大的选址问题。比较常用的启发式算法有增加算法、删减算法、拉格朗日松弛算法、短视算法、领域搜索算法、禁忌搜索算法、遗传算法、模拟退火算法、神经网络算法、蚁群算法等。

启发式算法不能保证得到最优解，但通常可以得到问题的满意解，而且启发式算法相对最优化方法计算简单，求解速度快。

5) 仿真方法

仿真方法是试图通过模型中某一系统的行为或活动，而不必实地去建设并运转一个系统，因为那样可能会造成巨大的浪费，或根本没有可能实地去进行运转试验。在选址问题中，仿真技术可以通过反复改变和组合各种参数，多次试行来评价不同的选址方案。

仿真方法可以描述多方面的影响因素，因此具有较强的使用价值，常用来求解较大规模的、难以计算的问题。其不足主要在于仿真方法不能提出初始方案，只能通过对各个已存在的备选方案进行评价，从中找出最优方案。所以在运用这项技术时必须首先借助其他技术找出各初始方案，初始方案的好坏会对最终决策结果产生较大影响。同时，仿真对人和机器的要求往往较高，要求设计人员必须具备丰富的经验和较高的分析能力，而在复杂的仿真系统中对计算机硬件的要求较高。

物流配送中心选址方法总结见表3-1。

表3-1　物流配送中心选址方法总结

选址方法	优　　点	缺　　点	适用范围	典型模型/算法
定性分析方法	注重历史经验，操作简单易行	极易犯主观主义和经验主义的错误，当候选地址较多时，该方法决策较为困难，决策的可靠性不高	候选地址数目较少，有类似选址经验可供借鉴	专家打分法、德尔菲法

续表

选址方法		优　点	缺　点	适用范围	典型模型/算法
定量分析方法	解析法	考虑的影响因素较少，模型简单	难于求解规模较大的问题	单物流配送中心的选址问题	重心法、交叉中值法
	数学规划法	属于精确算法，能获得最优解	复杂问题难于建模，大规模问题难于求解	选址要素都可以量化的选址问题	鲍摩-瓦尔夫模型、奎汉-哈姆勃兹模型、P-中值模型、P-中心模型、覆盖模型、无限服务能力带选址费用的选址模型、有限服务能力带选址费用的选址模型、多产品模型、动态模型
	多准则决策方法	考虑要素全面，既可考虑定性因素，又可考虑定量因素	基于线性的决策思想；主观性色彩较浓	考虑多个准则并综合评价选址方案；同时考虑定量和定性因素	层次分析法、模型综合评价法、聚类方法、数据包络分析、TOPSIS方法、优序法
	启发式算法	计算简单，求解速度快	通常得不到最优解，而且无法判断解的好坏	难于精确计算或计算需时过长的大规模问题	增加算法、删减算法、拉格朗日松弛算法、短视算法、领域搜索算法、禁忌搜索算法、遗传算法、模拟退火算法、神经网络算法、蚁群算法
	仿真方法	可描述多方面的影响因素，可求解大规模的、难以计算的问题	需要进行相对比较严格的模型可信性和有效性的检验；不能提出初始方案，必须借助其他技术找出各初始方案；对人和机器要求往往比较高	常用于求解较大规模的、无法手算的问题	离散仿真、动态仿真、随机仿真等

3.4.2　典型选址方法、模型及算法

物流配送中心的选址几乎决定了整个物流系统的模式、结构和形状。下面对常用的物流配送中心选址的方法、模型及算法进行介绍。

1. 德尔菲法

20世纪40年代美国兰德公司发展了一种新型的专家预测方法，即德尔菲法。

1) 德尔菲法的典型特征

德尔菲法具有以下几个基本特征：吸收专家参与选址，充分利用专家的经验和学识；采用匿名或背靠背的方式，能使每一位专家独立自由地做出自己的判断；选址过程经过几轮的反馈，使专家的意见逐渐趋同。

2) 德尔菲法的实施步骤

德尔菲法的实施步骤如图3-4所示。

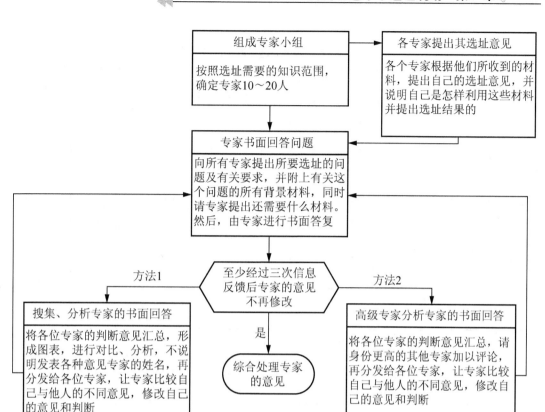

图 3-4　德尔菲法的实施步骤

3) 德尔菲法的优缺点

德尔菲法能发挥专家会议法的优点，即能充分发挥各位专家的作用，集思广益，准确性高，能把各位专家意见的分歧点表达出来，取各家之长，避各家之短。同时，德尔菲法又能避免专家会议法的缺点：权威人士的意见影响他人的意见；有些专家碍于情面，不愿意发表与其他人不同的意见；出于自尊心而不愿意修改自己原来不全面的意见。

德尔菲法的主要缺点是过程比较复杂，花费时间较长。

2. 权重因素分析法

物流配送中心的选址涉及多方面的因素，很多因素难以量化，且各因素影响的重要程度不同。为了综合考虑各影响因素及其重要度，可对各因素及重要度赋值，计算各方案总分，选择分值最高者为最优方案。具体包括以下步骤。

(1) 列出影响物流配送中心选址的因素，即列出比较的项目。

(2) 赋予每个因素以权重，以反映它在物流配送中心选址中的相对重要程度。

(3) 确定每个因素记分的取值范围，如从 100 到 1 表示从很好到很差。

(4) 请有关专家对每个候选物流配送中心地址的各个影响因素进行评分。

(5) 计算每个候选物流配送中心地址的得分，总得分=$\sum$(每个因素评分×权重)。

(6) 选择总得分最高者为最优方案。

【例 3-1】某企业欲新建一物流配送中心，共有 3 个候选地址甲、乙、丙。其中，汇总得出影响物流配送中心选址的因素主要有 10 个，其相关信息见表 3-2。求物流配送中心的最优地址。

表 3-2　物流配送中心选址方案得分计算表

影响因素	权重	候选地址甲		候选地址乙		候选地址丙	
		评分	得分	评分	得分	评分	得分
客户分布条件	0.20	70	14	80	16	75	15
劳动力成本	0.10	80	8	90	9	90	9
科技条件	0.10	85	8.5	60	6	70	7
基础设施条件	0.10	70	7	75	7.5	80	8
交通运输状况	0.15	60	9	70	10.5	75	11.25
地形条件	0.05	90	4.5	80	4	70	3.5
水文条件	0.05	80	4	75	3.75	60	3
税收政策	0.10	75	7.5	85	8.5	80	8
竞争对手条件	0.10	80	8	70	7	75	7.5
其他条件	0.05	75	3.75	65	3.25	85	4.25
合计	1.00	—	74.25	—	75.5	—	76.5

注：① 各项影响因素权重最好设定为 0~1，且各影响因素权重之和为 1。

　　② 影响物流配送中心选址结果的因素包括影响因素个数和内容的确定、权重的赋值及专家对每个候选地址的各个影响因素的打分，不同企业的差异很大，因此这 3 个方面的内容要慎重权衡。

　　解：根据权重和不同候选地址在各因素上的评分，计算各候选地址的总分，见表 3-2。选择总得分最高的候选地址为物流配送中心的最优地址，即候选地址丙为最优地址。

　　3. 重心法

　　重心法是物流配送中心选址决策的常用方法，它经常用于转运中心或分货中心的选择。当产品生产成本中运输费用所占比例很大，且由一个物流配送中心向多个销售点运货时，可以用重心法选择运输费用最小的地点作为最优的物流配送中心地址。

资料卡

　　美国联邦快递公司把重心法的逻辑方法应用于该公司向全美国服务的邮件递送网络的布局，并把美国的孟菲斯市选定为公司航空递送网络的轴心，取得了显著效果。

　　1) 重心法的假设条件

　　(1) 决策各点的需求量不是地理位置上实际发生的需求量，而是一个汇总量，这个量聚集了分散在一定区域内众多的需求量。

　　(2) 物品配送的物流成本以运输费用的形式表现，而且物品的运输费用仅仅和物流配送中心与需求点之间的距离成正比关系，而不考虑城市的交通状况。

　　(3) 不考虑物流配送中心所处地理位置不同所引起的成本差异，如土地费用、建设费用、劳动力成本、库存成本等。

　　(4) 不考虑企业经营可能造成的未来收益和成本的变化，保证决策环境的相对静止。

2) 重心法模型

设有 n 个客户(可以是零售店或二级中转站)，它们各自的坐标是 $R_i(x_i, y_i)$，需新建的物流配送中心坐标为 $W(x_W, y_W)$，现在欲确定该新建物流配送中心的位置，使物流配送中心到各客户的总运输费用最小，如图 3-5 所示。

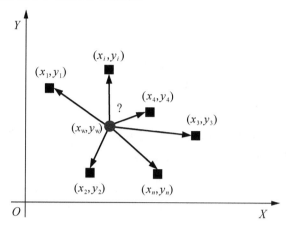

图 3-5　新建物流配送中心与各客户的坐标

已知条件如下：f_i 为物流配送中心 W 到客户 i 的运输费率(单位产品运输单位距离的费用)；V_i 为新建物流配送中心向客户 i 的运输量；d_i 为新建物流配送中心到客户 i 的距离。

由此可得新建物流配送中心到各个客户的总运输费用如下：

$$TC = \sum_{i=1}^{n} C_i \tag{3-1}$$

式中，C_i 可以表示成以下形式：

$$C_i = f_i \cdot V_i \cdot d_i \tag{3-2}$$

d_i 也可以写成以下形式：

$$d_i = \left[\left(x_W - x_i\right)^2 + \left(y_W - y_i\right)^2 \right]^{\frac{1}{2}} \tag{3-3}$$

把式(3-2)代入式(3-1)中，得

$$TC = \sum_{i=1}^{n} f_i \cdot V_i \cdot d_i \tag{3-4}$$

现在，需确定坐标 (x_W, y_W) 为何值时，可使 TC 最小。

根据函数求极值原理，式(3-4)分别对 x_W 和 y_W 求偏导，令偏导数为 0，得：

$$\begin{cases} \dfrac{\partial TC}{\partial x_W} = \dfrac{\sum\limits_{i=1}^{n} f_i \cdot V_i \cdot (x_W - x_i)}{d_i} = 0 \\[4mm] \dfrac{\partial TC}{\partial y_W} = \dfrac{\sum\limits_{i=1}^{n} f_i \cdot V_i \cdot (y_W - y_i)}{d_i} = 0 \end{cases} \tag{3-5}$$

由式(3-5)可以求得函数 TC 的极值点 (x_W^*, y_W^*)，即

$$
\begin{cases}
x_W^* = \dfrac{\displaystyle\sum_{i=1}^{n} f_i \cdot V_i \cdot x_i / d_i}{\displaystyle\sum_{i=1}^{n} f_i \cdot V_i / d_i} \\[4ex]
y_W^* = \dfrac{\displaystyle\sum_{i=1}^{n} f_i \cdot V_i \cdot y_i / d_i}{\displaystyle\sum_{i=1}^{n} f_i \cdot V_i / d_i}
\end{cases}
\tag{3-6}
$$

因式(3-6)中含有 d_i，而 d_i 又含有要求解的未知数 x_W 和 y_W，所以由式(3-6)难以求得 x_W^* 和 y_W^*。因此采用迭代法来进行计算，其表达式为

$$
\begin{cases}
x_W^{*(k)} = \dfrac{\displaystyle\sum_{i=1}^{n} f_i \cdot V_i \cdot x_i / d_{i(k-1)}}{\displaystyle\sum_{i=1}^{n} f_i \cdot V_i / d_{i(k-1)}} \\[4ex]
y_W^{*(k)} = \dfrac{\displaystyle\sum_{i=1}^{n} f_i \cdot V_i \cdot y_i / d_{i(k-1)}}{\displaystyle\sum_{i=1}^{n} f_i \cdot V_i / d_{i(k-1)}}
\end{cases}
\tag{3-7}
$$

其中：

$$
d_{i(k-1)} = \left[\left(x_W^{*(k-1)} - x_i \right)^2 + \left(y_W^{*(k-1)} - y_i \right)^2 \right]^{\frac{1}{2}}
\tag{3-8}
$$

3) 迭代法的计算步骤

(1) 给出新建物流配送中心的初始位置 $(x_W^{*(0)}, y_W^{*(0)})$。给定初始位置是利用迭代法求解最佳物流配送中心位置的关键，一般做法是将客户坐标的重心点作为初始物流配送中心的位置，因此，这种方法称为重心法。假设客户坐标的重心点的坐标为 $(\bar{x}, \bar{y})$，则有

$$
\begin{cases}
x_W^{*(0)} = \bar{x} = \dfrac{\displaystyle\sum_{i=1}^{n} f_i \cdot V_i \cdot x_i}{\displaystyle\sum_{i=1}^{n} f_i \cdot V_i} \\[4ex]
y_W^{*(0)} = \bar{y} = \dfrac{\displaystyle\sum_{i=1}^{n} f_i \cdot V_i \cdot y_i}{\displaystyle\sum_{i=1}^{n} f_i \cdot V_i}
\end{cases}
\tag{3-9}
$$

(2) 令 $k=0$。

(3) 利用式(3-8)求出 $d_{i(0)}$。

(4) 利用式(3-4)求出相应的总运输费用 TC(0)。

(5) 令 $k=k+1$。

(6) 利用式(3-7)求出第 k 次迭代结果 $(x_{\mathrm{w}}^{*(k)}, y_{\mathrm{w}}^{*(k)})$。

(7) 利用式(3-8)求出 $d_{i(k)}$，利用式(3-4)求出相应的总运输费用 $\mathrm{TC}(k)$。

(8) 若 $\mathrm{TC}(k) < \mathrm{TC}(k-1)$，说明总运输费用仍有改善的空间，返回步骤(5)，继续迭代；否则，说明 $(x_{\mathrm{w}}^{*(k-1)}, y_{\mathrm{w}}^{*(k-1)})$ 为最佳物流配送中心位置，则停止迭代。

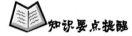
知识要点提醒

第一，初始地点可以任意选取，还可以根据各客户的位置和客户对货物需求量的大小分布情况选取。初始地点的选取方法可以不同。

第二，通过大量计算表明，对于用式(3-9)求出的初始坐标与迭代求解出的最优坐标相差不大，即两个坐标点对应的总运输成本相差较小。因此，为了简化计算，可以用式(3-9)的计算结果作为近似最优坐标。

第三，在某些极端数据的情况下，求出的最优点坐标与其中一个已知点的坐标重合。这就和物流配送中心选址的实际情况发生了冲突，需要借助于其他选址方法对物流配送中心的选址结果进行优化。

知识拓展

节点间距离的计算

在物流配送中心选址问题模型中，最基本的一个参数是各个节点之间的距离。有 3 种典型的方法来计算节点之间的距离，一种是直线距离，也称为欧几里得距离，该距离主要用于平面选址问题，点与点之间没有障碍物，可以直达；另一种是折线距离，也称为城市距离或直角距离，该距离多用于在道路较为规则的城市进行物流配送中心的选址；还有另一种更为一般的 l_p 距离，该距离是直线距离与折线距离的推广，多用于纯粹的理论研究。目前的实践中，物流配送中心的选址主要使用直线距离与折线距离。

1. 直线距离

区域内两点 (x_i, y_i) 和 (x_j, y_j) 间的直线距离 d_{ij} 的计算公式为

$$d_{ij} = w_{ij}\sqrt{(x_i - x_j)^2 + (y_i - y_j)^2} \tag{3-10}$$

式中，$w_{ij}(\geqslant 1)$ 称为迂回系数一般可取定一个常数。当 w_{ij} 取为 1 时，d_{ij} 为平面上的几何直线距离。w_{ij} 取值的大小要视区域内的交通情况，在交通发达地区，w_{ij} 取的值较小；反之，w_{ij} 取的值较大。

2. 折线距离

区域内两点 (x_i, y_i) 和 (x_j, y_j) 间的折线距离 d_{ij} 的计算公式为

$$d_{ij} = w_{ij}(|x_i - x_j| + |y_i - y_j|) \tag{3-11}$$

式中，$w_{ij}(\geqslant 1)$ 含义同上。

3. l_p 距离

区域内两点 (x_i, y_i) 和 (x_j, y_j) 间的 l_p 距离 d_{ij} 的计算公式为

$$d_{ij} = w_{ij}(|x_i - x_j|^p + |y_i - y_j|^p)^{\frac{1}{p}} \tag{3-12}$$

式中，$w_{ij}(\geqslant 1)$ 含义同上。当 $p=1$ 时，即为折线距离；当 $p=2$ 时，即为直线距离。

4) 对重心法的评价

求解物流配送中心最佳地址的模型有离散模型和连续模型两种。重心法模型是连续模型，相对于离散模型来说，在这种模型中，物流配送中心地点的选择是不加特定限制的，

有自由选择的长处。可是从另一方面来看，重心法模型的自由度过大也是一个缺点。因为由迭代法计算求得的最佳地点实际上往往很难找到，有的地点很可能在河流湖泊上或街道中间等。此外，迭代计算比较复杂，这也是连续模型的缺点之一。

 知识拓展

设施选址问题的分类

按照设施备选范围进行分类，包括离散的设施选址和连续的设施选址。

按照选址作用的时间进行分类，包括静态的设施选址和动态的设施选址。

按照选择设施的数目进行分类，包括单设施选址和多设施选址。

按照设施的服务能力进行分类，包括有限能力设施选址和无限能力设施选址。

按照选择设施的级别进行分类，包括多级选址模型和单级选址模型。

按照模型输入参数的特性进行分类，包括确定性模型和随机性模型。

按照模型涉及产品的种类进行分类，包括单产品模型和多产品模型。

按照模型目标的多少进行分类，包括单目标选址和多目标选址。

按照设施对公众吸引力的大小进行分类，包括吸引设施选址和排斥设施选址。

5) 重心法选址系统

按照前面讲到的算法，利用 Visual Basic 6.0 程序开发语言，可以设计出教学用的单设施重心法选址系统。该系统的总体功能结构如图 3-6 所示。

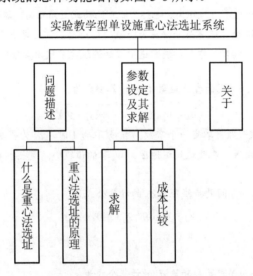

图 3-6　实验教学型单设施重心法选址系统总体功能结构

图 3-7 中给出了该系统迭代计算过程的程序代码。该系统核心模块的界面如图 3-8 所示(该系统将参数设定与问题求解合并到一个界面)。

```
' 单设施选址重心法算法
For j = 1 To 10000 ' 最大迭代10000次
'*********************************************
' 每次迭代开始时，初始化以下五个值
    SumCO = 0
    SumCN = 0
    Sum1 = 0
    Sum2 = 0
    Sum3 = 0
'*********************************************
    For i = 1 To List1.ListCount ' 有几组数据就循环几次
        di = Sqr((Xc - Val(List1.List(i - 1))) ^ 2 + (Yc - Val(List2.List(i - 1))) ^ 2) ' 距离公式
        SumCO = SumCO + Val(List3.List(i - 1)) * Val(List4.List(i - 1)) * di ' 某次迭代的更新前的成本
        Sum1 = Sum1 + (Val(List1.List(i - 1)) * Val(List3.List(i - 1)) * Val(List4.List(i - 1))) / di ' 中间变量，用于标识某次迭代求横坐标的公式中的分子
        Sum2 = Sum2 + (Val(List2.List(i - 1)) * Val(List3.List(i - 1)) * Val(List4.List(i - 1))) / di ' 中间变量，用于标识某次迭代求纵坐标的公式中的分子
        Sum3 = Sum3 + (Val(List3.List(i - 1)) * Val(List4.List(i - 1))) / di ' 中间变量，用于标识某次迭代求横、纵坐标的公式中的分母
    Next i
    Xc = Sum1 / Sum3 ' 某次迭代求横坐标
    Yc = Sum2 / Sum3 ' 某次迭代求纵坐标
    For i = 1 To List1.ListCount
        di = Sqr((Xc - Val(List1.List(i - 1))) ^ 2 + (Yc - Val(List2.List(i - 1))) ^ 2)
        SumCN = SumCN + Val(List3.List(i - 1)) * Val(List4.List(i - 1)) * di ' 某次迭代的更新前的成本
    Next i
    If (SumCO - SumCN) <= JD Then ' 循环终止条件
        Text8.Text = Xc ' 求得的横坐标
        Text9.Text = Yc ' 求得的纵坐标
        Text10.Text = SumCN ' 求得的最小成本
        Text11.Text = j ' 求得的迭代次数
        Exit For
    End If
Next j
'*********************************************
Sub
```

图 3-7　重心法选址系统迭代计算过程的程序代码

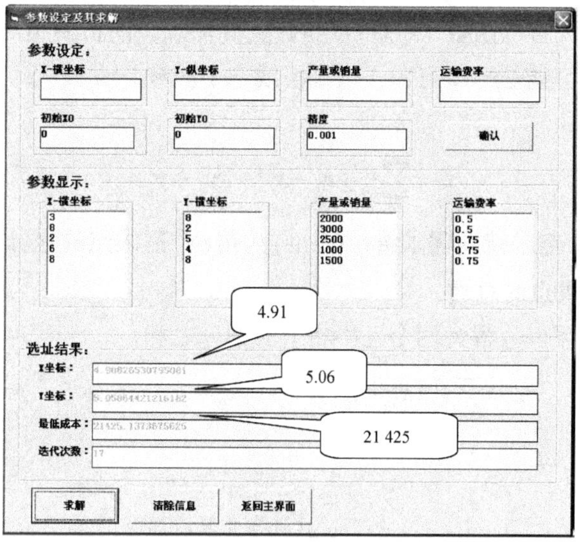

图 3-8　重心法选址系统的界面及相应求解结果

【例 3-2】某企业两个工厂 P_1、P_2 分别生产 A、B 两种产品，供应 3 个市场 M_1、M_2、M_3。已知条件见表 3-3。现需设置一个物流配送中心，A、B 两种产品通过该物流配送中心间接向 3 个市场供货。请使用重心法求出物流配送中心的最优地址。

表 3-3　已知点坐标、年运输量及运输费率

结　　点	坐标位置		运输量	运输费率
	x_i	y_i		
P_1	3	8	2 000	0.5
P_2	8	2	3 000	0.5
M_1	2	5	2 500	0.75
M_2	6	4	1 000	0.75
M_3	8	8	1 500	0.75

解：根据式(3-9)计算初始坐标，结果如下：

$$x_W^{*(0)} = \frac{3 \times 2\,000 \times 0.5 + 8 \times 3\,000 \times 0.5 + 2 \times 2\,500 \times 0.75 + 6 \times 1\,000 \times 0.75 + 8 \times 1\,500 \times 0.75}{2\,000 \times 0.5 + 3\,000 \times 0.5 + 2\,500 \times 0.75 + 1\,000 \times 0.75 + 1\,500 \times 0.75} = 5.16$$

$$y_W^{*(0)} = \frac{8 \times 2\,000 \times 0.5 + 2 \times 3\,000 \times 0.5 + 5 \times 2\,500 \times 0.75 + 4 \times 1\,000 \times 0.75 + 8 \times 1\,500 \times 0.75}{2\,000 \times 0.5 + 3\,000 \times 0.5 + 2\,500 \times 0.75 + 1\,000 \times 0.75 + 1\,500 \times 0.75} = 5.18$$

利用重心法选址系统求解最优坐标，其结果如图 3-8 所示。求出物流配送中心的最优解为(4.91,5.06)，最低运输费用为 21 425。

4. 交叉中值模型

在城市内建立物流配送中心，不可能不受限制地任意选址，可能的情况是只能沿着相互交叉的街道选择某一处地点。交叉中值模型就是将城市内道路网络作为选址范围的一种单设施选址方法。应用条件是已知各服务对象在城市内的地理位置、需要的物流量、单位服务费用。选址的依据是设施到各个服务对象的绝对距离总和最小。交叉中值模型将加权的城市距离和最小作为目标函数，即总费用=设施到需求点的折线距离×需求量。求解函数最后得到的最好位置可能是一个点、一条线段或一个区域。

目标函数为

$$L = \sum_{i=1}^{n} V_i (|x_0 - x_i| + |y_0 - y_i|) \tag{3-13}$$

式中，V_i 为第 i 个需求点的需求量；(x_i, y_i) 为第 i 个需求点的坐标；(x_0, y_0) 为物流配送中心的坐标；n 为需求点的总数。

显然，目标函数可以分解为两个互不相干的部分之和：

$$L = \sum_{i=1}^{n} V_i |x_0 - x_i| + \sum_{i=1}^{n} V_i |y_0 - y_i| = L_x + L_y \tag{3-14}$$

式中，

$$L_x = \sum_{i=1}^{n} V_i |x_0 - x_i| \tag{3-15}$$

$$L_y = \sum_{i=1}^{n} V_i |y_0 - y_i| \tag{3-16}$$

因此，求 $\min L$ 的最优解等价于求 L_x 和 L_y 的最小值点。

对于 L_x，因为：

$$L_x = \sum_{i=1}^{n} V_i |x_0 - x_i| = \sum_{i \in \{i | x_i \leqslant x_0\}} V_i (x_0 - x_i) + \sum_{i \in \{i | x_i > x_0\}} V_i (x_i - x_0) \tag{3-17}$$

由于 x_0 在区域内可连续取值，求式(3-17)的极小值点可对 L_x 求微分并令其为零，得

$$\frac{\mathrm{d}L_x}{\mathrm{d}x_0} = \sum_{i \in \{i | x_i \leqslant x_0\}} V_i - \sum_{i \in \{i | x_i > x_0\}} V_i = 0 \tag{3-18}$$

即

$$\sum_{i \in \{i | x_i \leqslant x_0\}} V_i = \sum_{i \in \{i | x_i > x_0\}} V_i \tag{3-19}$$

式(3-19)证明了当 x_0 是最优解时,其两方的权重都为 50%,即 L_x 的最优值点 x_0 是在 x 方向对所有的权重 V_i 的中值点。同样,可得 L_y 的最优值点 y_0 是在 y 方向对所有的权重 V_i 的中值点,即 y_0 需满足:

$$\sum_{i\in\{i|y_i\leqslant y_0\}} V_i = \sum_{i\in\{i|y_i>y_0\}} V_i \tag{3-20}$$

即学即用

某公司想在一个地区开设一个新的商店,主要的服务对象是附近的 5 个住宅小区的居民,他们是新开设商店的主要顾客源。已知笛卡儿坐标系中确切地表达了这些需求点的位置,表 3-4 给出了相关信息。这里权重代表每个月潜在顾客的需求总量,基本可以用每个小区中的居民总数量来近似。

表 3-4　已知节点坐标和需求总量

节　　点	坐标位置		需求总量
	x_i	y_i	
C_1	3	1	1 000
C_2	5	2	7 000
C_3	4	3	3 000
C_4	2	4	3 000
C_5	1	5	6 000

思考题: 企业希望通过这些信息来确定一个合适的商店的位置,要求每个月顾客到商店所行走的加权距离总和为最小。

5. 盈亏平衡分析法

盈亏平衡分析法又称量本利法或生产成本比较法,是物流配送中心选址决策的常用方法。这种方法的核心在于将盈亏平衡分析法的基本思想应用到物流配送中心的选址决策中。假设可供选择的各个方案均能满足物流配送中心地址选择的基本要求,但投资额及投产后原材料、燃料、动力等变动成本不同,通过绘制各个方案的总成本曲线,找出每个备选地址产出的最优区间及盈利区间,确定在满足需求量要求条件下总成本最小的方案为最佳选址方案。

生产经营中总成本(TC)分为固定成本(FC)和变动成本(VC)。固定成本不随产量的变化而变化,如企业固定资产(机器和厂房);变动成本随产量的变化而变化,如原材料成本、劳动力成本等。固定成本、变动成本、总成本(TC)和总收入(TR)与产量的关系可用图 3-9 表示。

在一定范围内,产量增加时,由于单位产品分摊的固定成本减少,所以总成本将等于或小于总收入。当总收入等于总成本时,成本曲线与收入曲线的交点即为盈亏平衡点。当企业生产产量低于盈亏平衡点时,将亏损;而企业生产产量高于盈亏平衡点产量时,则会盈利。据此分析,盈亏平衡点的产量(Q^*)应满足:

$$总收入 - 总成本 = 利润 = 0 \qquad (3\text{-}21)$$

将式(3-21)所示的关系用字母表示为

$$pQ^* - FC - vQ^* = 0 \qquad (3\text{-}22)$$

式中，FC 为固定成本；v 为单位变动成本；p 为单位产品售价。

通过对式(3-22)变换，可以推导出盈亏平衡点的产量为

$$Q^* = \frac{FC}{p-v} \qquad (3\text{-}23)$$

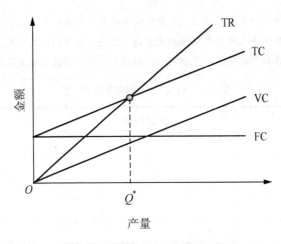

图 3-9　成本、收入与产量的关系

【例 3-3】某企业拟新建一条生产线，初步确定甲、乙两个方案，成本资料见表 3-5。试求 (1) 各备选方案产出的较优区间；(2) 预期生产规模为 4 500 台，确定较优的方案。

表 3-5　生产成本数据

方　案	年固定成本总额/万元	年生产能力/件	单位产品变动成本/(元/件)	产品单价/(元/件)
甲方案	16	5 000	100	140
乙方案	18	5 000	80	140

解：

(1) 计算甲、乙两方案的总成本，并绘制总成本曲线。总成本的计算公式为

$$TC = FC + VC = FC + vQ \qquad (3\text{-}24)$$

则：

$$甲方案的总成本 = 160\,000 + 100Q$$
$$乙方案的总成本 = 180\,000 + 80Q$$

计算甲、乙方案交点产量，即

$$160\,000 + 100Q = 180\,000 + 80Q$$

解出：

$$Q = 1\,000(件)$$

可令 $Q=0$ 和 $Q=1\,000$，绘制两方案的总成本曲线，如图 3-10 所示。

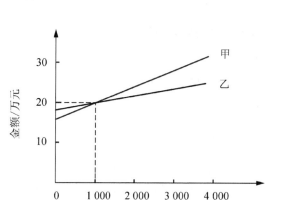

图 3-10 甲、乙两方案的成本曲线

由图 3-10 可以看出，当产量在(0，1 000]件时，甲方案优于乙方案，在(1 000，5 000]件时，乙方案优于甲方案。

(2) 利用式(3-23)计算甲、乙两方案的盈亏平衡产量，其结果如下：

$$Q_{甲}^* = \frac{FC_{甲}}{p_{甲} - v_{甲}} = \frac{160\,000}{140 - 100} = 4\,000(件)$$

$$Q_{乙}^* = \frac{FC_{乙}}{p_{乙} - v_{乙}} = \frac{180\,000}{140 - 80} = 3\,000(件)$$

由上述计算结果可知，当产量低于 3 000 件时，甲、乙两方案都亏损，不可行；产量大于 3 000 件时乙方案较优。因此，当产量为 4 500 台时，选乙方案为最佳选址方案。

6. 线性规划法

线性规划法也是物流配送中心选址的常用方法。这种方法的核心思想是追求总生产成本和运输成本最低。

1) 一般的线性规划的数学模型

目标函数的表达式为

$$\min f(x) = \sum_{i=1}^{n} c_i X_i + \sum_{i=1}^{n} \sum_{j=1}^{m} D_{ij} X_{ij} \tag{3-25}$$

约束条件的表达式为

$$\begin{cases} \sum_{i=1}^{n} X_{ij} = R_j \\ \sum_{j=1}^{m} X_{ij} = X_i \quad \begin{pmatrix} i = 1, 2, \cdots, n \\ j = 1, 2, \cdots, m \end{pmatrix} \\ \sum_{j=1}^{m} R_j = \sum_{i=1}^{n} X_i \\ X_{ij} \geqslant 0, 且取整数 \end{cases} \tag{3-26}$$

式中，X_i 为第 i 工厂的产量；c_i 为第 i 工厂的单位成本；n 为工厂总数量；m 为目标市场总数量；X_{ij} 为第 i 工厂运往目标市场 j 的产品数量；R_j 为目标市场 j 的需求量；D_{ij} 为第 i 工厂向目标市场 j 运输单位产品的运费及其他流通费用。

2) 候选方案生产成本相同时的数学模型

目标函数的表达式为

$$\min f(x) = \sum_{i=1}^{n} \sum_{j=1}^{m} D_{ij} X_{ij} \tag{3-27}$$

约束条件的表达式为

$$\begin{cases} \sum_{i=1}^{n} X_{ij} = R_j & \\ \sum_{j=1}^{m} X_{ij} = X_i & \begin{pmatrix} i=1, & 2,\cdots, & n \\ j=1, & 2,\cdots, & m \end{pmatrix} \\ X_{ij} \geqslant 0, \ 且取整数 & \end{cases} \tag{3-28}$$

关于模型的求解方法，有兴趣的读者可以参看运筹学方面的书籍和文献，下面主要利用 Excel 软件中的"规划求解"工具对实际问题进行求解。

【例 3-4】已知某企业的两个物流配送中心 W_1 和 W_2 供应 4 个销售地 S_1、S_2、S_3 和 S_4，由于需求量不断增加，需再增设一个物流配送中心，且该物流配送中心需要供应的量为 12 000 台。可供选择的地点是 W_3 和 W_4，试在其中选择一个作为最佳地址。根据已有资料，分析得出各物流配送中心到各销售点的单位商品的运输费用、供应点供应量和需求点的需求量等数据，见表 3-6。

表 3-6　供给、需求量及单位商品运输费用表

供应地 ＼ 需求点	S_1	S_2	S_3	S_4	供应量/台
W_1	7.50	7.90	7.40	8.10	6 000
W_2	7.40	7.80	7.25	7.65	4 000
W_3	8.20	7.20	7.55	8.20	? =12 000 或 0
W_4	7.80	7.35	7.48	8.20	? =12 000 或 0
需求量/台	4 000	3 000	7 000	8 000	22 000

解： 若新建的物流配送中心在 W_3，则根据已知条件，需假设运输量为 x_{ij}，其代表从第 i 供应地向第 j 需求点运输的商品台数，则变量数据见表 3-7。

表 3-7　变量表

供应地 ＼ 需求点	S_1	S_2	S_3	S_4
W_1	x_{11}	x_{12}	x_{13}	x_{14}
W_2	x_{21}	x_{22}	x_{23}	x_{24}
W_3	x_{31}	x_{32}	x_{33}	x_{34}

则由式(3-27)和式(3-28)可分别建立该问题的目标函数和约束条件，其结果如下。

目标函数为

$$\min f(x)_{W_3} = 7.50x_{11} + 7.90x_{12} + 7.40x_{13} + 8.10x_{14}$$
$$+ 7.40x_{21} + 7.80x_{22} + 7.25x_{23} + 7.65x_{24}$$
$$+ 8.20x_{31} + 7.20x_{32} + 7.55x_{33} + 8.20x_{34}$$

约束条件为

$$
\begin{cases}
x_{11} + x_{12} + x_{13} + x_{14} = 6\,000 \\
x_{21} + x_{22} + x_{23} + x_{24} = 4\,000 \\
x_{31} + x_{32} + x_{33} + x_{34} = 12\,000 \\
x_{11} + x_{21} + x_{31} = 4\,000 \\
x_{12} + x_{22} + x_{32} = 3\,000 \\
x_{13} + x_{23} + x_{33} = 7\,000 \\
x_{14} + x_{24} + x_{34} = 8\,000 \\
x_{ij} \geqslant 0,\ \text{且为整数},\ i = 1,2,3;\ j = 1,2,3,4
\end{cases}
$$

（供应约束）

（需求约束）

利用 Excel 软件中的"规划求解"工具进行求解，可以得出各供应地向需求地运输的产品数量，见表 3-8。

表 3-8　变量求解结果

供应地 \ 需求点	S₁	S₂	S₃	S₄	供应量/台
W₁	4 000	0	2 000	0	6 000
W₂	0	0	0	4 000	4 000
W₃	0	3 000	5 000	4 000	12 000
需求量/台	4 000	3 000	7 000	8 000	22 000

将表 3-8 求出的结果代入所建立的目标函数中，可求出最小运输成本：

$$\min f(x)_{W_3} = 7.50 \times 4\,000 + 7.90 \times 0 + 7.40 \times 2\,000 + 8.10 \times 0$$
$$+ 7.40 \times 0 + 7.80 \times 0 + 7.25 \times 0 + 7.65 \times 4\,000$$
$$+ 8.20 \times 0 + 7.20 \times 3\,000 + 7.55 \times 5\,000 + 8.20 \times 4\,000$$
$$= 167\,550$$

其中，"规划求解"工具的界面及问题求解结果如图 3-11 所示。

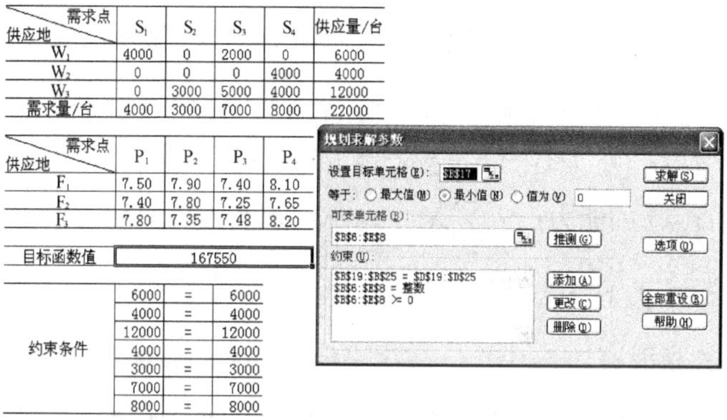

图 3-11　"规划求解"工具的界面及取 W₃ 建物流配送中心时的求解结果

同理，可建立若新建的物流配送中心在 W_4 时的问题的模型，并利用 Excel "规划求解" 工具进行求解，其求解的结果代入式(3-26)，其结果如下。

$$\min f(x)_{w_4} = 7.50 \times 4\,000 + 7.90 \times 0 + 7.40 \times 0 + 8.10 \times 2\,000$$
$$+ 7.40 \times 0 + 7.80 \times 0 + 7.25 \times 0 + 7.65 \times 4\,000$$
$$+ 7.80 \times 0 + 7.35 \times 3\,000 + 7.48 \times 7\,000 + 8.20 \times 2\,000$$
$$= 167\,610$$

两方案相比较，W_3 的费用 167 550 小于 W_4 的费用 167 610，故选择在 W_3 设置物流配送中心。

7. 奎汉-哈姆勃兹模型

奎汉-哈姆勃兹模型是多个物流设施选址的典型方法。在模型中考虑了多个结构化因素的影响：供应点到物流设施的运输费用、物流设施到用户的运输费用、物流设施固定费用及运营管理的可变费用、设施的个数及容量限制。其目标是费用之和最小，模型更加贴近实际。但也有其不足之处，模型没有考虑物流设施如建设费用这样的固定资产所产生的固定费用，也没有考虑物流配送中心总体的容量限制。另外，当在供应点、物流设施备选点、客户数量较多的情况下，其计算量非常庞大，不易求解。此外，它仅从费用角度来进行选址，忽略了社会效益、环境影响等因素。奎汉-哈姆勃兹模型按式(3-29)~式(3-32)确定它的目标函数和约束条件。

$$\min f(x) = \sum_{hijk}(A_{hij} + B_{hjk})X_{hijk} + \sum_{j}F_j Z_j + \sum_{hj}S_{hj}(\sum_{ik}X_{hijk}) + \sum_{hk}D_{hk}(T_{hk}) \tag{3-29}$$

$$\text{s.t.} \sum_{ij}X_{hijk} = Q_{hk} \tag{3-30}$$

$$\sum_{jk}X_{hijk} \leqslant Y_{hi} \tag{3-31}$$

$$I_j \sum_{hjk}X_{hijk} \leqslant W_j \tag{3-32}$$

式中，h 为产品$(1,\cdots,p)$；i 为供应点$(1,\cdots,q)$；j 为物流配送中心$(1,\cdots,r)$；k 为客户$(1,\cdots,s)$；A_{hij} 为从供货点 i 到物流配送中心 j 运输产品 h 时的单位运输费用；B_{hjk} 为从物流配送中心 j 到客户 k 运输产品 h 时的单位运输费用；X_{hijk} 为从供货点 i 经过物流配送中心 j 到客户 k 运输产品 h 的数量；F_j 为在物流配送中心 j 期间的平均固定管理费用；Z_j 为当 $\sum_{ij}X_{hijk} > 0$ 时取 1，否则取 0；$S_{hj}(\sum_{ik}X_{hijk})$ 为在物流配送中心 j 中，为保管产品 h 而产生的部分可变费用 (管理费、保管费、税金以及投资利息等)；$D_{hk}(T_{hk})$ 为向客户 k 运输产品 h 时，因为延误时间 T 而支付的损失费用；Q_{hk} 为客户 k 需要产品 h 的数量；W_j 为物流配送中心 j 的能力；Y_{hi} 为提供产品 h 的供货点 i 的能力；$I_j \sum_{hjk}X_{hijk}$ 为各供货点由物流配送中心 j 向所有客户运送产品的最大库存定额；$f(x)$ 为总费用。

8. 鲍摩-瓦尔夫模型

对于从若干个工厂经过若干个物流配送中心向用户输送货物的问题，物流配送中心的选址分析一般只考虑运费为最小时的情况。

这里需要考虑的问题是，各个工厂向哪些物流配送中心运输多少货物？各个物流配送中心向哪些用户发送多少货物？

总费用函数为

$$f(X_{ijk}) = \sum_{ijk}(c_{ki}+h_{ij})X_{ijk} + \sum_i v_i(W)^{\theta} + \sum_i F_i r(W_i)\left(0<\theta<1,\ r(W_i)=\begin{cases}0(W_i=0)\\1(W_i>0)\end{cases}\right) \quad (3\text{-}33)$$

式中，c_{ki} 为从工厂 k 到物流配送中心 i 发送单位运量的运输费用；h_{ij} 为从物流配送中心 i 向客户 j 发送单位运量的运输费用；c_{ijk} 为从工厂 k 通过物流配送中心 i 向客户 j 发送单位运量的运输费用，即 $c_{ijk}=c_{ki}+h_{ij}$；X_{ijk} 为从工厂 k 通过物流配送中心 i 向客户 j 运送的运量；W_i 为通过物流配送中心 i 的运量，即 $W_i=\sum_{jk}X_{ijk}$；v_i 为物流配送中心 i 的单位运量的可变费用；F_i 为物流配送中心 i 的固定费用(与其规模无关的固定费用)。

总费用函数 $f(X_{ijk})$ 的第一项是运输费用，第二项是物流配送中心的可变费用，第三项是物流配送中心的固定费用。

该模型的计算方法是首先给出费用的初始值，求初始解；然后进行迭代计算，使其逐步接近费用的最小值。

该模型的优点主要有：计算比较简单；能评价物流过程的总费用；能求解物流配送中心的通过量，即决定物流配送中心的规模；根据物流配送中心可变费用的特点，可以采用大量进货的方式。

该模型的缺点主要有：由于采用的是逐次逼近法，所以不能保证必然会得到最优解；此外，由于选择备选地点的方法不同，有时求出的最优解中可能出现物流配送中心数目过多的情况，也就是说，可能有物流配送中心数更少、总费用更小的解存在。因此，必须仔细研究所求得的解是否为最优解。此外，物流配送中心的固定费用不能在所得的解中反映出来。

9. CFLP 法

CFLP(Capacitated Facility Location Problem，有限服务能力设施选址问题)是利用运筹学中非线性规划求解选址问题的。此方法适用于物流配送中心的能力有限，且用户的地址、需求量及设置多个物流配送中心的数目均已确定时，从物流配送中心的备选地址中选出总费用最小的、由多个物流配送中心组成的配送系统。

(1) 该方法的基本步骤如下：首先假设物流配送中心的备选地址已定，据此假定在保证总运输费用最小的前提下，求出各暂定物流配送中心的供应范围。然后在所求出的供应范围内分别移动物流配送中心至其他备选地点，以使各供应范围的总费用下降。当移动每个物流配送中心的地点都不能继续使本区域总费用下降时，则计算结束；否则，按可使费用下降的新地点，再求各暂定物流配送中心的供应范围，重复以上过程，直到费用不再下降为止。

(2) 构建初始方案，即初选物流配送中心地址。通过定性分析，根据物流配送中心的配送能力和用户需求分布情况确定适当的物流配送中心数量及其设定地址，并以此作为初始方案。

(3) 其目标和约束条件表示如下：

$$\min Z = \sum_i \sum_j C_{ij} X_{ij} + \sum_i F_i Y_i \tag{3-34}$$

$$\text{s.t.} \sum_i X_{ij} = D_j, \ (j=1,\cdots,N) \tag{3-35}$$

$$\sum_i X_{ij} \leqslant A_i Y_i, \ (i=1,\cdots,M) \tag{3-36}$$

$$\sum_i Y_i \leqslant K \tag{3-37}$$

式中，N 为需求地的个数；M 为物流配送中心建设候补地的个数；K 为建设物流配送中心的个数；D_j 为需求地（j）的需求量；F_i 为物流配送中心建设候补地（i）的固定建设费用；A_i 为物流配送中心建设候补地（i）的建设容量；C_{ij} 为从候补地（i）到需求地（j）的运输单价；X_{ij} 为从物流配送中心到需求地（j）的运输量；Y_i 为假设在候补地（i）建设物流配送中心时为 1，否则为 0。

10. 聚类法与重心法相结合的方式

为解决"一个区域内多个物流配送中心的选址"问题，可采用聚类法和重心法相结合的方式，完成多个物流配送中心的选址。

首先利用系统聚类法中的最短距离法对多个物流节点进行分类，将整个配送区域划分成不同的子区域；然后利用重心法确定各子区域物流配送中心的具体位置。基于聚类法和重心法的物流配送中心选址流程如图 3-12 所示。

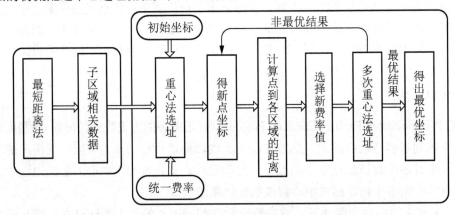

图 3-12 基于聚类法和重心法的物流配送中心选址流程

本 章 小 结

本章主要介绍了物流配送中心选址规划的含义、目标、原则，对影响物流配送中心选址的因素进行了详细地归纳和总结。在此基础上，对物流配送中心选址规划的程序和内容进行论述。最后，详细阐述了物流配送中心选址规划的基本理论与方法。

　　物流配送中心选址规划是指在具有若干个供应点及需求点的经济区域内，选择合适的地址设置物流配送中心的规划过程。物流配送中心的选址包括两个层次：地理区域的选择(选位)和具体地址的选择(定址)。

　　物流配送中心选址的目标包括提供优质物流服务、降低物流总成本和注重社会效益等内容。物流配送中心的选址原则包括战略性、经济性、适应性和协调性等。影响物流配送中心选址的因素大体上包括自然环境、经营环境、基础设施、法律法规、社会和竞争对手等因素。

　　物流配送中心选址决策包括若干个层次的筛选，是一个逐步缩小范围的决策过程。物流配送中心选址的程序大体上包括：确定选址规划目标及选址要求、明确约束条件及影响因素分析、收集并整理历史资料、物流配送中心地址预选、优化物流配送中心备选地址、结果评价、优化结果复查、确定物流配送中心选址的最终方案8个方面的内容。

　　物流配送中心的选址方法通常包括定性分析方法和定量分析方法。常用的定性分析方法有专家打分法和德尔菲法。常用的定量分析方法有解析法、数学规划法、多准则决策方法、启发式算法和仿真方法等几大类。每种方法都有各自的优缺点和适用范围，其中数学规划法、启发式算法以及多准则决策法使用较为广泛。企业在物流配送中心的选址过程中，应该注意将定性和定量两类不同的方法结合使用。

　　根据物流配送中心选址个数的多少，将物流配送中心的选址分为单一物流配送中心选址和多物流配送中心选址。单一物流配送中心选址可以采用重心法、交叉中值法等；多物流配送中心选址可采用奎汉-哈姆勃兹模型、鲍摩-瓦尔夫模型等。在应用以上模型时，一定要注意其适用范围和优缺点，应根据实际问题，灵活做出调整，以达到较好的使用效果。

 关键术语

　　物流配送中心选址(Logistics Distribution Center Location)
　　定性方法(Qualitative Methods)
　　定量方法(Quantitative Methods)
　　专家打分法(Expert Scoring Method)
　　德尔菲法(Delphi Method)
　　权重因素分析法(Weighting Factor Analysis)
　　重心法(Gravity Method)
　　交叉中值模型(Cross-median Model)
　　线性规划法(Linear Programming)
　　盈亏平衡分析法(Breakeven Analysis)
　　奎汉-哈姆勃兹模型(Kuehn-Hamburger)
　　鲍摩-瓦尔夫模型(Baumol-Wolfe)
　　聚类分析(Cluster Analysis)
　　系统聚类(System Clustering)
　　单设施选址问题(Single Facility Location Problem)
　　关键成功因素法(Key Success Factors)
　　多设施选址问题(Multiple Facilities Location Problem)

习　题

1. 选择题

(1) 物流配送中心的选址包括两个层次，分别是(　　)。

    A. 选位　　　　　　B. 分析　　　　　C. 决策　　　　　D. 定址

(2) 物流配送中心选址的目标包括(　　)。

    A. 提供优质物流服务　　　　　　B. 降低物流总成本

    C. 注重社会效益　　　　　　　　D. 降低设施与设备成本投入

(3) 物流配送中心选址的原则包括(　　)。

    A. 战略性原则　　　　　　　　　B. 经济性原则

    C. 适应性原则　　　　　　　　　D. 协调性原则

(4) 影响物流配送中心选址的因素通常包括(　　)。

    A. 自然环境　　　　　　　　　　B. 基础设施

    C. 竞争对手　　　　　　　　　　D. 经营环境

(5) 物流配送中心的程序包括(　　)。

    A. 选址规划目标及选址要求　　　B. 约束条件及影响因素分析

    C. 优化物流配送中心备选地址　　D. 确定物流配送中心最终选址的方案

(6) 物流配送中心选址的定量分析方法包括(　　)。

    A. 德尔菲法　　　　　　　　　　B. 线性规划法

    C. 重心法　　　　　　　　　　　D. 交叉中值模型

(7) 按照选择设施的数目进行分类，包括(　　)。

    A. 单目标选址　　　　　　　　　B. 单设施选址

    C. 多设施选址　　　　　　　　　D. 多目标选址

(8) 盈亏平衡的条件是(　　)。

    A. 固定成本等于变动成本　　　　B. 利润为零

    C. 总收入等于总成本　　　　　　D. 固定成本大于变动成本

(9) 属于启发式算法的有(　　)。

    A. 禁忌搜索算法　　　　　　　　B. 重心法

    C. 遗传算法　　　　　　　　　　D. TOPSIS 方法

(10) 节点间距离的计算公式包括(　　)。

    A. 直线距离　　　B. 折线距离　　　C. 最短距离法　　D. l_p 距离

2. 简答题

(1) 物流配送中心选址规划的含义是什么？

(2) 物流配送中心的选位和定址具体指什么？

(3) 物流配送中心选址规划的程序是什么？

(4) 物流配送中心选址的模型有哪些？

(5) 简述权重因素分析法的求解步骤。

3. 判断题

(1) 物流配送中心选址决策是物流系统中具有战略意义的投资决策问题。　　（　　）

(2) 制造商型的物流配送中心应以接近居民生活区为宜。　　（　　）

(3) 对于大型转运枢纽，应适当设置在远离城市中心的地方，使城市交通状况不受影响。　　（　　）

(4) 物流配送中心选址的定量分析方法依靠数学模型对收集、整理的相应资料进行定量的计算，确定物流配送中心具体位置的选址方法。　　（　　）

(5) 交叉中值法属于数学规划方法。　　（　　）

(6) 重心法属于离散型的设施选址方法。　　（　　）

(7) 重心法初始坐标的选取对最优地址的求解会产生较大影响。　　（　　）

(8) 在迂回系数相同的情况下，直线距离比折线距离小。　　（　　）

4. 计算题

(1) 某企业欲新建一物流配送中心，共有 3 个候选地址 A、B 和 C。其中，影响到物流配送中心选址的因素主要有 10 个，其相关信息见表 3-9。求最优方案。

表 3-9　选址方案得分的计算表

影响因素	权　重	候选地址 A		候选地址 B		候选地址 C	
		评分	得分	评分	得分	评分	得分
客户分布条件	0.10	70		75		80	
劳动力成本	0.20	80		70		85	
科技条件	0.10	90		65		75	
基础设施条件	0.15	80		85		90	
交通运输状况	0.15	65		70		70	
地形条件	0.05	80		85		75	
水文条件	0.05	85		80		70	
税收政策	0.10	80		90		85	
竞争对手条件	0.05	85		75		80	
其他条件	0.05	80		70		75	
合计	1.00	—		—		—	

(2) 某公司在 3 个加工厂 A、B 和 C 生产一种需求稳定的产品。最近，公司管理层决定建立一个新的物流配送中心 D 为 3 个工厂提供零部件，各工厂相对位置如图 3-13 所示，各工厂对零部件的需求量见表 3-10。求在何处建立物流配送中心 D 成本最小[利用式(3-9)计算出初始坐标即可]。

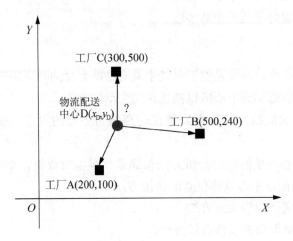

图 3-13　工厂位置

表 3-10　各工厂对零部件的需求量

工厂名称	需求量/(件/年)
A	12 000
B	14 000
C	8 000

(3) 某企业拟新建一工厂,初步设置甲、乙、丙、丁 4 个备选地址,成本资料见表 3-11。试确定不同生产规模下的最佳地址。

表 3-11　生产成本数据

地址	固定成本总额/万元	单位产品变动成本/(元/件)	产品单价/(元/件)
甲	25	15	40
乙	10	35	40
丙	15	30	40
丁	20	20	40

(4) 已知某企业的两个物流配送中心 W_1 和 W_2 供应 4 个销售地 S_1、S_2、S_3 和 S_4,由于需求量不断增加,需再增设一个物流配送中心,且该物流配送中心需要供应的量为 12 500 台。可供选择的地点是 W_3 和 W_4,试在其中选择一个作为最佳地址(利用 Excel 的"规划求解"工具进行求解)。根据已有资料,分析得出各物流配送中心到各销售点的单位货物的运输费用、供应点供应量和需求点的需求量等数据见表 3-12。

表 3-12 供给、需求量及单位货物运输费用

供应地 \ 需求点	S_1	S_2	S_3	S_4	供应量/台
W_1	8.00	7.80	7.70	7.80	7 000
W_2	7.65	7.50	7.35	7.15	5 500
W_3	7.15	7.05	7.18	7.68	? =12 500 或 0
W_4	7.08	7.20	7.50	7.45	? =12 500 或 0
需求量/台	4 000	8 000	7 000	6 000	25 000

5. 思考题

(1) 了解一家物流企业进行物流配送中心选址决策的过程，并分析其决策的要点。

(2) 查阅相关文献，了解有关物流配送中心选址的研究现状。

实际操作训练

课题 3-1：某物流配送中心选址影响因素和选址方法分析

实训项目： 某物流配送中心选址影响因素和选址方法分析。

实训目的： 了解该物流配送中心在选址之前考虑的因素，并分析其所用的选址方法。

实训内容： 分析该物流配送中心在选址决策时考虑的因素，并与制造企业选址因素进行比较，分析之间的差异；同时分析该物流配送中心在比较不同候选地址时，采用了哪些选址方法，其过程如何。

实训要求： 首先，学生可以以小组的方式开展调查工作，每 5 人一组；各组成员自行联系，并调查当地的一家物流配送中心或从现有的文献中找一个典型的物流配送中心选址的案例，了解物流配送中心在选址决策时考虑的因素，并与制造企业选址因素进行比较，分析之间的差异；之后，分析该物流配送中心在比较不同候选地址时，采用了哪些选址方法，其选址的过程如何；并分析该物流配送中心选址对其发展的影响。每个小组将上述调研和分析内容形成一个完整的调研报告或案例分析报告。

课题 3-2：基于重心法选址的辅助决策系统的开发

实训项目： 基于重心法选址的辅助决策系统的开发。

实训目的： 掌握重心法选址的基本原理和最优解计算的迭代过程；提高算法程序的分析、设计和开发的能力。

实训内容： 设计一个基于重心法的辅助决策系统，以完成最优物流配送中心地址的选取，并与简单重心法计算出的坐标差距和成本节约的比例进行比较。

实训要求： 学生以个人为单位，详细分析重心法选址的原理，并研究其迭代计算的步骤，分析该辅助决策系统所应该包括的功能模块，并进行详细的功能分析，形成需求分析报告；选定合适的开发工具，完成该辅助决策系统的设计工作，并设计合理的测试用例完成系统的测试工作。

案例分析

<h2 style="text-align:center">邛崃建现代农业物流配送中心</h2>

只需一个电话，各种农药、肥料，甚至型号不一的农机，都能送到企业和农户家门口。这样的农业物流配送中心将在邛崃市高埂镇落地生根。该市首家现代农业物流配送中心已完成规划设计，规划完成的物流配送中心具有以下特点。

1. 服务农业

建"一站式"物流配送中心。该物流配送中心占地面积25亩(1亩≈667m²),总建筑面积7 829m²,总投资达5 500万元,由农机展场、农资展场和U形生产区3个部分组成。建成后的现代农业物流配送中心,将集农药、化肥、农机等农资商品仓储、展示、服务和物流配送于一体。

化肥、种子、农机等农资,是农业生产的基础,直接关系到农业生产发展安全、农产品质量安全和广大农民的切身利益。该物流配送中心在全方位引领农资行业资源整合与提升、服务现代农业开发区的同时,还将向本市乃至周边区(市)县龙头企业、广大农户提供品种齐全、价格合理、质量可靠的农资产品。

2. 特色物流园

以"农资"为主题。据了解,邛崃市现代农业开发区面积达到300平方公里,主要在区位优势明显、农业基础良好的高埂、固驿等7个坝区镇乡。"物流配送中心选址现代农业核心区高埂镇联合村,区位优势和通道经济展示效果明显。"高埂镇有关人士说。

"物流配送中心落户高埂,主要是看好邛崃现代农业开发区发展前景。"项目方负责人告诉记者,随着邛崃现代农业产业化发展步伐的加快,现有的零散无序型农资经营模式已无法满足市场需要。科技型、集团化的发展模式将在未来发挥重要的作用,而这就需要有"现代物流"与之相配套。公司正是抓住了这一契机,重点打造以"农资"为主题的特色物流园,建设符合农资产品特殊的仓储空间、配置一流的电子管理软件,以及现代化的电子商务网络交易平台等完善的系统,打造真正的现代农业物流配送中心。

"中心将推行农资商品的统一购进、统一配货、统一价格、统一品牌质量标准、统一服务规范,用标准化运作、及时配送等手段,为邛崃现代农业开发区提供有力的支撑,促进农业增效、农民增收。"现代农业物流配送中心项目将打造成为邛崃、成都乃至全省的现代农业物流配送示范基地,为经济社会发展以及现代农业开发区的发展注入新动力。

资料来源:成都日报,2012年9月3日,第17版.

问题:

(1) 邛崃现代农业物流配送中心选址的依据是什么?

(2) 邛崃现代农业物流配送中心的特色是什么?

(3) 邛崃建设现代农业物流配送中心将给当地农业发展带来哪些好处?

第 4 章　物流配送中心作业流程、组织管理体系和区域布局规划与设计

【本章教学要点】

知识要点	掌握程度	相关知识
物流配送中心作业流程规划与设计	掌握	物流配送中心作业流程分析的指导思想和原则、物流配送中心的作业流程
物流配送中心组织管理体系设计	掌握	物流配送中心组织管理体系建设原则、物流配送中心组织管理体系设置、物流配送中心岗位人员设置及其职能
物流配送中心区域布局规划与设计	重点掌握	物流配送中心区域布局规划与设计的目标、物流配送中心区域布局规划与设计的原则、物流配送中心作业区域的规划、物流配送中心作业区域的能力规划、物流配送中心区域布局规划与设计的程序和内容

【本章技能要点】

技能要点	掌握程度	应用方向
物流配送中心作业流程	掌握	在进行物流配送中心作业流程分析与设计时，可以作为主要的参考依据
物流配送中心的组织管理体系与岗位职责	掌握	在进行物流配送中心组织管理体系设计和岗位职责分析时，可以作为主要的参考依据，这样能够有效地对物流配送中心的组织结构进行设计，并完成相关人员的配备工作
物流配送中心区域布局规划与设计程序、内容与方法	重点掌握	当面对新的物流配送中心区域布局规划与设计问题时，规划设计人员能够依据具体的设计步骤和方法，设计出有效的区域布局解决方案

【知识架构】

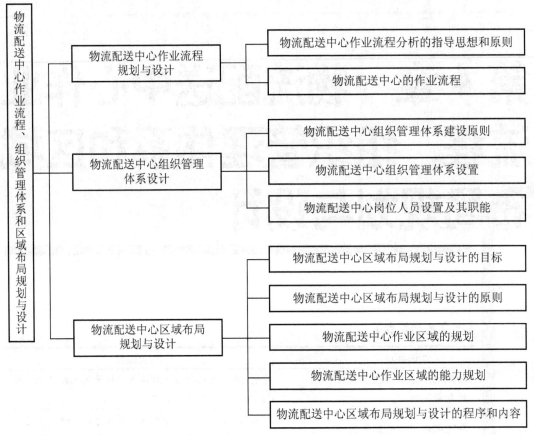

物流配送中心作业流程、组织管理体系和区域布局规划与设计

- 物流配送中心作业流程规划与设计
  - 物流配送中心作业流程分析的指导思想和原则
  - 物流配送中心的作业流程
- 物流配送中心组织管理体系设计
  - 物流配送中心组织管理体系建设原则
  - 物流配送中心组织管理体系设置
  - 物流配送中心岗位人员设置及其职能
- 物流配送中心区域布局规划与设计
  - 物流配送中心区域布局规划与设计的目标
  - 物流配送中心区域布局规划与设计的原则
  - 物流配送中心作业区域的规划
  - 物流配送中心作业区域的能力规划
  - 物流配送中心区域布局规划与设计的程序和内容

 导入案例

天顺商业连锁的物流配送中心

云南天顺商业连锁有限责任公司的物流配送中心总投资约 1 亿元,其主要以常温物流为主。该物流配送中心库区内面积为 17 000m²,除了常温物品区外,库区内还设有 500t 储存量的冷库,一个食品分包装车间。

物流配送中心按照不同功能划分为收货区、分拨区、储存区、发货区、暂存区。收货、分拨、移库、转运、并板、并箱、发货全是用 PDA 进行操作,红外线扫描,及时输入物品信息并传入数据库的。利用物流配送软件系统可以将托盘信息、箱件条形码、货位条形码、箱件内货物条形码建立一一对应的关系,做到精准收货、发货,降低搜索难度,提高配送精准度。

目前,该物流配送中心每个月的配送单品数达 4 万种。从整体来看,该物流配送中心可以支撑 50 亿元销售额。

资料来源: 刘瑞. 昆明日报,第 A06 版,2012 年 12 月 18 日.

思考题:

(1) 天顺商业连锁的物流配送中心有哪些作业区域?

(2) 物流配送中心作业区域规划包括哪些内容?

(3) 物流配送中心作业区域的能力规划可利用哪些方法?

(4) 如何进行物流配送中心区域布局规划与设计?

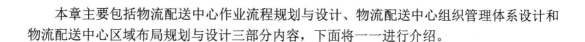

本章主要包括物流配送中心作业流程规划与设计、物流配送中心组织管理体系设计和物流配送中心区域布局规划与设计三部分内容，下面将一一进行介绍。

4.1　物流配送中心作业流程规划与设计

4.1.1　物流配送中心作业流程分析的指导思想和原则

1．物流配送中心作业流程分析的指导思想

物流配送中心作业流程分析的指导思想：以客户服务为原则，做到"两好""四快""四统一"。

"两好"：客户服务好，在库货物保管好。

"四快"：入库验收快，出库发运快，财务结算快，解决问题快。

"四统一"：统一服务标准，统一流程，统一单证，统一岗位。

知识拓展

多节点型物流配送中心的作业管理原则

针对有多个节点的物流配送中心，在作业管理上更需要坚持"四统一"原则。

1．统一服务标准

从客户至上、优质高效的服务宗旨出发，切实方便客户，改善物流配送中心各节点的服务功能，简化手续。例如，对客户实行"一票到底"的服务，即所有提货、送货业务(包括单据验证、结算、收费、办理代理服务等)手续均在业务服务大厅一次办理完成(特殊情况除外)，切实改变部门设置不合理、办理手续烦琐，造成客户往返找人、等待时间长、提送货物难的状况。

2．统一流程

从提高物流配送中心整体管理水平和服务档次的角度出发，从根本上改变各节点分散作业的传统形象，统一和规范作业流程，使业务运作更加科学、合理、高效、严谨，从而创立统一的服务品牌。

3．统一单证

在物流配送中心全系统内，实行各种主要业务单证的规范和统一，同时规范、明确各类单证在业务中的流转、使用方法和要求。改变长期以来各节点普遍存在的单证格式不统一、无单证、使用不规范、不便管理的现状。统一单证，不仅便于规范使用与管理，也便于计算机系统的应用。

4．统一岗位

在物流配送中心全系统内统一、规范设立业务部门和岗位职责。按业务需要和发展设岗，以岗位需要定员和选人。同时强化业务流程中各岗位间的衔接、监控机制，确保业务流程的严谨合理和安全可靠。

知识拓展

什么是 SOP

SOP(Standard Operation Procedure)即标准作业流程，是将某一事件的标准操作步骤和要求以统一的格式描述出来，用来指导和规范日常的工作。标准作业流程是企业界常用的一种作业方法，其目的是使每一项作业流程均能清楚呈现，任何人只要看到流程图，便能一目了然。作业流程图有助于相关作业人员对整个工作流程的掌握。

2. 物流配送中心作业的原则

物流配送中心作业的基本原则是准确、及时、经济、安全。

(1) 准确：如实反映货物的数量、规格、型号和质量情况。对于储存期间的货物要勤检查，发现问题应及时采取措施。加强对储存货物的维护和保养，确保货物在库存期间数量不短缺，使用价值不改变，实现在库货物的数量和质量都符合准确可信的要求。

(2) 及时：快进、快出，在规定时间内保质、保量地完成收货、验收、出库、结算等各项任务。一方面充分做好进货准备工作，安排好货物入库的场地、货位和垛型，不压车、压线，及时验收、堆码、签单入库，做到既快又准；另一方面，合理安排和组织备货人员和物流设备，提高装卸、发运、托运、签单速度，并做好出库的复核、点交工作，不发生错发等事故。

(3) 经济：合理调配和使用人力、设备，充分利用仓容，提高作业效率。加强经济核算，节约费用和开支，降低物流作业成本。

(4) 安全：贯彻"安全第一、预防为主"的安全生产方针，消除货物保管及作业中的一些不安全因素。物流配送中心要把防火、防盗、防自然灾害、防腐变残损，确保货物、物流设施与设备和人身安全作为工作的重中之重。

4.1.2 物流配送中心的作业流程

物流配送中心的作业流程形式有很多种，这主要取决于物流配送中心本身规模大小、设施条件、客户方向、服务功能等诸多因素。典型物流配送中心的基本作业流程如图 4-1 所示，一般包括以下 10 项作业：订单处理作业、采购作业、入库作业、仓储管理作业、拣选作业、流通加工作业、出货作业、配送作业、退货作业、会计作业。

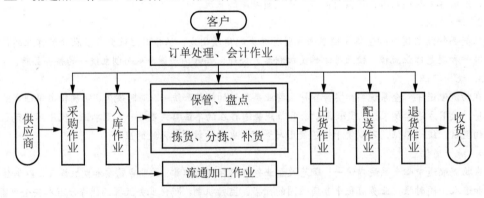

图 4-1 物流配送中心的基本作业流程

1. 订单处理作业

物流配送中心的业务归根结底来源于客户订单，它始于客户的询价、业务部门的报价，然后接收客户订单，业务部门需了解当日的库存状况、装卸货能力、流通加工能力、包装能力、配送能力等，以便满足客户需求。而当订单无法按客户要求的时间及数量交货时，业务部门需进行协调。

对于具有销售功能的物流配送中心，核对客户的信用状况、未付款信息也是重要的工作内容之一。对于服务于稳定的连锁企业的物流配送中心，其业务部门也叫做客户服务部。每日的订单处理和与客户的经常沟通是客户服务部的重要工作。此外，还需统计该时段的订货数量，确定调货、分配、出货程序及数量。另外，业务部门需制定报价计算方式，用于报价管理，包括制定客户订购最小批量、送货间隔、订货方式或订货结账截止日期等。

小知识

连锁企业是指采用连锁经营方式，将多个分店组成一个整体的企业形式，其本质是把现代化工业大生产的原理应用于商业，改变传统商业购销一体、柜台服务、单店核算、主要依赖经营者个人经验和技巧来决定销售的小商业经营模式；实现在店名、店貌、商品、服务方面的标准化，商品购销、信息汇集、广告宣传、员工培训、管理规范等方面的统一化；最终实现商业经营活动的标准化、专业化和统一化，从而达到提高规模效益的目的。

2. 采购作业

采购作业的功能一是将物流配送中心的存货控制在一个可接受的水平；二是寻求订货批量、时间与价格的合理关系。对于由批发业务转移的或服务于连锁企业的物流配送中心将存货控制功能交给存货控制部或仓储部管理，采购部门只负责购买等相关事务。采购信息来源于客户订单、历史销售数据和物流配送中心存货量。可见，物流配送中心的采购活动并不是独立的物品买卖，而需向供货商或制造商订购物品。采购作业包括物品数量需求统计、查询供货厂商交易条件；然后根据所需数量及供货商提供的经济订货批量提出采购订单；采购订单发出后，需进行收货的跟进工作。

3. 入库作业

发出采购订单或订货单后，库房管理员即可根据采购订单上预定入库日期进行入库作业安排，在物品入库当日，进行入库物品资料查核、物品质检。当质量或数量与订单不符时应进行准确的记录，及时给采购或存货控制部门反馈信息，并更新入库数据。库房管理员按物流配送中心规定的方式安排卸货、托盘堆叠、薄膜缠绕和物品入位等。对于同一张订单分次到货，或不能同时到达的物品要进行认真的记录，并将部分收货记录资料保存到规定的到货期限。到货物品入库有3种作业方式。

(1) 需要储存的物品放入仓储区，用于拣选区货品不足时的补充。高货架物流配送中心的物品入库需由计算机或管理人员按照仓储区域规划管理原则或物品保质期等因素来指定储放位置并登记，以便日后的物品先进先出(FIFO)管理或出货查询。

(2) 小批量的货品放入拣选区，直接进行拣选处理。

(3) 直接转运。管理人员要为直接转运的物品安排存放空间，或合理安排到货及出库车辆的对接时间，以避免物品在周转区的混乱和车辆资源的浪费。

4. 仓储管理作业

仓储管理作业包括物品在仓储区域内的摆放方式、区域大小、区域分布等规划；物品进出仓库的控制——先进先出或后进先出；进货方式的制定；物品所需搬运工具、搬运方式；仓储区货位的调整及变动；物品存储期内的卫生及安全；在库数量的盘点，等等。此外，还包括制定库存盘点、定期负责打印盘点清单，并根据盘点清单内容清查库存数、修正库存账目并制作盘盈盘亏报表。对于仓储作业的管理还应包括包装容器的使用与包装容器的保管和维修。

5. 拣选作业

拣选作业是指根据客户订单的品种及数量进行出货物品的拣选。拣选工作包括拣选之前的物品在库量核对，按照送货规范要求按路线或按订单进行拣选。此外，还包括拣选区域的规划布置、工具选用及人员调派。拣选不仅包括拣取作业，还包括补充拣选区的物品，这包括补货量及补货时间的制定、补货作业调度、补货作业人员调派等。

6. 流通加工作业

物流配送中心的流通加工作业包括物品的分类、称重、拆箱重包装、贴标签及组合包装等。这就需要进行包装材料及包装容器的管理、组合包装规划的制定、流通加工包装工具的选用、流通加工作业的调派、作业人员的调派等。

7. 出货作业

出货作业是完成物品拣货及流通加工作业后、送货之前的准备工作。出货作业包括送货文件的准备工作，如为客户打印出货单据、准备发票、制定出货调度、打印装车单、画装车图等。一般由仓库人员决定出货方式、选用出货工具、调派出货作业人员，由运输调度人员决定运输车辆大小与数量。仓库管理人员或出货管理人员决定出货区域的规划布置及出货物品在车上的摆放方式。

资料卡

出货作业应遵循以下原则。

(1) 先进先出、后进后出推陈储新。

(2) 凭证发货。

(3) 严格遵守物流配送中心有关出库的各项规章制度。

(4) 提高服务质量，满足用户需要。

8. 配送作业

配送作业包括配送路线的规划及与客户的即时联系。由配送路线选用的先后次序来决定物品装车顺序，并在物品配送途中进行物品跟踪、控制，配送途中意外状况的处理，以及送货后文件的处理。

9. 退货作业

退货作业是指当配送的物品存在质量问题时客户要求做退货处理的过程，主要包括退货物品的分类、责任确认、保管和退回等作业。

10. 会计作业

会计作业是物流配送中心经营活动目的最终能得以实现的重要保证。送货单在得到客户的签字确认后或交给第一承运人并签署后，可根据送货单据制作应收账单，并将账单转

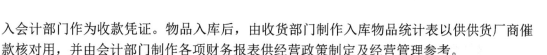

入会计部门作为收款凭证。物品入库后，由收货部门制作入库物品统计表以供供货厂商催款核对用，并由会计部门制作各项财务报表供经营政策制定及经营管理参考。

案例4-1

中国物资储运总公司成都物流配送中心作业流程

中国物资储运总公司成都物流配送中心的作业流程是按照总公司的统一业务流程进行规范运作的。在执行总公司标准的业务流程中，结合成都物流配送中心客户的需求对某些业务环节进行了适当的优化和调整，以利于更好地为客户提供个性化的物流服务。物流配送中心作业流程包括客户与合同管理、到货与接收、货物验收入库、货物储存保管、出库受理、自提出库、配送出库、验货出库、业务单据、业务费用结算等。物流配送中心有涵盖其物流功能的专业仓储管理软件，对每个作业流程进行实时管理。随着新的物流基地的建成投产，还将陆续地投入使用一批先进的物流设施设备，对货物进行条形码管理和对配送车辆进行 GPS 定位管理，可大大提高作业效率和物流管理水平，物流基地的客户也会得到现代物流设施和专业的第三方物流管理给其带来的巨大效益。

资料来源：作业流程. 中国储运总公司成都物流中心网站 (http://www.cdzzc56.com/p25.htm) .

4.2　物流配送中心组织管理体系设计

在商品流通的过程中，物流配送中心扮演着整合商流、物流、资金流与信息流等机能的角色。物流配送中心的形成与设置，将以往需要经过制造、批发、仓储、零售等多层复杂通路简化，进而缩短了通路，降低了流通成本，满足了市场营销的需要。在强调满足顾客服务的前提下，物流配送中心如果想掌握市场，就必须建立具有前瞻性、整体性的组织管理体系。

小知识

市场营销(Marketing)又称为市场学、市场行销学或行销学，简称"营销"，是指个人或集体通过交易其创造的产品或价值，以获得所需之物，实现双赢或多赢的过程。它包含两种含义，一种是动词，指企业的具体活动或行为，这时称为市场营销；另一种是名词，指研究企业的市场营销活动或行为的学科，称之为市场营销学、营销学或市场学等。

4.2.1　物流配送中心组织管理体系建设原则

企业组织机构是企业内部组织机构按分工协作关系和领导隶属关系有序结合的总体。它的基本内容包括明确组织机构的部门划分和层次划分，以及各个机构的职责、权限和相互关系，从而形成一个有机整体。不同部门及其责权的划分，反映了组织机构之间的分工协作关系，称为部门结构；不同层次及其责权的划分，反映了组织机构之间上下级或领导隶属关系，称为层次结构。无论是生产企业物流配送中心、商业企业物流配送中心，还是第三方物流配送中心，它们都要进行经营管理活动，实现企业经营目标，所以必须建立合理的组织机构。

资料卡

第四方物流(Fourth party logistics)是 1998 年美国埃森哲咨询公司率先提出的，专门为第一方、第二方和第三方物流提供物流规划、咨询、物流信息系统、供应链管理等活动。第四方物流并不实际承担具体的物流运作活动。

第四方物流是一个供应链的集成商，一般情况下政府为促进地区物流产业发展领头搭建第四方物流平台提供共享及发布信息服务，是供需双方及第三方物流的领导力量。它不是物流的利益方，而是通过拥有的信息技术、整合能力及其他资源提供一套完整的供应链解决方案，以此获取一定的利润。它是帮助企业实现降低成本和有效整合资源，并且依靠优秀的第三方物流供应商、技术供应商、管理咨询及其他增值服务商，为客户提供独特和广泛的供应链解决方案。

在物流配送中心组织管理体系的建设上，应坚持以下原则。

1. 客户服务原则

客户开发、客户管理、客户服务是物流配送中心业务发展的龙头，应该从组织体系建设上强调这项工作的落实。应设立专门的客户服务与管理部门和岗位，负责客户开发和服务、客户档案管理、资料查询工作，包括合同的签订、管理，客户的联系、访问、开发、服务，市场信息的采集、整理、分析，客户档案资料的建立和管理，受理客户投诉等业务。

2. 流程控制原则

应该坚持流程控制原则，改变长期以来我国许多单位一直沿用的仓库保管员从收货到发货一人全程负责及各管一摊、相互独立封闭的传统管理方式。将对外业务受理、单证、资料和账务管理同货物的现场作业、管理业务分开，分别设置业务受理员和理货员岗位进行管理，明确各自的分工范围和岗位职责，实现相互监督、相互制约，改善服务功能，如减少客户提货、办事来回找人和等候的时间，提高作业效率，进而从根本上克服以往流程当中保管员"一竿子插到底"的弊端。进行这种改变后，为了确保库存货物账面与实际相符，岗位之间的清点、交接、记录和动态盘点、定期盘点工作就显得尤为重要。

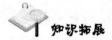 **知识拓展**

盘点的四大方法

1. 永续盘点法
永续盘点法，也称为动态盘点法，就是入库的时候就盘点。一般入库不全检，抽检一部分即可上货架了，或者放在固定的一个区域里面。最好是入库的时候清点数量，顺便查看质量，查看完以后就放一个位置，跟保管卡核对。

2. 循环盘点法
循环盘点，就是每天盘点一定数目的库存。按照入库的先后顺序来进行，先进来的物品先盘，后进来的物品后盘；或者今天进来的货量很大，一天盘不完，那第二天先把今天剩下的这一部分盘完，到下午再盘上午新进来的货，每天都是很有节奏地工作，分阶段去进行。循环的盘点节省人力，全部盘完再开始下一轮的盘点，化整为零。

3. 重点盘点法
对进出频率很高或易损易耗的物品需要重点盘点，这样可以防止出现偏差。

4. 定期盘点法

一般物流配送中心都要定期盘点，可按周进行盘点，也有按月进行盘点的，还有按季度或在年末进行盘点的，但每年至少盘一次。按周进行盘点是较好的，如此一来库存周报就很精确了，销售有销售日报表，库存有库存周报表。如果品种不是很多，也可做日报表，每天有库存报表，每天盘点。周期越短，越容易及时处理那些超过储存期的呆滞库存。

3. 结构合理原则

组织结构在很大程度上决定了企业运作是否有效。企业经营管理的各类机构的组建应同企业规模和经营业务相适宜，要求合理设计管理层次，配置工作人员。发达国家的物流企业和其他企业一样经历了从多层次的宝塔结构向扁平化演变的过程，也受到企业流程再造过程的影响，物流企业的组织结构伴随着技术水平的发展，在市场竞争的压力下发生着变化。而我国原有的国有运输、仓储企业或企业的物流部门大多存在人员过剩问题，在向现代化物流转变过程中首先面对的是削减冗余人员，这是物流配送中心结构合理化的同时或之前所必须解决的问题。物流配送中心应该在服从经营需要的前提下，因事设机构、设职，因职用人，尽量减少不必要的机构和人员，以达到组织机构设置的合理化，提高工作效率。同时，各级组织结构要有明确的职责范围、权限及相互间的协作关系；具有健全和完善的信息沟通渠道；制定合理的奖惩制度；还应该有利于发挥员工主动性和积极性。

4. 权责分明原则

在物流配送中心管理层次设计中，各层次的机构要形成一条职责、权限分明的等级链，不得越级指挥和管理。实行这种管理的优点是：谁指挥、谁执行都很清楚，执行者负执行的责任，指挥者负指挥的责任，自上而下地逐级负责，保证经营业务的顺利开展。同时也要注意保证各部门、各机构在职责、权限范围内能够独立行使权力，发挥各级组织机构的主动性和积极性。

5. 利于沟通原则

物流配送中心组织机构的设置既要便于企业内部各部门之间的沟通，也要便于与企业外部、客户之间的沟通。物流配送中心的内部沟通是要保证信息在企业内部的无障碍传递及决策的快速性。物流配送中心的外部沟通是保证客户信息有效、快速地传递的重要举措，可对客户要求做出快速反应。

6. 协调一致原则

物流配送中心不论是隶属于生产企业或商业企业，还是一个第三方物流独立实体，其各组成部分必须是一个有机结合的统一的组织体系。在这个组织体系中，所有的经营活动都要有效地协调起来。现代物流管理与传统管理观念不同的地方就在于，现代物流追求的是整体最优，而不是单个或几个部分的最优。因此，所有组成机构都应该在一个目标的基础上，把作业活动协调起来，以期达到最佳的效果。无论是运输、仓储、流通加工，还是存货控制等部门都要把自己看做是组成系统的一部分。

7. 效率效益原则

物流配送中心的组织机构应同时追求管理运作的高效率和经营运作的高效益，单独强调任何一个方面，都是与物流配送中心的经营目标相背离的。

4.2.2 物流配送中心组织管理体系设置

根据上述原则，物流配送中心的典型组织管理体系和岗位设置如图4-2所示。

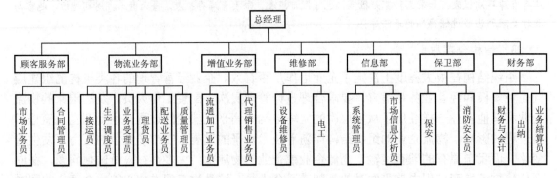

图 4-2 物流配送中心的典型组织管理体系和岗位设置

如果物流配送中心吞吐量大，岗位划分相对要细致一些；若吞吐量小，也可以将有关岗位合并起来，减少人员使用，并且降低成本。

4.2.3 物流配送中心岗位人员设置及其职能

1. 总经理

总经理负责物流配送中心整个业务和生产的指挥、管理与协调工作。其主要履行以下职责。

(1) 制定物流配送中心年度、月度生产经营工作计划，并负责组织、实施、督促与检查。

(2) 组织协调各生产经营环节和各业务部门间的关系。定期召开生产经营分析会，掌握物流配送中心的生产经营动态，及时有效地发现、处理和协调生产经营中出现的各类问题，并检查、督促具体落实情况和效果。

(3) 负责业务的开发和客户的管理与协调，了解和掌握存货、仓容、客户及市场的动态变化。

(4) 负责物流配送中心的安全生产和业务质量管理，强化内部管理，杜绝和减少各类事故和差错的发生。

(5) 负责审核、签发、授权业务部门提交的业务单证、资料及其变更申请。

2. 市场业务员

市场业务员主要负责业务的接洽、客户的开发与合同的签订。

3. 合同管理员

合同管理员主要负责客户合同及客户档案的管理。其主要履行以下职责。

(1) 对客户合同进行分类、编号和归档管理。

(2) 对签订合同时客户提供的预留印鉴、单证式样等进行妥善、严格的管理，以便进出库时核对和验证。

(3) 按照国家标准及业务的需要，制定货物编码、客户编码等。

(4) 建立并不断充实、完善客户档案，为有关业务部门和领导及系统内其他单位提供各种客户信息、资料的查询服务。

 小知识

合同是指平等主体的双方或多方当事人(自然人或法人)关于建立、变更、终止民事法律关系的协议。此类合同是产生债权的一种最为普遍和重要的根据，故又称债权合同。《中华人民共和国合同法》所规定的经济合同，属于债权合同的范围。合同有时也泛指发生一定权利、义务的协议，故又称契约。

4. 接运员

在货物到达物流配送中心后，接运员主要负责对货物装载工具封装情况等进行检验，以及完成卸货、收货、发货、代运和货物中转的工作。其主要履行以下职责。

(1) 负责与铁路运输部门(车站)的业务联系(包括有关单据、资料的送取和运输费用结算等)，负责经由铁路专用线到达的货物的接收与货物发运，以及专用线营运与管理工作。

(2) 负责由汽车运输到库货物的接收和出库货物的发运工作。

(3) 负责现场的监装、监卸和作业组织。

(4) 负责到、发货物的交接及向有关部门索取、出具有关记录。

(5) 负责专用线的中转运输业务、运营与管理工作。

5. 生产调度员

生产调度员主要负责物流业务部门内部各业务岗位间的组织、协调、指挥和收发货业务当中各种问题的处理。其主要履行以下职责。

(1) 负责对各业务岗位进行管理、指导和协调。

(2) 及时、妥善地处理、解决收发货业务中出现的各种特殊情况和问题，经常了解和掌握库存货物的储存、保管情况和质量状况，遇到问题指导和配合理货员及时、妥善处理。

(3) 根据业务量的大小和缓急合理组织和调配人力、设备。

(4) 负责掌握仓容情况，合理安排货物储存和规划。

(5) 负责货物储存、保管、装卸、运输当中的有关技术问题的处理，并提供相应的技术指导。

6. 业务受理员

业务受理员主要负责受理客户的收、发货请求，对由物流配送中心出具的有关业务单据进行验证、复核及提供打印。其主要履行以下职责。

(1) 负责受理客户的收、发货业务。

(2) 完成有关业务单证与资料的验证、审核、填制、建档、保管。

(3) 主要负责进出库数量的统计、建账和出具各类业务报表。

(4) 向有关业务部门及客户提供所管货物的相关资料和信息查询、咨询。

7. 理货员

理货员负责完成货物检验和复核，进行仓储区和货位安排、码放、备货，并负责完成货物在库保管维护的工作。其主要履行以下职责。

(1) 负责货物的现场收、发、保管、清点、交接工作。

(2) 熟悉和掌握库存与仓容情况，合理安排货物储存与堆码。

(3) 经常了解和掌握库存货物的保管情况和质量状况，遇到问题要及时通知业务受理员或存货人，并积极配合、妥善处理。

(4) 负责库存货物的定期或动态清点、盘点。

(5) 负责库房、货场、货区、货位的现场管理，如作业现场的清理，货物标志、货牌的制作等。

(6) 负责收发货业务中货物检斤、检尺工作；记录和出具计量的结果与凭证。

8. 配送业务员

配送业务员负责处理货物从物流配送中心运往目的地时，运输工具的组织、运输时间的安排等事务。其主要履行以下职责。

(1) 主要负责客户委托代运货物的运输计划安排和组织，为客户设计和提供科学合理的物流组织方案。

(2) 负责与承运部门、客户间的提、送货等业务联系，以及有关问题的协调与处理。

(3) 负责将到车站、码头、机场、邮局提取货物的到货凭证、发货运单、结算单据等单证、资料交业务受理员。

(4) 熟悉和掌握各种运输方式的业务规程和要求，了解和掌握社会运输资源、有关信息、收费标准、交通路况等，熟悉和掌握本单位自有运输能力和车辆、设备状况。

9. 质量管理员

质量管理员主要负责对物流配送中心内部货物收发、储存保管作业和配送运输等各业务环节的工作质量、安全生产等进行监督、检查和考核。其主要履行以下职责。

(1) 制定质量管理计划及质量考核、奖惩办法。

(2) 深入作业现场，对货物装卸、搬运、堆码等作业质量进行检查、监督和指导。发现不符合有关质量要求和安全生产规定的，有权当即提出纠正和制止。

(3) 负责账物相符(或账、卡、物三相符)率的检查与考核工作。填写和制作自查、互查考核表，建立质量检查考核档案。

(4) 负责处理货损、货差事故和货物损溢情况。

(5) 受理客户提出的有关质量与服务方面的意见和建议，进行跟踪、处理，出具质量事故处理报告。

(6) 主动向主管领导提供质量分析报告和建议，积极配合有关部门和岗位，共同改进业务质量。

10. 流通加工业务员

流通加工业务员负责为客户提供所需的包装或拆箱重装等流通加工作业。其主要履行以下职责。

(1) 本着节约能源、设备、人力和耗费的原则，根据客户配送的需要进行合理包装和加工。

(2) 根据合理运输的需要，进行货物拼装、裁减等操作。

(3) 根据客户的需要，进行简单改变包装等措施，形成方便的购买量。

 资料卡

　　流通加工是流通中的一种特殊形式。它在流通过程中，仍然和流通总体一样起"桥梁和纽带"作用。但是，它却不是通过"保护"流通对象的原有形态来实现这一作用的，它和生产一样通过改变或完善流通对象的原有形态来实现"桥梁和纽带"作用。

　　11. 代理销售业务员

　　代理销售业务员负责向物流配送中心客户提供销售增值服务，具体完成有关储存货物的销售策划和直销工作。其主要履行以下职责。
　　(1) 针对物流配送中心储存货物的特点和区域范围，制定合理有效的营销策路。
　　(2) 具体负责储存货物的销售工作。
　　(3) 负责客户的筛选、客户资料的整理与归类和客户关系的维护工作。
　　(4) 负责与客户的资金结算。

　　12. 设备维修员

　　设备维修员负责物流配送中心各作业设备的维护和保养，确保其正常运行。其主要履行以下职责。
　　(1) 了解和遵守设备使用方面的有关制度与规定，熟练和正确掌握各类设备的使用和养护。
　　(2) 随时掌握设备的使用状况，进行设备的日常检测和保养，确保设备正常运行。
　　(3) 发现未经法定检定机构检定合格或超过检定使用期限的设备，有权向主管领导反映和拒绝使用。

　　13. 电工

　　电工负责物流配送中心电路、电气设施的正常运行。其主要履行以下职责。
　　(1) 了解并宣传电路安全知识，熟练掌握电力维修工作。
　　(2) 严格按照电力操作规程操作，杜绝野蛮作业。
　　(3) 保证日常巡查工作，督促整改电力隐患，预防电力事故的发生。
　　(4) 保持与当地供电局的良好关系，保障物流配送中心用电。
　　(5) 参与建筑工程有关电力设施的审核验收。

　　14. 系统管理员

　　系统管理员负责物流配送中心内部计算机系统的维护和正常运行。其主要履行以下职责。
　　(1) 认真做好系统运行环境的建立与维护。
　　(2) 维护机器设备等硬件设施的正常运行，及时发现和处理各类机器设备故障。
　　(3) 负责软件系统设置、运行维护和技术管理，监控软件和数据库管理系统运行状态，并通过适当的干预手段确保整个软件系统稳定、高效运行。
　　(4) 做好计算机使用人员操作应用辅导，监督操作员按程序操作计算机，及时处理计算机系统运行过程中的异常情况。

(5) 按时做好软件维护与数据备份，确保数据库数据的安全性、完整性和一致性，及时清理数据库中的脏数据。

(6) 负责系统的安全保密工作，根据领导的决定，为各部门、各操作员分配相应的系统操作权限。并根据工作岗位、职能变动情况及时做出调整。

15. 市场信息分析员

市场信息分析员负责市场、政策等信息的收集、整理和分析，为各相关部门决策提供支持。其主要履行以下职责。

(1) 完成市场信息的调查和收集工作，负责市场信息数据库的建立和维护。

(2) 负责市场调查数据和信息的处理、分析和整理。

(3) 负责市场调查报告的撰写，为各级管理人员提供信息服务。

16. 保安

保安负责物流配送中心厂区大门值班、警卫，以及进出库人员和车辆的登记、查验、管理，确保厂区安全。其主要履行以下职责。

(1) 严格执行进出库人员、车辆登记制度，对所有进库人员和车辆进行登记、验证，包括人员、事由、时间、有效证件、车辆牌照号、货物名称、数量、随车物品等。

(2) 负责检查进厂车辆及随车物品是否符合物流配送中心关于安全与消防方面的规定和要求。

(3) 根据发货单或出门证和进库登记内容，检查单证有无涂改、伪造；检查有关印鉴和经办岗位人员签字是否齐全；核对出库车辆装载货物品名、件数、车辆牌照号、随车物品等是否与之相符。发现不符或可疑之处，应当立即与有关部门联系、核实。经确认无误后，方可放行出库。

(4) 负责厂区的安全保卫、交通疏导、特殊情况的处理与报警等。

17. 消防安全员

消防安全员负责物流配送中心消防安全工作。其主要履行以下职责。

(1) 认真贯彻执行国家消防安全法规。

(2) 建立健全各项安全防火制度，遵照"预防为主、防消结合"的原则，加强防范，抓好落实。

(3) 加强防火知识教育，做好防火宣传、演练。

(4) 坚持经常性地安全监督检查，督促整改火险隐患。

(5) 搞好义务消防队的组织建设和业务培训。

(6) 负责物流配送中心灭火器材的购置、配备、维修、保养，做到器材设备底数清、情况明、档案全。

(7) 参加建筑工程有关消防安全设施的审核验收。

(8) 参加火警、火灾事故的扑救，查明原因，提出处理意见。

18. 财务与会计

财务与会计负责物流配送中心的财务与会计工作。其主要履行以下职责。

(1) 主要参与公司财务、会计制度的制定、修改和完善。

(2) 负责公司账务处理，外报报表的编撰，以及内部管理报表的编撰与分析工作。

(3) 负责公司短期和长期预算的编制与控制。

(4) 负责设计公司税务方案，并处理公司的日常税务问题。

(5) 负责分析公司投资项目的运作情况，为公司的项目投资提供参考意见。

(6) 审阅公司的经营合同。

(7) 妥善保管会计凭证、账簿、报表和其他会计资料。

(8) 审核并指导出纳的工作。

 知识拓展

财务与会计的区别

财务管理是指运用管理知识、技能、方法，对企业资金的筹集、使用及分配进行管理的活动，主要在事前事中管理，重在"理"；会计是指以资金形式，对企业经营活动进行连续地反映、监督和参与决策的工作，主要在事后核算，重在"算"。

两者的联系在于其目的都是管理企业经营、提高企业效益，指向的对象都是企业资金。实务工作中，两者往往相互交叉，不分彼此，所以，就不难理解为什么财务部门要从事会计核算。但是，两者的职能、内容都是不同的。另外，两者都是独立的专业学科，两者之间不存在谁包含谁的说法，也不存在谁的地位高于谁的问题。

19. 出纳

出纳负责物流配送中心的出纳工作。其主要履行以下职责。

(1) 认真执行现金管理制度。

(2) 严格审核收付凭证，据以收付款项，并记录现金、银行存款日记账。

(3) 严格支票管理制度，遵守支票使用手续。

(4) 每日清查借款凭证，及时对拖欠借款者进行例行催报。

(5) 编制银行存款余额调节表，做好银行对账、报账工作。

(6) 配合会计做好各种账务处理。

20. 业务结算员

业务结算员负责收发货业务中各项费用的结算、收费，向客户出具结算和相关的收费凭证等。其主要履行以下职责。

(1) 根据业务受理员转来的收货单、发货单等，按照实际收发货数量和有关收费标准，进行结算和收取费用，同时向客户出具发票或收款凭证。

(2) 查验客户交付的钱币、转账支票、汇票的真伪。

4.3 物流配送中心区域布局规划与设计

4.3.1 物流配送中心区域布局规划与设计的目标

物流配送中心选址确定以后，下一步就是对配送中心的内部设施进行规划设计。所谓设施是指物流配送中心运行所必需的有形固定资产，主要包括仓库、办公等建筑物，以及道路和绿化等。物流配送中心布局规划就是综合考虑相关因素，进行分析、构思、规则、论证、设计，对物流配送中心设施系统做出全面安排，使资源得到合理配置，使系统能够有效运行，以达到预期的社会经济效益。其研究重点是为生产或服务系统合理配置资源，其总目标是使整个物流配送中心的人力、物力、财力和人流、物流、信息流得到合理、经济、有效的配置和安排。

物流配送中心区域布局规划与设计具体包括以下目标。

(1) 有效地利用空间、设备、人员和能源。

(2) 最大限度地减少物料搬运。

(3) 合理划分作业区域，简化作业流程，提高运作效率。

(4) 选择合适的建筑模式，采用适当的高度、跨度、柱距，充分利用建筑物的空间。

(5) 缩短生产周期，加速物品流通。

(6) 力求投资最低，降低风险。

(7) 为员工提供安全、方便、舒适和优雅的工作场所与环境。

4.3.2 物流配送中心区域布局规划与设计的原则

一般而言，在制造企业的总成本中，用于物料搬运的费用占 20%~50%，如果合理地进行区域布局规划与设计，则有可能降低 10%~30%。物流配送中心是大批物资集散的场所，物料搬运是最重要的活动，合理地进行区域布局规划与设计，其经济效果将更为显著。因此在物流配送中心设施规划中应遵循以下原则。

小知识

装卸搬运是劳动密集型作业，内容复杂，消耗的人力与财力在物流成本中占有相当大的比重，常常是物流系统改善的重点和难点之一。

1. 整体最优原则

根据系统论的观点，运用系统分析的方法，将定性分析法、定量分析法和个人经验相结合，注重物流配送中心区域布局的整体最优。

2. 流动原则

将流动的观念作为物流配送中心区域布局规划与设计的出发点，并贯穿在区域布局规划与设计的始终，因为物流配送中心的有效运行依赖于资金流、物流和信息流的合理化。

3. 空间利用原则

无论是仓储区、拣选区还是其他作业区，都要注意充分、有效地利用空间。

4. 简化作业流程原则

减少或消除不必要的作业流程是提高企业生产率和减少消耗最有效地方法之一，只有在时间上缩短作业周期，空间上少占用面积，物料上减少停留、搬运和库存，才能保证投入的资金最少，生产成本最低。

5. 柔性原则

由于物流配送中心是以市场为导向的，随机性、时效性等特点很明显，这就要求设施系统具有适当的弹性、柔性，能够适应快速多变的市场要求，并能根据市场的变化，对设施系统适度及时地进行调整。

6. 反馈完善原则

物流配送中心区域布局规划与设计是一个从宏观到微观，又从微观到宏观的反复迭代、逐渐完善的过程。要先进行物流配送中心总体布置，再进行设施内部详细布置；而详细布置方案又要反馈到总体方案中，进而对总体方案进行修改。

7. 人本管理原则

物流配送中心设施系统实际是人—机—环境的综合设计，要创造一个安全、便捷、舒适及优雅的工作环境。

4.3.3　物流配送中心作业区域的规划

在作业流程规划与设计后，可根据物流配送中心运营特性进行作业区域规划，作业区域规划包括作业区域的结构分析与作业区域的功能规划。

1. 作业区域的结构分析

根据物流配送中心作业区域的性质，其包括物流作业区域(如装卸货、入库、订单拣选、出库、发货等作业区域)、辅助作业区域和建筑外围区域三部分。与物流作业区域相对应，辅助作业区域和建筑外围区域也统称为周边辅助活动区域。

2. 作业区域的功能规划

按照物流配送中心的功能，物流配送中心的作业区域进一步细分为一般性物流作业区、退货物流作业区、换货补货作业区、流通加工作业区、物流配合作业区、仓储管理作业区、厂房使用配合作业区、办公事务区、劳务活动区、厂区相关活动区。下面逐一分析各作业区域的作业功能和规划区位。

1) 一般性物流作业区

(1) 车辆进货。

① 作业功能：物品由运输车辆送入物流配送中心，并且车辆停靠在卸货区域。

② 规划区位：进货口或进发货口。

(2) 进货卸载。

① 作业功能：物品由运输车辆卸下。

② 规划区位：卸货平台或装卸货平台。

(3) 进货点收。

① 作业功能：进货物品清点数量或品检。

② 规划区位：进货暂存区或理货区。

(4) 理货。

① 作业功能：进货物品拆柜、拆箱或堆栈以便入库。

② 规划区位：进货暂存区或理货区。

(5) 入库。

① 作业功能：物品搬运送入仓储区储存。

② 规划区位：仓储区或拣选区。

(6) 调拨补充。

① 作业功能：配合拣选作业将物品移至拣选区或调整储存位置。

② 规划区位：仓储区或补货区。

(7) 订单拣取。

① 作业功能：依据订单内容与数量拣取发货物品。

② 规划区位：仓储区、拣选区或散装拣选区。

(8) 分类。

① 作业功能：在批次拣货作业下，按集合或按客户将货物分类输送。

② 规划区位：分类区或拣选区。

(9) 集货。

① 作业功能：按订单分割拣选后集中配送货物。

② 规划区位：分类区、集货区或发货暂存区。

(10) 流通加工。

① 作业功能：根据客户需求另行处理的流通加工作业。

② 规划区位：分类区、集货区或流通加工区。

(11) 品检。

① 作业功能：检查发货物品的品质及数量。

② 规划区位：集货区、发货暂存区或流通加工区。

(12) 发货点收。

① 作业功能：确认发货物品的品项数量。

② 规划区位：集货区或发货暂存区。

(13) 发货装载。

① 作业功能：发货物品装到运输配送车辆。

② 规划区位：装货平台或装卸货平台。

(14) 货物运送。

① 作业功能：车辆离开物流配送中心进行配送。

② 规划区位：发货口或进发货口。

2）退货物流作业区

(1) 退货。

① 作业功能：客户退回货物至物流配送中心。

② 规划区位：进货口或退货卸货区。

(2) 退货卸货。

① 作业功能：退回货物从运输车辆卸下。

② 规划区位：卸货平台或退卸货平台。

(3) 退货点收。

① 作业功能：清点退货物品的品项和数量。

② 规划区位：退货卸货区或退货处理区。

(4) 退货责任确认。

① 作业功能：退货原因及物品的可用程度确认。

② 规划区位：退货处理区或办公区。

(5) 退货良品处理。

① 作业功能：退货中属于良品的处理。

② 规划区位：退货处理区或退货良品暂存区。

(6) 退货瑕疵品处理。

① 作业功能：退货中有瑕疵但仍可用的物品处理。

② 规划区位：退货处理区或瑕疵品暂存区。

(7) 退货废品处理。

① 作业功能：退货中属于报废品的处理作业。

② 规划区位：退货处理区或废品暂存区。

3）换货补货作业区

(1) 退货后换货。

① 作业功能：客户退货后换货或补货的处理。

② 规划区位：办公区。

(2) 误差责任确认。

① 作业功能：物品配送至客户产生误差或短缺的处理。

② 规划区位：办公区。

(3) 零星补货拣取。

① 作业功能：对于量少的订单或零星补货的拣选。

② 规划区位：拣选区或散装拣选区。

(4) 零星补货包装。

① 作业功能：对于量少的订单或零星补货所需另行包装的包装。

② 规划区位：散装拣选区或流通加工区。

(5) 零星补货运送。

① 作业功能：对于量少的订单或零星补货所需另行配送的运输。

② 规划区位：发货暂存区或装货平台。

4) 流通加工作业区

(1) 拆箱。

① 作业功能：根据单品拣货需求的拆箱。

② 规划区位：散装拣选区或流通加工区。

(2) 裹包。

① 作业功能：根据客户需求将物品重新包装。

② 规划区位：流通加工区或集货区。

(3) 多种物品集包。

① 作业功能：根据客户需求将数件、数种物品集成小包装。

② 规划区位：流通加工区或集货区。

(4) 外箱包装。

① 作业功能：根据运输配送需求将物品装箱或以其他方式进行外部包装。

② 规划区位：流通加工区或集货区。

(5) 发货物品称重。

① 作业功能：根据运输配送需求或运费计算所需的发货物品的称重。

② 规划区位：流通加工区、称重作业区或发货暂存区。

(6) 印贴条形码文字。

① 作业功能：根据客户需求在发货物品外箱或外包装物印制有关条形码文字。

② 规划区位：流通加工区或分类区。

(7) 印贴标签。

① 作业功能：根据客户需求印制标签并贴附在物品外部。

② 规划区位：流通加工区或分类区。

5) 物流配合作业区

(1) 车辆货物出入管制。

① 作业功能：进货或发货车辆出入物流配送中心的管制。

② 规划区位：厂区大门。

(2) 装卸车辆停泊。

① 作业功能：进货或发货车辆在没有装卸平台可用时，临时停靠或回车。

② 规划区位：运输车辆停车场或临时停车位。

(3) 容器回收。

① 作业功能：配合储运箱或托盘等容器的流通使用。

② 规划区位：卸货平台、理货区或容器回收区。

(4) 容器暂存。

① 作业功能：空置容器暂存及存取使用。

② 规划区位：容器暂存区或容器储存区。

(5) 废料回收处理。

① 作业功能：拣选、配送和流通加工过程中所产生的废料处理。

② 规划区位：废料暂存区或废料处理区。

6) 仓储管理作业区

(1) 定期盘点。

① 作业功能：定期对物流配送中心仓储区物品进行盘点。

② 规划区位：仓储区和拣选区。

(2) 不定期抽盘。

① 作业功能：不定期按照物品种类轮流抽盘。

② 规划区位：仓储区。

(3) 到期物品处理。

① 作业功能：针对已超过使用期限的物品所进行的处理。

② 规划区位：仓储区或废品暂存区。

(4) 即将到期物品处理。

① 作业功能：针对即将到期的物品所进行的分类标示或处理。

② 规划区位：仓储区。

(5) 移仓与储位调整。

① 作业功能：针对需求变化与品项变动所进行的仓储区调整与移仓。

② 规划区位：仓储区与调拨仓储区。

7) 厂房使用配合作业区

(1) 电气设备。

① 作业功能：电气设备机房的安装与使用。

② 规划区位：变电室、配电室和电话交换室。

(2) 动力及空调设备使用。

① 作业功能：动力及空调设备机房的安装与使用。

② 规划区位：动力室与空调机房。

(3) 安全消防设备。

① 作业功能：安全消防设施的安装与使用。

② 规划区位：安全警报管制室。

(4) 设备维修工具器材存放。

① 作业功能：设备维修保养与一般作业所需器材和工具的存放。

② 规划区位：设备维修间、工具间和器材室。

(5) 一般物料储存。

① 作业功能：一般消耗性物料、文具品的储存。

② 规划区位：物料存放间。

(6) 人员出入。

① 作业功能：工作人员出入物流配送中心的区域。

② 规划区位：大厅、走廊和出入口。

(7) 搬运车辆通行。

① 作业功能：搬运车辆在物流配送中心内的通行。

② 规划区位：主要通道及辅助通道。

(8) 楼层间通行。

① 作业功能：人员在楼层间的通行，物料在楼层间的搬运活动。

② 规划区位：电梯与物料暂时放置空间。

(9) 搬运设备停放。

① 作业功能：机械搬运设备非使用时的停放空间。

② 规划区位：搬运设备停放区。

8) 办公事务区

(1) 办公活动。

① 作业功能：物流配送中心各项事务性办公活动。

② 规划区位：主管办公室与一般办公室。

(2) 会议及培训活动。

① 作业功能：一般会议活动与内部人员的培训活动。

② 规划区位：会议室与培训室。

(3) 资料管理。

① 作业功能：一般公文文件与资料档案的管理活动。

② 规划区位：档案室、资料室与收发室。

(4) 计算机系统使用。

① 作业功能：计算机系统操作处理活动与相关计算机档案报表管理。

② 规划区位：计算机室与档案室。

9) 劳务活动区

(1) 盥洗。

① 作业功能：员工盥洗及卫生使用。

② 规划区位：洗浴室与卫生间。

(2) 员工娱乐及休息。

① 作业功能：供员工休息及娱乐健身。

② 规划区位：娱乐室、休息室。

(3) 急救医疗。

① 作业功能：紧急工作伤害和突发疾病的救助活动。

② 规划区位：医务室。

(4) 接待厂商来宾。

① 作业功能：接待厂商和客户活动。

② 规划区位：接待室。

(5) 员工饮食。

① 作业功能：提供员工用餐。

② 规划区位：餐厅、厨房。

(6) 司机休息。

① 作业功能：供司机等待作业的临时休息。

② 规划区位：司机休息室。

10) 厂区相关活动区

(1) 警卫值勤。

① 作业功能：门卫管理和内部警卫值勤的活动。

② 规划区位：保卫室。

(2) 员工车辆停放。

① 作业功能：提供员工车辆停放的区域。

② 规划区位：一般或内部停车场。

(3) 厂区交通。

① 作业功能：员工车辆进出与通行活动。

② 规划区位：厂区通道、厂区出入大门。

(4) 厂区扩充。

① 作业功能：厂区内扩充预留地。

② 规划区位：厂区扩充区域。

(5) 环境美化。

① 作业功能：物流配送中心外部形象和美化、绿化环境区域。

② 规划区位：美化绿化环境区域。

4.3.4 物流配送中心作业区域的能力规划

在确定作业区域的功能之后，根据其功能设定，进行作业区域的能力规划，特别是仓储区和拣选区。一般在规划物流配送中心各作业区域时，应以物流作业区域为主，然后延伸到相关外围区域。而对物流作业区域的能力规划，可根据流程进出顺序逐区规划。当缺乏有关资料而无法逐区规划时，可重点对仓储区和拣选区的能力进行详细地规划，再根据仓储区和拣选区的能力，向前后进行相关作业区域的能力规划。

1. 仓储区的运转能力规划

物流配送中心仓储区运转能力的规划方法主要有周转率估计法和送货频率估计法两种。

1) 周转率估计法

利用周转率估计仓储区的运转能力的优点是简便快速、实用性强，缺点是不太精确。其计算步骤如下。

(1) 年运转量计算。把物流配送中心的各项进出物品单位换算成相同的储运单位，如托盘或标准箱等。该单位是现在或今后规划仓储作业的基本单位。求出全年各种物品的总量就是物流配送中心的年运转量。

(2) 估计年周转次数。估计未来物流配送中心仓储区的周转率目标。一般情况下，食品零售业年周转次数为20～25，制造业为12～15。在建立物流配送中心时，可针对经营品项的特性、物品价值、附加利润和缺货成本等因素，决定仓储区中各物品的年周转次数。

(3) 计算仓容量。以年运转量除以年周转次数便是仓容量，即

$$仓容量 = \frac{年运转量}{年周转次数} \tag{4-1}$$

(4) 估计安全系数。考虑到仓储区运转的弹性，以估计的仓容量乘以安全系数，便是规划仓容量，以适应高峰期的高运转量要求，一般取安全系数为 1.1～1.25。如果安全系数取得过高，设计的仓储空间将过剩，相应地会增加投资费用。

(5) 计算规划仓容量，即

$$规划仓容量=仓容量 \times 安全系数 \tag{4-2}$$

【例 4-1】某物流配送中心预规划九大类物品的规划仓容量，其具体信息如下：A～C 类物品的储运单位为标准箱，其年运转量分别为 1 000、700 和 900，年周转次数分别为 15、12 和 14，安全系数分别为 1.3、1.24 和 1.18；D～F 类物品的储运单位为托盘，其年运转量分别为 600、300 和 100，年周转次数分别为 20、15 和 8，安全系数分别为 1.4、1.3 和 1.05；G～I 类物品的储运单位为单品，其年运转量分别为 1 200、2 500 和 800，年周转次数分别为 10、15 和 8，安全系数分别为 1.3、1.4 和 1.21。试求规划仓容量。

解：将上述相关数据分别带入式(4-1)和式(4-2)，可得如表 4-1 所示信息。

表 4-1　利用周转率估计法计算出的规划仓容量结果

储运单位	物品类别	年运转量	年周转次数	安全系数	仓容量	规划仓容量	分类统计
C	A	1 000	15	1.3	66.67	86.67	234.86
	B	700	12	1.24	58.33	72.33	
	C	900	14	1.18	64.29	75.86	
P	D	600	20	1.4	30	42	81.13
	E	300	15	1.3	20	26	
	F	100	8	1.05	12.5	13.13	
B	G	1 200	10	1.3	120	156	510.33
	H	2 500	15	1.4	166.67	233.33	
	I	800	8	1.21	100	121	

2) 送货频率估计法

如果能搜集到各物品的年运转量和工作天数，根据供应商送货频率进行分析，则可计算规划仓容量。其计算包括以下步骤。

(1) 估计每年的发货天数。根据有关分析资料和经验，列出各种仓储物品在一年时段内的发货天数。由于物流配送中心物品品项太多，既不易分析，也无此必要。因此，将发货天数大致相近的物品归为一类，得到按发货天数分类的物品统计表。

(2) 年运转量计算。把物流配送中心的各项进出物品单位换算成相同的储运单位，如托盘或标准箱等。该单位是仓储作业的基本单位。按基本单位分别计算各类物品的年运转量。

(3) 计算平均日运转量，即

$$平均日运转量=\frac{年运转量}{年发货天数} \tag{4-3}$$

(4) 估计供应商送货周期。根据供应商送货频率，估计供应商的送货周期。例如，某类物品一年(按 360 天计算)供应商送货 20 次，则送货周期为 18 天。

(5) 计算仓容量，即

$$仓容量=平均日运转量 \times 供应商送货周期 \tag{4-4}$$

(6) 估计安全系数。估计仓储区运转的弹性，需确定安全系数，其计算与周转率估计法中的计算过程相同。

(7) 计算规划仓容量，即

$$规划仓容量 = 仓容量 \times 安全系数 \tag{4-5}$$

关于实际工作天数计算基准有两种：一种为每年的实际工作天数；另一种为各物品的实际发货天数。如果能真实地求出各物品的实际发货天数，则可计精确计算平均日运转量，这一基准比较接近真实情况。但要特别注意，当部分物品发货天数很小，并集中在少数天数发货时，就会造成规划仓容量计算数值偏高，造成仓储空间闲置过多，浪费投资。

【例4-2】某物流配送中心预规划三大类物品的规划仓容量，其具体信息如下：K类物品的储运单位为托盘，其年运转量为3 600，年发货天数为360，供应商的送货周期为5天，安全系数为1.2；L类物品的储运单位为单品，其年运转量为2 400，年发货天数为120，供应商的送货周期为3天，安全系数为1.2；M类物品的储运单位为标准箱，其年运转量为1 200，年发货天数为6，供应商的送货周期为1天，安全系数为1.3。试求各类物品规划仓容量，并对结果进行评价。

解：将上述相关数据分别带入式(4-3)～式(4-5)可得表4-2所示信息。

表4-2　利用送货频率估计法计算出的规划仓容量结果

储运单位	物品类别	年运转量	年发货天数	平均日运转量	送货周期/天	安全系数	仓容量	规划仓容量
P	K	3 600	360	10	5	1.2	50	60
B	L	2 400	120	20	3	1.2	60	72
C	M	1 200	6	200	1	1.3	200	260

(1) 物品K的储运单位为托盘，且年运转量和单日出货量都很大，且年发货天数多，因此，可要求供应商缩短送货周期，如一天送一次货，这样可以大幅度降低物品K所占用的仓储区空间。

(2) 物品L的储运单位为单品，且年运转量和单日出货量都比较大，年发货天数中等，且供应商送货周期和物流配送中心的平均进货周期相等，因此，按该方法计算出的规划仓容量比较符合实际。

(3) 物品M的储运单位为标准箱，且年运转量比较大，但全年发货天数非常少，导致单日出货量特别大，因此，按该方法计算出的规划仓容量数值偏高，若按该数值规划仓容量，必然导致平时仓储空间闲置过多，浪费投资；同时，从物流配送中心下单到供应商将物品送到物流配送中心只需1天，故可在客户向物流配送中心下单后，再向上游供应商订货，并在物流配送中心对该类物品进行直接转运，以避免全年占用仓储空间和浪费投资。

案例4—2

天津市滨海新区东疆大洋冻品物流配送中心一期工程

在顺利通过国家质检总局"进口肉类及冷冻品储存厂库"资质后，2012年12月28日，随着第一单加拿大进口冷冻货品入库查验，东疆大洋冻品物流配送中心一期正式投入使用。

东疆大洋冻品物流配送中心一期占地面积 32 000m²，建有 14 000m² 冷冻冷藏库一座，分为 6 个仓间，仓储能力 2.5 万 t，同时配套 10 000m² 冷箱堆场及现场查验办公楼。项目总规划建设 10 万 t 级冷库，年周转量预计达 150 万 t。

资料来源：赵贤钰. 滨海时报，第 02：综合，滨海短讯，2013 年 1 月 13 日.

2. 拣选区的运转能力规划

拣选区是以单日发货物品所需的拣选作业空间为主。一般拣选的规划不应包括当日所有发货量，在拣选区货品不足时可以由仓储区进行补货。拣货区的运转能力规划包括以下计算步骤。

(1) 年拣选量计算。把物流配送中心的各项拣选物品换算成相同拣选单位，并估计各物品的年拣选量。

(2) 估计各物品的年发货天数。根据有关资料分析各类物品以估计其各自的年发货天数。

(3) 计算各物品平均日拣选量：

$$平均日拣选量=\frac{年拣选量}{年发货天数} \tag{4-6}$$

(4) 确定仓储区与拣选区的配合形式，并计算仓容量。

① 当仓储区为拣选区补货，且物品只由拣选区出货时：

$$拣选区的仓容量=\frac{平均日拣选量}{每天的补货次数} \tag{4-7}$$

② 当只由仓储区(仓储区兼具拣选区的功能)进行拣选出货时：

$$仓储区的仓容量=平均日拣选量 \tag{4-8}$$

③ 当既从仓储区出货，又从拣选区出货，且由仓储区向拣选区补货时：

$$拣选区的仓容量=\frac{平均日拣选量-仓储区出货量}{每天的补货次数} \tag{4-9}$$

(5) 估计安全系数。计算方法与仓储区运转能力规划内容中的计算过程相同。

(6) 计算拣选区的规划仓容量，即

$$拣选区的规划仓容量=拣选区的仓容量×安全系数 \tag{4-10}$$

【例 4-3】某类物品以单品的方式拣选出货，每年的拣选量为 18 000 个单品，该物品全年的出货天数为 300；且该物品只由拣选区出货，每天仓储区可为拣选区补货 3 次；该物品在拣选区设定的安全系数为 1.2。试问：该物品在拣选区应该规划的仓容量为多少个标准箱？(假设该类物品的 6 个单品可装满一个标准箱)

　　解：将上述相关数据分别带入式(4-6)、式(4-7)和式(4-10)，可得以下信息：

平均日拣选量=年拣选量/年发货天数=18 000÷300=60(单品)

拣选区的仓容量=平均日拣选量/每天的补货次数=60÷3=20(单品)

拣选区的规划仓容量=拣选区的仓容量×安全系数=20×1.2=24(单品)

　　或

拣选区的规划仓容量=24÷6=4(标准箱)

【例 4-4】某类物品每年的出货量为 36 000 个单品，该物品全年的出货天数为 360；其中 30 个单品可以堆码成一个标准托盘，且整托盘的货物可以从仓储区直接拣选出货；零星拣选的货物需要从拣选区出货，且仓储区为拣选区进行补货，每天仓储区可为拣选区补货 2 次；该物品在拣选区设定的安全系数为 1.2。试求该物品在拣选区的规划仓容量。

解：将上述相关数据分别带入式(4-6)、式(4-9)和式(4-10)，可得以下信息：

平均日拣选量=年拣选量/年发货天数=36 000/360=100(单品)

拣选区的仓容量=(平均日拣选量-仓储区出货量)/每天的补货次数=(100-30×3)/2=5(单品)

拣选区的规划仓容量=拣选区的仓容量×安全系数=5×1.2=6(单品)

 **知识拓展**

利用 ABC 分析法确定拣选区不同类型物品的储存方式和库存水平

对各物品进行年发货量和平均日拣选量的 ABC 分析。根据分析结果，可确定拣选量高、中、低档的等级和范围。在后续的设计阶段，可根据高、中、低档等级的物品类别进行物性分析和分类。这样，根据发货高、中、低档等级的类别，可确定拣选区不同类型物品的储存方式和库存水平。

假设某物流配送中心年工作天数为 300，可考虑把发货天数分成 3 个等级：200 以上，30～200 天和 30 以下三类，即把各类物品发货天数分为高、中和低档三组。实际上，天数分类范围是根据发货天数分布范围而定的。如表 4-3 所示为综合发货天数的物品发货量分类情况。

表 4-3　综合发货天数的物品发货量分类

发货量分类 ＼ 发货天数	高 200 以上	中 30～200	低 30 以下
A. 年发货量和平均日拣选量很大	1	1	5
B. 年发货量大，但平均日拣选量较小	2	8	—
C. 年发货量小，但平均日拣选量较大	—	—	6
D. 年发货量小，但平均日拣选量小	3	8	6
E. 年发货量中，但平均日拣选量小	4	8	7

此表中有 8 类，现在对各类说明如下。

类别 1：年发货量和平均日拣选量均很大，发货天数很多。这是发货最多的主力物品群，要求拣选区物品的储存应有固定储位和大的库存水平。

类别 2：年发货量大，平均日拣选量较小，但是发货天数很多。单日的拣选量不大，但是发货很频繁。为此，仍以固定储位方式为主，库存可取较低水平。

类别 3：年发货量和平均日拣选量都较小。虽然发货量不高，但是发货天数超过 200，是最频繁的少量物品。处理方法是少量存货、单品发货。

类别 4：年发货量中等，平均日拣选量较小，但是发货天数很多，处理烦琐这时应以少量存货、单品发货为主。

类别 5：年发货量和平均日拣选量均很大，但发货天数很少，可集中在少数几天内发货。这种情况可视为发货特例，应以临时储位方式处理为主，避免全年占用储位和浪费资金。

类别 6：年发货量和发货天数都较小，但品项数多。为避免占用过多的储位，可按临时储位或弹性储位的方式来处理。

类别 7：年发货量中等，平均日拣选量较小，发货天数也少。对于这种情况，可视为特例，以临时储位方式处理，避免全年占用储位。

类别 8：发货天数 30～200，发货量中等。对于这种情况，以固定储位方式为主，但存量水平亦为中等。

上述分类可以作为一种参考，在实际规划过程中要根据物流配送中心的具体情况和物品发货特性来进一步调整。对于年发货量较小的物品，在规划中可省略拣选区。这种情况下，可与仓储区一起规划，即仓储区兼拣选区。

4.3.5 物流配送中心区域布局规划与设计的程序和内容

1. 区域布置的基本程序

在完成各作业流程及作业区域的规划，并且确定主要物流设备与外围设施的基本方案后，即可进行区域布局的规划与设计，产生作业区域的区块布置图，标出各作业区域的面积与界限范围。这里主要介绍物流配送中心区域布局规划与设计的方法和程序。

1) 系统布置的一般程序

系统布置设计(Systematic Layout Planning, SLP)是一种采用严密的系统分析手段和有条理的系统设计步骤的系统布置设计方法。该方法具有很强的实践性，最早应用于工厂的平面布置规划，同样也可应用于物流配送中心的区域布局规划与设计。物流配送中心区域布局规划与设计的一般程序如图 4-3 所示。

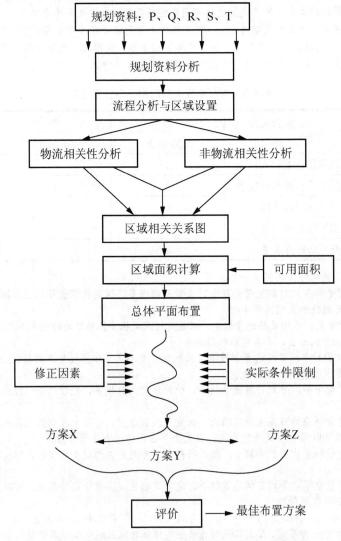

图 4-3 物流配送中心区域布局规划与设计的一般程序

工厂平面布置的规划资料

(1) 产品(Products，P)：指待布置工程将要生产的产品、原材料或者加工的零件和成品等。这些资料由生产计划和产品设计提供，包括项目、品种类型、材料、产品特征等。产品这一要素影响着生产、系统的组成及其各作业单位间相互关系、生产设备的类型、物料搬运方式等。

(2) 产量(Quantity，Q)：指所生产的产品的数量，也由生产计划和产品设计方案决定，可以用件数、重量、体积等来表示。产量这一要素影响着生产系统的规模、设备的数量、运输量、建筑物面积大小等。

(3) 生产路线(Routing，R)：为了完成产品的加工，必须制定加工工艺流程，形成生产路线，可以用工艺流程表、工艺流程图、设备表等表示。它影响着各作业单位之间的联系、物料搬运路线、仓库及堆放地的位置等。

(4) 作业服务部门(Service，S)：在实施系统布置工作之前，必须就生产系统的组成情况有一个总体的规划，可以大体上分为生产车间、职能管理部门、辅助生产部门、生活服务部门及仓储部门等。生产车间是工厂布置的主体部分，因为它体现了工厂的生产能力。但有时，辅助服务部门的占地总面积接近甚至大于生产车间所占面积，所以辅助服务部门布置设计时应给予足够的重视。

(5) 时间(Time，T)：指在什么时候、用多少时间生产出产品，包括各工序的操作时间、更换批量的次数。在工艺过程设计中，根据时间因素，确定生产所需各类设备的数量、占地面积的大小和操作人员数量，来平衡各工序的生产时间。

2) 物流配送中心区域布局规划与设计的三个阶段

(1) 阶段一：物流作业区域的规划与设计。

以物流作业为主，仅考虑物流相关作业区域的配置形式。由于物流配送中心内的基本作业形态大部分为流程式的作业，不同订单具有相同的作业程序，因此适合以生产线式的布置方法进行配置规划。若是订单种类、物品特性或拣选方法有很大的差别，则可以考虑将物流作业区域区分为数个不同形态的作业线，分区处理订单，再由集货作业进行合并，从而可高效率地处理不同性质的物流作业，这个概念类似于传统制造工厂中群组布置的观念。

(2) 阶段二：辅助作业区域的规划与设计。

除了物流作业以外，物流配送中心中仍包含一些管理或行政性的辅助作业区域，这些区域与物流作业区域之间无直接流程性的关系，因此适合以关系型的布置模式作为区域布置的规划方法。此时的配置模式有以下两种参考程序。

① 可视物流作业区域为一个整体性的活动区域，分析各辅助作业区域及物流作业区域之间的相关活动关系，以决定各区域之间相邻与否的程度。

② 将物流作业区域内各个单一作业区域分别独立出来，与各辅助作业区域一起综合分析，来决定各区域的配置。

原则上采用第一种方法比较简便，可以减少相关分析阶段各区域间的复杂度。但是由于配置方位与长宽比例的限制会增加，因此配合规划者的经验判断，仍须做适当的人工调整，或者以人工排列方式取得初步的布置方案。

(3) 阶段三：建筑外围区域的规划与设计。

物流配送中心建筑内的相关区域布置完成后，还需要对建筑外围的相关区域，如厂区通道、停车场、对外出入大门及联外道路形式等进行规划与设计。此外，在建筑外围区域布置时，尤其需要注意未来可能的扩充方向及经营规模变动等因素，以保留适当的变动弹性。

以上所述三个阶段的规划与设计过程，如果在实际道路形式、大门位置等条件已有初步方案或已确定的情形下，也可"由后向前"进行规划，先规划建筑外围区域的布置形式，再进行建筑内物流及外围辅助区域的规划，可减少不必要的修正调整作业，以配合实际的地理区位限制因素。就上述三种不同阶段的布置规划而言，不论在哪一个布置阶段，基本的布置规划程序均可按区域布置规划的程序进行，物流配送中心区域布局规划与设计可以分为以下几个基本步骤：①物流相关性分析；②非物流相关性分析；③流动模式分析；④总平面布置设计；⑤区域布置的动线分析；⑥实际限制的修正。

2. 相关性分析

1) 物流相关性分析

物流相关性分析即对物流配送中心的物流路线和物流量进行分析，用物流强度和物流相关表来表示各作业区域之间的物流强弱关系，从而确定各区域的物流相关程度。

在对物流量和物流强度进行分析时，可以采用从至表计算汇总各项物流作业活动从某区域至另一区域的物流量或物流强度，作为分析各区域间物流量或物流强度大小的依据。若不同物流作业在各区域之间的物料搬运单位不同，则必须先转换为相同单位后，再合并计算其物流量或物流强度的总和。

从至表以资料分析所得出的定量数据为基础，目的是分析各作业区域之间的物流流动规模的大小，使设计者在进行区域布置时，避免搬运流量大的作业区域相距太远，以减少人力、物力的浪费，并为设计各作业区域的空间规模提供依据。物流配送中心定量从至表见表4-4。

表4-4 物流配送中心定量从至表

物流作业区域		搬运到达区域										合计
		1	2	3	4	5	6	7	8	9	10	
搬运起始区域	1											
	2											
	3											
	4											
	5											
	6											
	7											
	8											
	9											
	10											
	合计											

从至表包括物流距离从至表、物流运量从至表、物流强度从至表及物流成本从至表等。具体物流强度从至表的制定包括以下过程。

(1) 依据主要作业流程，将所有物流作业区域分别以搬运起始区域、搬运到达区域按同一顺序列表(为方便起见，可对各物流作业区域进行编号)，画出物流距离从至表。

(2) 为了正确地表示各流量之间的关系，需要统一各物流作业区域的搬运单位，以方便计算流量的总和。

(3) 根据作业流程，将物料搬运流量测量值制作成物流运量从至表。

(4) 利用流量和距离的乘积，得到物流强度从至表。

根据物流强度，确定物流相关程度等级。物流相关程度等级的划分可采用 A、E、I、O、U 等级，一般 A 级占总作业区域对的 10%，E 级占 20%，I 级占 30%，O 级占 40%，U 级代表那些无物流量的作业区域对。

2) 非物流相关性分析

物流配送中心内除了与物流有关的作业区域外，还有许多与物流作业无关的管理或行政性的辅助作业区域。这些区域尽管本身没有物流活动，但却与其他区域有密切的业务关系，故还需要对所有区域进行业务活动相关性分析，以确定各区域之间的密切程度。

各作业区域间的活动可概括为以下关系。

(1) 程序性的关系。因物料流、信息流而建立的关系。

(2) 组织上的关系。部门组织上形成的关系。

(3) 功能上的关系。区域间因功能需要形成的关系。

(4) 环境上的关系。因操作环境、安全考虑上需保持的关系。

根据相关要素，可以对任意两个区域的相关性进行评价。评定相关程度的参考因素包括人员往返接触的程度、文件往返频度、组织与管理关系、使用共享设备与否、使用相同空间区域与否、物料搬运次数、配合业务流程的顺序、是否进行类似性质的活动、作业安全上的考虑、工作环境改善、提升工作效率及人员作业区域的分布等因素。

各作业活动之间的相互关系可以采用定性关联图来分析。在定性关联图中，任何两个区域之间都有将两个区域联系在一起的一对三角形，其中上三角记录两个区域关联程度等级的评估值，下三角记录关联程度等级的理由编号。活动关系关联程度等级包括 A、E、I、O、U 和 X 六个等级，由绝对重要到禁止靠近等，其比例一般按表 4-5 掌握。关联程度等级评价的主要理由见表 4-6。

表 4-5　作业区域相互关系等级

等　　级	A	E	I	O	U	X
意义	绝对重要	特别重要	重要	一般	不重要	禁止靠近
量化值	4	3	2	1	0	-1
比例	2%～5%	3%～10%	5%～15%	10%～25%	45%～80%	根据需要

表 4-6 关联程度等级评价的主要理由

编　号	理　由	编　号	理　由
1	工作流程	6	监督和管理
2	作业性质相似	7	作业安全考虑
3	使用相同设施、设备或同一场所	8	噪声、振动、烟尘、易燃、易爆
4	使用相同文件	9	改善工作环境
5	联系频繁程度	10	使用相同人员

3) 综合相关性分析

综合考虑物流和非物流关系时，要确定两种关系的相对重要性。这一重要性比值用 $m:n$ 来表示，一般不应超过 1：3～3：1。当比值大于 3：1 时，说明物流关系占主导地位，区域布置只考虑物流即可；当比值小于 1：3 时，说明物流的影响很小，区域布置只考虑非物流关系即可。实际情况中，根据两者的相对重要性，比值可为 3：1、2：1、1：1、1：2、1：3。

有了此比值、物流相关性等级和非物流相关性等级，就可把各作业区域的密切程度等级按表 4-3 予以量化。然后用以下公式计算两作业区域 i 和 j 之间的相关密切程度 CR_{ij}：

$$CR_{ij} = mMR_{ij} + nNR_{ij} \tag{4-11}$$

式中，MR_{ij} 为物流相互性等级；NR_{ij} 为非物流相互性等级。

这时就可以按 CR_{ij} 值再来划分综合等级，各档比例还可按表 4-5 控制。这里要注意 X 级的处理：任何一级物流强度与 X 级的非物流关系综合时，不应该超过 O 级；对于一些绝对不能靠近的作业单位，相互关系可定为 XX 级。最后，再根据经验和实际约束情况，来适当调整综合相关图。

一般综合相关程度高的区域在布置时应尽量紧邻或接近，如出货区与称重区；而相关程度低的区域则不宜接近，如仓储区与司机休息室。在规划过程中应由规划设计者根据使用单位或企业经营者的意见，进行综合分析和判断。

3. 流动模式分析

布置问题定量分析常见的目标是降低物流成本，这时就要对流动模式做出分析。流动模式可以分为水平的和竖直的，如果是单层物流配送中心，就只用考虑水平流动模式，而多层物流配送中心还要考虑竖直流动模式。但总地来说，水平流动模式是最基本的。不论布置对象的大小，也不论采用何种布置原则，都要考虑物料的流动模式。

选择流动模式时主要考虑收发货平台、场地和建筑物的限制、物流强度、通道和运输方式等，实际物流配送中心布置的流动规划常常是上述几种模式的组合。物流配送中心作业区域间的物流动线如图 4-4 所示。

(1) 直线式：适用于出入口在物流配送中心两侧，以及作业流程简单、规模较小的物流作业，无论订单大小与配货品项多少，均需通过物流配送中心的全程。

(2) 双直线式：适用于出入口在物流配送中心两侧，作业流程相似，但是有两种不同进出货形态或作业需求的物流作业(如整箱区与零星区、A 客户与 B 客户等)。

(3) 锯齿形(或 S 形)：通常适用于多排并列的库房货架区内。

(4) U形：适用于出入口在物流配送中心同侧，可依进出货频率大小安排接近进出口端的仓储区，以缩短拣选搬运路线。

(5) 分流式：适用于批量拣选后进行分流配送的业务。

(6) 集中式：适用于因仓储区特性将订单分割在不同区域拣选后做集货的作业。

项　　次	作业区域物流动线形式	
1	直线式	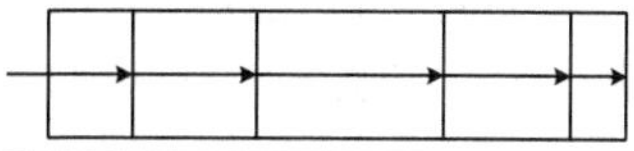
2	双直线式	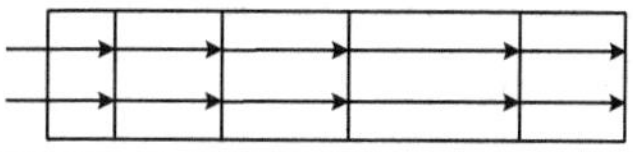
3	锯齿形或S形	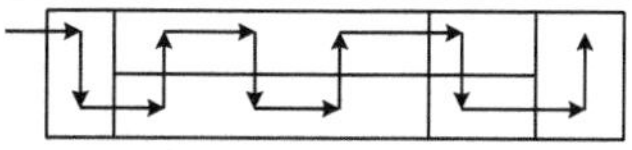
4	U形	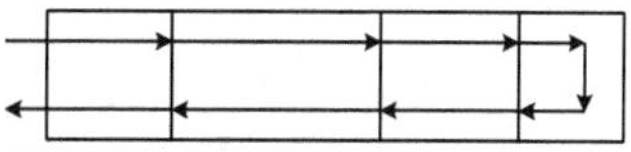
5	分流式	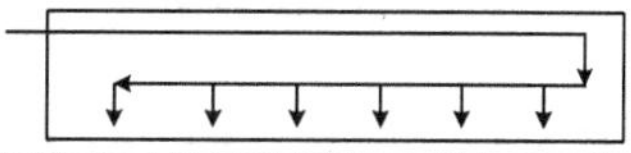
6	集中式	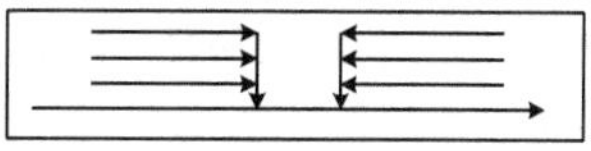

图4-4　作业区域间物流动线形式

4. 总平面布置设计

1) 面积计算

各作业区域面积的确定与各区域的功能、作业方式、所配备的设施和设备及物流强度等有关，应分别对各作业区域面积进行计算。例如，仓储区面积的大小与仓储区具体采用的储存方式、储存设备和作业设备密切相关，常用的储存方式有物品直接堆码、托盘平置堆码、托盘多层堆码、托盘货架储存、自动化立体仓库储存等不同方式，应根据所确定的总的仓储能力计算所需的面积或空间。

将各作业单位面积需求汇总，根据场地的要求，确定建筑的基本形式，在此基础上按各作业区域的面积需求进行分配。具体作业区域的面积需求估算方法详见第5章。

2) 位置布置方法

物流配送中心区域平面布置有两种方法，即流程性布置法和活动相关性布置法。

流程性布置法是根据物流移动路线作为布置的主要依据，适用于物流作业区域的布置。首先确定物流配送中心内由进货到出货的主要物流路线形式，并完成物流相关性分析。在此基础上，按作业流程顺序和关联程度配置各作业区域位置，即由进货作业开始进行布置，再按物流前后相关顺序按序安排各物流作业区域的相关位置。其中，将面积较大且长宽比例不易变动的区域先置入建筑平面内，如自动化立体仓库、分类输送机等作业区域。

活动相关性布置法是根据各区域的综合相关表或综合相关图进行区域布置，一般用于整个库区或辅助作业区域和建筑外围区域的布置。首先选择与各部门活动相关性最高的部门区域先行置入规划范围内，再按活动相关表的关联关系和作业区域重要程度，依次置入布置范围内。通常，物流配送中心行政管理办公区均采用集中式布置，并与仓储区域分隔，但也应进行合理的配置。由于目前物流配送中心仓储区多采用立体化仓库的形式，其高度需求与办公区不同，故办公区布置应进一步考虑空间的有效利用，如采用多楼层办公室、单独利用某一楼层、利用进出货区上层的空间等方式。

根据物流相关表和活动相关表，探讨各种可能的区域布置组合，以利于最终的决策。物流配送中心的区域布置可以用绘图方法直接绘成平面布置图；也可以将各作业区域按面积制成相应的卡片，在物流配送中心总面积图上进行摆放，以找出合理方案；还可以采用计算机辅助平面区域布置技术进行平面布置。平面布置可以做出几种方案，最后通过综合评价模型，对多种方案进行比较和评价，选择一个最佳的方案。

综合评价模型涉及以下 4 大类方法。

(1) **数学方法**：线性加权和函数法、乘数合成法、加乘混合合成法、代换法。

(2) **多元统计方法**：主要有主成分分析法、因子分析法、判别分析、聚类分析、距离综合评价方法、数据包络分析方法。

(3) **模糊综合评价方法**：模糊聚类分析法、模糊综合评判法。

(4) **灰色聚类评价方法**：灰色关联度法、灰色关联度聚类法、灰色变权聚类法、灰色定权聚类法、多层次灰色评价法、灰色最优聚类分析法。

经过关联性分析和内部货物流的路线分析后，在根据不同作业区域之间的定性测量值(即接近程度)或定量测量值(即货物流动密度)来配置各作业区域的相对位置时，可以将整个布置的过程简化为算法程序。以下介绍三种算法：关联线图法、图形建构法、动线布置法。

(1) 关联线图法。在绘制关联线图之前，首先汇总各个作业区的基本资料，如作业流程与面积需求等，然后制作各个作业区的作业关联图，如图 4-5 所示。

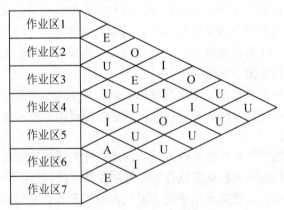

图 4-5　作业关联图

根据作业关联图所示的基本资料，按照作业区域间的各级接近程度将其转换为关联线图底稿表，见表 4-7，表中数字表示与特定作业区域有某级关联的作业区号。

表4-7 关联线图底稿表

关联	作业区域1	作业区域2	作业区域3	作业区域4	作业区域5	作业区域6	作业区域7
A					6	5	
E	2	1、4		2		7	6
I	4	5、6		1、5	2、4、7	2	5
O	3、5		1、6		1	3	
U	6、7	3、7	2、4、5、7	3、6、7	3	1、4	1、2、3、4
X							

关联线图法基本包括以下几个步骤。

① 选定第一个进入布置的作业区域。从具有最多的"A"关联的作业区域开始，若有多个作业区域同时符合条件，则按下列顺序加以选定：最多"E"的关联，最多"I"的关联，最少"X"的关联。如果最后还是无法选定，就在这些条件完全相同的作业区域中，任意选定一个作业区域作为第一个进入布置的作业区域。本例选定的作业区域为6。

② 选定第二个进入布置的作业区域。第二个被选定的作业区域是与第一个进入布置的作业区域相关联的未被选定的作业区域中具有最多"A"的关联作业区域。如果有多个作业区域具有相同条件，则与第一步一样，按照最多"E"的关联，最多"I"的关联，最少"X"的关联进行选择。如果最后还是无法选定，就在与第一个进入布置的作业区域相关联的这些条件完全相同的作业区域中，任意选定一个作业区域作为第二个进入布置的作业区域。本例选定的第二个进入布置的作业区域为5。

③ 选定第三个进入布置的作业区域。第三个被选定的作业区域，应与已被选定的前两个作业区域同时具有最高的接近程度。与前两个作业区域关系组合的优先顺序依次为AA、AE、AI、A*、EA、EE、EI、E*、II、I*，其中符号"*"代表"O"或"U"的关联。如果遇到多个作业区域具有相同的优先顺序，仍采用第一步的顺序法则来处理。本例选定的第三个进入布置的作业区域为7。

④ 选定第四个进入布置的作业区域。第四个作业区域选定的过程与第三步相同，被选定的作业区域应与前三个作业区域具有最高的接近程度。组合的优先顺序为：AAA、AAE、AAI、AA*、AEA、AEE、AEI、AE*、AII、AI*、A**、EEE、EEI、EE*、EII、EI*、E**、III、II*、I**。本例选定的第四个进入布置的作业区域为2。

⑤ 以此类推，选择其余的 $n-4$ 个作业区域，其过程如图4-6所示。

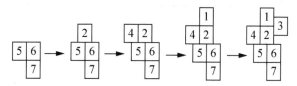

图4-6 关联线图法的基本步骤

小思考

按照以上说明的步骤，完成其余作业区域的分析过程。

在绘制关联线图时，可使用如图 4-6 所示的方块样板来表示每个作业区域。在相对位置确定以后，即可依照各作业区域的实际规模，完成最终的实际布置。但由于在样板的放置过程中有很多主观因素，因此，最后可能会产生多种布置方案。此外，如果各作业区域面积不同，也会产生多种最终布置方案。

(2) 图形建构法。图形建构法和关联线图法相似，所不同的是，此方法以不同作业区域间的权重总和(定量测量)作为挑选作业区域的法则，而关联线图法则是以作业区域间接近程度(定性测量)作为挑选作业区域的法则。这里介绍一种启发式的图形建构法，主要是根据节点插入的算法来建构邻接图，并且保持共平面的性质。图形建构法首先要设定各作业区域间的关联权重，如图 4-7 所示为作业关联图与关联线图。

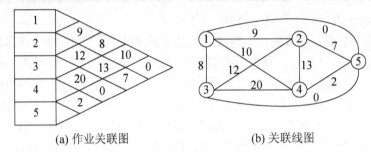

(a) 作业关联图   (b) 关联线图

图 4-7 作业关联图与关联线图

在此基础上，图形建构法基本包括以下几个步骤。

① 从如图 4-7 所示的关联图中，选择具有最大关联权重的成对作业区域。因此，在本例中作业区域 3 和作业区域 4 首先被选中而进入关联线图中。

② 选定第三个作业区域进入关联图中，其依据是这个作业区域与已选入的作业区域 3 和作业区域 4 所具有的权重总和为最大。在表 4-8 中，作业区域 2 的权数总和为 25，所以入选。如图 4-8 所示，线段(2-3)、线段(3-4)和线段(4-2)构成一个封闭的三角形图面，这个图面可以用符号(2-3-4)来表示。

表 4-8 作业区选择图形建构法②关联权重总和表

作业区域	3	4	合　计
1	8	10	18
2	12	13	25(最佳)
5	0	2	2

③ 对尚未选定的作业区域，建立图形建构法③的关联权重总和表，见表 4-9，由于加入作业区域 1 和作业区域 5 的关联权重分别为 27 和 9，因此作业区域 1 被选定，以节点的形态加入图面，并置于区域(2-3-4)的内部，如图 4-9 所示。

表 4-9 作业区域选择图形建构法③关联权重总和表

作业区域	2	3	4	合　计
1	9	8	10	27(最佳)
5	7	0	2	9

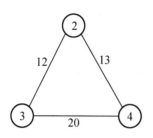

图4-8　图形构建法②示意图

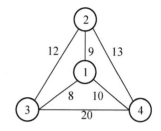

图4-9　图形构建法图形建构法③示意图

④ 剩余的工作是决定作业区域5应该加入哪一个图面上。在这一步中,先建立作业区选择关联权重总和表,见表4-10。显然,作业区域5可以加入图面(1-2-3)、图面(1-2-4)、图面(1-3-4)或图面(2-3-4)之内。作业区域5加入图面(1-2-4)或图面(2-3-4)都得到相同的权重值为9,所以任意选择其一即可,本例将作业区域5加入图面(1-2-4)的内部。最后所得到的邻接图如图4-10所示,此图为图形构建法的最佳解,线段上的权数总和为81。

表4-10　作业区选择图形建构法④关联权重总和表

作业区域	1	2	3	4
5	0	7	0	2
图面		合计		
1-2-3		7		
1-2-4		9(最佳)		
1-3-4		2		
2-3-4		9(最佳)		

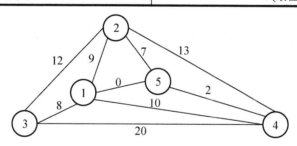

图4-10　图形构建法④示意图

⑤ 建构完成一个邻接图之后,最后一步是依据邻接图来构建区块布置图,如图4-11所示。在建构区块布置图时,各作业区域的原始形状必须做出改变,以配合邻接图的要求。但在实际应用上,由于作业区域形状需要配合内部个别设备的几何外形,以及内部布置结构的限制,所以作业区域的形状还需根据具体情况来决定。在决定各作业区域的面积时,需要考虑物流配送中心本身的大小、设备的大小和设备的摆放位置等因素。

(3) 动线布置法。上述两种区域布置方法是在完成各作业区域面积需求的计算及基本规划后,对货物流程与活动关联性的关系进行整合,以决定不同作业区域的可行位置。动线布置法则是先决定作业系统的主要动线行进方向,再依据流程性质或关联性关系进行区域配置。为此,应先将各作业区域依据估计面积大小与长宽比例制作成模板形式,然后在布置规则区域时根据各作业区域性质决定其配置程序。其方式包括以下两种。

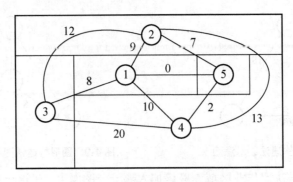

图 4-11　最终邻近区块布置示意图

① 流程式，即物流配送中心的各作业区域多半具有流程性关系，在以模板进行配置时应考虑区域间物流动线的形式。规划设计时一般采用混合式的动线规划，而非单一的固定模式。

② 关联式，即以整个物流配送中心作业配置为主，根据活动关联分析得出各作业区域间的活动流量，两区域间的流量以线条表示。为避免流量大的区域间活动经过的距离太长，应将两区域尽量接近。

以下区域布置安排以流程式为主，其基本包括以下几个步骤。

① 决定物流配送中心对外的连接道路形式，以决定出入口位置及内部配置形式。

② 决定物流配送中心厂房空间位置、大致的面积和长宽比例。由于各作业区域的面积和长宽比例还没有经过详细计算，因此，这里的面积和长宽比例仅仅是一个大概的数值。如图 4-12 所示为各作业区域的面积大小与长宽比例示意图。

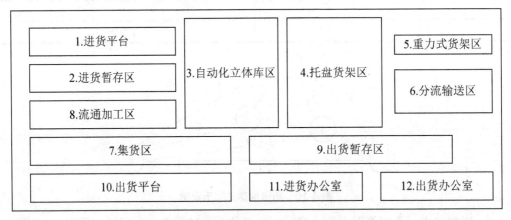

图 4-12　各作业区域面积大小与长宽比例示意图

③ 决定物流配送中心内由进货到发货的主要物流动线形式，如 U 形、L 形和 I 形等。如图 4-13 所示为进出货平台和物流配送中心内部物流动线形式的布置图。

④ 布置刚性区域。刚性区域就是作业区域中面积较大且长宽不易变动的区域。根据作业流程顺序，安排各区域位置。物流作业区域是由进货作业开始，根据物料流程前后关系顺次安排相应位置的。其中作业区域中面积较大且长宽不易变动的区域(刚性区域)应首先安排在建筑平面中，如自动化立体库区、分类输送区等作业区域。如图 4-14 所示为刚性区域的布置图。

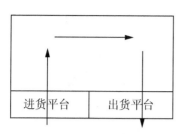

图4-13　进出货平台和物流配送中心内部
　　　　物流动线形式的布置图

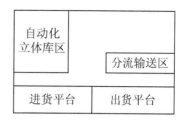

图4-14　刚性区域布置图

⑤ 插入柔性区域。柔性区域首先是指虽然面积较大但长宽比例容易调整的区域，如托盘货架区、重力式货架区与集货区等。如图4-15所示为布置面积较大但长宽比例可变的区域图。柔性区域还应包括面积较小且长宽比例容易调整的区域，如暂存区、流通加工区等。如图4-16所示为布置面积较小但长宽比例可变的区域图。

自动化立体库区	托盘货架区	重力式货架区	
		分流输送区	
		集货区	
进货暂存区		出货暂存区	
进货平台		出货平台	

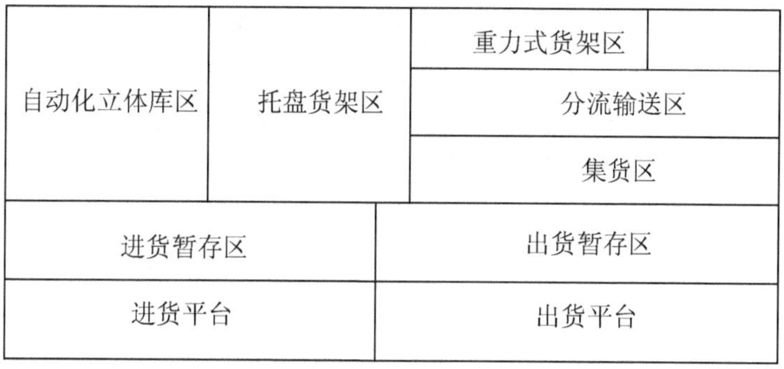

图4-15　布置面积较大但长宽比例可变的区域图

自动化立体库区	托盘货架区	重力式货架区	流通加工区
		分流输送区	
		集货区	
进货暂存区		出货暂存区	
进货平台		出货平台	

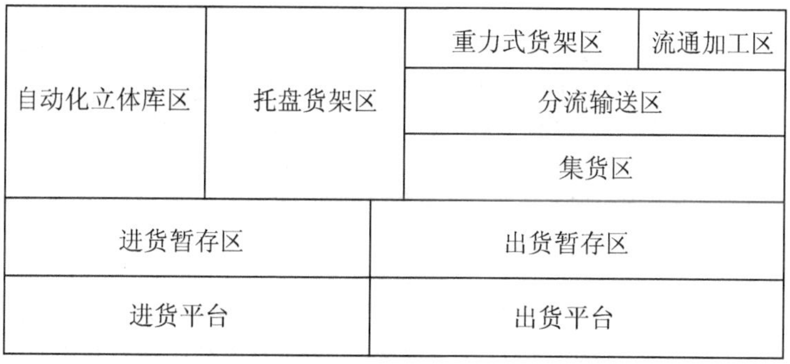

图4-16　布置面积较小但长宽比例可变的区域图

⑥ 决定行政办公区和物流作业区域的关系。一般物流中心行政办公区是集中式布置。为了提高空间利用率，多采用多楼层办公方案。如图4-17所示为现场行政管理和办公区域的布置图。

根据上述步骤，可以逐步完成各区域的概略布置，然后以区域模板置入相对位置，并做适当调整，形成关联布置图，最后经过调整部分作业区域的面积或长宽比例后，即得到作业区域配置图。

使用以上区域布置方法时，当各区域布置的面积无法完全置入作业平面时，必须修改部分区域面积或长宽比例。若修改的幅度超过设备规划的底线，则必须进行设备规划的变更后，再重新进入作业空间规划程序及进行面积布置。各区域布置经调整后即可确定，并绘制区域布置图。

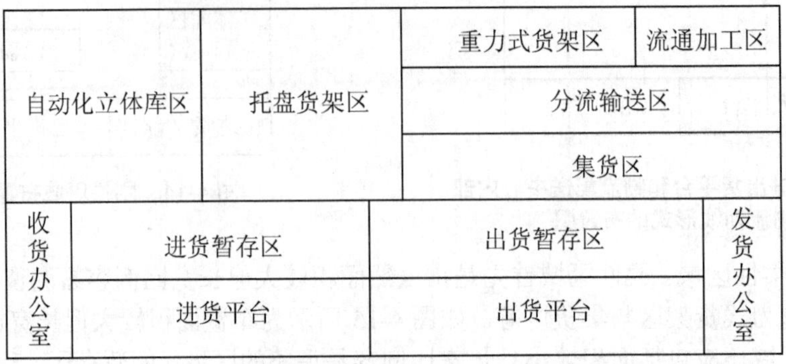

自动化立体库区	托盘货架区	重力式货架区	流通加工区
		分流输送区	
		集货区	
收货办公室	进货暂存区	出货暂存区	发货办公室
	进货平台	出货平台	

图 4-17　现场行政管理与办公区域的布置图

由于用户需求和竞争环境的变化，许多作业活动经常需要扩充或缩减其容量，从而导致其空间需求和设备需求有所改变，此时区域布置即成为一个动态过程。为了让每一个作业区域都能够更有效率的运作，应针对特定的流程需求，设计出不同的替代布置方案，特别是在初步设计时，必须考虑足够的弹性，以适应物流需求在一定范围的变化，否则有可能产生作业瓶颈。

资料卡

Factory Program 软件是美国 Cimtechnologies 公司的产品，得到业界广泛认同。具体包括 FactoryCAD、FactoryFLOW、FactoryPLAN 和 FactoryOPT 四个模块。

1. FactoryCAD

FactoryCAD 是基于 AutoCAD 开发的专门用于工业和制造设施规划设计的绘图软件，用户可以从软件的工具库中直接调出设施布置常用的图元、图块和设备等，并可将自建的图块加入库中。具有专门的工具栏，如"工业"、"机床"、"搬运"和"传送带"等，只要单击工具栏上的按钮就可在图面上自动生成该工具，画图效率得到大大提高。此外它还有"动画"功能，如用物料搬运设施时，动画指令跟踪设备运动路径，并能保证移动时四周有足够的间隙。其他 3 个模块都是在 FactoryCAD 环境所建立的布置图上进行操作的。

2. FactoryFLOW

FactoryFLOW 是最早的商品化布置程序之一，可以将生产及物料搬运数据与实际设施图及物流路径集成在一起综合考虑分析，设计人员以立体的形式看到并处理布置中的空间问题。该软件综合了大量的数据，如产品和零件文件、产量、零件物流路径、距离、物料搬运数据和固定及可变成本等，可以确定关键路径、潜在瓶颈和生产物流效率等，可以方便地改变这些数据以比较不同方案。这种分析便于设计人员取消无用步骤、缩短物料搬运距离来提高产出率、减少在制品库存和确定搬运要求等。

3. FactoryPLAN

FactoryPLAN 是基于作业单位密切程度来进行布置设计和分析的程序，同强大的设计功能相比，它主要是一个规划工具，用于分析和优化布置，尤其是分析不同作业单位的相互关系，并可对不同布置方案做出定量评价。

4. FactoryOPT

FactoryOPT 是与 FactoryPLAN 配套使用的软件，主要用于确定作业单位中心的优化位置，从而优化工厂布置。它可以自动创建块状布置图，用户可以从多达 324 种不同变量组合中选择合适的变量来处理布置算法。

5. 布置方案的调整与评估

1) 活动流程的动线分析

在区域位置布置阶段，还没有进行设备的选用设计，但是按物流特性和作业流程已经对设备的种类有了大致的要求。活动流程的动线分析就是根据这些设备性能，逐一分析区域内和各区域之间的物流动线是否流畅，其分析包括以下几个步骤。

(1) 根据装卸货的出入形式、作业区域内物流动线形式，以及各区域相对位置，设计物流配送中心内的主要通道。

(2) 进行物流设备方向的规划。在此规划过程中，需要考虑作业空间和区域内的通道情况。

(3) 分析各区域之间的物流动线形式，绘制物流动线图。进一步研究物流动线的合理性和流畅性。如图 4-18 所示为物流作业区域布置物流动线图例。

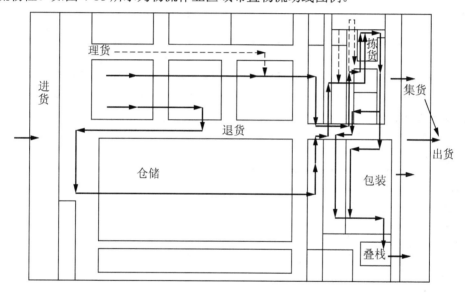

图 4-18　物流动线图例

2) 方案评价、修正与调整

经过上述的规划分析，得到了物流配送中心区域布置的草图，最后还应根据一些实际限制条件进行必要的修正与调整。这些影响包括以下因素。

(1) 库房与土地面积比例，如库房建筑比例、容积率、绿地与环境保护空间的比例及限制等。

(2) 库房建筑的特性，如建筑造型、长宽比例、柱位跨距、梁高等限制或需求。

(3) 法规限制，如土地、建筑法规，环保、卫生、安全相关法规，以及劳动法等。

(4) 交通出入限制，如交通出入口及所在区域的特殊限制等。

(5) 其他，如经费预算限制、政策配合因素等。

以库房面积而言，如果已经有预定厂址及面积的资料，则必须配合实际的面积大小与出入口位置等限制，调整使用面积的需求或改变面积方位的位置，必要时需修改物流或外围设施的规划或基本规划条件的变更以符合实际情况。若受经费预算限制或其他策略配合因素等影响，也需视需要修改的程度，进行作业空间、物流设备或外围设施规划内容的修改，以期初步区域规划结果为实际可行的方案。

在系统规划设计阶段，通常需针对不同的物流设备选择、制作比较方案，因此对各项比较方案而言，均需进一步规划至区域布置规划完成为止。在反复的过程中，部分选择方案可能陆续产生许多平行的子方案，造成方案过多与评估作业的加大，使规划作业难以进行。通常需在必要的阶段，由筹建委员会召开会议做出初步方案决议，并筛选不可行的方案，以利于后续评估作业顺利进行。在作业区域及支持性活动区域的内容可能相同，通常可省去部分重复规划。

当各项方案完成后，为配合布置区块的完整性，各区域实际布置的面积与基本需求可能略有差异，可制作各方案面积配置比较表，以利于方案评估比较的进行，并进入方案详细设计的阶段。物流配送中心布置方案比较见表 4-11，布置方案的整理程序如图 4-19 所示。

表 4-11 物流配送中心布置方案比较

单位：m²

项次	作业区域	A 方案布置		B 方案布置		C 方案布置	
		基本需求面积	规划布置面积	基本需求面积	规划布置面积	基本需求面积	规划布置面积
1	装卸货平台						
2	进货暂存区						
3	理货区						
4	仓储区						
5	拣选区						
6	补货区						
7	散装拣选区						
8	分类区						
9	集贸区						
10	出货暂存区						
11	退货暂存区						
12	退货处理区						
13	托盘暂存区						
14	容器储存区						
15	厂区大门						
16	警卫室						
17	一般停车场						
18	运输车辆停车场						
19	环境美化区域						
20	大厅						
21	电梯间						
22	楼梯间						

项次	作业区域	A方案布置		B方案布置		C方案布置	
		基本需求面积	规划布置面积	基本需求面积	规划布置面积	基本需求面积	规划布置面积
23	主管办公室						
24	一般办公室						
25	会议讨论室						
26	培训室						
27	计算机室						
28	工具室						
29	搬运设备停放区						
30	机房						
31	盥洗室						
32	休息室						
33	接待室						
34	司机休息室						
35	餐厅						
	合计						

3) 方案选择

在方案分析评价的基础上，最后选择一个最优的作业区域配置方案。

修正后规划方案是否可行、是否合理、是否科学、是否符合实际，还要组织有关专家和决策层进行评估。评估包括以下内容。

(1) 经济性方面。这方面的评估内容包括土地面积和库房建筑面积维护费用、人力成本及耗能等方面。

(2) 技术性方面。自动化程度是否合理，主要对搬运省力化、出入库系统自动化、拣选系统自动化和信息处理自动化等内容进行评估。

设备可靠性是指当发生任何故障时，系统能否快速响应，并立即采取应对措施，进行主要的物流作业。同时，当主要系统发生故障时，能否迅速修复或有备用系统代替等。

设备维护保养是指是否建立有设备的维护管理档案，有没有专设机构和专人管理，设备的运行状态维护与定期保养是否规范等。

(3) 系统作业方面。这方面的评估内容包括储位柔性程度、系统作业柔性、系统扩充性、人员安全性和人员素质等要素。

储位柔性是指存取空间能否调整、储位能否按需求弹性应用和是否限定存放特性物品等。

系统作业柔性是指系统是否容易改变，系统作业的原则、程序和方法是否可以变更。

系统扩充性是指当系统扩充时，是否改变原有布置形式和现有建筑，原有设备能否继续使用，是否改变现有作业方式，以及是否需要增加土地等。

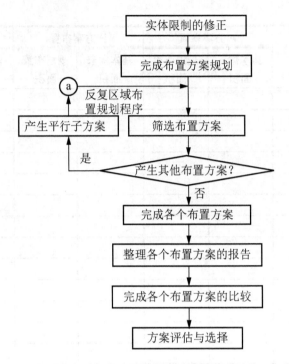

图 4-19　物流配送中心布置方案的整理程序

　　人员安全性是指货架稳定性如何，人员、路径和搬运设备之间是否交错和频繁接触，自高处向下搬运货物是否存在潜在的危及人员安全的因素，电气设备是否存在安全隐患，通道是否畅通，遭遇紧急情况时是否畅通，遇难时可否安全逃生等。

本 章 小 结

　　本章主要介绍了物流配送中心作业流程规划与设计、物流配送中心组织管理体系设计和物流配送中心区域布局规划与设计 3 方面内容。

　　物流配送中心作业流程分析的指导思想为：以客户服务为原则，做到"两好"、"四快"、"四统一"。物流配送中心作业的基本原则是准确、及时、经济和安全。典型物流配送中心一般包括 10 项基本作业：订单处理作业、采购作业、入库作业、仓储管理作业、拣选作业、流通加工作业、出货作业、配送作业、退货作业和会计作业。

　　无论是生产企业物流配送中心、商业企业物流配送中心，还是第三方物流配送中心，它们都要进行经营管理活动，以实现企业经营目标。所以，必须建立合理的组织管理体系。在物流配送中心组织管理体系的建设上，应坚持以下原则：客户服务原则、流程控制原则、结构合理原则、权责分明原则、利于沟通原则、协调一致原则和效率效益原则。根据上述原则，需详细设计物流配送中心的组织管理体系和岗位职责。

　　物流配送中心区域布局规划与设计的原则包括：整体最优原则、流动原则、空间利用原则、简化作业流程原则、柔性原则、反馈完善原则和人本管理原则等。

　　在作业流程规划与设计后，可根据物流配送中心运营特性进行作业区域规划，作业区域规划包括作业区域的结构分析与作业区域的功能规划。

　　在确定作业区域的功能之后，根据其功能设定，可进行作业区域的能力规划。一般在规划物流配送中心各作业区域的能力时，应以物流作业区域为主，然后延伸到相关外围区域。而对物流作业区域的能力规划，可根据流程进出顺序逐区规划。当缺乏有关资料而无法逐区规划时，可重点对仓储区和拣选区的能力进行详细的规划，再根据仓储区和拣选区的能力，向前后进行相关作业区域的能力规划。

　　物流配送中心仓储区运转能力的规划方法主要有周转率估计法和送货频率估计法两种。一般拣选区运转能力规划不应包括当日所有发货量，在拣选区货品不足时可以由仓储区进行补货。

　　在完成各作业流程及作业区域的规划，并且确定主要物流设备与外围设施的基本方案后，即可进行区域布局的规划与设计，产生作业区域的区块布置图，标出各作业区域的面积与界限范围。

　　物流配送中心区域布局规划与设计可以分为以下几个基本步骤：物流相关性分析、非物流相关性分析、流动模式分析、总平面布置设计、区域布置的动线分析和实际限制的修正。

　　物流相关性分析即对物流配送中心的物流路线和物流量进行分析，用物流强度和物流相关表来表示各作业区域之间的物流关系强弱，从而确定各区域的物流相关程度。

　　物流配送中心区域平面布置的方法包括：关联线图法、图形建构法和动线布置法等。

 关键术语

作业流程(Operation Process)
管理体系(Management System)
作业区域规划(Working Areas Planning)
能力规划(Capacity Planning)
流程分析(Process Analysis)
物流相关性分析(Logistics Correlation Analysis)
非物流相关性分析(Non-Logistics Correlation Analysis)
系统布置设计(Systematic Layout Planning)

习　题

1. 选择题

(1) 多节点型物流配送中心的作业管理原则有(　　)。
　　A．统一服务标准　　　　　　　　B．统一流程
　　C．统一单证　　　　　　　　　　D．统一岗位
(2) 物流配送中心作业的原则是(　　)。
　　A．准确　　　　B．及时　　　　C．经济　　　　D．安全

(3) 退货作业是指当配送的物品存在质量问题时客户要求做退货处理的过程，它主要包括(　　)。

　　A. 退货物品的分类　　　　　　　　B. 责任确认
　　C. 保管　　　　　　　　　　　　　D. 退回

(4) 物流配送中心组织管理体系建设的原则包括(　　)。

　　A. 客户服务原则　　　　　　　　　B. 结构合理原则
　　C. 权责分明原则　　　　　　　　　D. 效率效益原则

(5) 物流配送中心总经理的主要工作职责包括(　　)。

　　A. 制定物流配送中心年度、月度生产经营工作计划
　　B. 负责业务的开发和客户的管理与协调
　　C. 负责掌握仓容情况，合理安排货物储存和规划
　　D. 负责审核、签发、授权业务部门提交的业务单证、资料及其变更申请

(6) 物流配送中心区域布局规划与设计的原则包括(　　)。

　　A. 整体最优原则　　　　　　　　　B. 利于沟通原则
　　C. 柔性原则　　　　　　　　　　　D. 空间利用原则

(7) 物流配送中心设施系统实际是(　　)的综合设计，要创造一个安全、便捷、舒适及优雅的工作环境。

　　A. 人　　　　　　B. 机　　　　　　C. 环境　　　　　　D. 业务

(8) 物流配送中心的业务来源于(　　)。

　　A. 供应商　　　　B. 收货人　　　　C. 分销商　　　　D. 客户的订单

(9) 物流配送中心作业区域包括(　　)。

　　A. 物流作业区域　　　　　　　　　B. 辅助作业区域
　　C. 建筑外围区域　　　　　　　　　D. 周边辅助活动区域

(10) 入库的规划区位有(　　)。

　　A. 仓储区　　　　B. 补货区　　　　C. 理货区　　　　D. 拣选区

(11) 到期物品处理的作业功能是(　　)。

　　A. 针对未超过使用期限的物品所进行的处理作业
　　B. 针对已超过使用期限的物品所进行的处理作业
　　C. 针对即将超过使用期限的物品所进行的处理作业
　　D. 其上表述都不对

(12) 仓储区储运能力规划的方法包括(　　)。

　　A. 周转率估计法　　　　　　　　　B. ABC 分析法
　　C. 预测法　　　　　　　　　　　　D. 送货频率估计法

(13) 物流配送中心区域布局规划与设计包括的阶段有(　　)。

　　A. 建筑外围区域的规划与设计　　　B. 物流作业区域的规划与设计
　　C. 辅助作业区域的规划与设计　　　D. 厂区周边区域的规划与设计

(14) 物流配送中心区域布局规划与设计步骤可以分为(　　)。

　　A. 物流相关性分析　　　　　　　　B. 流动模式分析
　　C. 总平面布置设计　　　　　　　　D. 实际限制的修正

(15) 适用于出入口在物流配送中心同侧,可依进出货频率大小安排接近进出口端的仓储区,以缩短拣选搬运路线的流动模式是(   )。

A．S 形　　　　B．U 形　　　　C．分流式　　　　D．集中式

(16) 物流配送中心区域平面布置的方法包括(   )。

A．关联线图法　　　　　　　B．图形建构法

C．模糊综合评价法　　　　　D．动线布置法

(17) 物流配送中心区域布局修正后的规划方案是否可行、是否合理、是否科学、是否符合实际,还要组织有关专家和决策层进行评估。评估内容包括(   )。

A．经济性方面　　　　　　　B．技术性方面

C．政策性方面　　　　　　　D．系统作业方面

2．简答题

(1) 试用图形描述物流配送中心的基本作业流程。

(2) 试用图形描述物流配送中心典型的组织管理体系和岗位设置。

(3) 物流配送中心区域布局规划与设计的目标包括哪些?

(4) 试用图形描述物流配送中心区域布局规划与设计的一般程序。

3．判断题

(1) 管理人员要为直接转运的物品安排存放空间,或合理安排到货及出库车辆的对接时间,以避免物品在周转区的混乱和车辆资源的浪费。(   )

(2) 拣选只包括拣取作业。(   )

(3) 物流配送中心的采购活动仅包含物品买卖。(   )

(4) 物流配送中心各级组织结构要有明确的职责范围、权限及相互间的协作关系。(   )

(5) 物流配送中心的市场业务员主要负责业务的接洽、客户的开发与合同的签订。(   )

(6) 物流配送中心的作业区域规划包括作业区域的结构分析和作业区域的功能规划。(   )

(7) 一般在规划物流配送中心各区域时,应以物流作业区域为主,然后延伸到相关外围区域。(   )

(8) 年发货量大、平均日拣选量较小、发货天数很多的物品在储存时应该以弹性储位的方式来处理,库存可取较低水平。(   )

(9) 区域间相关程度中的"I"表示"一般"。(   )

(10) 物流配送中心区域平面布置有两种方法:流程性布置法和活动相关性布置法。(   )

4．计算题

(1) 某物流配送中心预规划六大类物品的规划仓容量,其具体信息如下:A~C 类物品的储运单位为标准箱,其年运转量分别为 2 000、1 500 和 1 200,年周转次数分别为 10、

15 和 12，安全系数分别为 1.2、1.3 和 1.25；D～F 类物品的储运单位为托盘，其年运转量分别为 900、600 和 300，年周转次数分别为 15、15 和 10，安全系数分别为 1.2、1.4 和 1.3。试求规划仓容量。

(2) 某物流配送中心预规划三大类物品的规划仓容量，其具体信息如下：D 类物品的储运单位为托盘，其年运转量为 2 400，年发货天数为 120，供应商的送货周期为 4 天，安全系数为 1.2；E 类物品的储运单位为单品，其年运转量为 3 600，年发货天数为 180，供应商的送货周期为 3 天，安全系数为 1.1；F 类物品的储运单位为标准箱，其年运转量为 3 000，年发货天数为 300，供应商的送货周期为 2 天，安全系数为 1.3。试求各类物品的规划仓容量。

(3) 某类物品以单品的方式拣选出货，每年的拣选量为 5 400，该物品全年的出货天数为 360；且该物品只由拣选区出货，每天仓储区可为拣选区补货 3 次；该物品在拣选区设定的安全系数为 1.2。试求该物品在拣选区的规划仓容量。

5. 思考题

(1) 了解一家物流配送中心组织管理体系的设计结果，并详细分析其部门构成和各岗位的具体职责。

(2) 查阅相关文献、书籍或网络信息，了解几种典型物流配送中心总经理的具体岗位职责，并进行对比分析。

 实际操作训练

课题 4-1：某物流配送中心作业流程分析

实训项目： 某物流配送中心作业流程分析。

实训目的： 了解该物流配送中心的基本作业环节，掌握各项基本作业的处理流程和相关单据的流转关系。

实训内容： 调研某物流配送中心的基本作业环节，分析该物流配送中心内的各项基本作业的处理流程和相关单据的流转关系。

实训要求： 首先，将学生进行分组，每 5 人一组；各组成员自行联系，并调查当地一家物流配送中心，分析该物流配送中心所包含的基本作业环节，并利用流程图绘制工具完成该物流配送中心各项基本作业的处理流程图的绘制工作，弄清该物流配送中心所使用单据在不同作业环节和不同部门之间的流转关系；在此基础上，分析该物流配送中心作业流程中存在的问题，并提出本组认为合理的解决方案；针对本组的分析和设计结果，与物流配送中心的管理人员进行沟通，听取他们对改进方案的建议，之后改进本组的设计方案，如此反复直至得到管理人员的认可为止。每个小组将上述调研、分析与改进物流配送中心作业流程的内容、过程和结果形成一个完整的分析与设计报告。

课题 4-2：物流配送中心区域布局规划与设计结果调研与分析

实训项目： 物流配送中心区域布局规划与设计结果调研与分析。

实训目的： 掌握物流配送中心区域布局规划与设计的过程、内容及其在布局规划与设计过程中使用的原理、方法和技术工具。

实训内容： 分析某物流配送中心区域布局规划与设计结果，总结该物流配送中心区域布局规划与设计的过程、内容，学习该物流配送中心布局规划与设计过程中使用的技术工具。

实训要求： 首先，将学生进行分组，每 5 人一组；各组成员自行联系，并调查当地一家物流配送中心（或查阅相关资料，选择一个物流配送中心区域布局规划与设计的案例），分析该物流配送中心区域布局规划与设计的基本步骤，总结其布局规划与设计的主要内容和取得的结果，学习并掌握该物流配送中心布局规划与设计过程中使用的原理、方法和技术工具；在此基础上，分析该物流配送中心区域布局的不合理之处，并提出本组认为合理的区域布局方案；针对本组改进的区域布局方案，与物流配送中心的管理人员进行沟通，听取他们对改进后的区域布局方案的建议，之后调整本组的设计方案，如此反复直至得到管理人员的认可为止。每个小组将上述调研、分析与设计物流配送中心区域布局方案过程和内容形成一个完整的调研、分析与设计报告。

案例分析

惠普北美物流配送中心的设计

1. 背景介绍

惠普(HP)公司的北美配送业务是负责在全美国范围内配送其绝大部分的个人计算机和相关外设，如激光打印机和喷墨打印机等，配送对象包括最终用户的小订单和经销商的大批量订单。1989年，因业务增长的需要，HP将建设一个新的更大的物流配送设施，来配送将近12条卡车运输线运输的4000个订单。这些订单大到多个集装箱的激光打印机，小到一个色带盒或一本手册。为此，HP购买了一个40400平方英尺的厂房，开始规划一个集搬运、存储、分拣和运输每日货物等多种功能的物流配送中心。

由于系统设计的复杂性，HP决定使用离散时间仿真来进行方案设计。但是，由于这个物流配送中心的规模较大，建立模型和验证的进展十分缓慢，另外，大型仿真模型的运行速度也非常慢。所以，他们将整个物流配送中心的大系统分解为几个子系统，对每一个相对独立的子系统进行模拟分析。因为较小的模型容易建立和验证，并且，这样可以使各个小组并行开展设计工作，速度较快。但是，这种方法的一个缺点就是每个子系统分析人员也许不能了解和模拟不同子系统之间的关系，这将导致局部最优化。其后果是，表面上好像改进了各个子系统的运行，但实际上削减了整个系统的效率。因此，子系统的分解过程十分重要，不但要便于建模，而且要便于分析建立各个子系统之间的联系，保持系统的整体性。

根据HP新物流配送中心的功能规划，将其分为4个区域。相应地，将配送中心的大系统，分解为4个子系统，即分拣、订单提取、再包装和批量运输。其中，订单提取和再包装是为分拣子系统供货的上游过程，以连续的方式给分拣系统供货。由于使用不同的设备和人力资源，这两个上游子系统几乎是相互独立的。批量运输独立于其他3个子系统，所以它被分离研究。

分析模型是使用SIMAN仿真语言来开发的。自动化程度较高的部分，如分拣系统和再包装系统，采用动画显示，通过观察动画分析复杂的传送物流。自动化程度不高的子系统，如订单提取和批量运输，由于可以很容易地通过简单的模拟运行和轨迹检查来检验这些过程，所以无须制作动画。如图4-20所示是HP物流配送中心示意图。

2. 分拣子系统

分拣子系统是配送运作的核心。它主要有两个功能：一是把物品从仓储区传送到订单确认点，订购的物品在这里等待运输并被装上卡车；二是把从仓储区送来的整箱货物根据订单进行分拣，送至正确的传输线传输到订单确认点进行处理。因为提货管理采用的是分批方法，所以分拣功能是必需环节。

使用分批方法时，一次提取一组货物，而不是单个货物，分批方法已被证明比顺序方法提取更有效率，因为这样提货人员可以专门负责仓储区的某一区。在顺序提取过程中，提取人员需要花费大量时间在仓储区中寻找各种货物。对于一批中的每一个固定的组合，提取人员会提取所有的激光打印机，下次是所有的监视器，如此进行。如果设计合理，将节省提货人员大量的运作时间。但是，这意味着从提货区送出的货箱存在或多或少的随机性，它们在被送至订单确认点之前必须进行重新分拣。由于每个确认点一批收到多种货物，所以关键在于把传输线上的货箱排成合适的顺序。

货物分拣使用一条高速环形传送带、一个地面监控系统和货物箱上的条形码，这些条形码表明了货物属于哪一批及需要何种传输方式。当货箱进入环形传送带时，一部高速条形码扫描机读取其上的标签，把信息传送至地面控制系统。控制系统根据货物的种类和拥挤情况，决定是否把货箱送到合适的传输线上。如果传输线已满或货箱选错了，它将被传送一圈，回到初始位置。每条传输线直接将货物送至订单确认点。

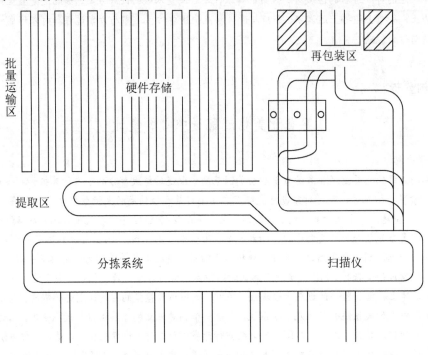

图 4-20　HP 物流配送中心示意图

3. 订单提取子系统

在订单提取作业中，员工从仓储区提取产品，为每个箱子贴上条形码，给分拣系统做准备。然后把一批货箱放在输入传送带上，送至环形线上的入口。设计的关键问题之一是提取人员的数量及所负责的不同产品。

产品采用 ABC 分类法储存在仓储区中。这种方法把需求最高的产品排放在前面，之后是中等程度和需求低的产品。这样，就可以根据产品的储存位置估计提货时间，制定出针对每类产品的初始员工分配方案。由于该系统的目标是确保每批货物在分拣系统需要之前能及时被取出并放在输入传送带上，所以，建立一个模型，根据这个目标调整初始的方案。

另外，该仿真模型也可以检查输入传送带的速度对于订单提取的影响。因为，如果提取人员不间断地把货箱放在传送带上时，传送带就会被阻塞，从而提货人员不得不进行等待，这样，就需要通过仿真选择一个合适的传送速度。

4. 再包装子系统

在包装作业中，工人把每个订单的小部件包装在一起，如激光打印机的随机软件、说明文档、小型附件和色带盒。再包装子系统的设施主要由长形垂直储物架组成，架子之间铺设有 3 条传送带，中间那条有动力，两侧没有。工人根据订单连续地提取产品，在无动力传送带上把它们摆放在盒子里，然后把盒子推到有动力传送带上。

在质量控制线上，工人采用目视方法检查产品，然后把产品包装在合适尺寸的货箱里，然后，将条形码标签贴在货箱上。条形码包含了订货情况和批次号。货箱通过自动包装机将货箱的空余部分填上泡沫垫，然后用胶带封装。最后，经过自动条形码识别器，这些货箱离开再包装区并被传送至环形线入口。

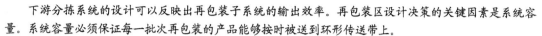

下游分拣系统的设计可以反映出再包装子系统的输出效率。再包装区设计决策的关键因素是系统容量。系统容量必须保证每一批次再包装的产品能够按时被送到环形传送带上。

5. 批量运输子系统

批量运输作业处理所有大的订货。它独立于物流配送中心的其他区域进行管理，而且依赖于独立的人员。当工人使用叉车把集装箱从仓储区运送到卡车装运区时，批量运输的过程便开始了。那里，包装区被设计成集装箱线，产品被标识和扫描，然后校验订单。校验结束后，集装箱直接装载上卡车。集装箱线可以半自动化，由自动工作台旋转，在上面扫描并包装。集装箱通过一个短输入传送带进入工作台，并通过输出传送带离开工作台。

6. 总结

计算机仿真帮助HP公司建立了一个数百万美元的物流配送中心。与以前的物流配送中心相比，在单位订单消耗劳动时间上、硬件提取区和传输线上分别提高了60%和80%。新的操作减少了订货执行的周期。

资料来源：蔡临宁. 物流系统规划——建模及实例分析. 北京：机械工业出版社，2003.

问题：

(1) HP 北美物流配送中心在进行方案设计时遇到了哪些难题？是如何解决的？你认为这种解决方式的优缺点是什么？

(2) 该物流配送中心的区域布局有哪些特点？

(3) 该配送中心的建成为HP带来了哪些好处？

第 5 章 物流配送中心作业区域和设施规划与设计

【本章教学要点】

知识要点	掌握程度	相关知识
物流配送中心作业区域和设施规划与设计概述	了解	物流配送中心作业区域规划与设计的内容、物流配送中心设施规划与设计的内容
作业区域规划与设计	重点掌握	进出货作业区域规划与设计、仓储作业区域规划与设计、拣选作业区域规划与设计、集货作业区域规划与设计、其他作业区域规划与设计、通道的规划与设计
物流配送中心建筑设施的规划与设计	掌握	建筑物的柱间距、建筑物的梁下高度、地面载荷
行政区域与厂区面积设计	掌握	行政区域面积设计、厂区面积设计
公用配套设施的规划与设计	熟悉	电力设施、给水与排水设施、供热与燃气设施

【本章技能要点】

技能要点	掌握程度	应用方向
作业区域规划与设计	重点掌握	作为对物流配送中心各作业区域进行规划设计的手段和工具
物流配送中心建筑设施的规划与设计	重点掌握	作为对物流配送中心的建筑设施进行规划设计的手段和工具，并可作为评价其他机构设计方案的依据
行政区域与厂区面积设计	掌握	作为对物流配送中心行政区域和厂区面积进行规划设计的参考依据

【知识架构】

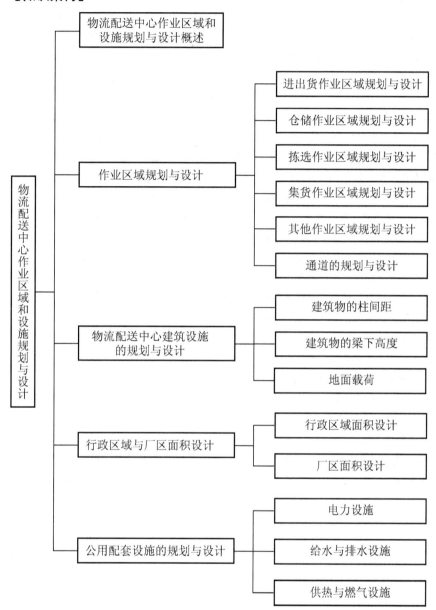

导入案例

神州数码上海物流配送中心

神州数码上海物流配送中心是国内承建的第一座自动化物流配送中心,也是自动化程度相当高的物流配送系统。

1. 神州数码上海物流配送中心设备基础构成

神州数码上海物流配送中心的基本构成包括以下几部分。

(1) 自动化立体库系统。自动化立体库系统是神州数码上海物流配送中心的重要组成部分，存储能力为 7 384 个标准托盘位，配置 4 台快速堆垛机进行托盘存取作业，8h 存取约 1 600 个托盘。自动化立体库系统设计了入库输送系统和出库输送系统。其中，入库输送系统主要由辊子输送机和链条输送机构成，出库输送系统则由链条输送机和穿梭小车构成。

与传统设计不同的是，自动化立体库系统不仅仅作为一个储存中心，还具有在线拣选和 AA 区快速拣选功能。

(2) AA 区快拣选系统。该系统的创新之一是自动化立体库的快速拣选区设计。根据物品的拣选特点，系统定义 54 种拣选特别频繁的物品作为快速拣选物品，储存在一巷道的第一层；并设计专门的拣选辅助设备和射频(RF)设备，完成该类物品的拣选。物品的补充则从自动化立体库中完成。

(3) 托盘在线拣选系统。托盘在线拣选是该系统的又一重要特征。对于拣选不频繁的物品，该系统设计 6 个在线拣选点，配置 RF 系统完成拣选操作。实际运行表明，在线拣选具有很多优点，如拣选便捷、集中拣选、柔性拣选等。目前，有 30%～40% 的物品通过在线拣选完成。

(4) 阁楼拣选系统。对于小件物品，系统提供阁楼拣选系统。其配置 800 个拣选位置，其中流力式拣选位置 36 个。小件拣选的操作在 RF 设备上完成。

(5) 平置堆放区。对于大件物品，如服务器、机柜等，以及大宗物品，如笔记本电脑、打印机等，设计平置堆放区。通过设计虚拟货位号和提供 RF 辅助拣选手段，极大地丰富了物流系统作业的灵活性。

(6) 拣选输送机系统。各拣选区的物品运输通过一套拣选输送机完成。在物品缓存区，操作人员通过标签识别不同单据的物品。

(7) 集成化物流管理系统。集成化物流管理系统是该系统的灵魂。它不仅提供了各拣选作业的后台支持和数据分析手段，集成化物流管理系统还提供与 SAP R/3 的接口，提供 RF 的系统支持等。

2. 神州数码上海物流配送中心直接效果

神州数码上海物流配送中心于 2002 年年底建成，2003 年 1 月 1 日正式投入使用。与预期业务不同的是，其业务量在系统上线运行不久即已超过北京的业务量，高峰日单量超过 700 个订单。实际运行的结果表明，经过系统的高度处理，90% 的订单在 30min 以内完成(从下单、调度到拣选完成)，市内配送完全可以做到 2h 完成。从目前的情况看，80% 的订单集中在下午 4 点～7 点，如果订单的分布均匀一些，系统日处理订单能力将超过 1 000 个。神州数码 2002—2003 年度的配送额达到 104 亿元，上海已经成为神州数码的物流配送中心。

资料来源：侯凌燕，尹军琪，祁庆民. 神州数码——上海物流配送中心[J].

物流技术与应用，2003(7)：21-26.

思考题：

(1) 神州数码上海物流配送中心包含哪些作业区域？

(2) 神州数码上海物流配送中心拣选区作业形式设计包括哪几类？

(3) 神州数码上海物流配送中心拣选系统采用了哪些拣选策略？效果如何？

物流配送中心作业区域和设施规划与设计是整个物流配送中心规划与设计的主体内容，其规划与设计的结果将对物流配送中心运营阶段的内部日常运作起到关键的制约作用。因此，对物流配送中心作业区域和设施规划与设计的内容进行研究是提高物流配送中心内部作业效率和整体运营效果的基础。本章将从物流配送中心作业区域规划与设计、物流配送中心设施规划与设计两个方面进行说明。

5.1 物流配送中心作业区域和设施规划与设计概述

从宏观方面来讲，物流配送中心作业区域和设施规划与设计主要包括：物流配送中心作业区域规划与设计、物流配送中心设施规划与设计。其中，物流配送中心作业区域的规划与设计主要包括进出货作业区域、仓储作业区域、拣选作业区域、集货作业区域、其他作业区域、通道等几个方面的规划与设计；物流配送中心设施的规划与设计主要包括建筑设施、行政区域与厂区面积、公用配套设施等几个方面的规划与设计。

物流配送中心作业区域的规划与设计是在对各作业区域功能、能力及使用设备分析规划后需要完成的工作。由于各作业区域的作业性质不同，要求的作业空间标准也不相同。在进行作业区域空间的规划与设计时，除了考虑设施设备的基本使用面积外，还要计算操作活动、物品储存空间和通道面积，同时要结合物流配送中心的实际和未来发展需要，对预留空间有所考虑。

物流配送中心各种设施的规划与设计应符合国家及所属地方相关法规的规定。同时，在考虑防洪排泄、防火因素等要求的基础上，配套建设相适应的电力、给排水、通信、道路、消防和防汛等基础设施。

 知识拓展

物流配送中心设施规划与设计需遵循的相关规定

物流配送中心应统一建设消防设施和防汛除涝设施。其中消防设施工程应由具有消防工程施工资质的单位建设，各类建筑的建设应符合中华人民共和国国家标准《建筑设计防火规范》(GB 50016—2006)的要求。根据中华人民共和国国家标准《防洪标准》(GB 50201—1994)的规定，确定防洪标准的重现期，如采用 100 年或 50 年不等；再结合当地实测和调查的暴雨、洪水、潮位等资料，分析研究确定标高要求。物流配送中心应统一建立自然灾害应急设施。

物流配送中心应根据所属地电网规划的要求，建设符合中华人民共和国国家标准《城市电力规划规范》(GB 50293—1999)和《供配电系统设计规范》(GB 50052—2009)要求的电力设施和内部应急供电系统。

在遵守节约用水原则的基础上，提供满足生产经营需要的供水设施，并编制符合中华人民共和国国家标准《城市给水工程规划规范》(GB 50282—1998)规定要求的用水规划。应建设完善的排水设施，编制符合《城市排水工程规划规范》(GB 50318—2000)规定要求的排水规划，并与所属城市总体规划相适应。当暴雨发生时，能够将暴雨所产生的地面水流及时排出，而不发生地面积水现象。

物流配送中心如需建设供热设施，应符合中华人民共和国行业标准《城镇供热管网设计规范》(CJJ 34—2010)的规定要求。如需建设燃气设施，应符合中华人民共和国国家标准《城镇燃气设计规范》(GB 50028—2006)的规定要求。

物流配送中心各种基础设施的地下管线敷设，应符合中华人民共和国国家标准《城市工程管线综合规划规范》(GB 50289—1998)的要求。

在物流配送中心内，应适当分配绿色户外空间，以创造一个良好的工作环境。

看图学物流

如图 5-1 所示的情况不符合哪些规范？若对一个物流配送中心来说，出现这种情况将会带来哪些问题？

图 5-1　某单位雨后情况

5.2　作业区域规划与设计

5.2.1　进出货作业区域规划与设计

　　进出货作业区域规划与设计的主要内容是进出货平台的规划与设计。进出货平台也称为收发站台、月台或码头。进出货平台主要包括进货平台、出货平台及进出货共用平台。进货平台是物流配送中心的物品入口，出货平台是物流配送中心的物品出口。进出货平台的基本作用是：提供车辆的停靠、货物的装卸暂放，利用进出货平台能方便地将货物卸出或装进车厢。

　　物流配送中心的典型进出货平台如图 5-2 所示。

图 5-2　物流配送中心的典型进出货平台

进出货平台的规划与设计通常包括进出货平台的位置关系分析、平台形式设计、停车遮挡形式设计及平台宽度、长度和高度的设计等内容。

1. 进出货平台的设计原则

为使物流搬运作业达到安全高效，进出货平台的设计须遵循以下原则。

(1) 进出货平台位置能使车辆快速安全地进出物流配送中心，不产生交叉会车。

(2) 进出货平台尺寸须尽可能兼顾主要车型。

(3) 进出货平台设备须使作业员能安全地装卸货物。

(4) 规划进出货平台内部暂存区，使货物能有效地在进出货平台与存储区之间移动。

2. 进出货平台的位置关系

可根据作业性质、物流配送中心的平面布置及内部物流的动线来决定进出货平台的位置关系。为使物品顺畅地进出物流配送中心，进货平台与出货平台的相对位置是很重要的，两者的位置关系将直接影响物流配送中心进出库效率、作业的差错率等。两者的相对位置关系有以下几种。

(1) 进出货共用平台，如图 5-3 所示。这种形式可以提高空间和设备利用率，但管理困难。特别是在进、出货的高峰期容易造成进货与出货相互影响的不良后果。所以，在管理上一般将进货作业和出货作业分开安排。

(2) 进出货平台不共同使用，但两者相邻，如图 5-4 所示。这种形式使进货作业和出货作业的空间分开，进、出货作业不会相互影响，虽然空间利用率较低，但设备仍然可以共用。这种安排方式适于物流配送中心空间较大，进货和出货容易互相影响的情况。

图 5-3　进出货共用平台

图 5-4　进出货平台不共同使用，但两者相邻

(3) 进出货平台相互独立，两者不相邻，如图 5-5 所示。这种形式的进货平台和出货平台不相邻，进、出货作业空间独立，且设备不共用。这种安排使进货与出货迅速、顺畅，但空间及设备利用率降低。

图 5-5　进出货平台相互独立，两者不相邻

(4) 多个进出货平台，如图 5-6 所示。如果物流配送中心的空间足够大，同时货物进出量大且作业频繁，则可规划多个进货平台及出货平台以满足需求。

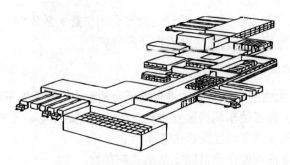

图 5-6　多个进出货平台

3. 进出货平台形式

(1) 按照平台形状可以分为锯齿形和直线形两种。锯齿形的优点在于车辆旋转纵深较小，缺点是没有装卸货作业的自由度，占用物流配送中心内部空间较大，装卸货布置不太容易，在相同的平台长度情况下，锯齿形车位布置较少，如图 5-7 所示。直线形的优点在于占用物流配送中心内部空间小，装卸货作业自由度较大，装卸货布置简单，在相同的平台长度的情况下，直线形车位布置较多；缺点是车辆旋转纵深较大，且需要较大外部空间，如图 5-8 所示。

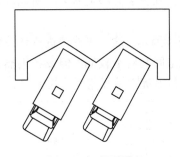

图 5-7　锯齿形平台

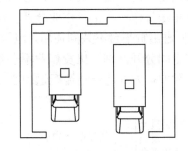

图 5-8　直线形平台

究竟选择哪种形式的平台，可根据进出货特点和场地情况而定。在土地没有特殊要求时，尽量选用直线形平台；同时，从有利于物流作业和进出货安排的角度来考虑，选择直线形平台也更好一些。

(2) 按照平台高度可以分为地面式和平台式两种。

4. 进出货平台停车遮挡形式

在设计进出货停车位置时，除了考虑效率和空间之外，还应考虑遮阳(雨)的问题，因为许多物品对湿度或阳光直射特别敏感，尤其是设计车辆和平台之间的连接部分时，必须考虑到如何防止大风吹入或雨水飘入物流配送中心。此外，还应该避免物流配送中心内空调的冷暖气外溢和能源损失。为此，需要对停车遮挡进行设计，停车遮挡有以下 3 种形式。

(1) 内围式，如图 5-9 所示。把平台围在物流配送中心内部，进出车辆可直接进入内部装卸货。其优点在于安全、不怕风吹雨打及冷暖气泄露。

(2) 齐平式，如图 5-10 所示。平台与物流配送中心侧边齐平，优点是整个平台仍在物流配送中心内部，可避免能源浪费。此种形式造价较低，目前被广泛采用。

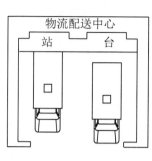

图 5-9 内围式

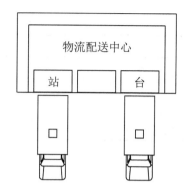

图 5-10 齐平式

(3) 开放式，如图 5-11 所示。平台全部突出在物流配送中心之外，平台上的物品完全没有遮掩，物流配送中心内冷暖气容易外溢。

5. 进出货平台宽度

如前所述，进货时的物品一般要经过拆装、理货、检查与暂存等工序，才能进入后续作业。为此，在进出货平台上应留有一定的空间作为缓冲区。为了保证装卸货的顺利进行，进出货平台需要升降平台等连接设备配合。连接设备分为以下两种。

(1) 活动连接设备，宽度为 1～2.5m。

(2) 固定连接设备，宽度为 1.5～3.5m。

为使车辆及人员进出畅通，在暂存区与连接设备之间应有出入通道。如图 5-12 所示为暂存区、连接设备和出入通道的布置形式及宽度设计图。

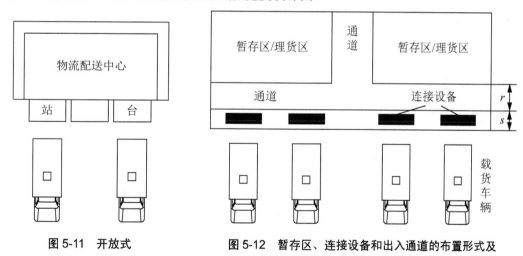

图 5-11 开放式

图 5-12 暂存区、连接设备和出入通道的布置形式及宽度设计图

若使用人力搬运，通道宽度为 2.5～4m。由此可见，进出货平台宽度 w 应为

$$w = s + r \tag{5-1}$$

6. 进出货车位数与平台长度

这里以进货为例，设平台进货时间每天按 2h 计算。根据物流配送中心的规模，设进货车台数 N 和卸货时间见表 5-1。

表 5-1   进货车台数和卸货时间

货　态 车吨位	进货车台数/辆			卸货时间/min		
	11t 车	4t 车	2t 车	11t 车	4t 车	2t 车
托盘进货	N_1	N_2	—	25	15	—
散装进货	N_3	N_4	N_5	60	30	25

设进货峰值系数为 1.4，要求在 2h 内必须将进货车卸货完毕，设所需车位数为 n，则

$$n = \frac{(25 \times N_1 + 15 \times N_2 + 60 \times N_3 + 30 \times N_4 + 25 \times N_5) \times 1.4}{60 \times 2} \tag{5-2}$$

若每个车位宽度为 4m，进货平台共有 n 个车位，如图 5-13 所示，则平台长度为

$$L = n \times 4\text{m}$$

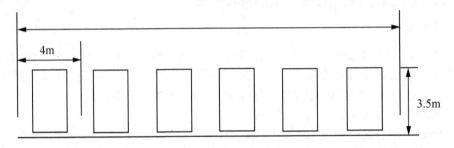

图 5-13   进货平台长度设计图

则进货平台长度与站台车位数呈正比关系，即 $L = n \times 4\text{m}$。设进货大厅宽度为 3.5m，则进货大厅总面积为

$$A = L \times 3.5\,\text{m}^2 \tag{5-3}$$

【例 5-1】根据某物流配送中心的规模，预计每天进货时间为 3h，进货车台数和卸货时间为：11t 车，托盘进货，进货 12 辆，每车的卸货时间为 25min；11t 车，散装进货，进货 6 辆，每车的卸货时间为 40min；4t 车，托盘进货，进货 20 辆，每车的卸货时间为 18min；4t 车，散装进货，进货 8 辆，每车的卸货时间为 25min；设进货峰值系数为 1.4，每个车宽度为 4m。试计算进货平台的长度。

解：进货所需车位数为

$$n = \frac{(25 \times 12 + 40 \times 6 + 18 \times 20 + 25 \times 8) \times 1.4}{60 \times 3} \approx 8.6(\text{个})$$

取整为 $n=9$，即需 9 个车位，则进货平台长度为

$$L = n \times 4 = 9 \times 4 = 36\text{m}$$

7. 进出货平台高度

进出货平台按高度可分为高站台和低站台两种。高站台的优点是利于手工装卸作业，此外，由于站台高出地面，泥土和雨水不易浸入站台；其缺点是造价稍高。低站台的优点在于可以在后面与侧面进行装卸作业，对大重量物品的装卸作业较为方便；其缺点是作业动线交错，人力装卸作业比较困难，泥土和雨水容易浸入站台。

选择高站台还是低站台，主要取决于物流配送中心的环境、进出货的空间、运输车辆的种类和装卸作业的方法。一般来说，建议选择高站台。

高站台的高度主要取决于运输车辆的车厢高度。对于不同的车型，运输车辆车厢高度是不一样的，即使是同种车型，其生产厂家不同，车厢高度也有所区别。此外，对于同一辆车来说，重载和空载时车厢高度也略有不同。

下面分两种情况来讨论如何确定站台高度。

1) 车型基本不变

根据实际需要，物流配送中心如果只选定使用频率较高的几个厂家的几种车型来决定站台高度时，可由主车型车辆基本参数中查出其车厢高度，但此高度为空载时的高度。承载时，大型车辆车厢高度将下降100～200mm。

【例5-2】某物流配送中心进货主要用 L 汽车制造公司生产的 11t 运输车，其车厢高度为1 380mm，满载时车厢下降100～200mm，为安全起见，取下降值为100mm，则站台高度为多少？

解：

$$H=1\ 380\text{-}100=1\ 280\text{m}$$

取 H=1 300mm。

2) 车型变化较大

由于车型变化较大，其车厢高度变化范围也相应较大。为适应各种车厢高度车辆装卸货的需要，就必须通过液压升降平台来调整高度。

按照实际经验，站台高度 H 值为最大车厢高度与最小车厢高度的平均值。液压升降平台踏板的倾斜角根据叉车的性能略有差异。通常按倾斜角不超过15°来设计液压升降平台长度。

站台高度为

$$H = \frac{H_1 + H_2}{2} \tag{5-4}$$

升降平台长度为

$$A = \frac{(H_2 - H_1)/2}{\sin\theta} \tag{5-5}$$

式中，H_1 为满载时车厢最低高度(mm)；H_2 为空载时车厢最高高度(mm)；θ 为升降平台倾斜角。

【例5-3】某物流配送中心出货平台所用车辆全部为6t以下车型。由车辆参数可知：车厢最低高度为600mm，车厢最高高度为1 200mm，在满载条件下，车厢将下降100mm，倾斜角为15°。试计算站台高度和升降平台长度。

解：满载时车辆最低高度为

$$H_1=600\text{-}100=500\text{mm}$$

空载时车厢最高高度为

$$H_2=1\ 200\text{mm}$$

站台高度为

$$H = \frac{500 + 1\ 200}{2} = 850\text{mm}$$

升降平台长度为

$$A = \frac{(H_2 - H_1)/2}{\sin\theta}$$
$$= \frac{(1\,200 - 500)/2}{\sin 15°}$$
$$\approx \frac{350}{0.258\,8}$$
$$\approx 1\,352\text{mm}$$

取 A=1 400mm。

5.2.2 仓储作业区域规划与设计

1. 仓储系统的构成

物流配送中心的仓储系统主要由仓储空间、物品、人员及物流设备等要素构成。

1) 仓储空间

仓储空间是物流配送中心内的仓储保管空间。在进行仓储空间规划时，必须考虑到空间大小、柱子排列、梁下高度、通道宽度、设备回转半径等基本规划要素，再配合其他相关因素的分析，方可做出完善的设计方案。

2) 物品

物品是物流配送中心仓储系统重要的组成要素之一。物品的特性、物品在仓储空间的摆放方式及物品的管理和控制是仓储系统需要解决的关键问题。

对物品可从以下几个方面进行分析。

(1) 供应商：即物品是由供应商处采购而来的，还是自己生产而来的，有无行业特性及影响等。

(2) 物品特性：物品的体积、重量、单位、包装、周转率、季节性分布，以及物理性质(腐蚀或溶化等)、温湿度要求、气味影响等。

(3) 数量：生产量、进货量、库存量、出货量等。

(4) 进货时效：采购提前期、采购作业的特殊需求等。

(5) 品项：种类类别、规格大小等。

物品在仓储空间摆放的影响因素包括以下几个方面的内容。

(1) 储存单位：储存单位是单品、箱、托盘，还是其他特殊单位。

(2) 储存策略：是定位存储、随机存储、分类存储，还是分类随机存储，或是其他的分级、分区储存。

(3) 储位指派原则：靠近出口，以周转率为基础，还是其他原则。

(4) 其他因素：物品特性、补货方便性、单位在库时间、物品互补性等。

物品摆放好后，就要做好有效的在库管理，随时掌握库存状态，了解其品项、数量、位置、出入库状况等信息。

3) 人员

人员包括库管人员、搬运人员、拣货人员和补货人员等。库管人员负责管理及盘点作业，拣货人员负责拣选作业，补货人员负责补货作业，搬运人员负责入、出库作业和翻堆

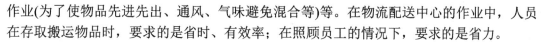

作业(为了使物品先进先出、通风、气味避免混合等)等。在物流配送中心的作业中，人员在存取搬运物品时，要求的是省时、有效率；在照顾员工的情况下，要求的是省力。

4) 物流设备

除了上述 3 项基本要素，另外一个关键要素是储存设备、搬运与输送设备，即当物品储存而不是直接堆叠在地面上时，必须考虑相关的托盘、货架等。而当人员不是以手工操作时，则必须考虑使用笼车、叉车、输送机等搬运与输送设备。

(1) 储存设备。储存设备也要考虑如物品特性、物品的单位、容器、托盘等物品的基本条件，再选择适当的设备配合使用。例如自动化立体仓库，或是轻型货架、重力式货架等货架的选择使用。有了货架设备时，必须将其做标识、区隔，或是颜色辨识管理等。若是在拣货作业时有电子标签辅助拣选设备的应用，则在出货、点货时，无线电传输设备的导入等需要考虑。之后，需要将各个储位及货架等进行编码，以方便管理；编码原则必须明晰易懂，方便作业。

(2) 搬运与输送设备。在选择搬运与输送设备时，也需考虑物品特性和物品的单位、容器、托盘等因素，以及人员作业时的流程与状况、储位空间的配置等，从而选择合适的搬运与输送设备。当然，还要考虑设备成本与人员使用的方便性。

2. 储位管理

储位管理就是对物流配送中心的仓储系统货物储存的货位空间进行合理规划与分配，对储位进行编码，对各货位所储存的物品的数量进行监控及对质量进行维护等一系列管理工作的总称。它主要包括仓储空间的规划与分配、储位指派、储位编码与货物定位、储位存货数量控制、储位盘点等工作。

合理的储位管理是一种既能节省投资，又能提高仓储系统利用率的有效手段。通过储位管理，可以达到以下效果。

(1) 按合理的拣货顺序放置货物，能够减少拣货人员数量。

(2) 合理的储位规划，可以平衡仓储系统人员的工作量及缩短作业周期。

(3) 将容易混淆的货物分配到不同的拣选区，可以提高拣货准确率。

(4) 合理地规划货物摆放位置，不但可以降低货物破损的几率，还可以减少作业人员受到伤害的可能性。

(5) 通过合理地调整仓储空间布置，可以提高空间利用率，推迟或避免再建设的投资。

3. 储存策略

储存策略是决定货物在储存区域存放位置的方法或原则。良好的储存策略可以减少出入库移动的距离、缩短作业时间，甚至能够充分利用仓储空间。一般常见的储存策略有定位储存、随机储存、分类储存、分类随机储存和共同储存。

1) 定位储存

定位储存是指每一项货物都有固定的储位，货物在储存时不可互用储位。在采用这一储存策略时，必须注意每一项货物的储位容量必须大于其可能的最大在库量。

(1) 定位储存的优点。

① 储位能被记录、固定和记忆，便于提高作业效率。

② 储位按周转率高低来安排,通常周转率高的货物储位安排在出入口附近,可以缩短出入库搬运距离。

③ 针对不同货物特性安排储位,可以将货物之间的不良影响降到最低。

(2) 定位储存的缺点。需要较大的仓储空间,影响物流配送中心及设施的利用率。

2) 随机储存

随机储存是指根据库存货物及储位使用情况,随机安排和使用储位,每种物品的储位可随机改变。模拟研究显示:随机储存比定位储存可节省 35%的移动库存货物的时间,仓储空间利用率可提高 30%。随机储存适用于两种情况:其一,仓储系统空间有限,需要尽量利用仓储空间;其二,物品品种少或体积较大。

(1) 随机储存的优点。储位可以共用,仓储空间的利用率高,因此只需按所有库存物品最大在库量进行储位设计即可。

(2) 随机储存的缺点。

① 增加货物出入库管理及盘点工作的难度。

② 周转率高的货物可能被储存在远离出入口的储位上,增加出入库搬运的工作量。

③ 有些可能发生物化反应的货物相邻存放,可能会造成货物的损坏变质或发生危险。

④ 储位不易于记忆、货物难以查找。

3) 分类储存

分类储存是指所有货物按一定特性加以分类,每一类货物固定其储存位置,同类货物不同品种又按一定的规则来安排储位。分类储存考虑的主要因素有:物品相关性大小、物品周转率高低、物品体积、物品重量及物品的物理、化学、机械性能等因素。分类储存主要适用于 3 种情况:其一,物品相关性大,经常被同时订购;其二,周转率差别大的货物;其三,体积、重量相差大的货物。

(1) 分类储存的优点。

① 便于按周转率高低来安排存取,具有定位储存的各项优点。

② 分类后各储存区域再根据货物的特性选择储存方式,有利于货物的储存管理。

(2) 分类储存的缺点。

① 储位必须按各项物品的最大在库量进行设计,因此储区空间平均的使用效率低于随机存储。

② 分类储存较定位储存有弹性,但也有与定位储存相同的缺点。

4) 分类随机储存

分类随机储存是指每一类货物具有固定储位,但各储区每个储位的安排是随机的。因此,分类随机存储兼有定位存储和随机存储的特点。

5) 共同储存

共同存储是指在确定了各货物进出仓储系统的具体时间的前提下,不同的货物共用相同的储位。这种储存方式在管理上比较复杂,但仓储空间及搬运时间却更为经济。

4. 储位编码

当清楚地规划好各储区储位后,这些位置开始经常被使用,为了方便记忆和记录,需要对储位进行编码。

1) 储位编码的功能

储位经过编码后，在管理上具有以下几项功能。

(1) 确定储位资料的正确性。

(2) 提供计算机相对的记录位置以供识别。

(3) 提供进出货、拣货、补货等人员存取物品的位置依据，以方便物品进出、上架和查询，节省重复寻找物品的时间且能提高工作效率。

(4) 提高调仓、移仓的工作效率。

(5) 可以利用计算机处理分析。

(6) 因记录正确，可迅速按顺序储存或拣货。

(7) 方便盘点。

(8) 可以让仓储及采购管理人员了解和掌握储存空间，以控制货物库存量。

(9) 可避免因货物乱放、堆置而导致货物过期而报废，并可有效地掌握存货而降低库存量。

2) 储位编码的方法

一般储位编码的方法有以下几种。

(1) 区段方式。把仓储区域分割为几个区段，再对每个区段编码。此种编码方式是以区段为单位的，每个号码所标记代表的储位区域很大，因此适用于容易单元化的物品及大量或保管周期短的物品。在 ABC 分类中的 A、B 类物品也很适合此种编码方式。物品以物流量大小来决定其所占的区段大小，以进出货频率来决定其位置顺序。区段方式编码如图 5-14 所示。

(2) 品项类别方式。把一些相关性物品经过集合以后，区分成好几个品项类别，再对每个品项类别进行编码。此种编码方式适用于比较容易进行商品保管及品牌差异较大的物品，如服饰、五金方面的物品。

(3) 地址式。利用仓储作业区域中的现成参考单位，如建筑物第几栋、区段、排、行、层、格等，依照其相关顺序进行编码。此种编码方式由于其所标记代表的区域通常以一个储位为限，且其有相对顺序可遵循，使用容易、方便。所以，它是目前物流配送中心使用最多的编码方式。但由于其储位体积所限，仅适合一些量少或单价高的物品储存使用，如 ABC 分类中的 C 类货品。例如，10-5-7，表示第 10 区，第 5 个储位，第 7 号物品，地址式编码方式示意图如图 5-15 所示。

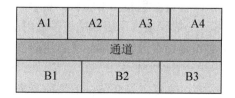

图 5-14 区段方式编码

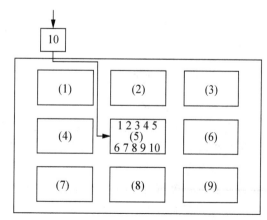

图 5-15 地址式编码方式示意图

(4) 坐标式。利用空间概念来编排储位的方式。此种编码方式由于其对每个储位定位切割细小，在管理上比较复杂，对于流通率较小、要长时间存放的货物，也就是一些生命周期较长的货物比较适用。坐标式编码方式如图 5-16 所示。

一般而言，由于储存物品特性不同，所适合采取的储位编码方式也不同，而如何选择编码方式就得依保管物品的储存量、流动率、仓储空间布置及所使用的储存设备而做出选择。不同的储位编码方法对管理的容易与否也有影响，因此必须先考虑上述因素及信息管理设备才能适宜地选用编码方式。

5. 仓储作业区域的规划与设计

1) 仓储空间的构成

仓储空间是物流配送中心以保管为功能的空间。仓储空间包括物理空间、潜在可利用空间、作业空间和无用空间。

(1) 物理空间：货物实际占用的空间。

(2) 潜在可利用空间：仓储空间中没有充分利用的空间，一般物流配送中心至少有10%～30%的潜在可利用空间可加以利用。

(3) 作业空间：为了作业活动顺利进行所必备的空间，如作业通道、货物之间的安全间隙等。

(4) 无用空间：不能被储存货物利用的空间，如存放消防器材和安装通风空调导管等空间。

仓储空间的构成如图 5-17 所示。

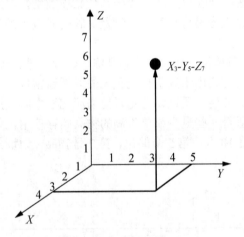

图 5-16　坐标式编码方式

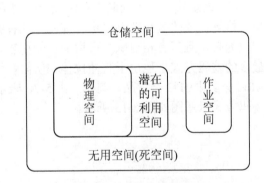

图 5-17　仓储空间的构成

2) 仓储作业区域面积需求估算

物流配送中心仓储作业区域的面积分为建筑面积、有效面积和实用面积。其中，建筑面积是指墙体所围成的面积；有效面积亦称使用面积，一般指墙线所围成的可供使用面积，如库内设有立柱，还应减去立柱所占的面积；实用面积是指存放物品实际所占用的面积，即货垛和货架等所占用面积之和。

计算物流配送中心仓储作业区域面积的方法有很多，本章主要介绍以下几种方法。

(1) 比较类推法。比较类推法是以已建成的同级、同类、同种仓储作业区域面积为基

础，根据储存量增减的比例关系，加以适当的调整，最后推算出所求仓储作业区域的面积。其计算公式为

$$D = D_0 \times \frac{Q}{Q_0} \times k \tag{5-6}$$

式中，D 为拟建物流配送中心仓储作业区域面积；D_0 为已建成的同类物流配送中心仓储作业区域面积；Q 为拟建物流配送中心仓储作业区域的最高储存量；Q_0 为已建成的同类物流配送中心仓储作业区域的最高储存量；k 为调整系数，当已建成的同类物流配送中心仓储作业区域面积有富余时，其取值小于 1；面积不足够时，其取值大于 1。

【例 5-4】某拟建物流配送中心的仓储作业区域预计最高存储量为 20 000 托盘。现已知另一个同类物流配送中心的仓储作业区域面积为 45 000m^2，最高储存量为 15 000 托盘；从运用情况看还有较大的潜力，储存能力未得到充分发挥，此时取 $k = 0.9$。据此推算拟建物流配送中心仓储作业区域的面积。

解：已知 D_0=45 000m^2，Q=20 000 托盘，Q_0=15 000 托盘，k=0.9，带入式(5-6)，可得

$$D = D_0 \times \frac{Q}{Q_0} \times k = 45\,000 \times \frac{20\,000}{15\,000} \times 0.9 = 54\,000\text{m}^2$$

即拟建物流配送中心仓储作业区域的面积为 54 000 m^2。

(2) 定额计算法。定额计算法是利用仓储空间有效面积上的单位面积储存定额来计算物流配送中心仓储作业区域面积的方法。其计算公式为

$$D = \frac{Q}{N_\text{d}} \times \frac{1}{\alpha} \tag{5-7}$$

式中，D 为拟建物流配送中心仓储作业区域面积；Q 为拟建物流配送中心仓储作业空间的最高储存量；N_d 为物流配送中心仓储空间单位面积储存定额(t/m^2)；α 为物流配送中心仓储作业区域有效面积利用系数，为实际面积与有效面积的比值。

【例 5-5】某拟建物流配送中心的仓储作业空间预计最高存储量为 1 500t，单位面积储存定额为 3t/m^2，有效面积利用系数为 0.4。据此推算新建物流配送中心仓储作业区域的面积。

解：已知 Q=1 500t，N_d=3t/m^2，α=0.4，带入式(5-7)，可得

$$D = \frac{Q}{N_\text{d}} \times \frac{1}{\alpha} = \frac{1\,500}{3} \times \frac{1}{0.4} = 1\,250\text{m}^2$$

即拟建物流配送中心仓储作业区域的面积为 1 250 m^2。

 资料卡

仓储作业区域面积计算指标见表 5-2。

表 5-2　仓储作业区域面积计算指标

物流配送中心类型	平均储备期 T/天	单位面积储存定额(N_d)/(t/m^2)	有效面积利用系数(α)
金属材料库	90～120	1.0～1.5	0.4
配套件库	45～75	0.6～0.8	0.35～0.4
协作件库	30～45	0.8～1.0	0.4
油化库	45～60	0.4～0.6	0.3～0.4
铸工辅料库	45～60	1.5～1.8	0.4～0.5

续表

物流配送中心类型	平均储备期 T/天	单位面积储存定额(N_d)/(t/m²)	有效面积利用系数 α
五金辅料库	69～90	0.5～0.6	0.35
中央工具库	69～90	0.6～0.8	0.3
中央备件库	69～90	0.5～0.8	0.35～0.4
建筑材料库	45～60	0.5～0.9	0.35～0.4
氧气瓶库	15～30	16 瓶/m²	0.35～0.4
电石库	30～45	0.6～0.7	0.35～0.4
成品库	15～30		

(3) 荷重计算法。荷重计算法是在定额计算法的基础上，考虑了物品平均储存时间和物流配送中心年有效工作日两个因素后计算仓储作业区域面积的一种常用方法。其计算公式为

$$D = \frac{QT}{T_0 N_d} \times \frac{1}{\alpha} \tag{5-8}$$

式中，D 为拟建物流配送中心仓储作业区域面积；Q 为拟建物流配送中心仓储作业空间的最高储存量；N_d 为物流配送中心仓储空间单位面积储存定额(t/m²)；α 为物流配送中心仓储空间有效面积利用系数，为实际面积与有效面积的比值；T 为物料平均储备期(天)；T_0 为年有效工作天数。

(4) 直接计算法。直接计算法是直接计算出货垛或货架占用的面积，全部通道占用的面积，最后再把踩距、墙距和柱距所占面积相加求出总面积的方法。其计算公式为

$$D = D_1 + D_2 + \cdots + D_m = \sum_{i=1}^{m} D_i \tag{5-9}$$

一般物流配送中心内的柱距为 0.1～0.3m，墙距为 0.3～0.5m。

在进行仓储系统的仓储作业区域的面积规划时，应先求出存货所需占用的面积大小，并考虑货物的尺寸及数量、堆码方式、托盘尺寸、货架货位空间等因素，再进行仓储区域的空间规划。

因为作业区域的规划与具体的储存策略和方式有密切的关系，下面介绍几种物品的存储方式及其对应的作业区域面积需求的计算方法。

(1) 托盘平置堆码，就是将物品码放在托盘上，然后以托盘为单位直接平放在地面上。具体形式如图 5-18 所示。

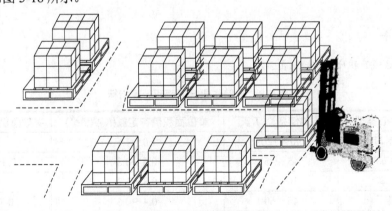

图 5-18　托盘平置堆码

如果物流配送中心的货物多为大量出货，且物流配送中心面积充足，现代化程度不高，货物怕重压，则可考虑托盘平置堆码的方式。在这种储存方式下，计算存货面积所需要考虑到的因素有物品的数量和尺寸、托盘的尺寸、通道的面积。假设托盘的尺寸为 $L \times W \mathrm{m}^2$，由货物尺寸、托盘尺寸和码盘的层数可计算出每个托盘可以码放 N 箱货品，若物流配送中心的平均存货量为 Q，则存货面积需求 D 为

$$D = \frac{\text{平均存货量}}{\text{平均每托盘堆码货品箱数}} \times \text{托盘尺寸} = \frac{Q}{N} \times (L \times W) \tag{5-10}$$

实际仓储作业区域面积需求还需考虑叉车存取作业所需面积。若以一般中枢通道配合作业区域通道进行规划，通道占全部面积的 30%～35%，故实际仓储作业区域的最大面积需求 A 为

$$A = \frac{D}{1 - 35\%} \approx 1.54D \tag{5-11}$$

【例 5-6】某物流配送中心的托盘尺寸为 $1.2 \times 1.0 \mathrm{m}^2$，而其平均存货量为 300 箱，每个托盘平均可堆码 20 箱，通道面积占 30%～35%。求存货所需的最大面积。

解：已知 Q=300 箱，N=20 箱/托盘，$L \times W$=1.2×1.0，将相关数据带入式(5-10)和式(5-11)，可得

$$A = \frac{\frac{Q}{N} \times (L \times W)}{1 - 35\%} = \frac{\frac{300}{20} \times (1.2 \times 1.0)}{1 - 35\%} \approx 27.70 \, \mathrm{m}^2$$

即存货所需的最大面积为 27.70m²。

(2) 托盘多层堆码，就是将物品码放在托盘上，然后以托盘为单位进行码放，托盘货上面继续码放托盘货大于 1 层。具体形式如图 5-19 所示。

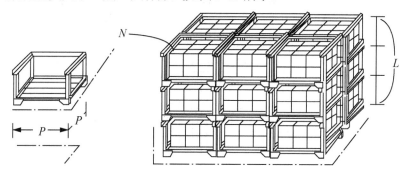

图 5-19　托盘多层堆码

如果物流配送中心的货物多为大量出货，且物流配送中心面积不算太充足，货物不怕重压，可用装卸搬运工具码放多层，则可考虑使用托盘多层堆码的方式。在这种储存方式下，计算存货的理论面积所需要考虑到的因素有物品的数量和尺寸、托盘的尺寸、可堆码的层数等因素。假设托盘尺寸为 $L \times W (\mathrm{m}^2)$，由货物尺寸、托盘尺寸和码盘的层数可计算出每个托盘可以码放 N 箱货品，托盘在仓储区可码放 S 层，若物流配送中心的平均存货量为 Q，则存货面积需求 D 为

$$D = \frac{平均存货量}{平均每托盘堆码货品箱数×托盘可堆码层数}×托盘尺寸 = \frac{Q}{N×S}×(L×W) \quad (5\text{-}12)$$

实际仓储作业区域面积还需考虑机械存取作业所需面积。而此时作业通道占全部面积的 35%~40%，故实际仓储作业区域的最大面积需求 A 为

$$A = \frac{D}{1-40\%} \approx 1.67D \quad (5\text{-}13)$$

【例 5-7】 某物流配送中心的托盘尺寸为 $1.2×1.0\text{m}^2$，而其平均存货量为 300 箱，每个托盘平均可堆码 20 箱，可堆码 2 层，通道面积约占 40%。求存货所需的面积。

解： 已知 $Q=300$ 箱，$N=20$ 箱/托盘，$L×W=1.2×1.0$，$S=2$，将相关数据带入式(5-12)和式(5-13)，可得

$$A = \frac{\dfrac{Q}{N×S}×(L×W)}{1-40\%} = \frac{\dfrac{300}{20×2}×(1.2×1.0)}{1-40\%} = 15\,\text{m}^2$$

即存货所需的最大面积为 15m^2。

(3) 托盘货架储存，就是将物品码放在托盘上，托盘再放入货架上。以这种方式存放物品时，有粗略计算和精确计算两种求解存货面积的方法。

① 粗略计算：该计算方法忽略了物品存放时彼此的空隙、层与层之间的距离、每层物品之间的距离，因此，计算结果小于实际的面积需求。此时存货面积需求可按下式计算：

$$D = \frac{平均存货量}{平均每托盘堆码货品箱数×货架层数}×托盘尺寸 = \frac{Q}{N×S}×(L×W) \quad (5\text{-}14)$$

② 精确计算方法：该方法考虑了货架存放物品时的两大特点：一是区块分布；另一个是物品存放时彼此之间有空隙。

考虑区块分布特点时：由于货架系统具有区域特性，每区由两排货架及存取通道组成，因此需由基本托盘占地面积换算成货架占地面积再加上存取通道面积，才是实际所需的仓储作业区域面积。其中存取通道空间需视叉车是否做直角存取或仅是通行而异。储存货架的区域面积计算，以一个货格为计算基准。如图 5-20 所示为使用托盘货架储存的俯视图。

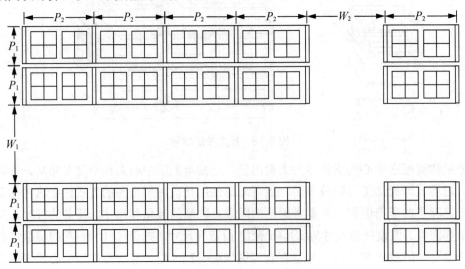

图 5-20　使用托盘货架储存的俯视图

P_1—货格宽度；P_2—货格长度；W_1—货叉直角存取的通道宽度；W_2—货架区侧向通道宽度。

货架使用平面面积为

$$A = (P_1 \times 4) \times (P_2 \times 5) = 20P_1P_2 \tag{5-15}$$

货架使用平面总面积为

$$B = 货架使用平面面积 \times 货架层数 = A \times L \tag{5-16}$$

仓储作业区域平面面积为

$$S = 货架使用平面面积 + 叉车通道 + 侧向通道$$
$$= A + [W_1 \times (5P_2 + W_2) + (2P_1 \times W_2 \times 2)] \tag{5-17}$$

考虑空隙特点时：一般地，货架一个货格可存放两个托盘货，并保留一定的存取作业所需的空间。由如图 5-21 所示的托盘货架储存空间示意图可以精确计算出货格的长度 P_2 和宽度 P_1。

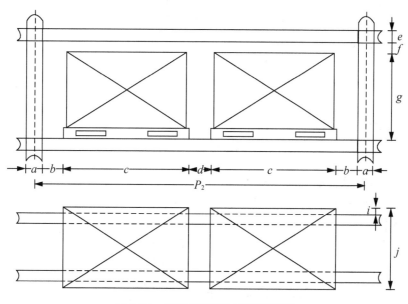

图 5-21　托盘货架储存空间示意图

a—货架立柱宽度；b—托盘与货架的间隙；c—托盘的长度；d—托盘与托盘之间的间隙；
e—货架横梁的厚度；f—托盘物品顶部与货架横梁间隙；g—托盘物品的高度(含托盘的高度)；
j—托盘的宽度；i—托盘伸出货架横梁的宽度

货格的长度为

$$P_2 = a + 2(b+c) + d \tag{5-18}$$

货格的宽度为

$$P_1 = j - 2i \tag{5-19}$$

(4) 轻型货架储存，就是将零星、轻型、小件物品装在箱子内，箱子再放入轻型货架上。以此种方式存放物品时，存货面积需求为

$$D = \frac{Q}{N \times S} \times (A \times B) \tag{5-20}$$

式中，$A \times B$ 为储位面积尺寸。

【例 5-8】某物流配送中心所用的轻型货架为 3 层，而估计每个储位面积为$(2.0 \times 1.2)m^2$，每个储位平均可堆码 20 箱，其平均存货量为 600 箱。求存货所需的面积。

解： 已知 Q=600 箱，N=20 箱/储位，$A \times B$=(2.0×1.2)m², S=3，将相关数据带入式(5-20)，可得

$$A = \frac{Q}{N \times S} \times (A \times B) = \frac{600}{20 \times 3} \times (2.0 \times 1.2) = 24\,\text{m}^2$$

即存货所需的面积为 24m²。

(5) 物品直接堆码，就是将物品直接码放在地面的衬垫材料上，由下向上一层紧挨着一层以一定的形状堆码或货垛。具体形式如图 5-22 所示。

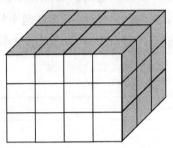

图 5-22　物品直接堆码示意图

以此方式堆码物品时，存货面积需求为

$$D = \frac{Q}{S} \times (A \times B) \tag{5-21}$$

式中，$A \times B$ 为单件物品的底面积。

确定物品可堆码层数时，需要考虑以下 3 个条件。

① 地坪不超重，即

$$可堆层数 = \frac{地坪单位面积最高负荷量}{物品单位面积重量}$$

$$物品单位面积重量 = \frac{每件物品毛重}{该件物品底面积}$$

② 货垛不超高，即

$$可堆层数 = \frac{物流配送中心仓储作业区域可用高度}{每件物品的高度}$$

③ 最底层物品承载力不超重，即

$$可堆层数 = \frac{底层物品允许承载的最大重量}{堆高物品单位重量} + 1$$

在实际应用中，应取这 3 个数值中的最小值作为最终物品可堆层数。

【例 5-9】 某物流配送中心新进了一批木箱装的物品 300 箱，每箱毛重 60kg，箱底面积为 0.6m²，箱高 0.5m，木箱上标志显示允许承受的最大重量为 240kg，地坪承载能力为 4t/m²，仓储作业区域可用高度为 6m。求该批物品的可堆层数和货垛占地面积。

解：

(1) 地坪不超重时可堆层数为

$$物品单位面积重量 = 60 \div 0.6 = 100\,\text{kg/m}^2 = 0.1\,\text{t/m}^2$$

$$地坪不超重可堆层数 = 4 \div 0.1 = 40(层)$$

(2) 货垛不超高可堆层数为

货垛不超高可堆层数=6÷0.5=12(层)

(3) 最底层物品承载力不超重可堆层数为

最底层物品承载力不超重可堆层数=(240÷60)+1=5(层)

则取三者的最小值，即

最大允许可堆层数=min{40,12,5}=5(层)

货垛占地面积=(300÷5)×0.6=36m^2

5.2.3 拣选作业区域规划与设计

1. 拣选系统的含义及重要性

1) 拣选作业和拣选系统

(1) 拣选作业。拣选作业是依据订单要求或物流配送中心的送货计划，尽可能迅速、准确地将物品从其储位或拣选区域拣选出来，并按一定的方式进行分类和集中，等待配装送货的作业过程。

(2) 拣选系统。随着经济的发展，拣选作业的内容也趋于复杂化和多样化，为了提高多品种、小批量货物的拣选效率和效益，把拣选作业视作一个系统。

按照拣选系统规划与设计的过程，可以认为拣选系统由拣选单位、拣货作业方法、拣货策略、拣货信息、拣货设备、拣货人员和拣选作业区域等组成。

2) 拣选系统的重要性

拣选、配货及送货是物流配送中心的主要职能，而送货是在物流配送中心之外进行的，所以拣选、配货就成了物流配送中心的核心作业。拣选作业的效率直接影响着物流配送中心的作业效率和经营效益，是物流配送中心服务水平高低的重要标志。因此，如何在无拣选错误率的情况下，将正确的货品、正确的数量在正确的时间内及时配送给客户，是拣选系统的最终目的和功能。要达到这一目的，必须根据订单分析结果，确定所采用的拣选设备，按拣选的实际情况运用一定的方法策略组合，采取切实可行且高效的拣选方式提高拣选效率，将各项作业时间缩短，提升作业速度和能力。同时，必须在拣选时防止错误，避免送错货，尽量减少内部库存的料账不符现象及作业成本的增加。

2. 拣选作业流程

拣选作业在物流配送中心作业环节中不仅工作量大，工艺过程复杂，而且作业要求时间短，准确度高，服务质量好。因此，加强拣选作业的管理非常必要。在拣选作业的执行过程中，应根据顾客订单所反映的物品特性、数量多少、服务要求、送货区域等信息，对拣选系统进行科学的规划与设计，并制定合理高效的作业流程，这是拣选作业的关键。拣选作业的基本流程如图 5-23 所示。

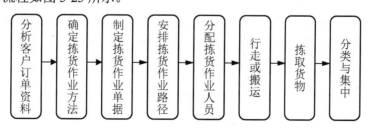

图 5-23 拣选作业的基本流程

1）分析客户订单资料

通过对收集到的客户订单资料的分析，物流配送中心可以明确客户所订购的物品的出货单位、数量、时间需求等相关信息。

2）确定拣货作业方法

完成客户订单资料的分析之后，可以确定物流配送中心的拣货单位、拣货作业方法等。拣货作业方法主要有按单拣选和批量拣选两种。

3）制定拣货作业单据

拣货作业单据中包括拣货单编号、客户编号、客户名称、订货日期、物品名称、储存区域和货位、数量等相关信息，以辅助进行拣选路径规划和提示拣选作业人员完成相应的拣货作业操作。

4）安排拣货作业路径

在制定完拣选作业单据后，货品的储位信息已经明确，可利用人工方式或计算机辅助方式完成拣选作业路径的安排。合理的拣货作业路径可以有效地缩短拣选作业人员或拣选设备的行走时间，极大地缩短拣选时间，同时能有效地降低拣选的错误率。

5）分配拣货作业人员

结合拣选作业方法、拣选物品的种类和数量、拣货单位及储位管理策略，分配拣货作业人员，以满足拣选作业需求。

6）行走或搬运

进行拣选时，物品必须出现在拣货作业人员或设备面前才能完成拣取操作，可以通过以下3种方式实现。

(1) 人至物方式。拣货作业人员通过步行或搭乘拣选车到达物品储存位置。该方式的特点是物品采取一般的静态方式储存，如托盘货架、轻型货架等，主要移动的一方为拣货作业人员。

(2) 物至人方式。与上述方式相反，主要移动的一方为被拣取物。拣货作业人员在固定的位置内作业，不需要去寻找物品的储存位置。该方法的主要特点是物品采用动态方式储存，如自动旋转仓储系统、负载自动仓储系统。

(3) 无人拣取方式。拣取的动作由自动的机械设备负责，电子信息输入后自动完成拣取作业，无需人工介入。

7）拣取货物

当物品出现在拣货作业人员或设备面前时，接下来的动作便是抓取和确认。确认的目的是为了确定抓取的物品、数量是否与指示拣选的信息相同。实际作业中都是利用拣选作业人员读取品名与拣货单做对比。比较先进的方法是利用无线传输终端机读取条形码，由计算机完成比对，或采用货品重量检测的方式。准确的确认动作可以大幅度降低拣选的错误率，同时也比出库验货作业发现错误并处理更直接、有效。

8）分类与集中

由于拣取方式的不同，拣取出来的货品可能还需按订单类别进行分类与集中，拣选作业至此结束。

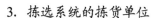

3. 拣选系统的拣货单位

拣货单位可分为以下4种。

(1) 单品(B)。拣货的最小单位，单品可由箱中取出，可以用一只手进行拣货。

(2) 箱(C)。由单品组成，可由托盘上取出，用人手时必须用双手进行拣货。

(3) 托盘(P)。由箱堆码而成，无法用人手直接搬运，必须利用堆垛机或叉车等机械设备。

(4) 体积大、形状特殊无法按托盘、箱归类，或必须在特殊条件下作业者(T)。例如，大型家具、桶装油料、长杆形货物、冷冻货品等，都属于具有特殊的物品特性，拣选系统的设计将严格受其限制。

拣货单位是根据对订单分析出来的结果而定的。如果订货的最小单位是托盘，则不需要以单品或箱为拣货单位。物流配送中心的每一品项都需要作出以上的分析，以判断拣货单位，但一些品项可能因为需要而有两种以上的拣货单位，则在设计上要针对每一种情况进行分区处理。在物流配送中心物流结构分析上，必须清楚拣货单位。如图5-24所示为物流配送中心物流结构图。

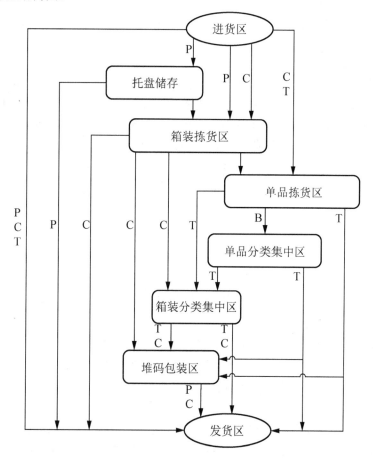

图 5-24　物流配送中心物流结构图

4. 拣选作业的分类和方法

1) 拣选作业的分类

拣选作业方法可以从以下几个角度进行分类。

(1) 按订单的组合方式，可以分为按单拣选和批量拣选两种。

(2) 按人员组合方式，可以分为单独拣选和接力拣选两种。单独拣选是一个拣选作业人员持一张拣货单进入拣选区拣选货物，直至将拣货单中的内容完成；接力拣选是将拣选区分为若干个子区域，由若干个拣选作业人员分别操作，每个拣选作业人员只负责本区货物的拣选，携带一张拣货单的拣选小车依次在各子区域巡回，各区拣货作业人员按拣货单的要求拣选本区段存放的货物，一个区域拣选完转移至下一个区域，直至将拣货单中所列的货物全部拣选完成。

(3) 按运动方式，可以分为"人至货前"拣选和"货至人前"拣选。

(4) 按拣选提示信息，可以分为传票拣选、拣货单拣选、电子标签辅助拣选、RF辅助拣选和自动拣选等。

2) 拣选作业的方法

基本拣选作业的方法有两种：按单拣选(Single Order Picking)、批量拣选(Batch Order Picking)。除了以上两种常用的拣选作业方法外，还包括整合按单拣选和复合拣选两种方法。

(1) 按单拣选。

① 按单拣选作业原理。按单拣选也称为摘果式拣选。它是根据每一个客户订单的要求，拣选作业人员或设备巡回于物流配送中心内的各个存储区，按照订单所列的数量，直接到各个物品的储位将客户所订购的物品逐个取出，一次配齐一个客户订单的物品，然后集中在一起的拣货方式。按单拣选作业原理如图5-25所示。

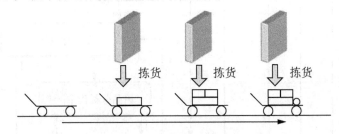

图5-25　按单拣选作业原理

② 按单拣选作业方法的特点。

第一，按单拣选容易实施，而且配货的准确度较高，不易出错。

第二，可以根据用户需求的紧急程度，调整拣选的先后顺序。

第三，拣选完一个订单货物便配齐，因此货物可不再落地暂存，而直接装上配送车辆，提高了作业效率。

第四，用户数量不受限制，可在很大范围内波动。拣选作业人员也可随时调整，在作业高峰时，可以临时增加作业人员，有利于开展即时配送，提高物流服务水平。

第五，对机械化、自动化没有严格要求，不受物流设备水平限制。

③ 按单拣选方法的不同作业工艺要求。由于各物流配送中心业务量有大有小，物流设备水平不一，按单拣选应根据不同的物流设备条件分别采用不同的拣选作业工艺方式。

第一，人力拣选作业工艺方式。就是拣选作业由人与货架、集货装置(箱、托盘、手推车)配合完成全部拣选作业。在实施时，由人一次巡回或分段巡回于各货架之间，按单拣货直至配齐。

人力拣选可以与普通货架配合，也可与拣选式货架配合。与普通货架配合，拣选路线较长，且货架补充货物和拣选人员拣货是同一路线，补货和拣货容易发生冲突；与拣选式货架配合，拣选在一端进行，补货在另一端进行，能减轻人力的劳动强度，且补货与拣货也不冲突。

人力拣选主要适用领域：拣选量较少，拣选物的个体重量轻，且拣选物品体积不大，拣选路线不太长。如化妆品、文具、礼品、衣物、小工具、小量需求的五金、日用百货、染料、试剂、书籍等。

第二，人+机动作业车拣选作业工艺方式。车辆或台车载着拣选作业人员为一个客户或多个客户拣选，车辆上分装拣选容器，拣选的物品直接装入容器，拣选结束后，整个容器卸到指定货位或直接装载到配送车辆上。

这种拣选作业有时配以装卸工具，作业量更大，且在拣选过程中就进行了货物装箱或码托盘的处理。由于利用机动车，拣选路线长。

第三，人+传送带拣选作业工艺方式。拣选作业人员固定在各货位面前，不进行巡回拣选，只在附近的几个货位进行拣选操作。在传送带运送过程中，拣选作业人员按拣选指令将货物放在传送带上，或置于传送带上的容器中，传送带运动到端点时便配货完毕。

传送带拣选：由于拣选作业人员位置基本固定，可减少巡回的劳动强度，拣货作业人员劳动强度降低，劳动条件好，且每个拣货员只负责几种货物的拣选，拣货操作熟练、失误较少。这种拣选方式货物种类有限，一般只适用于和拣选式货架配合，传送带位于拣选式货架低端而补货处在拣选式货架的高端。所以拣选种类数量受拣选式货架货格的限制。

由于采用不同传送带，拣选量和货物重量也可以在一定范围内变化，以人力能搬移放置为限，最终货物可能超过人力搬移能力，但采用传送带终端与车辆适当接靠方式，也可方便地移载至配送车辆上。

第四，拣选机械拣选作业工艺方式。由自动拣货机或由人操作叉车，拣货台车巡回于高层货架间进行拣货，或者在高层重力式流动架一端进行拣货。这种拣货方式一般是在标准货格中取出单元货物，以单元货物为拣货单位，再利用传送带或叉车，台车等装备集货配货，形成更大的集装货物单元或直接将拣货单位发货配送。

这种拣选方式的操作，可以用人力随车操作，也可通过计算机，使拣货机械自动寻址、自动取货。这种方式拣选货物的数量可以很大，货体重量和尺寸可达一个集装体，一般是托盘货。

第五，回转式货架拣选作业工艺方式。拣选作业人员和特殊的回转货架配合进行拣选，这种配合方法是：拣货作业人员于固定的拣货位置，按客户的配送单操纵回转货架回转，待需要的货位回转至拣货人员面前，则将所需的货物拣出，或同时将几个客户的共同需要的货拣出配货。这种方式介于拣选方式和分货方式之间，但主要是按单拣选。

这种配置方式的拣选领域较窄，只适用于回转货架货格中能放入的货物，由于回转货架动力消耗大，一般很少有大型的。所以，只适合于仪表零件、药材、化妆品、药品等小件货物的拣选。

(2) 批量拣选。

① 批量拣选作业原理。批量拣选是按照物品品种类别加总拣货，然后再依据不同客户或不同订单分类集中(分货)。用这种方式拣选，首先将各客户共同需要拣选的一种物品集中搬运到配货场，然后取出每一客户配货单位所需要的物品数量，分别放到每一客户配货单位的货位处。一种物品配齐后，再按同样的方法配第二种物品，直至配货完成。该方式是物品拣选的重要方式。批量拣选作业原理如图 5-26 所示。

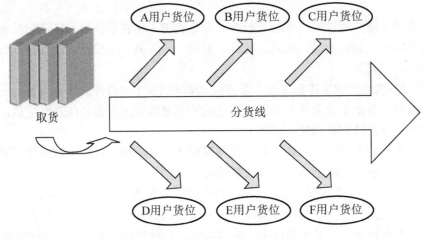

图 5-26　批量拣选作业原理

② 批量拣选作业方法的特点。

第一，由于是集中取出共同需要的货物，再按货物货位分放，这就需要在收到一定数量的订单后进行统计分析，安排好各用户的分货货位之后才能反复进行分拣作业。因此，这种工艺难度较大，计划性较强，比按单拣选的错误率高。

第二，由于是各用户的配送请求同时完成，可以同时开始对各用户所需货物进行配送。因此，有利于车辆的合理调配和规划配送路线，与按单拣选相比，可以更好地发挥规模效益。

第三，对到来的订单无法作及时反应，必须等订单达到一定数量时才能做一次处理。因此，会有等待时间。只有根据订单到达的状况作分析，决定出适当的批量大小，才能将等待时间减至最低。

③ 批量拣选方式的不同作业工艺要求。由于各物流配送中心业务量有大有小，装备水平不一，批量拣选应根据不同的装备条件分别采用不同的拣选作业工艺方式。

第一，人力分货作业工艺方式。在物品体积较小、重量很轻的情况下，可用人力或人力+手推车操作进行分货。其过程如下：分货作业人员从普通货架或拣选式货架一次取出若干客户共同需要的某种货物，然后巡回于各客户的集货货位，将货品按各客户的指定数量分放完成后，再集中取出第二种，如此反复直至分货完成。存货货架采取普通货架、重力式货架、回转式货架或其他人工拣选式货架，所以货物一般是小包装或单品货物。适合人力分货的有药品、仪表、仪表零部件、化妆品、小百货等。人力分货作业工艺方式如图 5-27 所示。

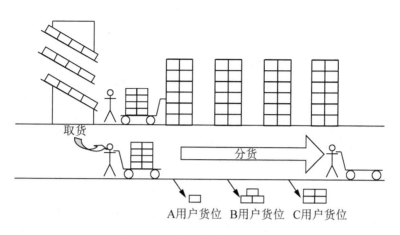

图 5-27　人力分货作业工艺方式

第二，机动作业车分货作业工艺方式。用台车、平板作业车可一次取出数量较多，体积和重量较大的货物，有时可借助叉车、堆垛机一次取出单元货物，然后由配货人员驾驶车辆巡回分放。在处理人工难以分放的货物时，作业车可选择带起重设备的作业车辆，各客户货位也可设置溜板、小传送带等方便装卸的设备。虽然采用机动作业车进行分货，重量体积较大，但是如果个别客户需求很大，或所需某种物品很大、很重，难以集中多个客户需求一次取出，在这种情况下一般不再选择分货方式，而采用按单拣选的方式。由于机动车辆机动性较强，可在取货处大范围巡回取货，因此取货端可采用一般仓库。

第三，传送带+人力分货作业工艺方式。传送带一端与货物储存点相接，传送带主体和传送带另一端分别与各客户集货点相连。传送带运行过程中，由储存点一端集中取出各客户共需的货物置于传送带上，传送带运行过程中，各配货员从传送带上取下该位置客户所需的货物，反复进行直至配货完成。

这种方式传送带的取货端往往选择重力式货架，可设计在较短距离内取出多种货物的工艺，以减少传送带的安装长度。

第四，分货机自动分拣作业工艺方式。这是分拣高技术作业的方式。目前，高水平的物流配送中心一般都以自动分拣机为主要设备。分拣机在一端集中取出所需的货物，随分拣机在传送带上运行，按计算机预先设定的指令，在与分支机构连接处自动打开出口，将货物送入分支机构，分支机构的终点是客户集货货位。有时，配送车辆便停留在分支机构的终端，所分的货物直接装入配送车辆，分拣完毕随即进行配送。

第五，回转式货架分货作业工艺方式。回转货架可以看成是若干个分货机的组合，当客户不多、物品又适于回转货架储存时，可在回转货架的出货处，边从货架中取货，边向几个客户货位分货，直至分货完毕。

(3) 整合按单拣选。主要应用在一天中每一订单只有一个品项的场合，为了提高输配送的装载效率，故将某一地区的订单汇整成一张拣货单，做一次拣选后，集中捆包出库，属于按单拣选方式的一种变形形式。

(4) 复合拣选。复合拣选为按单拣选与批量拣选的组合运用，按订单品项、数量及出库频率，决定哪些订单适合按单拣选，哪些适合批量拣选。

5. 拣选信息

拣选信息来源于客户订单，是拣选作业的原动力，主要目的是指示拣选人员在既定的拣货方式下正确而迅速地完成拣选。因此，拣选信息成为拣选系统规划与设计的重要内容。拣选信息既可以通过手工单据来传递，也可以通过其他电子设备和自动拣选控制系统来传输。因此，按拣选信息的传递方式，可以将拣选作业分为传票拣选、拣货单拣选、电子标签辅助拣选、RF 辅助拣选、IC 卡拣选和自动拣选等不同方式。几类拣选作业方法的含义描述见表 5-3。

表 5-3 几类拣选作业方法的含义描述

拣选作业方法	含义描述
传票拣选	利用客户的订单或公司的交货单作为拣货指示
拣货单拣选	拣货单拣选是将原始的客户订单输入计算机后，进行拣货信息处理，输出拣货单，在拣货单的指示下完成拣选
拣选标签拣选	由打印机打印出所需分拣的物品名称、位置、价格等信息的拣货标签，拣货标签的数量与分拣量相等，在拣选的同时将标签贴在物品上以便确认数量
电子标签辅助拣选	在每个货位安装数字显示器，利用计算机的控制将订单信息传输到数字显示器内，拣货人员根据数字显示器所显示的数字拣货，拣货完成后单击"确认"按钮即完成拣货工作
RF 辅助拣选	利用掌上计算机终端、条形码扫描器及 RF 无线电控制装置的组合，将订单资料由计算机主机传输到掌上终端，拣选作业人员根据掌上终端指示的货位，扫描货位上的条形码，如果与计算机的拣货资料不一致，掌上终端就会发出警告声，直至找到正确的货位为止；如果与计算机的拣货资料一致，就会显示拣货数量，根据所显示的拣货数量拣货，拣货完成之后单击"确定"按钮即完成拣货工作。拣货信息利用 RF 传回计算机主机同时将库存信息更新
IC 卡拣选	利用计算机和条形码扫描器，将订单资料由计算机主机复制到 IC 卡上，拣选作业人员将 IC 卡插入计算机，根据计算机上所指示的货位，刷取货位上的条形码，如果与计算机的拣货资料不一致，掌上终端就会发出警告声，直至找到正确货品为止；如果与计算机的拣货资料一致，就会显示拣货数量，根据所显示的拣货数量拣货，拣货完成之后单击"确定"按钮即完成拣货工作。拣货信息利用 IC 卡传回计算机主机同时将库存数据更新
自动拣选	分拣的动作由自动的机器负责，电子信息输入后自动完成拣选作业，无需人工介入

6. 拣选策略

拣选策略是影响拣选作业效率的重要因素，对不同客户的订单需求，应采用不同的拣选策略。决定拣选策略的 4 个因素为分区、订单分割、订单分批及分类。这 4 个因素交互运用，产生了多种拣选策略。

1) 分区策略

分区就是将拣选作业场地做区域划分。按划分原则的不同，可以有以下 4 种分区方法：

(1) 按货物特性分区。按货物特性分区就是根据货物原有的特性，将需要特别储存搬运或分离储存的货物进行分区，以保证货物的品质在储存期间保持不变。

(2) 按拣选单位分区。按拣选单位分区就是将拣货作业区按拣选单位划分，如箱装拣选区、单品拣选区或是托盘拣选区等。其目的是使储存单位与拣选单位分类统一，以方便拣选与搬运单元化，使拣选作业单纯化。一般来说，按拣选单位分区所形成的区域范围是最大的。

(3) 按拣选方式分区。不同的拣选单位分区中，按拣选方式和设备的不同，又可以分为若干区域，通常以货物销售的 ABC 分类为原则，按出货量的大小和拣选次数的多少做 ABC 分类，然后选用合适的拣选设备和拣选方式，如图 5-28 所示。其目的是使拣选作业单纯一致，减少不必要的重复行走时间。在同一单品拣选区中，按拣选方式不同，又可分为台车拣选区和输送机拣选区等。

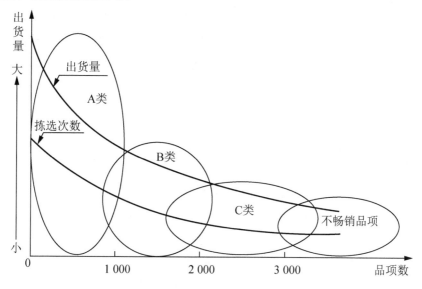

图 5-28　拣选方式分区

(4) 按工作分区。在相同的拣选方式下，将拣选作业场地再做划分，由一个人或一组固定的拣选作业人员负责拣选某区域内的货物。该策略的主要优点是拣选作业人员需要记忆的存货位置和移动距离减少，拣选时间缩短，还可以配合订单分割策略，运用多组拣选人员在短时间内共同完成订单的拣选，但要注意工作量平衡问题。

2) 订单分割策略

当客户订单上订购的货物品项较多时，或拣选系统要求及时快速处理时，为使其能在短时间内完成拣选作业，可将订单分成若干子订单，并交由不同拣选区域同时进行拣选作业。将订单按拣选区域进行分解的过程称为订单分割。

订单分割一般是与拣选分区相对应的，对于采用拣选分区的物流配送中心，其订单处理过程的第一步就是要按区域进行订单分割，各个拣选区根据分割后的子订单进行拣选作业，各拣选区域子订单拣选完成后再进行订单的汇总。

3) 订单分批策略

订单分批是为了提高拣选作业效率而把多张订单集合成一批，进行批次拣选作业。其目的是缩短拣选的平均行走搬运的距离和时间。若再将每批次订单中的同品项货物加总后

物流配送中心规划与设计

分拣，然后再把货物分类给每一个顾客订单，从而形成批量拣选，这样不仅缩短了拣选平均行走搬运的距离，也减少了重复寻找货位的时间，使拣选效率提高。但如果每批次订单数目过多，则必然耗费较多的物品分类时间，甚至需要有强大的自动分类系统的支持。订单分批主要有以下4种。

(1) 总合计量分批。合计拣选作业前，累计所有订单中每一货物品项的总量，再根据这一总量进行拣选，以使拣选路径缩短至最短。同时，储存区域的储存单位也可以单纯化，但需要有功能强大的分类系统来支持。这种方式适用于固定点之间的周期性配送，可以将所有的订单在当天中午前收集，下午做合计量分批拣选单据的打印等信息处理，第二天上午进行拣选分类等工作。

(2) 时窗分批。当从订单到达到拣选完成出货所需的时间非常紧迫时，可利用此策略开启短暂(如半个小时或一个小时)而固定的时窗，再将此时窗内所到达的订单做成一批，进行批量拣选。这一方式常与分区及订单分割联合运用，特别适合于到达时间短而平均的订单，且订购量和品项数不宜太大。如图5-29所示为分区时窗分批拣选示意图，所开时窗长度为一小时。

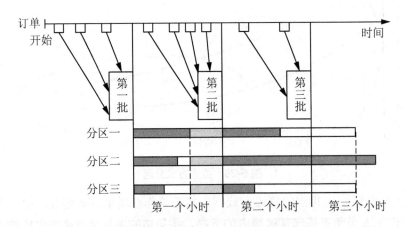

图 5-29　分区时窗分批拣选示意图

■ 表示拣选时间；■ 表示时窗分批不平衡引起的等待时间；
□ 表示分区工作量不平衡引起的等待时间

各拣选区内利用时窗分批同步作业时，会因为分区工作量不平衡和时窗分批不平衡而产生作业等待，如能将这些等待时间缩短，则可以大大提高拣选效率。这种拣选方式适合密集频繁的订单，且能应付紧急插单的需求。

(3) 固定订单量分批。订单分批按先进先处理的原则，当累计订单量达到设定的固定量时再进行拣选作业。其适合于订单形态与时窗分批类似，但这种订单分批的方式更注重维持较稳定的作业效率，而处理的速度较时窗分批慢。如图5-30所示是分区固定订单量分批拣选示意图，固定订单为(FN=3)，当进入系统的订单累计数到达3时，集合成一批进行分区批量拣选。

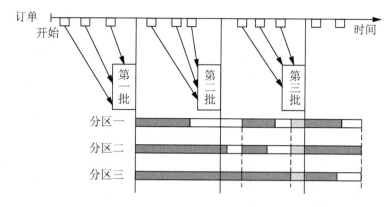

图 5-30　分区固定订单量分批拣选示意图

▨ 表示拣选时间；▨ 表示固定订单量分批不平衡引起的等待时间；
□ 表示分区工作量不平衡引起的等待时间

(4) 智能型分批。智能型分批是将订单汇总后经过复杂的计算机处理，将拣选路径相近的订单分成一批同时处理，可大量缩短拣选作业行走搬运距离。采用这种分批方式的物流配送中心通常将前一天的订单汇总后，经计算机处理，在当天下班前产生次日的拣货单据，因此对紧急插单作业处理较为困难。

除以上分批方式外，还有按配送地区、路线分批，按配送数量、车趟次、金额分批，或按货物内容种类特性分批等。

4) 分类策略

当采用批量拣选作业时，货物拣选完毕后还必须进行分类，因此需要利用相互配合的分类策略。分类策略可以分成两种基本类型。

(1) 拣选时分类。在拣选的同时将货物按各订单分类，这种分类方式常与固定订单量分批或智能型分批方式联用。因此，需要使用计算机辅助台车作为拣选设备，以加快拣选速度，同时避免错误发生。该方法较适合少量多样的场合，且由于拣选台车不能太大，所以每批次的客户订单量不宜过大。

(2) 拣选后集中分类。分批按批量合计拣选后再集中分类，一般有两种分类方法：一种是以人工作业为主，将货物总量搬运到空地上进行分发，而每批次的订单量及货物数量不宜过大，以免超出人员负荷；另一种是利用分类输送机进行集中分类，这是比较自动化的作业方式。当订单分割越细，分批批量品项越多时，后一种方式的效率越高。

以上拣选策略及因素可以单独或联合运用，也可不采用任何策略，直接按单拣选。

7. 拣选设备

拣选作业过程中用到的物流设备相当多，有储存设备、搬运设备、分类设备、信息处理设备等。下面按拣选方式的不同对拣选作业过程用到的物流设备进行简要介绍。

1) "人至物前"的拣选设备

(1) 静态存储设备，包括托盘货架、轻型货架、储柜、重力式货架、高层货架、阁楼式货架等。静态储存设备适用的物品储存单位与拣选单位见表 5-4。

表 5-4　静态储存设备适用的物品储存单位与拣选单位

储存设备	储存单位			拣选单位		
	托盘	箱	单品	托盘	箱	单品
托盘货架	▲			▲	▲	
轻型货架		▲			▲	▲
储柜			▲			▲
重力式货架	▲	▲		▲	▲	▲
高层货架	▲	▲		▲	▲	▲
阁楼式货架	▲	▲	▲			▲

（2）拣选搬运设备，指与静态存储设备配合使用的搬运设备，包括动力拣选台车、动力牵引车、叉车、拣选车、拣选式堆垛机、无动力输送机、动力输送机、计算机辅助拣选台车等。静态储存设备与拣选搬运设备的配合见表 5-5。

表 5-5　静态储存设备与拣选搬运设备的配合

拣选搬运设备 储存设备	无动力拣选车	动力拣货台车	动力牵引车	堆垛机	拣选式堆垛机	搭乘式存取机	无动力输送机	动力输送机	计算机辅助拣选台车
托盘货架	▲	▲	▲	▲	▲			▲	
轻型货架	▲	▲	▲					▲	▲
储柜	▲	▲							▲
流动式货架	▲	▲					▲	▲	
高层货架							▲	▲	
阁楼式货架	▲	▲	▲					▲	▲

2）"物至人前"的拣选设备

这种类型的拣选设备的自动化水平比前者高，其储存设备本身具有动力，能移动物品的位置或将物品取出。

（1）动态存储设备，包括单元自动仓储系统、小件自动仓储系统、水平旋转自动货架、垂直旋转自动货架、穿梭小车式自动仓储系统等。动态储存设备的物品储存单位与拣选单位见表 5-6。

表 5-6　动态储存设备的物品储存单位与拣选单位

储存设备	储存单位			拣选单位		
	托盘	箱	单品	托盘	箱	单品
单元自动仓储系统	▲			▲	▲	
小件自动仓储系统		▲			▲	▲
水平旋转自动货架		▲			▲	▲
垂直旋转自动货架		▲	▲		▲	▲
穿梭小车式自动仓储系统		▲			▲	▲

(2) 拣选搬运设备，主要有堆垛机、动力输送带和无人搬运车。

8．拣选区作业形式设计

拣选是物流配送中心内最费时的作业环节。如果能最佳地布置拣选区的作业方式，则必将提高整个物流配送中心的效率，这也是拣选作业区域设计的关键所在。常见的拣选方式有以下 4 种。

1）仓储区与拣选区共用托盘货架的拣选方式

体积大、发货量大的物品适合这样的方式。一般是托盘货架第一层为拣选区，第二层及以上为仓储区。当物品拣选结束后再由仓储区向拣选区补货。

在空间计算时，首先考虑拣选区的物品品项总数，因为品项数的多少将影响地面上的托盘空间。实际空间多少取决于品项总数和库存量所需的托盘数。为此，库存空间应适当放大，一般以放大 1.3 倍为宜。如图 5-31 所示为仓储区与拣选区共用托盘货架的情况。

仓储区 ——

拣选区 ——

图 5-31　仓储区与拣选区共用托盘货架

由于实际库存单位为托盘，所以，不足一个托盘的品项仍按一个托盘来计算。设平均库存量为 Q，平均每托盘堆放物品箱数为 N，堆放层数为 S，库存空间放大倍数为 1.3，则存货区每层托盘数 P 为

$$P = 1.3 \times \frac{Q}{N \times (S-1)} \tag{5-22}$$

假设拣货品项数为 I，则拣选区所需托盘数为 $\max(I, P)$。

2）仓储区与拣选区共用的零星拣货方式

(1) 流动货架拣选方式。这种方式适用于进出量较小、体积不大或外形不规则商品的拣选工作。因为进货、保管、拣货、发货都是单向物流动线，可配合入、出库输送机作业。使用重力式货架来实现储存和分拣的动态管理功能，可以实现商品的"先入先出"。在进货区域把物品直接由货车卸到入库输送机上，入库输送机自动把物品送到仓储区与拣选区。这种方式的拣选效率较高，拣选完的物品立即被放在出库输送机上，自动把物品送到发货区。

拣选单位可分为整箱拣选和单品拣选两种形式。拣选方式可配合加贴条形码标签作业，进行输送带分拣作业。单品拣选还可进行拆箱作业，并可利用储运箱为拣选用户的装载单位进行集货，再通过输送带分送给发货区。当然，储运箱应具有如条形码、发货单卡等之类的识别标签。

重力式货架的优点在于：仅在拣选区通路上行走便可方便拣货，使用出库输送机提高效率；出、入库输送机分开可同时进行出、入库作业。如图 5-32 所示为单列重力式货架拣选方式示意图。

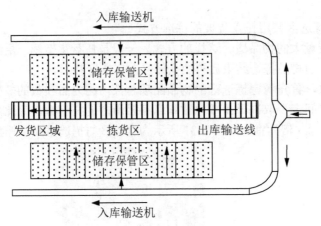

图 5-32　单列重力式货架拣选方式示意图

对于规模较大的物流配送中心可采用多列重力式货架进行平行作业，然后，再用合流输送机将各输送线拣选物品集中。如图 5-33 所示为多列重力式货架拣选方式示意图。

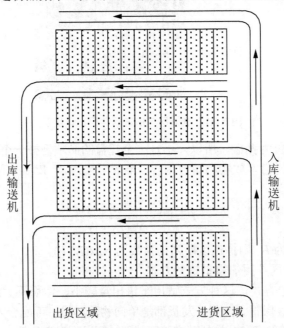

图 5-33　多列重力式货架的拣选方式示意图

(2) 一般货架拣选方式。单面开放式货架进行拣选作业时，入库和出库在同一侧。因此，可共用一条入库输送机来进行补货和拣选作业。虽然节省空间，但是必须将入库和出库作业时间分开，以免造成作业混乱。如图 5-34 所示为单面开放式货架拣选方式示意图。

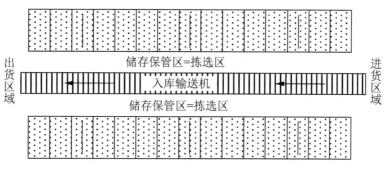

图 5-34　单面开放式货架拣选方式示意图

(3) 阁楼货架拣选方式。采用阁楼式货架拣选方式进行拣货作业时，拣取位置不宜超过 1.8m，否则操作困难。如利用有限空间进行大量拣选作业，可用阁楼式货架拣选。下层为重型货架，用于箱拣选；上层为小型轻物品，用于单品拣选，这样可充分利用仓储空间。

3) 仓储区与拣选区分开的零星拣选方式

这种方式的特点是仓储区与拣选区不在同一个货架上，要通过补货作业把物品由仓储区送到拣选区，此种方式适合于进、出货量中等的情况。如图 5-35 所示为仓储区和拣选区分开的零星拣选方式示意图。

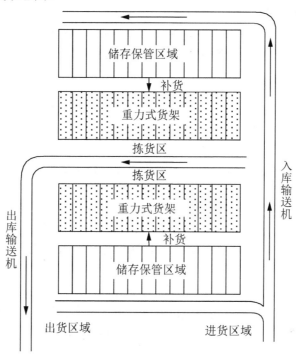

图 5-35　仓储区与拣选区分开的零星拣选方式示意图

如果作业是多品种、小批量的单品拣选方式，则可在拣选区的出库输送机两侧增设无动力拣选输送机。这种方式的优点是拣选人员拣取物品是利用输送机，一边推着空储运箱，一边按拣货单依箭头方向在重力式货架前边走边拣货。当拣选完毕便把储运箱移到动力输送机上。这种方式工作方便、效率较高。

4) 分段拣选的少量拣选方式

当拣选区内拣货品项过多时，使得拣选路径过长，则可考虑接力式的分段拣选方式。如果订单品项分布都落在同一分区中，则可跳过其他分区，缩短拣选的行走距离，避免绕行整个拣选区。如图 5-36 所示为分段拣选方式示意图。

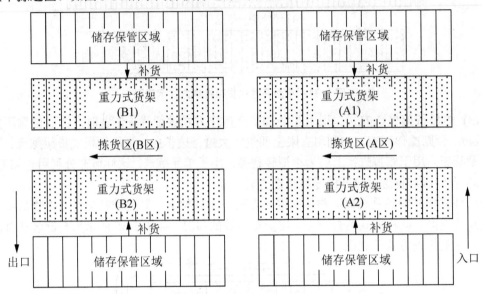

图 5-36　分段拣选方式示意图

9. 拣选系统规划与设计

在物流配送中心整体规划中，拣选系统的规划与设计是最关键的环节之一。因为物流配送中心的主要任务就是要在有限的时间内将客户需要的物品组合送达，而客户多品种、小批量的需求使得拣选作业的困难程度提高。如果作业时间限制不变，必定要在拣选系统规划与设计上做更大的努力。此外，决定物流配送中心规模大小、功能、处理能力等最主要的输入条件就是订单资料，而拣选系统规划与设计的起始步骤也是从客户的订单分析开始的。因此，拣选系统规划与设计是物流配送中心总体规划过程的重要内容。由于拣选系统与仓储系统的关联性很高，使用的空间及设备有时也难以明确区分，所以将两个系统的规划与设计组合在一起，则物流配送中心拣选与仓储系统规划与设计程序如图 5-37 所示。

由图 5-37 可知，规划与设计程序的第一步就是物品订单资料的分析，对订单资料进行详细分析后可得出订单数分布、包装单位数量、出货品项数分布、季节周期性趋势、物品订购频率等结果。这些分析出来的信息可在拣选与仓储系统规划与设计过程中不断得到应用。

总体来说，拣选系统规划与设计的内容包括拣货单位的确认、拣选方式的确定、拣选策略的运用、拣选信息的处理、拣选设备的选型等内容。

1) 拣选单位的确认

确定拣选单位的必要性在于避免拣选及出货作业过程中对货物进行拆装甚至重组，以提高拣选系统的作业效率，同时也是为了适应拣选自动化作业的需要。

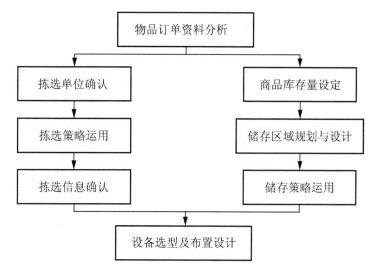

图 5-37 物流配送中心拣选与仓储系统规划与设计程序

(1) 基本拣货模式。拣选单位基本上可分为托盘、箱、单品 3 种，同时还有一些特殊货品。其基本拣货模式见表 5-7。

表 5-7 基本拣货模式

拣货模式编号	储存单位	拣选单位	记 号
1	托盘	托盘	P→P
2	托盘	托盘+箱	P→P+C
3	托盘	箱	P→C
4	箱	箱	C→C
5	箱	箱+单品	C→C+B
6	箱	单品	C→C
7	单品	单品	B→B

物流配送中心拣选系统的拣选单位是通过对客户订单资料的分析确认的，即订单决定拣选单位。而拣选单位又进一步决定储存单位，再由储存单位协调供应商物品的入库单位。通常物流配送中心的拣选单位在两种及以上。

(2) 拣货单位的决策过程。拣货单位的决策过程如图 5-38 所示。首先，进行物品特性分类，即将必须分别储存的物品进行分类，如将体积、重量、外形差异较大者，或有互斥性的货品分别进行储存。其次，由历史订单资料统计结合客户对包装的要求，与客户协商后将订单上的单位合理化。历史订单资料统计主要是算出每一出货品种以托盘为单位的出货量，以及从托盘上以箱为单位拣取出货的数量，作为拣货包装单位的基础。为将订单资料合理化，主要是避免过小的单位出现在订单中，若过小的单位出现在订单中，必须合理化，否则会增加作业量，并且引起作业误差。最后，将合理化的物品资料归类整理，确定拣货单位。

(3) 储存单位的确定。拣选单位确定之后，接下来要决定的是储存单位。一般储存单位必须大于或等于拣选单位，其确定包括以下步骤。

① 确定各项物品向上游供应商的一次采购最大、最小批量及提前期。

② 设定物流配送中心的服务水平,即客户订单到达后几日内将客户所订物品送达给客户。

③ 若物流配送中心承诺给下游客户的服务水平时间大于物流配送中心向上游供应商订购物品的提前期、供应商为物流配送中心运输商品的送达时间和物流配送中心为下游客户配送物品的时间之和,且物品每日的客户订购量在物流配送中心向上游供应商订购的最小批量和最大批量之间,则该项物品可不设置存货位置。

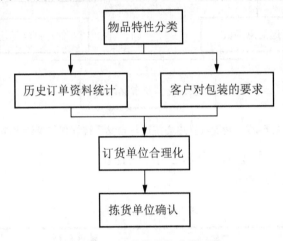

图 5-38 拣货单位的决策过程

④ 通过 IQ-PCB 分析,如果物品平均每日的客户订购量与物流配送中心向上游供应商订购物品的提前期的乘积小于上一级包装单位数量,则储存单位等于拣选单位;反之,则储存单位大于拣选单位。

(4) 入库单位的确定。存储单位确定之后,物品入库单位最好能配合储存单位,可以凭借采购量的优势要求供应商配合。入库单位通常设定等于最大的储存单位。

2) 拣选方法的确定

基本的拣选作业方法就是按单拣选和批量拣选。通常,可以按出货品项数的多少及货品周转率的高低,确定合适的拣选作业方法。该方法需配合 EIQ 的分析结果,按当日 EN(订单品项数)值及 IK(品项受订次数)值的分布判断货品品项数的多少和货品周转率的高低,确定不同作业方法的区间。其原理是:EN 值越大,表示一张订单所订购的物品品项数越多,物品的种类越多越复杂,批量拣选时分类作业越复杂,这时采取按单拣选较好。相对地,IK 值越大,表示某个品项的重复订购频率越高,此时采用批量拣选可以大幅度地提高拣选作业效率。拣选方法确定对比见表 5-8。

表 5-8 分拣方法确定对比

项目		物品重复订购频率(IK 值)		
		高	中	低
出货品项数 (EN 值)	多	按单+批量拣选	按单拣选	按单拣选
	中	批量拣选	批量拣选	按单拣选
	少	批量拣选	批量拣选	批量+按单拣选

总地来说，按单拣选弹性较大，临时性的需求能及时被满足，适合于订单大小差异较大，订单数量变化频繁，有季节性货物的物流配送中心。批量拣选作业方式通常采用系统化、自动化设备，从而使得较难调整拣选能力，适合订单大变化小、订单数量稳定的物流配送中心。

3) 拣选策略的运用

拣选系统的规划与设计中，最重要的环节就是拣选策略的运用。由于拣选策略的 4 个主要因素(分区、订单分割、订单分批、分类)之间存在互动关系，在进行整体规划时，必须按一定的决定顺序，才能使其复杂程度降到最低。

如图 5-39 所示是拣选策略运用的组合，从左至右是拣选系统规划与设计时所考虑的一般顺序，可以相互配合的策略方式用箭头连接，所以任何一条由左至右可通的组合链就表示一种可行的拣选策略。

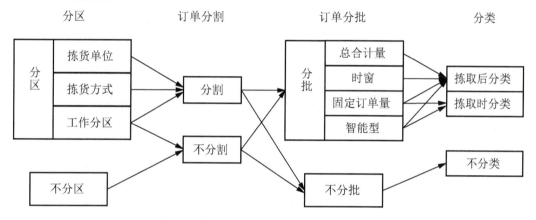

图 5-39　拣选策略运用的组合

4) 拣选信息的处理

一般来说，拣选信息与拣选系统的规模及自动化程度有着密切的关系。通常物品种类数少、自动化程度较低的拣选系统以传票作为拣选信息，其拣选方式偏向于按单拣选。拣货单是目前最常采用的一种拣选信息，与拣选方法配合的弹性较大。拣选标签的拣选信息除与下游零售商的标价作业适应外，也常与自动化分类系统配合。使用电子信息最主要的目的就是与计算机辅助拣选系统或自动拣选系统相互配合，以追求拣选的时效性，达到及时管控的目的。表 5-9 列出拣选信息适合的拣选作业方法，可作为拣选作业方法决定后选择拣选信息的参考依据。

表 5-9　拣选信息适合的拣选作业方法

拣选信息	适合的拣选作业方法
传票	按单拣选、订单不分割
拣货单	适合各种传统的拣选作业方法
拣选标签	批量拣选、按单拣选
电子信息	分拣时分类、工作分区、自动拣选系统

5) 拣选设备的选型

表 5-10 列出了各种拣货模式及其设备组合,可作为选择拣选系统设备配置的参考。

表 5-10　各种拣货模式及其设备组合

编　号	记　号	模型说明	可选用的设备组合
1-1-1	P→P SOP/MP	托盘储存/托盘取出 订单拣取/"人至物"拣选设备	地板直接放置/拖板车 地板直接放置 托盘货架 托盘流动式货架 驶入式货架 驶出式货架 后推式货架 托盘移动式货架
1-1-2	P→P SOP/PM	托盘储存/托盘取出 订单拣取/"物至人"拣选设备	立体自动仓库
2-1-1	P→P+C SOP/MP	托盘储存/托盘、箱取出 订单拣取/"人至物"拣选设备	地板直接放置/拖板车 地板直接放置/堆垛机 托盘货架/堆垛机 托盘货架/拣选堆垛机 托盘移动式货架/堆垛机 立体高层货架/搭乘式存取机
2-1-2	P→P+C SOP/PM	托盘储存/托盘、箱取出 订单拣取/"物至人"拣选设备	立体自动仓库
3-1-1	P→C SOP/MP	托盘储存/箱取出 订单拣取/"人至物"拣选设备	地板直接放置/台车 托盘货架/台车 托盘货架/堆垛机 立体高层货架/拣选式存取机
3-1-2	P→C SOP/PM	托盘储存/箱取出 订单拣取/"物至人"拣选设备	立体自动仓库
3-1-3	P→C SOP/AP	托盘储存/箱取出 订单拣取/自动拣选设备	立体自动仓库/层别拣取机 单箱拣取机器人
3-2-1	P→C SWP/MP	托盘储存/箱取出 批量拣取时分类/"人至物"拣选设备	地板直接放置/笼车、牵引车 托盘货架/笼车、牵引车 托盘货架/计算机拣选台车、牵引车
3-2-2	P→C SWP/PM	托盘储存/箱取出 批量拣取时分类/"物至人"拣选设备	立体自动仓库
3-3-1	P→C SAP/MP +C-sort	托盘储存/箱取出 批量拣取后分类/"人至物"拣选设备/箱分类	托盘货架/堆垛机/箱装分类系统 托盘货架/输送机/箱装分类系统
3-3-2	P→C SAP/PM +C-sort	托盘储存/箱取出 批量拣取后分类/"物至人"拣选设备/箱分类	立体自动仓库/箱装分类系统

续表

编　号	记　号	模型说明	可选用的设备组合
4-1-1	C→C SOP/MP	箱储存/箱取出 订单拣取/"人至物"拣选设备	轻型货架 箱装流动货架
4-1-2	C→C SOP/PM	箱储存/箱取出 订单拣取/"物至人"拣选设备	水平旋转货架 垂直旋转货架 小件自动仓储系统
4-1-3	C→C SOP/AP	箱储存/箱取出 订单拣取/自动拣选设备	箱装自动拣选系统
5-1-1	C→C+B SOP/MP	箱储存/箱、单品取出 订单拣取/"人至物"拣选设备	轻型货架/台车 箱装流动货架/台车、输送机 数字显示流动货架/输送机
5-1-2	C→C+B SOP/PM	箱储存/箱、单品取出 订单拣取/"物至人"拣选设备	水平旋转货架 垂直旋转货架 小件自动仓储系统
6-1-1	C→B SOP/MP	箱储存/单品取出 订单拣取/"人至物"拣选设备	轻型货架/台车、输送机 箱装流动货架/台车、输送机 数字显示流动货架/输送机
6-1-2	C→B SOP/PM	箱储存/单品取出 订单拣取/"物至人"拣选设备	水平旋转货架 垂直旋转货架 小件自动仓储系统
6-2-1	C→B SWP/MP	箱储存/单品取出 批量拣取时分类/"人至物"拣选设备	轻型货架/计算机辅助拣选台车
6-2-2	C→B SWP/PM	箱储存/单品取出 批量拣取时分类/"物至人"拣选设备	水平旋转货架 垂直旋转货架 小件自动仓储系统
6-3-1	C→B SAP/MP +B-sort	箱储存/单品取出 批量拣取后分类/"人至物"拣选设备/单品分类	轻型货架/台车/单品分类系统
6-3-2	C→B SAP/PM +B-sort	箱储存/单品取出 批量拣取后分类/"物至人"拣选设备/单品分类	水平旋转货架 垂直旋转货架 小件自动仓储系统/单品分类系统
7-1-1	B→B SOP/MP	单品储存/单品取出 订单拣取/"人至物"拣选设备	储柜/台车 储柜/拣选篮(手提)
7-1-2	B→B SOP/PM	单品储存/单品取出 订单拣取/"物至人"拣选设备	水平旋转货架 垂直旋转货架
7-1-3	B→B SOP/AP	单品储存/单品取出 订单拣取/自动拣选设备	单品自动拣选系统 A 型自动拣选机

5.2.4 集货作业区域规划与设计

当物品经过拣选作业后，就被搬运到发货区。由于拣选方式和装载容积不同，发货区要有待发物品的暂存和发货准备空间，以便进行商品的清点、检查和准备装车等作业，这一作业区域称为集货作业区域。集货作业区域规划与设计主要考虑发货物品的订单数、时序安排、车次、区域、路线等因素。其发货单位可能有托盘、储运箱、笼车、台车等。集货作业区域划分遵循单排为主、按列排队原则。对于不同的拣货方式，相应集货作业也有所不同。

1. 按单拣选，订单发货

这种集货主要适合订货量大、使车辆能满载的客户。集货方式以单一订单客户为货区单位，单排按列设计集货区以待发货。

2. 按单拣选，区域发货

这种集货主要适合订货量中等、单一客户不能使车辆满载的情况。集货方式以发往地区为货区单位，在设计时可分为主要客户和次要客户的集货区。为了区分不同客户的商品，可能要进行拼装、组合或贴标签、标记等工作，这样有利于装车送货员识别不同客户的物品。这种集货方式要求有较大的集货空间。

3. 批量拣选，区域发货

这是多张订单、批量拣选的集货方式。这种方式在拣取后需要进行分类作业。为此需要有分类输送设备或者人工分类的作业空间。

集货区货位设计时，一般以发往地区为货区单位进行堆放，主要客户与次要客户区别，同时考虑发货装载顺序和动线畅通性，在空间条件允许的情况下以单排为宜；否则，可能造成装车时在集货区查找物品困难，影响搬运工作，降低装载作业效率。

4. 批量拣选，车次发货

这种集货适合订单量小、必须配载装车的情况。在批次拣取后，也需要进行分类作业。

由于单一客户的订货量小，一般以行车路线进行配载装车。集货区货位设计也以此为货区单位进行堆放，主要客户与次要客户区别，按客户集货，远距离靠前，近距离靠后，在空间允许的情况下以单排为宜。

另外，在规划集货区空间时，还要考虑每天拣选和出车工作的时序安排。例如，有的物品要求夜间发货，拣选时段则在白天上班时间完成；夜间发货物品则在下班前集货完毕。在不同的发车时序要求下，需要集货空间配合工作，方便车辆达到物流配送中心可以立即进行商品清点和装载作业，减少车辆等待时间。

对于规模较小的物流配送中心，也可以把发货暂存区放在发货平台。但是发货平台的空间常用于装载工作，如果拣选出的商品需要等待较长时间才能装车，则有必要把发货平台和发货暂存区分开。

5. 存放托盘货的集货作业区域面积需求估算

存放托盘货的集货作业区域面积计算如图 5-40 所示。

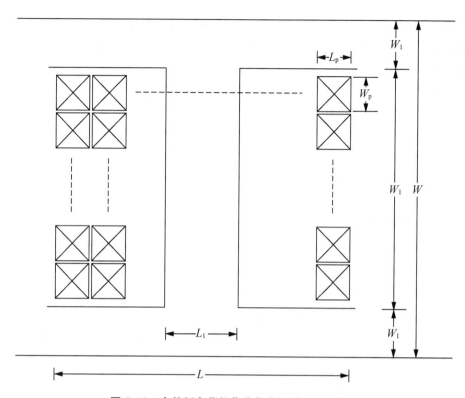

图 5-40　存放托盘货的集货作业区域面积计算图

设集货作业区域长度方向可放置 n_1 个托盘，宽度方向可放置 n_2 个托盘；叉车通道宽度分别为 L_1、W_1；托盘的长和宽分别为 L_p 和 W_p，则集货作业区域必要的面积 A 为

$$A = L \times W = (L_p \times n_1 + L_1) \times (w_p \times n_2 + 2 \times W_1) \tag{5-23}$$

5.2.5　其他作业区域规划与设计

1．自动化立体仓库规划与设计

如图 5-41 所示为自动化立体仓库面积计算图。

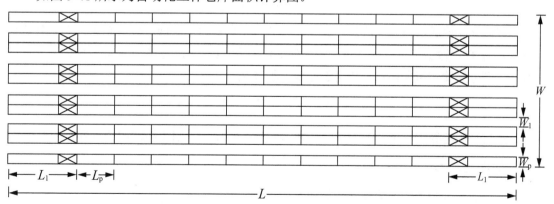

图 5-41　自动化立体仓库面积计算

假设自动化立体仓库的货架有 M 排、N 列、H 层。其中，货格的长度为 L_p，宽度为 W_p；高层货架区与作业区衔接的长度为 I_1；巷道宽度为 W_1；共有 m 个巷道。规定一个货格存放两个单位(托盘或标准箱)的货物，则总货位数为

$$Q = MNH \tag{5-24}$$

自动化立体仓库的总长度为

$$L = 2 \times L_1 + \frac{N}{2} \times L_p \tag{5-25}$$

自动化立体仓库的总宽度为

$$W = (2 \times W_p + W_1) \times m \tag{5-26}$$

则自动化立体仓库的平面面积为

$$A = LW = (2 \times L_1 + \frac{N}{2} \times L_p) \times [(2 \times W_p + W_1) \times m] \tag{5-27}$$

2. 分拣输送机所在的分拣区规划与设计

分拣输送机所在的分拣区面积计算如图 5-42 所示。

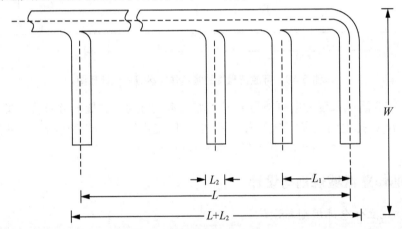

图 5-42　分拣区面积计算图

假设分拣输送机的分拣口共计 N 个，相邻两个分拣口中心线之间的距离为 L_1，分拣口的宽度为 L_2，输送机每个分拣线的长度加上作业人员(作业设备)作业活动区域的宽度共计为 W，则分拣输送机所在的分拣区的必要面积 A 为

$$A = (L + L_2) \times W = (N \times L_1 + L_2) \times W \tag{5-28}$$

每日分拣箱数为 n 个，分拣时间为 7h，峰值系数为 1.5，则每小时的分拣数量为 $1.5n/7$。

3. 流通加工区规划与设计

流通加工区每人作业面积计算如图 5-43 所示。

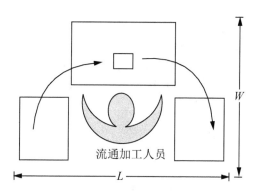

图 5-43　流通加工区每人作业面积计算图

设作业人员为 N，则流通加工区必要面积 A 为

$$A = (L \times W) \times N \tag{5-29}$$

4. 升降机前暂存区规划与设计

升降机前暂存区面积计算如图 5-44 所示。

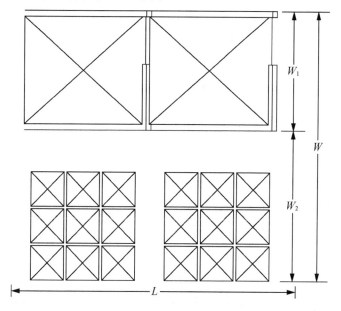

图 5-44　升降机前暂存区面积计算图

可通过升降机底面积、搭载台车或托盘数计算暂存区面积，如图 5-44 所示，则升降机暂存区必要面积 A 为

$$A = L \times W \tag{5-30}$$

5.2.6　通道的规划与设计

通道的规划与设计在一定程度上决定物流配送中心内的区域分割、空间利用、运作流程及物流作业效率。通道设计应提供正确的物品存取、装卸货设备进出路径及必要的服务空间。通道设计主要是通道设置和宽度设计。

1. 通道设计原则

良好的通道设计应该遵循以下原则。

(1) 流向原则。在物流配送中心通道内，人员与物品的移动方向要形成固定的流通线。

(2) 空间经济原则。以功能和流量为设计依据，提高空间利用率，使通道的效益最大化。

知识拓展

空间经济原则对比说明

在一个 6m 宽的厂房内，需要设置一个宽为 1.5～2m 的通道，通道面积占有效地板面积的 25%～30%；而一个 180m 宽的大型或联合厂房可能有 3 条宽 3.6m 的通道，只占所有空间的 6%，即使再加上一些次要通道，其面积也只占 10%～12%。

由此可见，大厂房在通道设计上可达到大规模空间经济性。

小知识

通道所占有效地板面积的比例越低，仓储效率就越高。如果通道太小，物料就不能有效移动，物流作业也就受到影响。因此，通道设计的目的就是以保证物流作业效率为前提，使通道的布局更合理，面积更经济。

(3) 安全原则。通道必须随时保持通畅，遇到紧急情况时，便于作业人员的撤离和逃生。

(4) 交通互利原则。各类通道不能互相干扰，次级通道不能影响主要通道的作业。

2. 通道设计的影响因素

影响通道设置和宽度的因素包括：①通道形式；②搬运设备，如形式、尺寸、产能、回转半径等；③储存物品的批量、尺寸；④与进出口及装卸区的距离；⑤防火墙的位置；⑥建筑物的柱网结构和行列空间；⑦服务区及设备的位置；⑧地面载荷能力；⑨电梯及坡道位置。

3. 通道的类型

物流配送中心的通道分为厂区通道和厂内通道两种。厂区通道一般称为道路，其主要功能是通行车辆和人员。而厂内通道称为通道，包括以下类型。

(1) 工作通道，即物流作业及出入物流配送中心作业的通道，又包括主通道及辅助通道。主通道通常连接物流配送中心的进出门口至各作业区域，道路也最宽，允许双向通行；辅助通道为连接主通道至各作业区域内的通道，通常垂直于主通道。

(2) 人行通道，即员工进出特殊区域的通道，应维持最小数目。

(3) 电梯通道，即提供出入电梯的通道，不应受任何阻碍。通常此通道宽度至少与电梯相同，距离主要工作通道 3～4.5m。

(4) 服务通道，即为存货和检验提供大量物品进出的通道，应尽量限制。

(5) 其他性质的通道，即为公共设施、防火设备或紧急逃生所提供的进出通道。

4. 通道的布置

物流配送中心的通道布置指通道位置设计。就一般物流配送中心的作业性质而言，采用中枢通道式，如图 5-45 所示，即主要通道穿过物流配送中心的中央，这样可以有效地利用空间。同时要考虑使搬运距离最短、防火墙位置、行列空间和柱子间隔、服务区与设备的位置、地面承载能力、电梯和斜道位置及出入的方便性等。

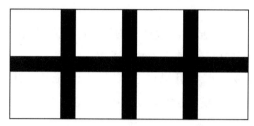

图 5-45　中枢通道的布置形式

进行通道设计的顺序如下：首先设计配合出入物流配送中心门口位置的主要通道；其次设计出入部门及作业区域间的辅助通道；最后设计服务设施、参观走廊等其他通道。

5. 通道宽度的计算

通道宽度的设计，需视不同作业区域、人员或车辆行走速度，以及单位时间内通行人员、搬运物品体积等因素而定。

1) 叉车通道

影响叉车通道宽度的因素有叉车型式、规格尺寸及托盘规格尺寸等。对于不同的叉车生产厂家，所生产的叉车规格、尺寸、型号也略有差别。在设计时，要根据所选厂家具体叉车产品的实际情况计算。

此处以载荷为 500～3 000kg 的叉车为例，介绍叉车通道宽度设计。设计时，余量尺寸以下列数据为参考。

叉车侧面余量尺寸 C_0：150～300mm。

会车时两车最小间距 C_m：300～500mm。

保管货物之间距离余量尺寸 C_p：100mm。

(1) 直线叉车通道宽度。直线叉车通道宽度取决于叉车宽度、托盘宽度和侧面余量尺寸，分为单行道和双行道两种。

① 单行道直线叉车通道宽度。单行道如图 5-46 所示，其直线叉车通道宽度 W 计算公式为

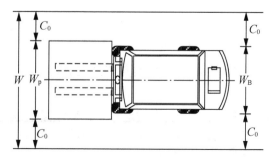

图 5-46　单行道直线叉车通道宽度计算图

ipt:..

$$W = W_p + 2C_0 \tag{5-31}$$

$$W = W_B + 2C_0 \tag{5-32}$$

式中，W 为单行道直线叉车通道宽度；W_p 为托盘宽度；W_B 为叉车宽度；C_0 为叉车侧面余量尺寸。

当托盘宽度 W_p 大于叉车宽度 W_B 时，宽度用式(5-31)进行计算；反之，用式(5-24)进行计算。

【例 5-10】 设托盘宽度 W_p=1 200mm，起重能力为 1t 的叉车宽度 W_B=1 150mm，叉车侧面余量尺寸 C_0=280mm。试求单行道直线叉车通道宽度。

解： 在本例中，由于 $W_p > W_B$，用式(5-31)计算通道宽度，即通道宽度为

$$W = W_p + 2C_0 = 1\ 200 + 2 \times 280 = 1\ 760mm$$

即单行道直线叉车通道宽度为 1 760mm，可取 1 800mm。

② 双行道直线叉车通道宽度。双行道如图 5-47 所示，其直线叉车通道宽度 W 计算公式为

$$W = W_{p1} + W_{p2} + 2C_0 + C_m \tag{5-33}$$

$$W = W_{B1} + W_{B2} + 2C_0 + C_m \tag{5-34}$$

式中，W 为双行道直线叉车通道宽度；W_{p1}、W_{p2} 为托盘宽度；W_{B1}、W_{B2} 为叉车宽度；C_0 为叉车侧面余量尺寸；C_m 为会车时两车最小间距。

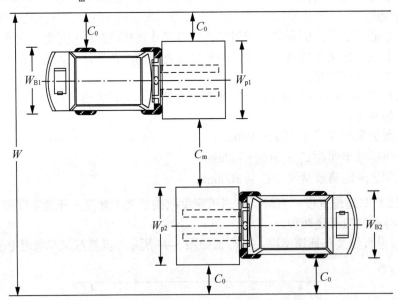

图 5-47 双行道直线叉车通道宽度计算图

当托盘宽度 W_p 大于叉车宽度 W_B 时，宽度用式(5-33)进行计算；反之，用式(5-34)进行计算。

(2) 丁字形叉车通道宽度。丁字形叉车通道宽度计算如图 5-48 所示。通道宽度取决于叉车宽度，但由于物流配送中心所选叉车可能有多种规格，在设计通道宽度时，首先应确定在通道行驶的最大叉车型号，即规格尺寸。

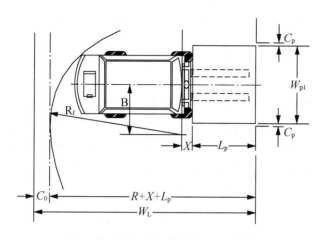

图 5-48　丁字形叉车通道宽度计算图

丁字形叉车通道宽度 W_L 可表示为

$$W_L = R_f + X + L_p + C_0 \tag{5-35}$$

式中，W_L 为丁字形叉车通道宽度；R_f 为叉车最小转弯半径；X 为旋转中心到托盘距离；L_p 为托盘长度；C_0 为叉车侧面余量尺寸；W_p 为托盘宽度；C_p 为托盘宽度方向与通道宽度的余量尺寸。

【例 5-11】 设起重能力为 1t 的叉车，其最小转弯半径 $R_f = 1\,800$mm，旋转中心到托盘距离 $X = 400$mm，托盘长度 $L_p = 1\,000$mm，叉车侧面余量尺寸 $C_0 = 300$mm。试求丁字形叉车通道宽度。

解： 根据式(5-35)计算丁字形叉车通道宽度，即通道宽度为

$$W_L = R_f + X + L_p + C_0 = 1\,800 + 400 + 1\,000 + 300 = 3\,500\text{mm}$$

即丁字形叉车通道宽度为 3 500mm。

(3) 最小直角叉车通道宽度。最小直角叉车通道宽度计算如图 5-49 所示。

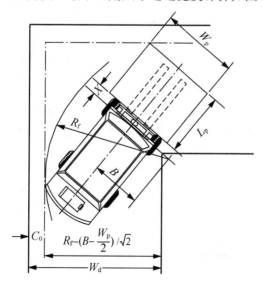

图 5-49　最小直角叉车通道宽度计算图

当叉车直角转弯时，必须保证足够的最小直角叉车通道宽度 W_d，可表示为

$$W_d = R_f - \left(B - \frac{W_p}{2} \right) / \sqrt{2} + C_0 \tag{5-36}$$

式中，W_d 为最小直角叉车通道宽度；R_f 为叉车最小转弯半径；B 为旋转中心到车体中心的距离；W_p 为托盘宽度；C_0 为叉车侧面余量尺寸。

当叉车型号确定后，可按式(5-36)计算最小直角叉车通道宽度。

【例 5-12】 设起重能力为 1t 的叉车，其最小转弯半径 R_f=1 800mm，旋转中心到车体中心距离 B=640mm，托盘宽度 W_p=1 200mm，叉车侧面余量尺寸 C_0=300mm。试求最小直角叉车通道宽度。

解： 根据式(5-36)计算最小直角叉车通道宽度，即通道宽度为

$$W_d = R_f - \left(B - \frac{W_p}{2} \right) / \sqrt{2} + C_0 = [1\,800 - (640 - 1\,200/2)/1.414 + 300] = 2\,071.7\text{mm}$$

即最小直角叉车通道宽度为 2 071.7mm，可取 2 100 mm。

2) 人行通道

人行通道除了正常情况下供员工通行外，还用于人工作业、维修和紧急逃生等，其宽度主要由人流量来决定。

设人员行走速度为 v(m/min)，每分钟通过人数为 n，两人前后最短距离为 d(m)，平均每人身宽为 w(m)，则行走时每人在通道上所占空间为 $d \times w$(m^2)，因此，通道宽度 W 计算公式为

$$W = dw \frac{n}{v} \tag{5-37}$$

设两人行走时需要的前后最短距离 d=1m，平均每人身宽 w=0.76m，一般人行走速度 v=50m/min，每分钟通过 80 人，把这些数据带入式(5-37)有：

$$W = dw \frac{n}{v} = 1 \times 0.76 \times \frac{80}{50} = 1.216 \text{ m}$$

一般情况下，人行通道宽度 W=0.8～0.9m；多人通行时，人行通道宽度 W=1.2m。

3) 手推车通道

手推车通道宽度为车体宽度加上两倍的侧面余量尺寸。一般情况下，单行道时，W=0.9～1.0m；多行道时，W=1.8～2.0m。这种通道宽度满足在货架之间用手推车作业的要求。

表 5-11 为物流配送中心内的通道宽度参考值。

表 5-11　物流配送中心内的通道宽度参考值

物流配送中心内的通道种类	宽度/m	物流配送中心内的通道种类	宽度/m
主通道	3.5～6	侧面货叉型叉车	1.7～2
辅助通道	3	直线单行堆垛机	1.5～2
人行通道	0.75～1	直角转弯堆垛机	2～2.5
小型台车	车宽加 0.5～0.7	直角堆叠堆垛机	3.5～4
手动叉车	1.5～2.5	堆垛机(伸臂、跨立、转柱)	2～3
重型平衡叉车	3.5～4		
伸长货叉型叉车	2.5～3	转叉窄道堆垛机	1.6～2

5.3 物流配送中心建筑设施的规划与设计

物流配送中心建筑设施的规划与设计也是物流配送中心规划与设计的重要内容，主要包括柱间距、梁下高度和地面承载能力的规划与设计等几个方面的内容。柱间距会直接影响物品的摆放、搬运车辆的移动、输送分拣设备的安装；梁下高度会限制货架的高度和物品的堆放高度；地面承载能力决定设备布置和物品堆放数量。同时，前面提到的通道的规划与设计，则直接影响保管使用面积和搬运的方便性。

5.3.1 建筑物的柱间距

柱间距的选择是否合理，对物流配送中心的成本、效益和运转费用都有重要影响。对一般建筑物而言，柱间距主要是根据建筑物层数、层高、地面承载能力和其他条件来计算。然而，对建筑成本有利的柱间距，对物流配送中心的存储设备不一定是最佳跨度。在最经济的条件下，合理确定最佳柱间距，可以显著地提高物流配送中心的保管效率和作业效率。

影响物流配送中心建筑物柱间距的因素主要有运输车辆种类、规格型号和车辆数；托盘尺寸和通道宽度；货架与柱之间的关系等。

1. 按运输车辆规格决定柱间距

一般要求运输车辆停靠在出入口，以便装卸货；在特殊情况下，还要求车辆驶入物流配送中心内部，此时就要根据车辆的规格尺寸来计算柱间距。如图 5-50 所示为运输车辆规格决定柱间距的计算图。

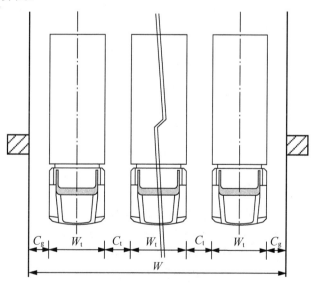

图 5-50 运输车辆驶入或停靠在物流配送中心的柱间距计算图

在图 5-50 中，W 为柱间距；W_t 为货车宽度；C_t 为相邻两辆货车之间的间距；C_g 为侧面余量尺寸；N 为货车数量，则柱间距的计算公式为

$$W = W_t \times N + (N-1) \times C_t + 2 \times C_g \tag{5-38}$$

【**例 5-13**】设车辆宽度 W_t =2 490mm，车辆台数 N =2，相邻两个车辆之间的间距 C_t =1 000mm，车辆与柱子间的余量尺寸 C_g =750mm。试求柱间距。

解：根据式(5-38)计算柱间距为

$$W = W_t \times N + (N-1) \times C_t + 2 \times C_g = 2\,490 \times 2 + (2-1) \times 1\,000 + 2 \times 750 = 7\,480\text{mm}$$

即柱间距为 7 480mm，可取 7 500mm。

2. 按托盘宽度决定柱间距

在以托盘为存储单元的保管区，为提高货物的保管利用率，通常按托盘尺寸来决定柱间距。如图 5-51 所示为按托盘宽度决定柱间距的计算图。

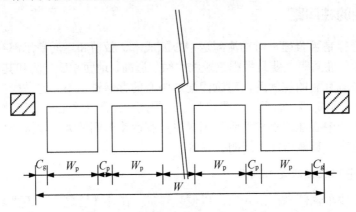

图 5-51　托盘宽度决定柱间距的计算图

在图 5-51 中，W 为柱间距；W_p 为托盘宽度；C_p 为相邻两个托盘之间的间距；C_g 为侧面余量尺寸；N 为托盘数量，则柱间距的计算公式为

$$W = W_p \times N + (N-1) \times C_p + 2 \times C_g \tag{5-39}$$

【**例 5-14**】设托盘宽度 W_p =1 000mm，托盘数量 N =6，相邻两个托盘之间的间距 C_p =100mm，托盘与柱子间的余量尺寸 C_g =100mm。试求柱间距。

解：根据式(5-39)计算柱间距为

$$W = W_p \times N + (N-1) \times C_p + 2 \times C_g = 1\,000 \times 6 + (6-1) \times 100 + 2 \times 100 = 6\,700\text{mm}$$

即柱间距为 6 700mm。

3. 按托盘长度决定柱间距

如图 5-52 所示为按托盘长度决定柱间距的计算图。

在图 5-52 中，W 为柱间距；L_p 为托盘长度；W_L 为通道宽度；C_r 为两列背靠背托盘货架间隙；N 为托盘货架的巷道数量，则柱间距的计算公式为

$$W = (W_L + 2 \times L_p + C_r) \times N \tag{5-40}$$

【**例 5-15**】设托盘长度 L_p =1 200mm，通道宽度 W_L =3 000mm，托盘货架的间距 C_r =50mm，托盘货架的巷道数 N =3。试求柱间距。

解：根据式(5-38)计算柱间距为

$$W = (W_L + 2 \times L_p + C_r) \times N = (3\,000 + 2 \times 1\,200 + 50) \times 3 = 16\,350\text{mm}$$

即柱间距为 16 350mm。

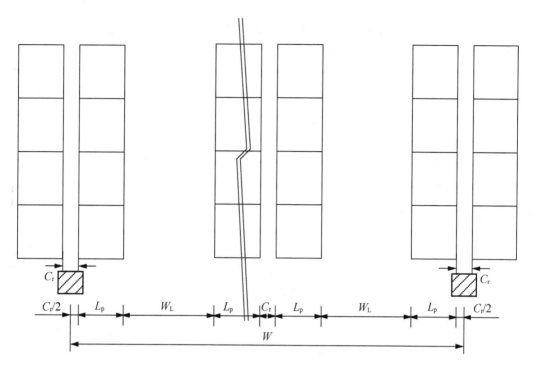

图 5-52　托盘长度决定柱间距的计算图

4．按柱与立体仓库关系决定柱间距

如图 5-53 所示为根据立体仓库与立柱间的关系来决定柱间距的计算图。

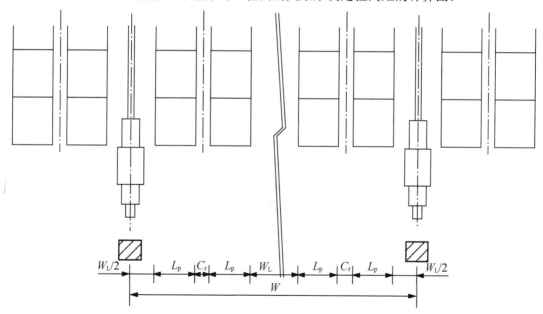

图 5-53　根据立体仓库与立柱间的关系来决定柱间距的计算图

　　根据实际需求，当立柱位置在正对立体仓库的出入库工作台的正面方向时，为了使出入库的电动台车和输送带正常工作，立柱必须设计在堆垛机运动方向的延长线上。在这种情况下，柱间距就要根据货架深度尺寸和堆垛机通道宽度进行计算。

在图 5-53 中，W 为柱间距；L_p 为托盘长度；W_L 为通道宽度；C_r 为两列背靠背托盘货架间隙；N 为两个柱子间堆垛机的巷道数量，则柱间距的计算公式为

$$W = (W_L + 2 \times L_p + C_r) \times N \tag{5-41}$$

【例 5-16】设托盘长度 L_p =1 200mm，堆垛机通道宽度 W_L =1 400mm，托盘货架的间距 C_r =50mm，两个柱子间的巷道数 N =4。试求柱间距。

解：根据式(5-38)计算柱间距为

$$W = (W_L + 2 \times L_p + C_r) \times N =(1\,400+2 \times 1\,200+50) \times 4=15\,400\text{mm}$$

即柱间距为 15 400mm。

5.3.2 建筑物的梁下高度

建筑物的梁下高度也称为有效高度。从理论上来说，储存空间的梁下高度越高越好。但在实际的应用上，梁下高度受货物所能堆码的高度、叉车的提升高度和货架高度等因素的限制，太高反而会增加成本，而且会降低保管效率。

物流配送中心内影响建筑物梁下高度的因素主要有保管物品的形态、保管形式、堆积高度、所使用的堆高搬运设备种类、所使用的储存保管设备高度等。通常要综合考虑各种制约因素，才能决定货物的最大堆积高度。

此外，为了满足建筑物内的电气、消防、通风、空调和安全等要求，在梁下还必须安全桥架母线、监控线路、消防器材、通风空调导管等设备。因此，在货物最大堆积高度和梁下边缘之间，还要有一定的间隙尺寸，用于布置此类设备。一般地，梁下间隙尺寸 α 取 500～600mm。

设货物最大堆积高度为 H_1，梁下间隙尺寸为 α，则梁下高度为

$$H_e = H_1 + \alpha \tag{5-42}$$

1. 平托盘堆积

平托盘堆积时，一般选叉车作为作业设备，物品最大堆积高度 H_1 的计算如图 5-54 所示。

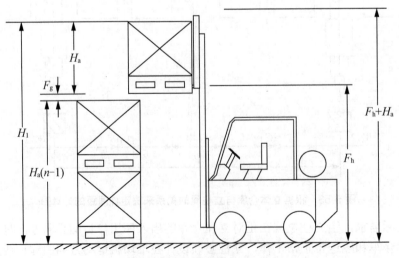

图 5-54 平托盘堆积时最大堆积高度计算图

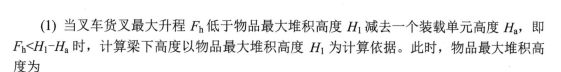

(1) 当叉车货叉最大升程 F_h 低于物品最大堆积高度 H_1 减去一个装载单元高度 H_a，即 $F_h<H_1-H_a$ 时，计算梁下高度以物品最大堆积高度 H_1 为计算依据。此时，物品最大堆积高度为

$$H_1 = H_a \times n + F_g \tag{5-43}$$

式中，H_a 为装载单元高度；n 为堆积层数；F_g 为货叉提升高度。

(2) 当叉车货叉最大升程 F_h 高于物品最大堆积高度 H_1 减去一个装载单元高度 H_a，即 $F_h>H_1-H_a$ 时，计算梁下高度以货叉最大升程 F_h 为计算依据。此时，物品最大堆积高度为

$$H_1 = F_h + H_a \tag{5-44}$$

【例 5-17】设装载单元高度 H_a =1 300mm，堆积层数 n =3，货叉最大升程 F_h =2 800mm，货叉提升高度 F_g =300mm，梁下间隙尺寸 α =500mm。试求梁下高度。

解：根据式(5-43)计算物品最大堆积高度为

$$H_1 = H_a \times n + F_g =(1\,300\times3+300)=4\,200(\text{mm})$$

根据式(5-44)计算物品最大堆积高度为

$$H_1 = F_h + H_a =(2\,800+1\,300)=4\,100(\text{mm})$$

故取为 H_1 =4 200mm。而梁下高度为

$$H_e = H_1 + \alpha =4\,200+500=4\,700(\text{mm})$$

因此，梁下高度取 4 700mm。

2. 叉车存取货架

利用叉车在货架上进行存取作业时，其物品最大堆积高度计算如图 5-55 所示。

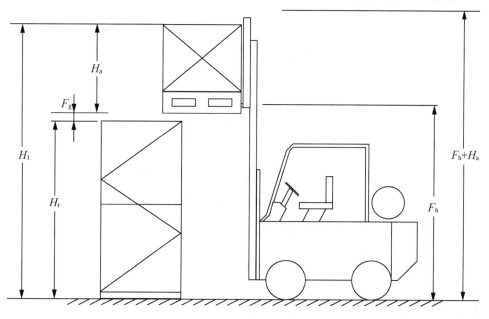

图 5-55　叉车存取货架时最大堆积高度计算图

由于将物品放置在货架上，因此，物品最大堆积高度 H_1 决定于货架高度。设装载单元高度为 H_a，货叉提升高度为 F_g，货架高度为 H_r，则货品最大堆积高度为

$$H_1 = H_r + H_a + F_g \qquad (5\text{-}45)$$

注意：在此种情况下，叉车货叉工作时的最大高度 $F_h + H_a$ 将高于物品最大堆积高度 H_1，这一点，应该在梁下间隙尺寸中考虑。

【例 5-18】设装载单元高度 $H_a = 1\,300\text{mm}$，货架高度 $H_r = 3\,200\text{mm}$，货叉最大升程 $F_h = 3\,600\text{mm}$，货叉提升高度 $F_g = 300\text{mm}$，梁下间隙尺寸 $\alpha = 500\text{mm}$。试求梁下高度。

解：根据式(5-45)计算物品最大堆积高度为

$$H_1 = H_r + H_a + F_g = (3\,200 + 1\,300 + 300) = 4\,800\text{mm}$$

梁下高度为

$$H_e = H_1 + \alpha = 4\,800 + 500 = 5\,300\text{mm}$$

因此，梁下高度取 5 300mm。

3. 普通货架

利用普通货架存取货品时，主要是人工作业，且一般只有两层货架。因此，第二层高度要符合人机工程学原理，考虑人力作业高度，便于人员操作，如图 5-56 所示。

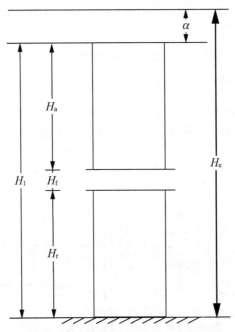

图 5-56　普通货架时梁下高度计算图

设每层货架高度为 H_r，隔板间隙尺寸为 H_f，则最上层货架高度为

$$H_1 = 2 \times H_r + H_f \qquad (5\text{-}46)$$

【例 5-19】设每层货架高度 $H_r = 800$，隔板间隙尺寸 $H_f = 200\text{mm}$，梁下间隙尺寸 $\alpha = 500\text{mm}$。试求梁下高度。

解：根据式(5-46)计算物品最大堆积高度为

$$H_1 = 2 \times H_r + H_f = 2 \times 800 + 200 = 1\,800\text{mm}$$

梁下高度为

$$H_e = H_1 + \alpha = 1\,800 + 500 = 2\,300\text{mm}$$

因此，梁下高度取 2 300mm。

5.3.3 地面载荷

作用在物流配送中心建筑物内地面上的垂直载荷有固定载荷和装载载荷两种。固定载荷是指长期不变的载荷，如建筑物自重、已安装到位的设备设施的自重等。装载载荷是指随时间在空间上可以移动的载荷，如所有货物、搬运工具和各种车辆等。

物流配送中心建筑物的载荷计算，主要包括地面承载能力、结构基础(如梁、柱、承重墙等)与地震动载等方面的强度刚度计算。由于结构基础和地震动载的计算涉及固体力学、结构力学、建筑结构学和振动力学等学科的专业理论，此处不做介绍。以下仅对地面承载的有关问题进行介绍。

一般来说，地面载荷是指地面构造设计用的装载载荷，包括放置在地面上的货架、物品、各种搬运工具和车辆等的载荷。

建筑规范规定的建筑物所能承受的装载载荷为法定载荷。建筑物用途不同，其法定载荷也不同。一般而言，办公场所为 $300kg/m^2$，服饰物品仓库为 $300\sim500kg/m^2$，杂货物品仓库为 $500\sim1\,000\ kg/m^2$，饮料物品仓库为 $2\,000kg/m^2$。营业性仓库的物品是变化的，根据经验，要求地面能承受 $400kg/m^2$ 以上的载荷。

1. 托盘多层堆码

托盘多层堆码是指装载后的托盘直接放置在地面上，并多层堆积的储存方式。设托盘长度为 L_p，宽度为 W_p，托盘堆积层数为 N，每个托盘重量(包括托盘和物品)为 p，则托盘堆积的地面载荷为

$$P_1 = \frac{pN}{L_p W_p} \tag{5-47}$$

2. 搬运设备

叉车和无人台车是物流配送中心的重要搬运设备，为使其顺利运行，要求地面精度在 $2\,000mm$ 范围内误差不超过 $\pm20mm$。此外，还要求地面有足够的承受搬运设备载荷的能力，即承受车轮的压力。设叉车自重 $P_w=1.8\sim2.5t$，物品重量 $P_f=1t$，安全系数取 1.4，则叉车轮压 P_v 为

$$P_v = \frac{P_w + P_f}{4} \times 安全系数 \tag{5-48}$$

若取 $P_w=2t$，则

$$P_v = \frac{(2+1)\times10^3}{4} \times 1.4 = 1\,050kg$$

一般取轮压为 $1\,000\sim1\,200kg$。

3. 堆垛机

设堆垛机自重为 $P_w=3t$，最大货物重量 $P_f=1t$，在存取货物时，极端情况下只有两个车轮受力，若安全系数取 1.2，则每个车轮所受轮压 P_v 为

$$P_v = \frac{(3+1)\times10^3}{2} \times 1.2 = 2\,400kg$$

4. 运输车辆

地面装载载荷决定于车辆的总重量，设车辆自重为 P_w，车辆最大载重量 P_f，安全系数取 1.2，按 4 个轮胎承重计算，则运输车辆每个车轮所受压力为

$$P_v = \frac{P_w + P_f}{4} \times 1.2 \tag{5-49}$$

5. 载荷不定的情况

在规划设计阶段，由于保管空间中作业空间和通道均不能明确分开，所以载荷无法确定。在这种情况下，一般采用平均载荷来设计地面承载能力。根据经验，对于叉车通道，取 1 000～1 500 kg/m²；对于非叉车通道，取 500～1 000 kg/m²。

5.4 行政区域与厂区面积设计

5.4.1 行政区域面积设计

行政区域的面积设计主要是指非直接从事生产、物流、仓储或流通加工的部门的面积计算，如办公室、接待室、休息室、餐厅等。下面分别进行说明。

1. 办公室

办公室分为一般办公室和现场办公室两种，其面积大小取决于人数和内部设备。一般设计原则如下：办公室通道宽度约为 0.9m，每人办公面积为 4.5～7m²，可用隔断进行隔离，两桌间距离约为 0.8m，桌子与档案设备通道为 1～1.5m，现场管理人员办公室面积为 6～18m²，主管领导办公室面积为 14～28m²，单位领导办公室面积为 28～38m²。

2. 档案室

档案室是保管文件的重要设施，除档案架或档案柜空间之外，应留通道和档案存取空间。还应为抽屉拉出方向留出 1.2～1.5m 的通道以便于工作。

3. 网络控制与服务器室

中等规模的网络控制与服务器室约为 80m²。

4. 接待室

接待室面积以 28～38m² 为宜。

5. 会议室

会议室可采用长方形、U 形、H 形或环形排列。有办公桌的会议室可按 15～20 人设计，面积为 80～90m²；无办公桌的会议室按 50 人设计，面积为 90～100m²。

6. 休息室

休息室的面积根据员工人数和作息时间而定。

7. 司机休息室

在入出库作业区附近可设立司机休息室，以方便司机装卸或等待表单。

8. 洗手间

良好的卫生设备能使员工精神饱满、工作愉快。

一般情况下，对于男洗手间，大便器的设置条件为：10人以下1个，10～24人2个；25～49人3个，50～74人4个，75～100人5个，超过100人时每30人增加1个；小便器的设置条件为：每30人设置1个。对于女洗手间，大便器每10人1个。

对于洗面盆、整装镜，一般男洗手间每30人1个，女洗手间每15人1个。

9. 衣帽间

为了能使员工更换衣服和保管个人物品，一般在库存区外设衣帽间，每人1个格位，并配有格锁。

10. 餐厅

餐厅按高峰期人数考虑，每人 $0.8～1.5m^2$。厨房面积为餐厅面积的 22%～35%。除了餐厅外，还应另设小卖部等，为员工生活提供方便。

5.4.2　厂区面积设计

除了物流配送中心内的物流作业区域和行政区域设计之外，其他区域(包括停车场、警卫室、环境美化区等)也要进行设计。

1. 大门与警卫室

厂区大门要结合外连道路形式进行设计。如果出入共用一个大门，警卫室设置在大门一侧，进行出入车辆管理。如果出入口相邻并位于厂区同侧，出入道路较宽，可把出入动线分开，警卫室设于出入口中间，分别进行出入车辆管理。若出入口位于厂区同侧而不相邻，可分别设立警卫室，严格执行"一边进厂，一边出厂"的出入管理制度，这种设计适合进发货时段重合，进出车辆频繁的情况。如图5-57所示为警卫室位于出入口中间位置的情况。

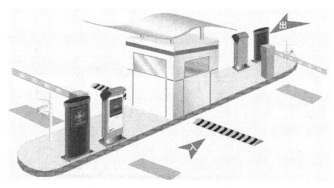

图 5-57　警卫室位于出入口中间位置

2. 厂区道路

厂区道路尺寸取决于主要运输车辆的规格尺寸。物流配送中心的运输车辆包括普通载货汽车、双轮拖车和重型拖车。一般的物流运输工具为 12t 普通拖车。随着物流业的迅速发展，运输业货物趋向大型化，双轮拖车的数量将日益增多。根据发展需要，通常按照双轮拖车的规格尺寸设计相应的厂区道路。

决定双轮拖车尺寸的前提是车辆能否在高速公路上行驶。按照我国相关公路安全法律法规，高速公路允许拖车规格为宽度 2.5m、高度 4.2m，每轴承载不得超过 10t。如果超过此限，则要在有关部门办理特殊车辆通行证，方可通行。

1) 道路宽度

设道路宽度为 W，W 是在行车宽度 2.5m 的基础上增加一定的余量。

(1) 一般道路宽度的经验参考值：单行道时，W=3.5～4m；双行道时，W=6.5～7m。

(2) 小型载货汽车的道路宽度推荐值：单行道时，W=3.7m；双行道时，W=5.9m。

(3) 大型载货汽车的道路宽度推荐值：单行道时，W=4.0m；双行道时，W=6.5m。

2) 转弯尺寸

为了减少道路用地和投资，在转弯处，道路宽度应与直行时相同；为使对面来车容易通行，必须通过切角或弧线来增加转弯道路宽度，保证对面来车的行车宽度在 2.5m 以上。

3. 停车场设计

停车场设计对一个现代化的物流配送中心是十分重要的。停车的种类主要是进货车辆、来宾车辆和职工用车。应根据物流配送中心的现实状况和发展情况，估计车辆的种类和停车台数，并留有余地。确定停车场大小一般考虑的因素有：包括临时工在内的企业人数、经常用户人数、有无公交车站、停车场与车站的距离、乘自备车的人数、公司有无接送员工的专车等。

1) 停车方式设计

物流配送中心内的停车方式应以占地面积小、疏散方便、保证安全为原则。具体的停车方式有 3 种，即平行式、斜列式和垂直式，分别如图 5-58～图 5-60 所示。具体选用哪一种停车方式，应根据物流配送中心的实际情况及车辆的管理、进出车的要求等确定。

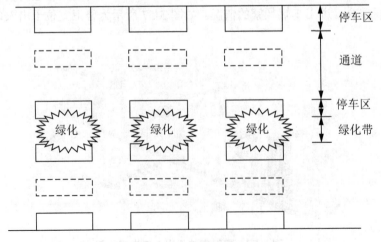

图 5-58 平行式停车方式

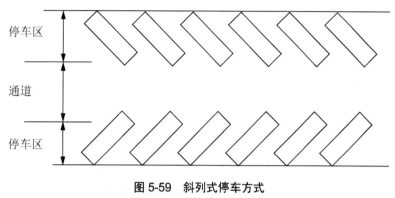

图 5-59　斜列式停车方式

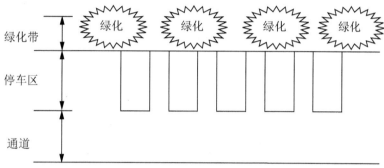

图 5-60　垂直式停车方式

图 5-61 给出了几种停车方式的俯视图。

图 5-61　几种停车方式俯视图

2) 停驶方式设计

物流配送中心场地及道路的情况是车辆停驶方式设计的根本依据之一。具体停驶方式有 3 种。

(1) 前进停车，后退发车，如图 5-62 所示。

(2) 后退停车，前进发车，如图 5-63 所示。

(3) 前进停车，前进发车，如图 5-64 所示。

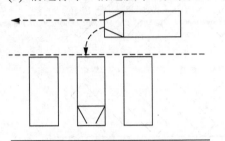

图 5-62 前进停车，后退发车

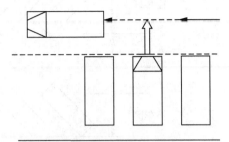

图 5-63 后退停车，前进发车

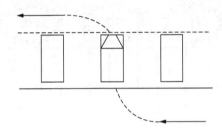

图 5-64 前进停车，前进发车

3) 停车位宽度和长度设计

设停车位宽度为 W，车辆宽度为 W_t，车辆停车间距为 C_t，则

$$W = W_t + C_t \tag{5-50}$$

停车间距 C_t 根据车辆种类和规格的不同而不同，一般根据车门的开启范围取值。大型车辆 C_t=1.5m；中型车辆 C_t=1.3～1.5m；小型轿车 C_t=0.7～1.3m。

【例 5-20】设大型拖车的车宽 W_t=2.5m，车辆停车间距 C_t=1.5m；小型轿车的车宽 W_t=1.8m，车辆停车间距 C_t=0.7m。试分别计算大型拖车和小型轿车的停车位宽度。

解：根据式(5-50)分别计算大型拖车和小型轿车的停车位宽度。

(1) 大型拖车的停车位宽度为

$$W = W_t + C_t = 2.5+1.5 = 4\text{m}$$

(2) 小型轿车的停车位宽度为

$$W = W_t + C_t = 1.8+0.7 = 2.5\text{m}$$

因此，大型拖车和小型轿车的停车位宽度分别为 4m 和 2.5m。

停车位长度在车体长度的基础上，可适当增加余量。例如，车体长度为 5.2m 的小型车，其停车位长度一般取 6m。

4) 运输车辆回转空间设计

在设计停车场时，必须对运输车辆回转空间进行分析。回转空间宽度 L 主要取决于车辆的长度 L_1 和倒车所需的路宽 L_2。车辆倒车路宽和车辆停车位宽度有关，停车位宽度越宽，倒车路宽就越窄。通常取车辆倒车路宽为车辆本身长度，即 $L_1=L_2$，回转空间宽度等于车辆本身长度的两倍再加上余量 C，即

$$L = 2L_1 + C \tag{5-51}$$

式中，余量一般要能通过一辆车，对于载货汽车，余量 C 取 3m。

对于 5t 车辆直角停放所需车辆回转空间宽度计算如图 5-65 所示。

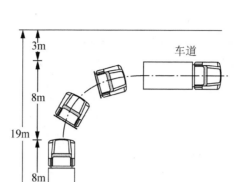

图 5-65 5t 车辆直角停放所需车辆回转空间宽度计算图

由于车辆本身长度 $L_1=8\text{m}$，因此，5t 车辆直角停放所需车辆回转空间宽度为

$$L=2L_1+C=2\times8+3=19\text{m}$$

同理，可计算出其他类型的车辆回转宽度，如 2t 车为 13m，4t 车为 16m，11t 车为 23m，21t 车为 27m。

4. 绿化带设计

随着社会文明的发展，人们对环境的要求日益提高，保护、改善、美化环境越来越被人们所重视。物流配送中心的绿化和美化就是保护、改善、美化环境的重要措施之一。绿化可以净化空气，吸收二氧化碳及其他有害气体与灰尘，调节气候，降低噪声，减少水土流失和美化环境；绿化可以调节人们的情绪，使人心旷神怡，不但有利于人们的身心健康，而且能大大提高劳动生产率。所以，在条件允许的情况下，物流配送中心的空地都应该进行绿化。一般情况下，主要出入口及办公楼前、物流作业区域周围、交通运输线路一侧或双侧，都是绿化的重点。因此，在进行总平面布置时，应在上述区域留出绿化带。

办公楼前的绿化应与办公楼建筑相一致，可以设置花坛、绿地及建筑小品，形成优美环境。在物流作业区的各实体作业区周围种植一些乔木或灌木树种，可以减少作业时产生的粉尘及噪声对其他部门的影响。道路绿化是带状绿化，能形成整个物流配送中心的绿化骨架。道路绿化的主要作用是给路面遮阴、分隔车道、吸收交通灰尘、减少交通噪声、引导视线、美化路容和整个环境。道路绿化一般采用高大乔木或矮小灌木树种，不同树种占用的空间是不一样的，因此，进行总平面布置时，应为绿化留出适当的平面面积。同时，还应确保树木与建筑物之间留有一定的距离，以避免树木与建筑物、铁路专用线、道路和地下管线之间的相互影响，具体数据见表 5-12，绿化用地及覆盖面积可根据表 5-13 进行计算。

表 5-12 树木与相邻建筑物之间的距离

建筑物和地下管线名称		最小水平间距/m	
		至乔木中心	至灌木中心
建筑物外墙	有窗	5.0	1.5～2.0
	无窗	2.0	1.5～2.0
围墙		2.0	1.0
栈桥的柱		2.0～3.0	不限
冷却池边缘		40.0	不限

建筑物和地下管线名称	最小水平间距/m	
	至乔木中心	至灌木中心
标准轨距铁路中心线	5.0	3.5
道路路面边缘	1.0	0.5
人行道边缘	0.75	0.5
排水明沟边缘	1.0~1.5	0.5~1.0
给水管管壁	1.5	0.5
排水管管壁	1.5	0.5
热力管(沟)管(沟)壁	1.5	1.5
煤气管管壁	1.5	1.5
乙炔、氧气、压缩空气管管壁	1.5	1.0
电力电缆外缘	1.5	0.5
照明电缆外缘	1.0	0.5

表 5-13 绿化用地及覆盖面积计算

绿化种类	用地面积/m²	覆盖面积/m²
单株大乔木	2.25	16.0
单株中乔木	2.25	10.0
单株小乔木	2.25	6.0
单株乔木或行道树	1.5×长度	4.0×长度(株距 4.0~6.0)
多行乔木	(1.5+行距总宽度)×长度	(4.0+行距总宽度)×长度
单株大灌木	1.0	4.0
单株小灌木	0.25	1.0
单行大灌木	1.0×长度	2.0×长度(株距 1.0~3.0)
单行小灌木	0.5×长度	1.0×长度(株距 0.3~0.8)
单行篱笆	0.5×长度	0.8×长度
多行篱笆	(0.5+行距总宽度)×长度	(0.8+行距总宽度)×长度
垂直绿化	不计	按实际面积
草坪、苗圃、小游园、水面、花坛	按实际面积	按实际面积

5.5 公用配套设施的规划与设计

在对物流配送中心进行规划与设计时，除了要规划与设计物流配送中心的作业区域、建筑设施、行政区域和厂区外，也需要对物流配送中心的公用设施进行规划与设计。一般来讲，物流配送中心的公用设施包括电力设施、给水与排水设施、供热与燃气设施等。对公用设施进行规划与设计，除了考虑物流配送中心的实际需要外，还要与物流配送中心所在地的市政工程规划相一致。

5.5.1 电力设施

电力设施由供电电源、输配电网等组成，应遵循中华人民共和国国家标准《城市电力规划规范》(GB 50293—1999)进行规划。在物流配送中心规划过程中，要求物流配送中心的电力设施应符合所在城市和地区的电力系统规划；应充分考虑电力设施运行噪声、电磁干扰及废水、废气、废渣"三废"排放对周围环境的干扰和影响，并应按国家环境保护方面的法律、法规的有关规定，提出切实可行的防治措施；电力设施应切实贯彻"安全第一、预防为主、防消结合"的方针，满足防火、防洪、抗震等安全设防的要求；电力系统应从所在城市全局出发，充分考虑社会、经济、环境的综合效应；电力系统应与道路交通、绿化及供水、排水、供热、燃气、邮电通信等市政公用工程协调发展。

物流配送中心新建或改建的供电设施的建设标准、结构选型，应与城市现代化整体水平相适应；供电设施的规划选址，应充分考虑城市人口、建筑物密度、电能质量和供电安全可靠性的特点与要求；新建的供电设施，应根据其所处地段的地形、地貌条件和环境要求，选择与周围环境、景观相协调的结构形式与建筑外形。

为实现物流配送中心的各项功能，保证物流作业(冷库储存、机电设备的运行等)正常，避免或减少不必要的损失，供电系统的设计显得尤为重要。电力设施必须严格按照中华人民共和国国家标准《供配电系统设计规范》(GB 50052—2009)的规定设计和施工，应注意以下几点。

(1) 电力负荷应根据对供电可靠性的要求、中断供电所造成损失或影响的程度进行综合确定。这里，物流配送中心内的冷库、机电设备、通信设施等的中断供电将会造成较大的损失，属于一、二级负荷；物流配送中心的其他设施设备属于三级负荷。

(2) 应急电源与正常电源之间必须采用防止并列运行的措施。

(3) 供配电系统的设计，除一级负荷中特别重要的负荷外，不应按一个电源系统检修或故障的同时另一电源又发生故障进行设计。

(4) 物流配送中心的供电电压应根据用电容量、用电设备特性、供电距离、供电线路的回路数、当地公共电网现状及其发展规划等因素，经技术经济比较后确定。

5.5.2 给水与排水设施

1. 给水设施

给水设施负责对物流配送中心生产、生活、消防等所需用水进行供给，包括原水的收集、处理及成品水的输配等各项工程设施。物流配送中心给水设施的规划，应根据物流配送中心的用水需求和给水工程设计规范，对给水水源的位置、水量、水质及给水工程设施建设的技术经济条件等进行综合评价，并对不同水源方案进行比较，做出方案选择。同时，给水设施规划要考虑所在区域给水系统整体规划，应尽量合理利用城市已建成的给水工程设施。给水设施不应设置在易发生滑坡、泥石流、塌陷等不良地质条件的地区及洪水淹没、内涝低洼地区。地表水取水构筑物应设置在河岸及河床稳定的地段，工程设施的防汛及排涝等级不应低于所在城市设防的相应等级。物流配送中心输配管线在道路中的埋没位置，应符合中华人民共和国国家标准《城市工程管线综合规划规范》(GB 50289—1998)的规定。

2. 排水设施

排水设施负责收集、输送、处理和排放物流配送中心的污水(生活污水、生产废水)和雨水。污水和雨水的收集、输送、处理和排放等工程设施以一定的方式组成，用不同管渠分别收集和输送污水、雨水，为使污水排入某一水体或达到再次使用的水质要求而对其进行净化。根据水资源的供需平衡分析，应提出保持平衡的对策，包括合理确定产业规模和结构，并应提出水资源保护的措施。而对于物流配送中心，应更注重考虑水污染的防治，避免它的建设对所在地的环境造成不必要的污染。

排水管道规划设计时，应严格遵守中华人民共和国国家标准《给水排水管道工程施工及验收规范》(GB 50268—1997)的规定，尤其对管道的位置及高程设计，需要经过水力计算，并考虑与其他专业管道平行或交叉要求等因素后来确定。排水管道的管材、管道附件等材料，应符合国家现行的有关产品标准的规定，并应具有出厂合格证。具体施工时应遵守国家和地方有关安全、劳动保护、防火、防爆、环境和文物保护等方面的规定。

5.5.3 供热与燃气设施

1. 供热设施

集中供热设施利用集中热源，通过供热等设施，向热能用户供应生产或生活用热能，包括集中热源、供热管网等设施和热能用户使用设施。供热设施在规划时应符合中华人民共和国行业标准《城镇供热系统安全运行技术规程》(CCJ/T 88—2000)的规定，同时还应符合国家有关强制性标准的规定。

供热设施的热源应符合以下规定。

(1) 新装或移装的锅炉必须向当地主管部门登记，经检查合格获得使用登记证后方可投入运行。

(2) 重新启用的锅炉必须按国家现行《热水锅炉安全技术监察规程》(劳锅字[1991]8号)或《蒸汽锅炉安全技术监察规程》(劳部发[1996]276号)的要求进行定期的检验，办理换证手续后方可投入运行。

(3) 热源的操作人员必须具有主管部门颁发的操作证。

(4) 热源使用的锅炉应采用低硫煤，排放指标应符合中华人民共和国国家标准《锅炉大气污染物排放标准》(GB 13271—2001)的规定。

供热设施的热力网运行管理部门应设热力网平面图、热力网运行水压图、供热调节曲线图表。热力网运行人员必须经过安全技术培训，经考核合格后方可独立上岗。他们应熟悉管辖范围内管道的分布情况、主要设备和附件的现场位置，掌握各种管道、设备及附件等的作用、性能、构造及操作方法。

供热设施的泵站与热力站要求基本同上，也要具备设备平面图等图样，管理人员也要经过培训考核。此外，供热设施的泵站与热力站的管道应涂有符合规定的颜色和标志，并标明供热介质的流动方向，安全保护装置要求灵敏、可靠。

供热设施的用热单位向供热单位提供用热户、用热性质、用热方式及用热参数，提供热平面图、系统图、用热户供热平面图。供热单位应根据用热户的不同用热需要，适时进行调节，以满足用热户的不同需求；用热单位应按供热单位的运行方案、调节方案、事故处理方案、停运方案及管辖范围，进行管理和局部调节；未经供热单位同意，用热户不得私接供热管道和私自扩大供热负荷，热水取暖用户严禁从供热设施中取用热水，用热户不得擅自停热。

2. 燃气设施

燃气设施是公用事业中的一项重要设施，燃气化是我国实现现代化不可缺少的一个方面。燃气系统向物流配送中心供应作为燃料使用的天然气、人工煤气或液化石油气等气体能源，由燃气供应源、燃气输配设施和用户使用设施所组成。

(1) 物流配送中心在选择燃气供应源时，应遵循以下原则。

① 必须根据国家有关政策，结合本地区燃料资源情况，通过技术经济比较来确定气源选择方案。

② 应充分利用外部气源，当选择自建气源时，必须落实原料供应和产品销售等问题。

③ 根据气源规模、制气方式、负荷分布等情况，在可能的条件下，力争安排两个以上气源。

(2) 物流配送中心在设计燃气输配设施时，应遵循以下原则。

① 燃气干线管路位置应尽量靠近大型用户。

② 一般避开主要交通干道和繁华街道，以免给施工和运行管理带来困难。

③ 管线不准铺设在建筑物下面，不准与其他管线平行上下重叠。

④ 物流配送中心应向供气单位提供燃气负荷、用燃气性质、用燃气方式及必要的用燃气参数，提供供气平面图、系统图和用户供气平面位置图。供气单位应根据物流配送中心的用户需求，适时进行调节，以满足物流配送中心的需要；物流配送中心应按供气单位的运行方案、调节方案、事故处理方案、停运方案及管辖范围，进行管理和局部调节；未经燃气供应站及公安消防部门同意，未由这些相关部门进行施工监督和验收，物流配送中心不得私接供气管道，私自扩大供气负荷和擅自启用未经批准的燃气输配设施。

本 章 小 结

物流配送中心作业区域和设施规划与设计主要包括两方面的内容，即物流配送中心作业区域的规划与设计、物流配送中心设施的规划与设计。其中，物流配送中心作业区域的规划与设计主要包括进出货作业区域、仓储作业区域、拣选作业区域、集货作业区域、其他作业区域、通道等几个方面的规划与设计；物流配送中心设施的规划与设计主要包括建筑设施、行政区域与厂区面积、公用配套设施等几个方面的规划与设计。

进出货作业区域规划与设计的主要内容是进出货平台的规划与设计。进出货平台的规划与设计通常包括进出货平台的位置关系分析、平台形式设计、停车遮挡形式设计及平台宽度、长度和高度的设计等。

物流配送中心的仓储系统主要由仓储空间、物品、人员及物流设备等要素构成。仓储空间是物流配送中心以保管为功能的空间。仓储空间包括物理空间、潜在可利用空间、作业空间和无用空间。储位管理就是对物流配送中心的仓储系统货物储存的货位空间进行合理规划与分配，对储位进行编码，以及对各货位所储存的物品的数量进行监控、对质量进行维护等一系列管理工作的总称。它主要包括仓储空间的规划与分配、储位指派、储位编码与货物定位、储位存货数量控制、储位盘点等工作。储存策略是决定货品在储存区域存放位置的方法或原则。良好的储存策略可以减少出入库移动的距离、缩短作业时间，甚至能够充分利用仓储空间。一般常见的储存策略有定位储存、随机储存、分类储存、分类随机储存和共同储存。储位编码的方法包括区段方式、品项类别方式、地址式和坐标式。计算物流配送中心仓储作业区域面积的方法有很多，包括比较类推法、定额计算法、荷重计算法、直接计算法等。

按照拣选系统规划与设计的过程，可以认为拣选系统由拣选单位、拣货作业方法、拣货策略、拣货信息、拣货设备、拣货人员和拣选作业区域等组成。拣货单位通常分成托盘、箱和单品 3 种形式。拣选单位确定之后，接下来要决定的是储存单位，一般储存单位必须大于或等于拣选单位。基本拣选作业方法有两种：按单拣选和批量拣选。按拣选信息的传递方式，可以将拣选作业分为传票拣选、拣货单拣选、拣选标签拣选、电子标签辅助拣选、RF 辅助拣选、IC 卡拣选和自动拣选等不同方式。拣选策略是影响拣选作业效率的重要因素，对不同客户的订单需求，应采用不同的拣选策略。拣选策略通常包括分区策略、订单分割策略、订单分批策略和分类策略。拣选设备通常分为"人至物前"拣选设备和"物至人前"拣选设备。

集货作业区域规划与设计主要考虑发货物品的订单数、时序安排、车次、区域、路线等因素。其发货单位可能有托盘、储运箱、笼车、台车等。集货作业区域划分遵循单排为主、按列排队原则。

通道的规划与设计在一定程度上决定物流配送中心内的区域分割、空间利用、运作流程及物流作业效率。通道设计应提供正确的物品存取、装卸货设备进出路径及必要的服务空间。通道设计主要是通道设置和宽度设计。物流配送中心的通道分为厂区通道和厂内通道两种。厂区通道一般称为道路，其主要功能是通行车辆和人员。而厂内通道称为通道，包括：工作通道、人行通道、电梯通道、服务通道和其他性质的通道。通道宽度的设计，需视不同作业区域、人员或车辆行走速度，以及单位时间内通行人员、搬运物品体积等因素而定。

物流配送中心建筑设施的规划与设计也是物流配送中心规划与设计的重要内容，主要包括柱间距、梁下高度和地面承载能力的规划与设计等几个方面的内容。柱间距将会直接影响物品的摆放、搬运车辆的移动、输送分拣设备的安装；梁下高度限制货架的高度和物品的堆放高度；地面承载能力决定设备布置和物品堆放数量。

行政区域的面积设计主要是指非直接从事生产、物流、仓储或流通加工的部门的面积计算，如办公室、接待室、休息室、餐厅等。除了物流配送中心内的物流作业区域和行政区域设计之外，其他区域(包括停车场、警卫室、环境美化区等)也要进行设计。

在对物流配送中心进行规划与设计时，除了要规划设计物流配送中心的作业区域、建筑设施、行政区域和厂区外，也需要对物流配送中心的公用设施进行规划与设计。一般来讲，物流配送中心的公用设施包括电力设施、给水与排水设施、供热与燃气设施等。对公用设施进行规划与设计，除了考虑物流配送中心的实际需要外，还要与物流配送中心所在地的市政工程规划相一致。

关键术语

作业区域规划与设计(Working Areas Planning and Design)

设施规划与设计(Facilities Planning and Design)

进出货平台(Discharging Platform and Delivery Platform)

仓储作业区域(Warehousing Area)

仓储系统(Warehousing System)

储位管理(Storage Management)

储存策略(Storage Strategies)

区域面积需求(Area Demand)

拣选系统(Picking System)

按单拣选(Single Order Picking)

批量拣选(Batch Order Picking)

拣选策略(Picking Strategies)

集货作业区域(Shipping Area)

通道规划与设计(Roadway Planning and Design)

叉车通道(Forklift Roadway)

习　题

1. 选择题

(1) 进出货平台主要包括(　　)。

　　A. 进货平台　　　　　　　　　　　B. 进出货共用平台

　　C. 出货平台　　　　　　　　　　　D. 集货区

(2) 按照平台形状进行分类，进出货平台分为(　　)。

　　A. 锯齿形　　　　B. 地面式　　　　C. 直线形　　　　D. 平台式

(3) 进出货平台停车遮挡的基本形式包括(　　)。

　　A. 内围式　　　　B. 齐平式　　　　C. 复合式　　　　D. 开放式

(4) 储存策略包括(　　)。

　　A. 定位储存　　　B. 随机储存　　　C. 分类储存　　　D. 共同储存

(5) 储位编码的方法包括(　　)。

　　A. 区段方式　　　　　　　　　　　B. 品项类别方式

　　C. 地址式　　　　　　　　　　　　D. 坐标式

(6) 仓储空间由(　　)构成。

　　A. 物理空间　　　　　　　　　　　B. 潜在可利用空间

　　C. 作业空间　　　　　　　　　　　D. 无用空间

(7) 物品储存方式包括(　　)。

    A. 物品直接堆码　　　　　　　B. 托盘平置堆码

    C. 托盘多层堆码　　　　　　　D. 托盘货架储存

(8) 按人员的组合方式，可以将拣选作业分为(　　)。

    A. 单独拣选　　　　　　　　　B. 按单拣选

    C. 批量拣选　　　　　　　　　D. 接力拣选

(9) 订单分批策略包括(　　)。

    A. 总合计量分批　　　　　　　B. 时窗分批

    C. 固定订单量分批　　　　　　D. 智能型分批

(10) 停车的基本方式包括(　　)。

    A. 平行式　　　　B. 斜列式　　　　C. 垂直式　　　　D. 混合式

(11) 某站台装卸货车厢最低高度为 550mm，车厢最高高度为 1 100mm，在满载条件下，车厢将下降 150mm，试计算出的站台高度为(　　)。

    A. 400mm　　　　B. 750mm　　　　C. 950mm　　　　D. 1 100mm

(12) 某拟建物流配送中心的仓储作业空间预计最高存储量为 1 200t。单位面积储存定额为 2t/m^2，有效面积利用系数为 0.4。据此推算拟建物流配送中心仓储作业区域的面积为(　　)。

    A. 1 250 m^2　　　　B. 1 500 m^2　　　　C. 1 750 m^2　　　　D. 2 000 m^2

(13) 某物流配送中心新进了一批纸箱装的物品，每箱毛重 50kg，纸箱上标志显示允许承受的最大重量为 200kg。若采用直接堆码形式，该批物品的可堆层数是(　　)。

    A. 3　　　　B. 4　　　　C. 5　　　　D. 6

(14) 设某种型号叉车，其最小转弯半径为 1 600mm，旋转中心到托盘距离为 360mm，托盘长度 1 200mm，叉车侧面余量尺寸 200mm，则丁字形叉车通道宽度为(　　)。

    A. 3 310mm　　　　B. 3 360mm　　　　C. 3 560mm　　　　D. 3 720mm

(15) 设托盘长度为 1 200mm，堆垛机通道宽度为 1 400mm，托盘货架的间距为 100mm，两个柱子间的巷道数为 5，则柱间距为(　　)。

    A. 13 500mm　　　　B. 19 500mm　　　　C. 20 100mm　　　　D. 27 000mm

(16) 设装载单元高度为 1 200mm，货架高度为 2 800 mm，货叉最大升程为 3 200mm，货叉提升高度为 200mm，梁下间隙尺寸为 600mm，则梁下高度为(　　)。

    A. 4 200mm　　　　B. 4 800mm　　　　C. 5 200mm　　　　D. 8 000mm

2. 简答题

(1) 物流配送中心作业区域和设施的规划与设计包括哪些内容？

(2) 进出货平台的规划与设计包括哪些内容？

(3) 仓储系统由哪些要素构成？

(4) 物流配送中心仓储作业区域面积估算的方法有哪些？

(5) 拣选作业的大体流程是什么？

(6) 通道设计包括哪些原则？

(7) 物流配送中心建筑设施的规划与设计包括哪些内容？

(8) 物流配送中心公用配套设施的规划与设计包括哪些内容？

3. 判断题

(1) 进出货平台也称为收发站台、月台或码头。 （　）

(2) 从有利于物流作业和进出货安排的角度来考虑，选择直线形进出货平台会更好一些。 （　）

(3) 选择高站台还是低站台，主要取决于物流配送中心的环境、进出货的空间、运输车辆的种类和装卸作业的方法，一般选择低站台。 （　）

(4) 良好的储存策略可以减少出入库移动的距离、缩短作业时间，甚至能够充分利用仓储空间。 （　）

(5) 共同储存是指根据库存货物及储位使用情况，随机安排和使用储位，每种物品的储位可随机改变。 （　）

(6) 潜在可利用空间是仓储空间中没有充分利用的空间，但潜在可利用空间的开发潜力不大，因为其所占仓储空间的比例较低。 （　）

(7) 托盘多层堆码是指将物品码放在托盘上，然后以托盘为单位进行码放，托盘货上面继续码放托盘货(大于1层)的储存方式。 （　）

(8) 拣选作业的效率直接影响着物流配送中心的作业效率和经营效益，是物流配送中心服务水平高低的重要标志。 （　）

(9) 按单拣选也称作摘果式拣选。 （　）

(10) 与按单拣选方式相比，批量拣选工艺难度较大，计划性强，拣选错误率相对较高。 （　）

(11) 拣选标签拣选是将原始的客户订单信息输入到计算机后，进行拣货信息处理，输出拣货单，在拣货单的指示下完成拣选。 （　）

(12) 订单分批是为了提高拣选作业效率而把多张订单集合成一批，进行批次拣选作业，其目的是缩短拣选的平均行走搬运的距离和时间。 （　）

(13) 拣选单位确定后，接下来要决定的是储存单位，一般储存单位必须大于或等于拣选单位。 （　）

(14) 集货作业区域规划与设计主要考虑发货物品的订单数、时序安排、车次、区域、路线等因素。 （　）

(15) 进行通道设计的顺序如下：首先设计配合出入物流配送中心门口位置的主要通道；其次设计出入部门及作业区域间的辅助通道；最后设计服务设施、参观走廊等其他通道。 （　）

(16) 梁下高度受货物所能堆码的高度、叉车的提升高度和货架高度等因素的限制，太高不但会增加成本，而且会降低保管效率。 （　）

(17) 在最经济的条件下，合理确定最佳柱间距，可以显著地提高物流配送中心的保管效率和作业效率。 （　）

(18) 物流配送中心道路绿化的主要作用是给路面遮阴、分隔车道、吸收交通灰尘、减少交通噪声、引导视线、美化路容和整个环境。 （　）

(19) 对公用设施进行规划与设计，除了考虑物流配送中心的实际需要外，还要与物流配送中心所在地的市政工程规划相一致。 （　）

4. 计算题

(1) 某物流配送中心每天进货时间为 2h, 进货车辆数和卸货时间为: 11t 车, 托盘进货, 进货车 10 辆, 每车的卸货时间为 25min; 11t 车, 散装进货, 进货车 5 辆, 每车的卸货时间为 50min; 4t 车, 托盘进货, 进货车 15 辆, 每车的卸货时间为 15min; 4t 车, 散装进货, 进货车 6 辆, 每车的卸货时间为 28min。设进货峰值系数为 1.4, 每个车宽度为 4m。试计算需要的车位数和进货平台的长度。

(2) 某物流配送中心的托盘尺寸为 $1.2 \times 1.0(m^2)$, 而其平均存货量为 672 箱, 每个托盘平均可堆码 24 箱, 可堆码 2 层, 通道面积占 30%～40%。试求存货所需的最大面积。

(3) 某物流配送中心新进了一批纸箱装的物品 350 箱, 每箱毛重 30kg, 箱底面积 0.5m², 箱高 0.6m, 纸箱上标志显示允许承受的最大重量为 180kg, 地坪承载能力为 1.2t/ m², 仓储作业区域可用高度为 6m。试求该批物品的最大可堆层数和货垛最小占地面积。

(4) 设起重能力为 1t 的叉车, 其最小转弯半径为 2 000mm, 旋转中心到车体中心距离为 720mm, 托盘宽度为 1 000mm, 叉车侧面余量尺寸 200mm。试求最小直角叉车通道宽度。

(5) 设装载单元高度为 1 200mm, 堆积层数为 3, 货叉最大升程为 3 000mm, 货叉提升高度为 200mm, 梁下间隙尺寸为 600mm。试求梁下高度。

5. 思考题

(1) 查阅相关文献、书籍或网络信息, 了解两个不同类型的物流配送中心的作业区域和设施的详细规划与设计结果, 并进行对比分析。

(2) 查阅相关的物流案例, 分析一个典型物流配送中心拣选系统的详细设计结果。

(3) 查阅一家知名的物流设备提供商, 选择一款典型的平衡重式叉车, 对其性能和相关参数进行汇总和分析。

 实际操作训练

课题: 物流配送中心仓储作业区域规划与设计

实训项目: 物流配送中心仓储作业区域规划与设计。

实训目的: 锻炼学生物流系统规划与设计的思维能力; 以该实训项目为平台, 引导学生主动查阅相关资料, 对知识进行汇总, 并能对实际问题进行设计和求解; 培养学生对仓储作业区域进行规划和设计的能力。

实训内容: 假设某物流配送中心仓储作业区域需要存储 2 000 个托盘的货物, 设计托盘货架、窄巷道托盘货架和重力式货架 3 种解决方案, 并分别计算各方案的如下指标值: 保管面积率、储位容积利用率、单位面积保管量。对 3 种解决方案进行比较分析。

实训要求: 首先, 学生以个人为单位, 详细查阅物流配送中心仓储作业区域规划与设计的流程, 熟悉方案设计的具体步骤; 其次, 在查阅相关文献的基础上, 合理补充方案设计所需要的相关数据; 再次, 利用所学的专业知识, 完成各方案数据计算的工作; 最后, 利用 AutoCAD 完成单元货格的结构设计、物流设备的结构设计(或选型)及仓储作业区域的货架布局图的设计等工作, 并形成完整的规划设计报告。

 **案例分析**

某卷烟厂烟叶原料配方自动化立体仓库设计

某卷烟厂烟叶原料配方自动化立体仓库的设计流程如图 5-66 所示。

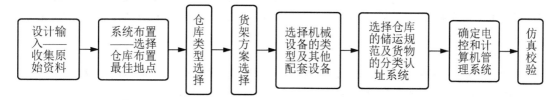

图 5-66　烟叶原料配方自动化立体仓库的设计流程

1. 设计输入——收集原始资料

首先要从用户方面收集资料，并依据该资料进行下一步的工作，倘若资料不全、模糊或者精度不高，则往往造成设计上的困难和设计出的结果与实际要求差距较大。

通常烟叶原料配方库所需收集的原始资料包括：工厂的年生产能力；工厂的有效工作日、工作时、工作班次；需求的库容量；库房情况；要求平均每天出库、入库的占用时间。

储存烟叶原料的参数：品牌数量、原始外形尺寸、原始包装装载方式、原始包装捆扎方式等。

2. 系统布置——选择仓库布置最佳地点

系统布置设计分为大系统设计与小系统设计两个方面：大系统设计——总体考虑全厂的布局、仓库的大小与位置及周边区域的相互联系等多方面因素；小系统设计——主要考虑整个仓库库房内的区域分配布置，计算库房面积、高度和容积的利用系数，以及仓储系统储存区占地面积和其他各部分(如货物卸货、验收、条形码处理、配发及其他进出货配套区等)占地面积的比例及各分区安排，满足货物的仓内流向与仓外流向的统一性和技术经济性。

3. 仓库类型选择

仓库的类型较多，主要有室内仓库、露天仓库、堆垛储存式仓库、货架立体多层仓库、仓罐式仓库等。

4. 货架方案选择

立体仓库布置方案的选择主要取决于货架的类型、结构、起重运输机类型与各配套区域的相互布局。

货架在立体仓库中起着决定性作用，是仓库的主体。它的类型、结构、尺寸的变化，都将使整个仓库从各种设备到土建，从总体布局到通风、空调、防虫、消防设备等产生变化。所以，要做好立体仓库的规划设计，必须首先做好货架方案的选择与设计。

5. 选择机械设备的类型及其他配套设备

机械设备和其他配套设备的选择，主要应考虑货架的类型、装载形式、经济性和可靠性。

6. 选择仓库的储运规范及货物的分类认址系统

仓库的储运规范：通常仓库的储运规范主要以"先进先出"为原则，但作为烟叶原料配方仓库来说，主要以"批量储存，批量配方出货"为原则，库存时间为 5~10 天。

货物的分类认址系统：在立体仓库中，具有数量众多的货位、设备，进出货物必须能按要求在规定的货格存放或提取所需求的货物，这个工作由货物分类认址系统来完成。现在货物分类认址大多由计算机、光电控制设备完成。对于烟叶原料配方仓库，由于烟叶的牌号、规格种类较多，所以对计算机等控制元件要求高，同时对货格定位控制系统要求较高。货物存储一般分两类进行，一是随机存储；二是分区随机存储。对储存种类较少的烟叶原料配方仓库，一般多采用随机存取，这样便于提高仓库的有效利用率。

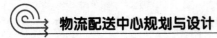

7. 确定电控和计算机管理系统

总体工艺、设备方案确定后，要进一步确定电控、计算机管理系统，确定电控、计算机管理系统主要依据工艺方案配置、经济性、可靠性、实用性、应用范围确定。

烟叶原料配方仓库与烟厂生产计划供应、生产资金周转调配直接相关，它关系着整个烟厂的全局，所以原料配方仓库管理系统应与全厂主机管理系统连接，进而能进行全厂统一性管理。

8. 仿真校验

方案设计的可行性及成败、系统问题的查找，需经过计算机仿真才能以模拟真实的形态反映出来，大多数自动化立体系统设计完成后，都需要通过计算机仿真系统来对其进行仿真校验，从而确保方案的可行性。

9. 其他方面

烟叶原料配方仓库与其他各类立体仓库一样，还必须配备消防系统，以确保仓库的安全性。在进行这方面的规划与设计时，需与有关方面的设计人员进行协商讨论，共同设计。

资料来源：周凌云，赵钢. 物流中心规划与设计[M]. 北京：清华大学出版社，北京交通大学出版社，2010.

问题：

(1) 自动化立体仓库中的货架选择的依据是什么？

(2) 可以采用哪些评价方法或手段分析所设计的自动化立体仓库的效果？

(3) 学习完本章内容后，你能完成自动化立体仓库设计流程图中的哪些内容？

第6章 物流配送中心配送运输系统规划与设计

【本章教学要点】

知识要点	掌握程度	相关知识
物流配送中心配送运输系统概述	了解	配送运输的概念、产生的原因及特点，物流配送中心配送运输系统作用及影响因素，物流配送中心配送运输系统作业流程
配送运输方式	掌握	物流配送运输方式，特殊配送运输方式，特殊货物的配送运输
配送计划与车辆调度	掌握	配送计划的组织与实施，车辆调度
配送积载技术	掌握	配送车辆积载影响因素及积载原则，提高车辆装载效率，配送车辆装载与卸载
配送路线优化方法	重点掌握	配送路线优化的意义，配送运输路线的类型及其确定原则，配送运输路径的优化方法

【本章技能要点】

技能要点	掌握程度	应用方向
物流配送中心配送运输作业流程	了解	在进行物流配送中心配送运输系统的规划与设计时，可以作为主要的参考步骤
配送运输方式	掌握	熟悉现有配送运输方式及其特点，在结合配送商品的特性和配送需求的情况下，能够合理选择有效的配送运输方式
配送积载技术	掌握	根据不同车厢装载标准、货物规格、包装要求等进行车辆装载，充分利用车辆的载运能力
配送运输路径的优化方法	重点掌握	对物流配送中心降低成本、提高效益至关重要，掌握常用的路径优化方法，能够针对性地对配送路径进行优化

【知识架构】

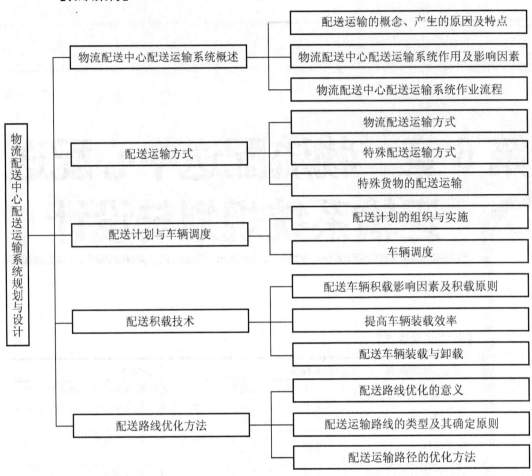

物流配送中心配送运输系统规划与设计

- 物流配送中心配送运输系统概述
  - 配送运输的概念、产生的原因及特点
  - 物流配送中心配送运输系统作用及影响因素
  - 物流配送中心配送运输系统作业流程
- 配送运输方式
  - 物流配送运输方式
  - 特殊配送运输方式
  - 特殊货物的配送运输
- 配送计划与车辆调度
  - 配送计划的组织与实施
  - 车辆调度
- 配送积载技术
  - 配送车辆积载影响因素及积载原则
  - 提高车辆装载效率
  - 配送车辆装载与卸载
- 配送路线优化方法
  - 配送路线优化的意义
  - 配送运输路线的类型及其确定原则
  - 配送运输路径的优化方法

 导入案例

沃尔玛成功的关键

沃尔玛公司由美国零售业的传奇人物山姆·沃尔顿于 1962 年在美国阿肯色州成立。经过五十多年的发展,沃尔玛公司已经成为美国最大的私人雇主和世界上最大的连锁零售企业。目前,沃尔玛在全球开设了 7 000 多家商场,分布在全球 14 个国家。根据美国《财富》杂志 2008 年 7 月 9 日公布的 2008 年度全球企业 500 强排行榜,美国零售业巨头沃尔玛公司以 3 787.99 亿美元的年销售额蝉联榜首。

前任沃尔玛总裁大卫·格拉斯这样总结:"配送设施是沃尔玛成功的关键之一,如果说我们有什么比别人干得好,那就是我们的物流配送中心。"灵活高效的物流配送系统是沃尔玛达到最大销售量和低成本存货周转的核心。

沃尔玛通常在 100 多家零售卖场中央位置设立一个物流配送中心,其同时可以满足 100 多个销售网点的需求,以此缩短配送时间,降低送货成本。沃尔玛首创交叉配送(Cross Docking)的独特作业方式,进货与出货几乎同步,没有入库、储存、分拣环节,因此加速了货物流通。在竞争对手每 5 天配送一次商品的情况下,沃尔玛每天送货一次,大大减少了中间过程,降低了管理成本。数据表明:沃尔玛的配送成本仅占销售额的 2%,而一般企业中这个比例高达 10%。这种灵活高效的物流配送方式使沃尔玛在竞争激烈的零售业中技高一筹、独领风骚。

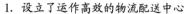
1. 设立了运作高效的物流配送中心

从建立沃尔玛折扣百货公司之初，沃尔玛公司就意识到有效的商品配送是保证公司达到最大销售量和最低成本的存货周转及费用的核心。而唯一使公司获得可靠供货保证及提高效率的途径就是建立自己的配送组织，包括送货车队和仓库。建立物流配送中心的好处不仅使公司可以大量进货，而且通过要求供应商将商品集中送到物流配送中心，再由公司统一接收、检验、配货、送货。

2. 先进的配送作业方式

目前，销售部物流管理科负责的业务包括：销售订单处理、订单分配、入库管理、出库管理、合格证管理、资金结算与信息查询，采用 AS 400 系统实现高效业务管理，并通过 ASP 系统与生产部衔接，及时传递订购车辆的品种、型号、颜色、配置、要货时间等信息。

3. 实现物流配送中心自动化的运行及管理

(1) 沃尔玛物流配送中心的运行完全实现了自动化。每种商品都有条形码，通过几十千米长的传送带传送商品，激光扫描器和计算机追踪每件商品的储存位置及运送情况，每天能处理 20 万箱的货物配送量。

(2) 具有完善的配送组织结构。沃尔玛公司为了更好地进行配送工作，非常注意从自己企业的配送组织上加以完善。其中一个重要的举措便是公司建立了自己的车队进行货物的配送，以保持灵活性和为一线商店提供最好的服务。这使沃尔玛享有极大的竞争优势，其运输成本也总是低于竞争对手。

思考题：

(1) 为了缩短配送时间，沃尔玛公司采用了哪些措施？

(2) 沃尔玛物流配送中心的配送运输系统的特色体现在哪些方面？

(3) 针对国内零售连锁企业现状，思考如何借鉴沃尔玛的配送运输模式？主要难点和障碍是什么？

运输是社会物质生产的必要条件之一，是国民经济的基础。在整个国民经济中，运输是加速社会再生产和促进社会再生产连续不断进行的前提条件，同时也是连接产销、沟通城乡的纽带。运输通过变动"物"所在的空间位置，使生产继续，使社会再生产不断推进，并且是一个价值增值的过程。

配送运输作为一种新型的物流手段，伴随着生产的不断发展而日趋成熟。建立和发展配送运输系统，无论是对于物流系统的完善，物流配送中心的发展，还是整个社会经济效益的提高，都具有重要的作用。

6.1　物流配送中心配送运输系统概述

6.1.1　配送运输的概念、产生的原因及特点

1. 配送运输的概念

配送运输是指将客户所需的货物使用汽车或其他运输工具从供应点送到客户手中的活动过程。配送运输通常是一种短距离、小批量、高频率的运输形式。它可能是从工厂等生产的仓库直接送至客户，也可能通过批发商、经销商或由物流配送中心转送至客户手中。配送运输主要由汽车运输进行，具有城市轨道货运条件的可以采用轨道运输，对于跨城市的地区配送可以采用铁路运输，或者在河道水域通过船舶运输。

 **资料卡**

严格来说，运输活动与配送活动之间具有差别也存在联系。

运输活动必须通过运输工具在运输路线上移动才能实现物品的位置移动，是线活动。配送以送为主，属运输范畴，但它包含点活动，是线活动与点活动的结合。

同时二者又存在一种互补关系，即在的物流系统中，运输处在配送的前面，先实现物品长距离的位置转移，然后由配送完成短距离的输送。

 **知识拓展**

物流配送的经济里程

日本是物流业起步较早、较发达的国家，其物流业界的实践表明：配送的有效距离最好在 50km 半径以内；如果是国内物流配送中心，经济里程大约在 30km 以内。

2. 配送运输产生的原因

配送起源于"送货上门"。20 世纪 60 年代初期，生产企业或中转仓库根据客户的需求，将货物准确送到客户手中，形成了配送的雏形——普通送货。随着客户对产品多样化和差异化的要求，为了满足客户的需求，原始的普通送货开始转向分拣、配货、送货一体化，配送由此产生。当前信息科技飞速发展，经济全球化不断提高，配送运输的需求也越来越显得重要。表 6-1 列出了其产生的主要原因。

表 6-1 配送运输产生的主要原因

产生原因	具体表现
消费行为的变化	消费者消费行为个性化、多样化，要求生产小批量、多品种、快速化、柔性化
生产策略的转变	生产商针对消费者行为和需求的变化，并迫于竞争压力，转变生产策略，并强化物流管理
连锁经营发展的趋势	国外零售连锁巨头进入国内市场,本土企业也在与其竞争过程中不断学习借鉴,发展连锁经营
电子商务的兴起	信息技术高速发展，各种网络贸易平台的兴起，各种实体卖场纷纷建立自己的网购商场

 **资料卡**

1859 年第一家具有规模性的连锁商店市由乔治·F.吉尔曼和乔治·亨廷顿·哈特福特在纽约创办。

20 世纪 60—70 年代，连锁经营以其特有的生命力，冲破贸易保护主义的樊篱，从美国向世界各地蔓延。

从 20 世纪 80 年代开始，全球连锁经营飞速发展，美国几乎每 6.5min 就有一家连锁店开业；马来西亚、新加坡的连锁经营已上升为这些国家的国策。

连锁经营是一种商业组织形式和经营制度，是指经营同类商品或服务的若干个企业，以一定的形式组成一个联合体，在整体规划下进行专业化分工，并在分工基础上实施集中化管理，把独立的经营活动组合成整体的规模经营，从而实现规模效益。

3. 配送运输的特点

配送运输以服务为目标，以尽可能满足客户要求为优先。如果单从运输的角度看，它是对干线运输的一种补充和完善，属于末端运输、支线运输，因此具有不同于干线运输的特点。

1) 时效性

快速及时，即确保客户在指定的时间内获取其所需要的商品，这是客户最重视的因素，也是配送运输服务性的充分体现。配送运输是从客户订货到交货的最后环节，也是最容易引起时间延误的环节。影响时效性的因素有很多，除配送车辆故障外，所选择的配送路线不当，中途客户卸货不及时及货款结算延时等，均会造成时间上的延误。因此，必须在认真分析各种因素的前提下，用系统化的思想和原则，有效协调，综合管理，合理选择配送路线、配送车辆、送货人员，使每位客户在其所指定的时间内能收到所期望的商品。

企业在考核配送运输时效的时候一定要设立两个指标：平均运输周期(衡量产品交货期的指标)和准时交货率(衡量产品交货是否可靠的指标)，只有在平均运输周期和准时交货率之间找到平衡，才能最终令客户满意，增强企业的竞争力。

若A物流配送中心的准时交货率是100%，B物流配送中心的准时交货率是95%，A物流配送中心的时效水平一定就比B物流配送中心的好吗？让我们再看看A物流配送中心的平均运输周期为48h，B物流配送中心的平均运输周期为30h，综合来看是A物流配送中心的运作好还是B物流配送中心的运作好？

2) 安全性

配送运输的宗旨是将货物完好无损地送到目的地。影响安全性的因素有货物的装卸作业，运送过程中的机械振动和冲击及其他意外事故，客户地点及作业环境，配送人员的素质等，这些都会影响配送运输的安全性。因此，在配送运输管理中必须坚持安全性原则。

3) 沟通性

配送运输是配送的末端服务，通过送货上门服务直接与客户接触，是与客户沟通最直接的桥梁，配送人员的配送服务代表着公司的形象和信誉，在沟通中起着非常重要的作用。所以，必须充分利用配送运输活动中与客户沟通的机会，巩固和提高公司的信誉，为客户提供更优质的服务。

4) 方便性

配送运输以服务为目标，以最大限度地满足客户要求为优先。因此，应尽可能地让客户享受到便捷的服务。通过采用高弹性的送货系统，如紧急送货、顺道送货与退货，为客户提供真正意义上的便利服务。

5) 经济性

实现一定的经济利益是企业运作的基本目标。因此，对合作双方来说，以较低的费用完成配送运输作业是企业建立双赢机制、加强合作的基础。所以不仅要完成高质量、及时方便的配送运输服务，还必须提高配送运输的效率，加强成本控制与管理，为客户提供优质、经济的配送服务。

资料卡

配送运输在我国发展也是近十几年的事，进展缓慢、设备落后、信息化程度低是目前的一个基本状况。具体表现在配送运输规模小，物流网点缺乏统一布局；物流配送中心现代化程度低，机械化水平低，整体物流技术比较落后；物流配送中心功能不健全，其中信息没有得到充分的加工和利用，离信息化还有很大的差距等。所以，发展配送运输服务，既是物流配送中心发展的重点，也是市场竞争焦点。

小思考

去图书馆或上网查阅相关资料，了解国外物流企业先进的配送运输技术，并思考国内企业应如何借鉴？

6.1.2 物流配送中心配送运输系统作用及影响因素

1. 配送运输系统的作用

配送运输对企业，特别是对各类物流配送中心来说都具有重要的作用，是企业经营活动的关键组成部分。

(1) 实现低库存甚至零库存。

(2) 可使大量储备资金用来开发新业务。

(3) 提高物流服务水准、简化手续、方便客户。

(4) 完善干线运输的社会物流功能体系。

(5) 扩大企业的产品市场占有率。

2. 配送运输系统的影响因素

配送运输活动是一个连续的过程，对配送运输的有效管理极为重要，否则不仅影响配送效率和信誉，而且将直接导致配送成本的上升。影响配送运输的因素有很多，包括动态因素和静态因素，表 6-2 对其进行了举例说明。

表 6-2　配送运输影响因素的举例说明

影响因素	举例说明
动态因素	如车流量变化、道路施工、配送客户的变动、可供调动的车辆变动等
静态因素	如配送客户的分布区域、道路交通网络、车辆运行限制等

小思考

除了表6-2列举的内容外，你生活中遇到的影响配送运输活动的动态、静态因素还有哪些？

6.1.3　物流配送中心配送运输系统作业流程

各物流配送中心经营的产品和服务不同，规模大小不一，运作管理模式也存在差异，这些都导致了各自的配送运输系统存在一定的差别，然而作为以服务客户为目标，它们的基本作业流程都是相同的，如图6-1所示。

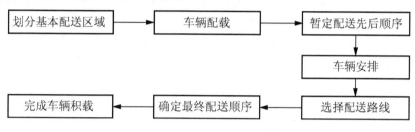

图6-1　配送运输系统作业流程

1. 划分基本配送区域

为使整个配送有一个可循的基本依据，应首先将客户所在地的具体位置做出系统统计，并将其做区域上的整体划分，将每一客户包括在不同的基本配送区域之中，以作为下一步决策的基本参考依据。例如，按行政区域或依交通条件划分不同的配送区域，在这一区域划分的基础上再做弹性调整来安排配送运输。

2. 车辆配载

由于配送货物品种、特性各异，为提高配送效率，确保货物质量，必须首先对特性差异大的货物进行分类。在接到订单后，将货物依特性进行分类，分别采取不同的配送方式和运输工具。其次，配送货物也有轻重缓急之分，必须初步确定哪些货物可配载于同一辆车，哪些货物不能配载于同一辆车，以做好车辆的初步配载工作。

3. 暂定配送先后顺序

在考虑其他影响因素，做出确定的配送方案前，应先根据客户订单要求的送货时间将配送的先后作业次序做出概括的预计，为后续工作做好准备。计划工作的目的，是为了保证达到既定的目标，所以，预先确定基本配送顺序既可以有效地保证送货时间，又可以尽可能地提高运作效率。

4. 车辆安排

车辆安排要解决的问题是安排什么类型、吨位的配送车辆进行最后的送货。一般物流配送中心拥有的车型有限，车辆数量亦有限，当物流配送中心的车辆无法满足要求时，可使用外雇车辆。在保证配送运输质量的前提下，是组建自营车队，还是以外雇车为主，则需视经营成本而定。无论是自有车辆还是外雇车辆，都必须事先掌握有哪些车辆可供调派并符合要求，即这些车辆的容量和额定载重量是否满足要求。其次，在安排车辆之前，还必须分析订单上货物的信息，如体积、重量、数量及对于装卸的特别要求等，综合考虑各方面因素的影响，作出最合理的车辆安排。

 小思考

外雇车辆或自有车辆的费用与运输量的关系如何？如果根据这种关系来选择车辆？

5. 选择配送路线

知道每辆车负责配送的具体客户后，应考虑如何以最快的速度完成这些货物的配送，即如何选择配送距离短、配送时间短、配送成本低的路线。这需根据客户的具体位置、沿途的交通情况等作出选择和判断。除此之外，还必须考虑客户或其所在地点、环境对送货时间、车型等方面的特殊要求，如有些客户不在中午或晚上收货，有些道路在某高峰期实行特别的交通管制等。

6. 确定最终配送顺序

做好车辆安排及选择好最佳的配送路线后，依据各车负责配送的具体客户的先后，即可将客户的最终配送顺序加以明确确定。

7. 完成车辆积载

明确了客户的配送顺序后，接下来就是如何将货物装车，以及以什么次序装车的问题，即车辆的积载问题。原则上，知道了客户的配送顺序先后，只要将货物依"后送先装"的顺序装车即可。但有时为了有效利用空间，可能还要考虑货物的性质、形状、体积及重量等做出弹性调整。此外，对于货物的装卸方法也必须依照货物的性质、形状、体积、重量等做出具体决定。

配送运输系统作业流程中的 7 个环节的合理操作是完成配送运输服务的基本前提，然而要实现高质量的配送运输服务还需要在操作过程中注意以下要点。

(1) 明确订单内容。

(2) 掌握货物的性质。

(3) 明确具体配送地点。

(4) 适当选择配送车辆。

(5) 选择最优的配送路线。

(6) 充分考虑各作业点装卸货时间。

6.2 配送运输方式

影响配送运输的因素较多，为了在运输方式的选择上既有利于客户的便捷性、经济性，又利于货物的安全性，应尽量避免不合理运输。配送运输方式主要是汽车运输，其中包括整车运输、多点运输及快运。

6.2.1 物流配送运输方式

现代运输主要有铁路、公路、水路、航空和管道 5 种基础运输方式，在这 5 种基本运输方式的基础上，还可以组成不同的综合运输方式，各种运输方式都有其特定的运输路线、运输工具、运输技术、经济特性及合理的使用范围。

1. 铁路运输

在我国，铁路运输是在干线运输中起主力运输作用的运输形式，是我国经济活动的大动脉，主要承担长距离、大批量的货运业务，是带动和促进其他运输方式甚至整个交通运输网的关键。

优点：运输量大，长途运输成本低，安全，很少受天气影响，可以高速运输，节能环保。

缺点：短距离货运运费昂贵，运费没有伸缩性，不能实现门到门运输，车站固定，运输时间长，不适宜做紧急运输。

资料卡

中国第一条铁路吴淞铁路建于上海，由英国人兴建，后被清朝地方官员买回并拆毁。而正式使用的第一条铁路和蒸汽机车则是由李鸿章兴办的开滦公司煤矿所建。

2. 公路运输

公路运输是指以公路为运输线，利用汽车等陆路运输工具，做跨地区或跨国的移动，以完成货物位移的运输方式。公路运输是构成陆上运输的两种基本运输方式之一，也是对外贸易运输和国内货物运输的主要方式之一。

公路运输网密度大，分布面广，运输车辆可以实现"无处不到、无时不有"。公路运输机动性也比较大，车辆可随时调度、装运，各环节之间的衔接方便快捷，尤其是公路运输对客、货运量的多少具有很强的适应性。

优点：空间上的灵活性，可以实现门到门运输服务；时间上的灵活性，可以按运输要求随时起运；批量上的灵活性，起运批量和汽车装载量一致；运行条件上的灵活性，对运行场地和路线没有特别的要求；服务上的灵活性，可以最大限度地满足货主的具体要求。

缺点：运输批量小，单位运价高，交通事故及公害问题多。

3. 水路运输

水路运输是为目前各主要运输方式中兴起最早、历史最长的运输方式。它是以船舶为主要运输工具，以港口或港站为运输基地，以水域包括海洋、河流和湖泊为运输活动范围的一种运输方式。水路运输运载能力大、成本低、能耗少、投资省，是一些国家国内和国际运输的重要方式之一。

优点：运量大、占地少、基本建设投资少、节省能源、运费低。

缺点：灵活性小、连续性差、速度慢、受自然地理条件和气候条件的影响比较大。

知识拓展

水路运输在中国的发展历史

中国是世界上水路运输发展较早的国家之一。公元前2500年已经制造舟楫，商代有了帆船。公元前500年前后中国开始开凿运河。公元前214年建成了连接长江和珠江两大水系的灵渠。隋代大运河则沟通了钱塘江、长江、淮河、黄河和海河 5 大水系。唐代对外运输丝绸及其他货物的船舶直达波斯湾和红海之滨，其航线被誉为海上丝绸之路。明代航海家郑和率领巨大船队七下西洋，历经亚洲、非洲等 30 多个国家和地区。

4. 航空运输

航空运输又称空中运输，它是在具有航空路线和飞机场的条件下，利用飞机作为运输工具进行人员、货物、邮件运输的一种运输方式。由于其具有快速、机动的特点，已成为国际贸易中的贵重物品、鲜活货物和精密仪器运输所不可或缺的运输方式。

在我国运输业中，航空运输的货运量占全国运输量的比重还比较小，目前主要是承担长途客运任务，伴随着物流行业的快速发展，航空运输在货运方面将会扮演重要角色。

优点：速度快、机动性大、舒适安全。

缺点：运费相当高、运量小，受经济波动和突发事件等的影响大。

航空公司发运货物时，必须进行严格的吨位控制与配载工作，以保证运行安全及提高载运率。

5. 管道运输

最初管道运输的定义是用管道作为运输工具的一种长距离输送液体和气体物资的运输方式，是一种专门由生产地向市场输送石油、煤和化学产品的运输方式，是运输网中干线运输的特殊组成部分。

现代管道运输有了很大的发展，除广泛用于石油、天然气的长距离运输外，还可运输矿石、煤炭、建材、化学品和粮食等。当前管道运输的发展趋势如下：管道的口径不断增大，运输能力大幅度提高；管道的运距迅速增加；运输物资由石油、天然气、化工产品等流体逐渐扩展到煤炭、矿石等非流体。

优点：不受地面气候影响并可连续作业；运输的货物不需包装，节省包装费用；货损、货差率低；运量大、占地少；无回空运输问题，耗能少、成本低、效益好；建设周期短，经营管理比较简单。

缺点：运输货物过于专一，单向运输，不易扩展路线；机动灵活性小，一次性固定投资大；运输量明显不足时，运输成本会显著增大。

从 1970 年 8 月 3 日的"八三会战"开始，中国石油天然气管道局就伴随着中国管道运输业的诞生、发展，从稚嫩走向成熟，成长壮大为我国管道建设的主力军。

铁路、公路、水路、航空和管道及其组成的不同综合运输方式，都有其特定的运输技术、经济特性及合理的适用对象和范围。所以只有熟知各种运输方式的效能和特点，结合商品的特性、运输条件、市场需求才能合理地选择和使用各种运输方式。

影响配送运输方式选择的因素包括：商品性能特征、运输速度和路程、运输的可靠性、运输费用、货品需求缓急情况。

综合考虑各种运输方式的特点及选择的影响因素，可参考表 6-3 进行合理的选择。

表 6-3　运输方式的合理选择

运输方式	种　　类
铁路运输	大宗、笨重、长距离运输，如矿产、金属、牲畜等工农业原料和产品
公路运输	短距离、运量小的货物
水路运输	大宗、长距离、时间要求不高的货物
航空运输	紧急需求、价值高、数量不大的货物
管道运输	原油、成品油、天然气、煤浆及其他矿浆

6.2.2　特殊配送运输方式

1. 多式联运

由两种及其以上的交通工具相互衔接、转运而共同完成的运输过程统称为复合运输，在我国习惯上称为多式联运。

多式联运是根据实际运输要求，将不同的运输组合成综合性的一体化运输，通过一次托运、一次计费、一张单证、一次保险，由各运输区段的承运人共同完成货物的全程运输，即将全程运输作为一个完整的单一运输过程来安排。多式联运广泛应用于国际货物运输中，称为国际多式联运。

2. 集装箱运输

在运输过程中，为了加速商品的流通，降低流通费用，节约物流的劳动消耗，实现快速、低耗、高效率及高效益地完成运输生产过程，并将货物送达目的地交付给收货人，应变革传统的运输方式，使之成为一种高效率、高效益及高运输质量的运输方式，而集装箱运输正是这种运输方式。

集装箱运输是指以集装箱为基本运输单位，采用海、陆、空等运输方式将货物运往目的地的一种现代化运输方式。使用集装箱转运货物，可直接在发货人的仓库装货，运到收货人的仓库卸货，中途更换车、船时，无须将货物从箱内取出转载。集装箱运输在国际货物运输中是最主要的运输形式，是开展国际多式联运的重要条件。

3. 散装运输

散装运输是指产品不带包装的运输，是采用专用设备将产品直接由生产厂送至用户使用的运输方式。大部分的化工产品及一些工业原材料，如煤炭、焦炭、水泥等都是采用散装运输的形式。

散装运输具有很多的优点，如节省包装材料和包装费用，减少运输中的损失，提高运输质量和效率；装卸作业的自动化、机械化程度高，速度快，加快了运输工具的快速周转。

4. 托盘化运输

托盘化运输是指货物按一定要求成组装在一个标准托盘上组合成一个运输单位，使用叉车或托盘升降机进行装卸、搬运和堆放的一种运输方式。

托盘化运输是当前新兴的一种运输方式，它以托盘为单位运输，作业效率高；便于理货，减少货损、货差；与集装箱相比，制造成本低，时间短，收效快。

常用的托盘标准有长方形(1 200mm×1 000mm)和正方形(1 100mm×1 100mm)。

6.2.3 特殊货物的配送运输

1. 危险货物的配送运输

危险货物是指具有爆炸、易燃、毒害、腐蚀、放射性等性质，在运输、装卸和储存保管过程中，容易造成人身伤亡和财产损失而需要特别防护的货物。危险货物需同时具备3个要素：具有爆炸、易燃、毒害、腐蚀、放射性等性质；容易造成人身伤亡和财产损失；需要特别防护。

危险货物的运输需有资质凭证，包括由运政管理部门审批、发放的加盖"危险货物运输"字样的《道路运输经营许可证》、《道路营业运输证》或《道路非营运运输证》、《危险货物作业证》及危险货物运输车辆标志和消防工作合格文件等。

公路危险货物运输车辆标志，按国家规定是印有黑色"危险品"字样的三角形小黄旗。

2. 超限货物的配送运输

超限货物是指货物外形尺寸和重量超过(指超长、超宽、超重、超高)常规车辆、船舶装载规定的大型货物。

超限货物的配送运输组织要严格遵守相关要求，其基本作业流程为：选择合理车辆；做好装车前的准备工作；组织装车；装车后进行复测和检查，填写超限货物运输记录；加固货物；标画检查线、书写超限等级、安插车牌及表示牌。

货物装车后，车辆停留在水平直线上，货物的任何部位超出机车车辆限界基本轮廓者，或车辆行经半径为300m的曲线时，货物的计算宽度超出机车车辆限界基本轮廓者，均为超限货物。

根据货物的超限程度，超限货物分为3个等级：一级超限、二级超限和超级超限。

(1) 一级超限：自轨面起高度在1 250mm及其以上超限但未超出一级超限限界者。

(2) 二级超限：超出一级超限限界而未超出二级超限限界者，以及自轨面起高度为150~1 250mm(不包括1 250mm)超限但未超出二级超限限界者。

(3) 超级超限：超出二级超限限界者。

3. 鲜活易腐货物的配送运输

鲜活易腐货物是指在运输过程中，需要采取一定措施，以防止死亡和腐烂变质的货物，如鲜鱼虾、鲜肉、瓜果、蔬菜、牲畜、观赏野生动物、花木秧苗、蜜蜂等。

鲜活易腐货物有别于其他货物的运输，如季节性强、运量变化大、运送时间要求紧迫、运输途中需要特殊照料等。

鲜活易腐货物的配送运输需要注意以下几点：及时运输，协调好仓储、配载、运送各环节，及时送达；配载运送时，认真检查货物的质量、包装和温度要求；鲜活易腐货物装车前，必须认真检查车辆及设备的完好状态，注意清洗和消毒；装车时应根据不同货物的特点，确定其装载方法。

查阅冷链物流的相关资料，并与同学进行讨论。

6.3　配送计划与车辆调度

6.3.1　配送计划的组织与实施

1. 配送计划的定义

配送计划是指配送企业(物流配送中心)在一定时间内编制的生产计划。它是物流配送中心生产经营的首要职能和中心环节。配送计划的主要内容应包括配送时间、车辆选择、货物装载及配送路线、配送顺序等的具体选择。配送计划包括配送主计划、每日配送计划和特殊配送计划。

1) 配送主计划

配送主计划是指针对未来一定时期内，对已知客户需求进行前期的配送规划，便于对车辆、人员、支出等做统筹安排，以满足客户的需要。例如，为迎接家电行业每年3～7月份空调销售旺季的到来，物流配送中心可以提前根据各个客户前一年的销售情况及今年的预测情况，预测今年空调销售旺季的配送需求量，并据此制订空调销售旺季的配送主计划，提前安排车辆、人员等，以保证配送任务顺利完成。

2) 每日配送计划

每日配送计划是物流配送中心逐日进行实际配送作业的调度计划。例如，订单增减、订单取消、配送任务细分、时间安排、车辆调度等。制订每日配送计划的目的是使配送作业有章可循。与配送主计划相比，物流配送中心的每日配送计划更具体、频繁。

3) 特殊配送计划

特殊配送计划是指物流配送中心针对突发事件或者不在配送主计划规划范围内的配送业务，或者不影响正常性每日配送业务所做的计划。它是配送主计划和每日配送计划的必要补充，如空调在特定商场进行促销活动，可能会导致短期内配送需求量突然增加，这就需要制订特殊的配送计划，增强配送业务的柔性，提高服务水平。

知识拓展

配送需求计划

配送需求计划(Distribution Requirements Planning，DRP)是流通领域中的一种物流技术，其是物料需求计划(Material Requirement Planning，MRP)原理与方法在物品配送中的运用。它主要解决分销物资的供应计划和调度问题，达到保证有效地满足市场需要且使配置费用最省的目的。

2. 配送计划的制订依据

1) 客户订单

一般客户订单对配送商品的品种、规格、数量、送货时间、送达地点、收货方式等都有要求。因此，客户订单是拟订配送计划的最基本的依据。

2) 客户分布、运输路线、距离

客户分布是指客户的地理位置分布；客户位置离配送据点的距离长短，配送据点到达客户收货地点的路径选择，直接影响输送成本。

3) 配送货物的体积、形状、重量、性能、运输要求

配送货物的体积、形状、重量、性能、运输要求是决定运输方式、车辆种类、载重量、容积、装卸设备的制约因素。

4) 运输、装卸条件

运输道路交通状况、运达地点及其作业地理环境、装卸货时间、天气气候等对运输作业的效率也有较大的约束作用。

3. 配送计划的制订和实施

在充分掌握以上配送计划的制订依据中所列的必需的信息资料后，由计算机编制，最后形成配送计划表，或由计算机直接向具体执行部门下达指令。在不具备上述手段而由人工编制计划时，其主要包括以下几个步骤。

(1) 按日汇总各用户需求资料，用地图标明，也可用表格列出。

(2) 计算各用户送货所需时间，以确定起送提前期。

(3) 确定每日各配送点的配送计划，可以图上或表上作业法完成，也可计算。

(4) 按计划的要求选择配送手段。

(5) 以表格形式拟订出详细配送计划。

配送计划的实施过程，通常分为 5 个阶段。

(1) 下达配送计划，即通知用户和配送点，以使用户按计划准备接货，使配送点按计划组织送货。

(2) 配送点配货，即各配送点按配送计划落实货物和运力，对数量、种类不符要求的货物，组织进货。

(3) 下达配送任务，即配送点向运输部门、仓库、分货包装及财务部门下达配送任务，各部门组织落实任务。

(4) 发送，即理货部门按要求将各用户所需的各种货物，进行分货、配货、配装，并将送货交接单交驾驶员或随车送货人员。

(5) 配达，即车辆按规定路线将货物送达用户，用户点接后在回执上签章。配送任务完成后，财务部门进行结算。

 小知识

配送 7 要素

配送 7 要素是指货物、客户、车辆、人员(指司机或者配送业务员)、路线、地点、时间这 7 项内容，也称为配送的功能要素。

6.3.2 车辆调度

1. 车辆调度的概念

车辆调度是指制定行车路线，使车辆在满足一定的约束条件下，有序地通过一系列装货点和卸货点，达到诸如路程最短、费用最小、耗时最少等目标。车辆调度由计划、监督(控制)与统计分析 3 大部分构成。

2. 车辆调度的特点

一般车辆调度具有以下 4 个方面的特点。

1) 计划性

计划性是调度工作的基础和依据。事先划分好配送区域，配送车辆按照已经划分好的区域路线执行每日的配送工作。

2) 机动性

机动性就是必须加强运输信息的反馈，及时了解运输状况，机动灵活地处理各种问题，准确及时地发布调度命令，保证运输计划的完成。当遇到门店要货量不均或要货属性(体积、重量等)差异较大等情况时，对原划分好的相邻区域间可以进行微调。

3) 预防性

运输过程中的影响因素多，情况变化快，因此，调度人员应对生产中可能产生的问题有预见。这包括两个方面：一是采取预防措施，消除影响配送的不良因素，如车辆的定期检查与保养等；二是事先准备，制定有效的应急措施，当发生个别车辆故障或其他突发事件时，应有备用车辆替补完成当日的配送任务工作。

4) 及时性

调度工作的时间尤其重要，无论工时的利用、配送环节的衔接，还是装卸效率的提高、运输时间的缩短，无不体现了时间的观念。因此，调度部门发现问题要迅速，反馈信息要及时，解决问题要果断。

3. 车辆调度的原则

车辆运行计划在组织执行过程中常常会遇到一些难以预料的问题，如客户需求发生变化、装卸机械发生故障、车辆运行途中发生技术障碍、临时性路桥阻塞等。针对以上情况，需要调度部门有针对性地加以分析和解决，随时掌握货物状况、车况、路况、气候变化、驾驶员状况、行车安全等，确保运行作业计划顺利进行。车辆运行调度应遵循以下原则。

1) 从全局出发，局部服从全局原则

在编制运行作业计划和实施运行作业计划过程中，要从全局出发，保证重点、统筹兼顾，运力安排应贯彻"先重点、后一般"的原则。

2) 安全第一、质量第一原则

在配送运输生产过程中，要始终把安全工作和质量管理放在首要位置。

3) 计划性原则

调度工作要根据客户订单要求认真编制车辆运行作业计划，并以运行计划为依据，监督和检查运行作业计划的执行情况，按计划配送货物，按计划送修、送保车辆。

4) 合理性原则

要根据货物性能、体积、重量、车辆技术状况、道路桥梁通行条件、气候变化、驾驶员技术水平等因素合理调派车辆。在编制车辆运行作业计划时，应科学合理地安排车辆的运行路线，有效地降低运输成本。但也要注意到合理运输是一个相对的概念，它受到多方面因素的影响，如果只从最佳路线条件出发，不考虑车辆性能、道路状况等其他因素，可能会适得其反，达不到合理配送的目的。

4. 车辆调度优化问题的分类

1) 根据时间特性和空间特性分类

总体上看，车辆的优化调度问题一般可根据时间特性和空间特性分为车辆路径规划问题和车辆调度问题。当不考虑时间要求，仅根据空间位置安排车辆的路线时，称为车辆路径规划问题(Vehicle Routing Problem，VRP)；当考虑时间要求安排运输路线时，称为车辆调度问题(Vehicle Scheduling Problem，VSP)。

2) 根据运输任务分类

根据运输任务分为纯装问题、纯卸问题及装卸混合问题。所谓的装卸混合问题，就是车辆在运输途中既有装货又有卸货。

3) 根据车辆载货状况分类

根据车辆载货状况分为满载问题和非满载问题。满载问题是指货运量多于一辆车的容量，完成所有任务需要多辆运输车辆。非满载问题是指车的容量大于货运量，一辆车即可满足货运要求。

4) 根据车辆类型分类

根据车辆类型分为单车型问题和多车型问题。

5) 根据车辆是否返回物流配送中心分类

根据车辆是否返回物流配送中心分为车辆开放问题和车辆封闭问题。车辆开放问题是指车辆不返回出发地。车辆封闭问题是指车辆必须返回出发地。

6) 根据优化目标分类

根据优化的目标分为单目标优化问题和多目标优化问题。单目标优化问题是指某一项指标最优或较优，如运输路径最短。多目标优化问题则是指同时要求多个指标最优或较优，如同时要求运输路径最短和费用最省。

7) 根据货物的种类要求分类

根据货物的种类要求分为同种货物优化调度问题和多种货物优化调度问题。多种货物优化调度问题是指运输货物的种类多于一种，车辆调度时可能要考虑某些种类的货物不能同时装配运输的要求，如灭害灵等杀虫剂和食品等不能混装运输等。

8) 根据有无休息时间要求分类

根据有无休息时间要求可分为有休息时间的优化调度问题和无休息时间的优化调度问题。

实际的车辆优化调度问题可能是以上分类中的一种或几种的综合。例如，某物流配送中心向其多个客户配送货物需要多辆车，这些车的类型不一样，运输的货物种类包括食品、日用品和蔬菜等多类，调度优化时希望运输费用最省，同时也希望运输时间最短，这样问题就变为一个多车型、多货种的送货满载车辆的多目标优化调度问题。

6.4　配送积载技术

车辆积载是指对货物在运输工具上的配置与堆装方式做出合理的安排。由于配送运输作业本身的特点，配送工作的运输工具一般为汽车。需要配送的货物的体积、形状、包装形式和比重各异，因此在装车时，不但要考虑车辆的载重量，还要考虑车辆的容积，使得车辆的载重量和容积利用率最大。车辆积载技术要解决的主要问题就是在充分保证货物质量、外形和包装完好的情况下，尽可能地提高车辆的载重量和容积利用率，以提高车辆的利用率，达到节约运输费用和运力的目的。

6.4.1　配送车辆积载影响因素及积载原则

1. 配送车辆积载影响因素

(1) 货物特性因素。例如，轻泡货物，由于车辆容积的限制和运行限制(主要是超高)，而无法满足吨位，造成吨位利用率降低。

(2) 货物包装情况。例如，车厢尺寸不与货物包装容器的尺寸成整倍数关系，则无法装满车厢，如货物宽度90cm，车厢宽度220cm，将会剩余40cm。

(3) 不能拼装运输。应尽量选派核定吨位与所配送的货物数量接近的车辆进行运输。或按有关规定而必须减载运行，如有些危险品必须减载运送才能保证安全。

(4) 由于装载技术的原因，造成不能装足吨位。

2. 配送车辆积载原则

(1) 轻重搭配的原则。车辆装货时，必须将重货置于底部，轻货置于上部，避免重货压坏轻货，并使货物重心下移，从而保证运输安全。

(2) 大小搭配的原则。货物包装的尺寸有大有小，为了充分利用车厢的内容积，可在同一层或上下层合理搭配不同尺寸的货物，以减少车厢内的空隙。

(3) 货物性质搭配原则。拼装在一个车厢内的货物，其化学性质、物理属性不能互相抵触。例如，不能将散发臭味的货物与具有吸臭性的食品混装；不能将散发粉尘的货物与清洁货物混装。

(4) 到达同一地点的适合配装的货物应尽可能一次积载。

(5) 确定合理的堆码层次及方法。可根据车厢的尺寸、容积，货物外包装的尺寸来确定。

(6) 装载时不允许超过车辆所允许的最大载重量。

(7) 装载易滚动的卷状、桶状货物，要垂直摆放。

(8) 货与货之间、货与车辆之间应留有空隙并适当衬垫，防止货损。

(9) 装货完毕，应在门端处采取适当的稳固措施，以防开门卸货时，货物倾倒造成货损或伤人。

(10) 装载时尽量做到"后送先装"。

模拟装车训练

道具：货车厢(以适当规格纸箱代替)

　　　不同规格的货物(以矿泉水瓶、香皂盒、牙膏盒等代替)

任务：装载这些货物使得货车的容积得到有效利用。

4～6 人组成小组进行讨论：

(1) 积载过程中出现了什么问题？

(2) 积载过程中应该注意什么？

(3) 各组汇报讨论结果。

6.4.2　提高车辆装载效率

1. 车辆吨位利用率

如果车辆按核定的吨位载满运行，就表示车辆的载运能力得到了充分的利用，即吨位利用率为 100%。配送运输车辆的吨位利用率应该保持或者至少接近 100%，即按照核定吨位装足货物，即不亏载，也不超载或超限。吨位利用率和载运行程载量的计算公式为

$$\begin{cases} 吨位利用率 = \dfrac{实际完成周转量}{载运行程载重量} \times 100\% \\ 载运行程载重量 = \sum(总行程 \times 核定吨位) \end{cases} \quad (6\text{-}1)$$

其中，周转量是指报告期内运输车辆实际运送的每批货物重量与其相应运送距离的乘积之和，载运行程载重量是指载重运行的全部车辆在满载时能够完成的运输工作量(即吨公里)。

2. 提高车辆装载效率的具体办法

(1) 研究各类车厢的装载标准，根据不同货物和不同包装体积的要求，合理安排装载顺序，努力提高装载技术和操作水平，力求装足车辆核定吨位。

(2) 根据客户所需要的货物品种和数量，调派适宜的车型承运，这就要求物流配送中心根据经营商品的特性，配备合适的车型结构。

(3) 凡是可以拼装运输的，尽可能拼装运输，但要注意防止差错。

3. 车辆配载的计算方法

箱式货车有确定的车厢容积，车辆的载货容积为确定值，设车厢容积为 V，车辆载重量为 W。现要装载质量体积分别为 R_a 和 R_b 的两种货物，使得车辆的载重量和车厢容积均被充分利用。

设两种货物的配装重量分别为 W_a 和 W_b，则

$$\begin{cases} W_a = \dfrac{V - W \times R_b}{R_a - R_b} \\[3mm] W_b = \dfrac{V - W \times R_a}{R_b - R_a} \end{cases} \tag{6-2}$$

【例 6-1】 某物流配送中心某次需运送水泥和玻璃两种货物，水泥质量体积为 $0.9\text{m}^3/\text{t}$，玻璃质量体积为 $1.6\text{m}^3/\text{t}$，计划使用的车辆的载重量为 11t，车厢容积为 15m^3。试问如何装载使车辆的载重量和车厢容积都被充分利用？

解：设水泥的载重量为 W_a，玻璃的载重量为 W_b。其中：$V = 15\text{m}^3$，$W = 11\text{t}$，$R_a = 0.9\text{m}^3/\text{t}$，$R_b = 1.6\text{m}^3/\text{t}$，将其带入式(6-2)得

$$W_a = \frac{V - W \times R_b}{R_a - R_b} = \frac{15 - 11 \times 1.6}{0.9 - 1.6} \approx 3.71\text{t}$$

$$W_b = \frac{V - W \times R_a}{R_b - R_a} = \frac{15 - 11 \times 0.9}{1.6 - 0.9} = 7.29\text{t}$$

该车装载水泥 3.71t、玻璃 7.29t 时车辆到达满载。

通过以上计算可以得出，两种货物的搭配使车辆的载重量和车厢容积都得到充分的利用。但是其前提条件是：车厢的容积系数介于所要配载货物的容重比之间。如所需要装载的货物的质量体积都大于或小于车厢容积系数，则只能是车厢容积不满或者不能满足载重量。当存在多种货物时，可以将货物比重与车辆容积系数相近的货物先配装，剩下两种最重和最轻的货物进行搭配配装；或者对需要保证数量的货物先足量配装，再对不定量配送的货物进行配装。

6.4.3　配送车辆装载与卸载

1. 装卸的基本要求

装卸过程中总的要求是"省力、节能、减少损失、快速、低成本"。

(1) 装车前应对车厢进行检查和清扫。因货物性质不同，装车前需对车辆进行清洗、消毒，必须达到规定要求。

(2) 确定最恰当的装卸方式。在装卸过程中，应尽量减少或根本不消耗装卸的动力，利用货物本身的重量进行装卸，如利用滑板、滑槽等。同时应考虑货物的性质及包装，选择最适当的装卸方法，以保证货物的完好。

(3) 合理配置和使用装卸机具。根据工艺方案科学地选择并将装卸机具按一定的流程合理的布局，以达到搬运装卸的路径最短。

(4) 力求减少装卸次数。物流过程中，装卸是发生货损、货差的主要环节，而在整个物流过程中，装卸作业又是反复进行的，从发生的频数来看，超过其他环节。装卸作业环

节不仅不增加货物的价值和使用价值,反而有可能增加货物破损的几率和延缓整个物流作业速度,从而增加物流成本。

(5) 防止货物装卸时的混杂、散落、漏损、砸撞。特别要注意有毒货物不得与食用类货物混装,性质相抵触的货物不能混装。

(6) 装车的货物应保证数量准确,捆扎牢靠,做好防丢措施;卸货时应清点准确,码放、堆放整齐,标志向外,箭头向上。

(7) 提高货物集装化或散装化作业水平。成件货物集装化、粉粒状货物散装化是提高作业效率的重要手段。所以,成件货物应尽可能集装成托盘系列、集装箱、货捆、货架、网袋等货物单元再进行装卸作业。各种粉粒状货物尽可能采用散装化作业,直接装入专用车、船、库。不宜大量化的粉粒状也可装入专用托盘、集装箱、集装袋内,提高货物活性指数,便于采用机械设备进行装卸作业。

(8) 做好装卸现场组织工作。装卸现场的作业场地、进出口通道、作业流程、人机配置等布局设计应合理,使现有的和潜在的装卸能力充分发挥或发掘出来。避免由于组织管理工作不当造成装卸现场拥挤、紊乱现象,以确保装卸工作安全顺利完成。

2. 装卸的工作组织

货物配送运输工作的目的在于不断谋求提高装卸工作质量及效率、加速车辆周转、确保物流效率。因此,除了强化硬件之外,在装卸工作组织方面也要给予充分重视,做好装卸组织工作。

(1) 制定合理的装卸工艺方案。采用"就近装卸"或"作业量最小"方法。在进行装卸工艺方案设计时应该综合考虑,尽量减少"二次搬运"和"临时放置",使搬运装卸工作更合理。

(2) 提高装卸作业的连续性。装卸作业应按流水作业原则进行,工序间应合理衔接,必须进行换装作业的,应尽可能采用直接换装方式。

(3) 装卸地点相对集中或固定。装卸地点相对集中,便于装卸作业的机械化、自动化,可以提高装卸效率。

(4) 力求装卸设施、工艺的标准化。为了促进物流各环节的协调,要求装卸作业各工艺阶段间的工艺装备、设施与组织管理工作相互配合,尽可能减少因装卸环节造成的货损、货差。

3. 装车堆积

装车堆积是在具体装车时,为充分利用车厢载重量、容积而采用的方法。一般是根据所配送货物的性质和包装来确定堆积的行、列、层数及码放的规律。主要的堆积方式有行列式堆码方式和直立式堆码方式。

4. 绑扎

绑扎是配送发车前的最后一个环节,也是非常重要的环节,是在配送货物按客户订单全部装车完毕后,为了保证货物在配送运输过程中的完好,以及避免车辆达到各客户点卸货开箱时发生货物倾倒,而必须进行的一道工序。

资料卡

堆积作业时，货物在横向不得超出车厢宽度，前端不得超出车身，后端不得超出车厢的长度为：大货车不超过2m；载重量在1 000kg以上的小型货车不得超过1m；载重量在1 000kg以下的小型货车不得超过50cm。

看图学物流

图6-2反映了什么现象？它会带来哪些危害？每5人为一小组，进行讨论。

图6-2 配送运输

资料来源：http://www.360che.com/news/130814/27136.html.

6.5 配送路线优化方法

配送路线的优化是配送优化中的一个关键环节。在配送运输过程中，配送路线合理与否，对配送速度、成本、效益影响很大。设计合理、高效的配送路线方案，不仅可以减少配送时间，降低作业成本，提高物流配送中心的效益，而且可以更好地为客户服务，提高客户的满意度，维护物流配送中心良好的形象。

配送路线优化是指对一系列的发货点和收货点，组织适当的行车路线使车辆有序地通过它们，在满足一定的约束条件下(货物需求量与发送量，车辆载重量和容积限制，行驶里程限制)，力争实现一定的目标(行驶里程最短，使用车辆尽可能少)。由于配送作业情况复杂多变，不仅存在配送点多、货物种类多、道路网复杂、路况多变等情况，而且运输服务区域内需求网点分布也不均匀，使得路线优化问题是一个无确定解的多项式难题，需要使用启发式算法去求得近似最优解。

6.5.1 配送路线优化的意义

配送合理化是配送决策系统的重要内容，配送路线的合理与否又是配送合理化的关键。选择合理的配送路线，对物流配送中心和社会都具有很重要的意义。

对物流配送中心来说，具有以下意义。

(1) 优化配送路线，可以减少配送时间和配送里程，提高配送效率，增加车辆利用率，降低配送成本。

(2) 可以加快物流速度，能准时、快速地把货物送到客户的手中，提高客户满意度。

(3) 使配送作业安排合理化，提高物流配送中心作业效率，有利于物流配送中心提高竞争力与效益。

对社会来说，选择合理的配送路线可以节省运输车辆，减少车辆空载率，降低社会物流成本，对整个社会的经济发展具有重要意义。与此同时，配送路线的合理优化还能缓解交通紧张状况，减少噪声、尾气排放等运输污染，对民生和环境也有不容忽视的作用。

6.5.2　配送运输路线的类型及其确定原则

1. 配送运输路线的类型

在组织车辆完成货物的运输工作时，通常存在多种可供选择的行驶路线。车辆按不同的行驶路线完成同样的运送任务时，由于车辆的利用情况不同，相应的配送效率和配送成本也会不同。因此，选择时间短、费用省、效益好的行驶路线是配送运输组织工作中的一项重要内容。在道路运输网分布复杂、物流节点繁多的情况下，可以采用运筹学方法或启发式方法，并利用计算机来辅助确定车辆最终的行驶路线，以保证车辆的高效运行。下面介绍几种基本的车辆行驶路线。

(1) 往复式行驶路线：一般是指由一个供应点对一个客户进行专门送货的路线。从物流优化的角度看，其基本条件是客户的需求量接近或大于可用车辆的核定载重量，需专门派一辆或多辆车一次或多次送货。可以说，往复式行驶路线是配送车辆在两个物流节点间往复行驶的路线类型。根据运载情况，具体可分为3种形式：单程有载往复式路线；回程部分有载往复式路线；双程有载往复式路线。

(2) 环形式行驶路线：指配送车辆在由若干物流节点组成的封闭回路上，所做的连续单向运行的行驶路线。车辆在环形式行驶路线上行驶一周时，至少应完成两个运次的货物运送任务。由于不同运送任务其装卸作业点的位置分布不同，环形式行驶路线可分为4种形式，即简单环形式、交叉环形式、三角环形式和复合环形式。

(3) 汇集式行驶路线：指配送车辆沿分布于运行路线上各物流节点间，依次完成相应的装卸任务，而且每一运次的货物装卸量均小于该车核定载重量，沿路装或卸，直到整辆车装满或卸空，然后再返回出发点的行驶路线。汇集式行驶路线可分为直线形和环形两类，一般来说，环形的里程利用率要高一些。这两种类型的路线都可分为分送式、聚集式、分送-聚集式。汇集式直线形行驶路线实质是往复式行驶路线的变形。

(4) 星形式行驶路线：指车辆以一个物流节点为中心，向周围多个方向上的一个或多个节点行驶而形成的辐射状行驶路线。

2. 配送运输路线类型的确定原则

确定目标和确定配送路线的约束条件是配送运输路线类型确定的两大原则，如表6-4所示。

表6-4 配送运输路线的确定原则

确定目标	确定配送路线的约束条件
以效益最高为目标； 以成本最低为目标； 以路程最短为目标； 以吨公里数最小为目标； 以准确性最高为目标； 以运力利用最合理为目标； 以劳动消耗最低为目标	满足所有收货人对货物品种、规格、数量的要求； 满足收货人对送达时间范围的要求； 在允许通行的时间段内进行配送； 各条配送路线的货物量不得超过车辆容积和载重量的限制； 在物流配送中心现有运力允许的范围内

 **知识拓展**

物流中的吨公里数

吨公里(t·km)是货物运输的计量单位，表示1t货物运送1km的距离，通常用来计算运输费用。例如，100吨公里表示所运输货物的吨数与公里数的乘积为100，可以表示100t货物运输距离为1km，也可以表示1t货物运了100km等。

假如某公司的运输收费标准是每吨公里2元，那么委托运送2t货物，路程是100km，需要支付的运输费用就是400元。

6.5.3 配送运输路径的优化方法

1. 单回路运输——TSP模型及求解

单回路运输问题是指在路径优化中，对于存在的节点集合 D，选择一条合适的路径遍历所有节点，并且要求闭合。单回路模型在运输决策中，主要用于单一车辆的路径安排，目的是使该车在遍历所有用户的同时，行驶的距离最短。

旅行商问题(Traveling Salesman Problem，TSP)模型是单回路运输问题中最典型的一个模型，它是一个典型的 NP-Hard 问题。对于大规模的路线优化问题，无法获得最优解，只能通过启发式算法获得近似解。启发式算法不仅可用于复杂的 TSP 模型求解，对于小规模的问题也同样适用。它的不足在于：只能保证得到可行解，而且不同的启发式算法所得到的结果也不完全相同。下面介绍两种相对简单的启发式算法，以便使读者对该法有一个较全面的认识。

1) 最近邻点法

最近邻点法(Nearest Neighbor)是由 Rosenkrantz 和 Stearns 等人在 1977 年提出的一种解决 TSP 模型的算法。该算法十分简单，因此得到的解并不十分理想，有很大的改善余地。但由于该法简单、快速，所以常用来构造优化的初始解。

最近邻点法可以通过以下 5 步完成。

(1) 将起始点定为整个回路的起点。

(2) 找到离刚加入到路线的那个点最近的一个点，并将其加入到路线中。

(3) 重复步骤(2)，直到集合中所有节点都加入到了路线中。

(4) 将最后加入的节点和起始点连接起来，形成回路。

(5) 最后，按流线线型要求调整回路的形状。如果调整后的结果小于步骤(4)所得的解，将该解定为 TSP 模型的解。

【例 6-2】现有一个连通图，共有 6 个节点。它们之间的距离如表 6-5 所示，单位为 km，它们的相对位置关系如图 6-3(a)所示，利用最近临点法求通过各节点的最短的封闭回路，假设节点 V_1 为起始节点。

表 6-5　距离矩阵

项　　目	V_1	V_2	V_3	V_4	V_5	V_6
V_1	—	10	6	8	7	15
V_2		—	5	20	15	16
V_3			—	14	7	8
V_4				—	4	12
V_5					—	6
V_6						—

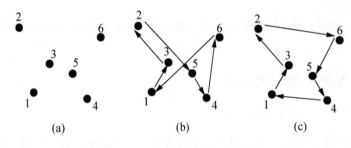

图 6-3　最近邻点法的求解过程

解：按照最近邻点法的求解过程进行求解，具体包括以下过程。

(1) 因为节点 V_1 为起始节点，且与节点 V_1 最近的节点为 V_3，故将节点 V_3 插入到路线：
$$T_1=\{V_1,\ V_3\}$$

(2) 与节点 V_3 最近的且未加入到路线中的节点为 V_2，故将节点 V_2 插入到路线：
$$T_2=\{V_1,\ V_3,\ V_2\}$$

(3) 与节点 V_2 最近的且未加入到路线中的节点为 V_5，故将节点 V_5 插入到路线：
$$T_3=\{V_1,\ V_3,\ V_2,\ V_5\}$$

(4) 与节点 V_5 最近的且未加入到路线中的节点为 V_4，故将节点 V_4 插入到路线：
$$T_4=\{V_1,\ V_3,\ V_2,\ V_5,\ V_4\}$$

(5) 将最后一个未加入到路线中的节点 V_6 插入到路线中，并将起始节点 V_1 加入到节点 V_6 之后，形成闭合回路：
$$T_5=\{V_1,\ V_3,\ V_2,\ V_5,\ V_4,\ V_6,\ V_1\}$$

(6) 计算闭合回路 T_5 的总行驶里程：
$$S_5=S_{13}+S_{32}+S_{25}+S_{54}+S_{46}+S_{61}=6+5+15+4+12+15=57\text{(km)}$$

(7) 最后按流线型要求，对回路进行调整得：

$$T=\{V_1, V_3, V_2, V_6, V_5, V_4, V_1\}$$

(8) 计算闭合回路 T 的总行驶里程：

$$S=S_{13}+S_{32}+S_{26}+S_{65}+S_{54}+S_{41}=6+5+16+6+4+8=45\text{km}$$

(9) 因为 $S<S_5$，故得最终的闭合回路：

$$T=\{V_1, V_3, V_2, V_6, V_5, V_4, V_1\}$$

2) 最近插入法

最近插入法(Nearest Insertion)是 Rosenkrantz 和 Stearns 等人在 1977 年提出的另一种解决 TSP 模型的算法，它比最近邻点法复杂，但可得到相对满意的解。最近插入法可以通过以下步骤完成。

(1) 从第一点 V_1 出发，找到距离最近的节点 V_k，形成一个子回路，$T=\{V_1, V_k, V_1\}$。

(2) 在余下的节点中，寻找一个离子回路中某一节点最近的节点 V_k。

(3) 在子回路中找到一条弧 (i, j)，使 $C_{i,k}+C_{k,j}-C_{i,j}$ 最小，然后将节点 V_k 插入到节点 V_i, V_j 之间，用两条新弧 (i, k), (k, j) 代替原来的弧 (i, j)，并将节点 V_k 加入到子回路中。

(4) 重复步骤(2)和步骤(3)，直到所有节点都加入到了子回路中。此时，子回路就演变成一个 TSP 模型的解。

【例 6-3】表 6-6 给出 5 个节点的距离矩阵，试用最近插入法分别求其对应闭合回路 T，并计算相对应的总行使距离 S。

表 6-6　距离矩阵

项　　目	V_1	V_2	V_3	V_4	V_5
V_1	—	6	10	5	14
V_2		—	8	7	15
V_3			—	4	12
V_4				—	18
V_6					—

解：按照最近插入法的求解步骤进行求解，具体包括以下过程。

(1) 与 V_1 距离最近的节点为 V_4，则形成初始子回路：

$$T_1 = \{V_1, V_4, V_1\}$$

(2) 计算离 V_1 和 V_4 距离最近的节点，并计算应该插入的位置，形成新的子回路：

$$C_{1,2} = 6 \qquad C_{1,3} = 10 \qquad C_{1,5} = 14$$
$$C_{4,2} = 7 \qquad \boxed{C_{4,3} = 4} \qquad C_{4,5} = 18$$

则与 V_1 和 V_4 距离最近的节点为 V_3。

插入 V_1 和 V_4 之间时，得到的子回路距离增加值为

$$\Delta C_{1,4} = C_{1,3} + C_{3,4} - C_{1,4} = 10 + 4 - 5 = 9$$

插入 V_4 和 V_1 之间时，得到的子回路距离增加值为

$$\Delta C_{4,1} = C_{4,3} + C_{3,1} - C_{4,1} = 4 + 10 - 5 = 9$$

因为 $\Delta C_{1,4} = \Delta C_{4,1} = 9$，则可将 V_3 插入 V_1 和 V_4 之间，也可插入 V_4 和 V_1 之间，此处将

V_3 插入 V_1 和 V_4 之间，此时可形成新的子回路：

$$T_2 = \{V_1, V_3, V_4, V_1\}$$

(3) 计算离 V_1、V_3 和 V_4 距离最近的节点，并计算应该插入的位置，并形成新的子回路：

$$\begin{array}{ll} C_{1,2}=6 & C_{1,5}=14 \\ C_{3,2}=8 & C_{3,5}=12 \\ C_{4,2}=7 & C_{4,5}=18 \end{array}$$

则与 V_1、V_3 和 V_4 距离最近的节点为 V_2，将 V_2 插入到子回路中。

将 V_2 插入 V_1 和 V_3 之间时，得到的子回路距离增加值为

$$\Delta C_{1,3} = C_{1,2} + C_{2,3} - C_{1,3} = 6 + 8 - 10 = 4$$

将 V_2 插入 V_3 和 V_4 之间时，得到的子回路距离增加值为

$$\Delta C_{3,4} = C_{3,2} + C_{2,4} - C_{3,4} = 8 + 7 - 4 = 11$$

将 V_2 插入 V_4 和 V_1 之间时，得到的子回路距离增加值为

$$\Delta C_{4,1} = C_{4,2} + C_{2,1} - C_{4,1} = 7 + 6 - 5 = 8$$

因为 $\Delta C_{1,3} < \Delta C_{4,1} < \Delta C_{3,4}$，则将 V_2 插入 V_1 和 V_3 之间，此时可形成新的子回路：

$$T_3 = \{V_1, V_2, V_3, V_4, V_1\}$$

(4) 将 V5 插入到子回路中，将 V_5 插入 V_1 和 V_2 之间时，得到的子回路距离增加值为

$$\Delta C_{1,2} = C_{1,5} + C_{5,2} - C_{1,2} = 14 + 15 - 6 = 23$$

将 V_5 插入 V_2 和 V_3 之间时，得到的子回路距离增加值为

$$\Delta C_{2,3} = C_{2,5} + C_{5,3} - C_{2,3} = 15 + 12 - 8 = 19$$

将 V_5 插入 V_3 和 V_4 之间时，得到的子回路距离增加值为

$$\Delta C_{3,4} = C_{3,5} + C_{5,4} - C_{3,4} = 12 + 18 - 4 = 26$$

将 V_5 插入 V_4 和 V_1 之间时，得到的子回路距离增加值为

$$\Delta C_{4,1} = C_{4,5} + C_{5,1} - C_{4,1} = 18 + 14 - 5 = 27$$

因为 $\Delta C_{2,3} < \Delta C_{1,2} < \Delta C_{3,4} < \Delta C_{4,1}$，则将 V_5 插入 V_2 和 V_3 之间，此时可形成回路：

$$T = \{V_1, V_2, V_5, V_3, V_4, V_1\}$$

此时对应的行驶距离 $S=6+15+12+4+5=42(km)$

2. 多回路运输——VRP 模型及求解

由于客户的需求总量和运输车辆能力有限之间存在的矛盾，使得配送运输成为一个多回路的运输问题，解决此类问题的核心是车辆的调度。因此，车辆路径问题模型应运而生。

该问题的研究目标是：在客户群体很大，一台车辆的配送运力不够时，选用多台车辆分别为不同的客户群体服务，在满足一定的约束条件的情况下(如发送量、交发货时间、车辆运力等)，达到一定的优化目标(如运距最短、费用最少、车辆利用率最高等)。

1) 节约里程法

(1) 节约里程法(Savings Algorithm)的核心思想和条件。节约里程法是 Clarke 和 Wright 在 1964 年提出的，可以用它来解决运输车辆数目不确定的 VRP 模型。

节约里程法的核心思想是将运输问题中存在的两个回路 $T_1 = \{0, \cdots, i, 0\}$ 和

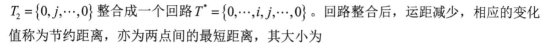
$T_2 = \{0, j, \cdots, 0\}$ 整合成一个回路 $T^* = \{0, \cdots, i, j, \cdots, 0\}$。回路整合后，运距减少，相应的变化值称为节约距离，亦为两点间的最短距离，其大小为

$$\Delta C_{ij} = c_{i0} + c_{0j} - c_{ij} \tag{6-3}$$

使用节约里程法应满足以下条件。

① 满足所有用户的要求。

② 不使任何一辆车超载。

③ 每辆车每天的总运行时间或行驶里程不超过规定的上限。

④ 满足用户到货时间要求，不得超过规定时间。

(2) 节约里程法求解的基本步骤。节约里程法求解时可按以下步骤进行。

① 按钟摆直送方式，构建初始配送运输方案。

② 计算所有路程的节约量，按降序排列合并回路。

③ 因 ΔC_{ij} 最大值的存在，i 和 j 两客户目前尚不在同一运输线上，在 i 和 j 两客户的需求量之和小于车辆的额定载重量时，删除回路 $T_1 = \{0, i, 0\}$ 和 $T_2 = \{0, j, 0\}$，按新回路 $T^* = \{0, i, j, 0\}$ 同时向 i 和 j 送货，可最大限度地节约配送里程，由此形成第一个修正方案。

④ 在余下的 ΔC_{ij} 中，选出最大的，只要 i 和 j 两客户目前还不在同一运输路线上，合并回路 $T_1 = \{0, \cdots, i, 0\}$ 和 $T_2 = \{0, j, \cdots, 0\}$，修正原修正方案，构成新的回路 $T^* = \{0, \cdots, i, j, \cdots, 0\}$，直至该回路中运输车辆的能力得到满足，否则另外构造新的回路。

⑤ 按 ΔC_{ij} 的降序排列顺序继续迭代，直至所有的节约量都得到处理。

(3) 使用节约里程法进行配送路线优化时需要注意的事项。

① 适用于顾客需求稳定的物流配送中心。

② 应充分考虑交通和道路情况。

③ 应充分考虑收货站的停留时间。

④ 应考虑驾驶员的作息时间及客户要求的交货时间。

⑤ 当需求量大时，求解变得复杂，需要借助计算机辅助计算，直接生成结果。

 小思考

节约里程法的计算机辅助计算是如何实现的？试找一些实例。

【例6-4】 设某物流配送中心 P_0 向 7 个用户 P_i 配送货物，其配送路线网络、物流配送中心与用户的距离及用户之间的距离如图 6-4 和表 6-7 所示。图 6-4 中括号内的数字表示客户的需求量(单位：t)，路线上的数字表示两节点之间的距离(单位：km)，现物流配送中心有两台 4t 卡车和两台 6t 卡车可供使用。

(1) 试用节约里程法制定最优的配送方案。

(2) 设物流配送中心在向用户配送货物过程中单位时间平均支出成本为 45 元，假定卡车行驶的平均速度为 25km/h。试比较优化后的方案比单独向各用户分送可节约多少费用？

(3) 配送货物的运输量是多少？

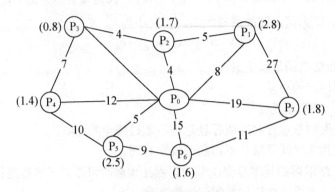

图 6-4　配送路线网络

表 6-7　距离矩阵

项　　目	P0	P1	P2	P3	P4	P5	P6	P7
P0	—							
P1	8	—						
P2	4	5	—					
P3	11	9	4	—				
P4	12	16	11	7	—			
P5	5	13	9	13	10	—		
P6	15	22	18	22	19	9	—	
P7	19	27	23	30	30	20	11	—

解：(1) 先优化配送运输路线，计算节约里程数。

第一步，根据运输里程表，按式(6-3)求出相应的节约里程数，如表 6-8 中括号内数字表示。

表 6-8　距离矩阵和节约里程表

项　　目	P0	P1	P2	P3	P4	P5	P6	P7
P0	—							
P1	8	—						
P2	4	5(7)	—					
P3	11	9(10)	4(11)	—				
P4	12	16(4)	11(5)	7(16)	—			
P5	5	13(0)	9(0)	13(3)	10(7)	—		
P6	15	22(1)	18(1)	22(4)	19(8)	9(11)	—	
P7	19	27(0)	23(0)	30(0)	30(1)	20(4)	11(23)	—

第二步，按节约里程数大小排列顺序，见表6-9。

表6-9　节约里程排序表

序号	路线	节约里程	序号	路线	节约里程
1	P_6P_7	23	9	P_2P_4	5
2	P_3P_4	16	10	P_3P_6	4
3	P_2P_3	11	11	P_1P_4	4
4	P_5P_6	11	12	P_5P_7	4
5	P_1P_3	10	13	P_3P_5	3
6	P_4P_6	8	14	P_1P_6	1
7	P_4P_5	7	15	P_2P_6	1
8	P_1P_2	7	16	P_4P_7	1

第三步，按节约里程数大小，组成配送路线图，如图6-5所示。

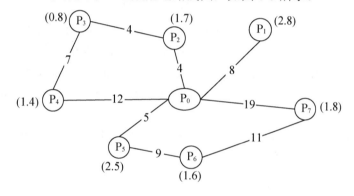

图6-5　采用节约里程法求解出的配送路线

优化后配送路线如下：

① $T_1=\{P_0-P_5-P_6-P_7-P_0\}$，节约里程为11+23=34km，总行驶里程为44km，运输量为2.5+1.6+1.8=5.9t，使用一辆6t卡车。

② $T_2=\{P_0-P_2-P_3-P_4-P_0\}$，节约里程为16+11=27km，总行驶里程为27km，运输量为1.4+0.8+1.7=3.9t，使用一辆4t卡车。

③ $T_3=\{P_0-P_1-P_0\}$，总行驶里程为16km，运输量为2.8t，使用一台4t卡车。

共节约里程为

$$\Delta S=34+27=61km$$

(2) 节省的配送时间为

$$\Delta t=\Delta S/V=61/25=2.44h$$

节省的费用为

$$TC=\Delta t\times T=2.44\times 45=109.8(元)$$

(3) 运输量=5.9+3.9+2.8=12.6t。

2) 旋转射线法

旋转射线法是Gillert和Miller在1974年首先提出的。旋转射线法求解VRP模型时分以下几步完成。

(1) 以起始点作为射线的原点，如图 6-6 所示。使射线的初始位置 LS_0 不与任何客户位置相交。

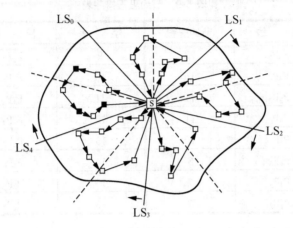

图 6-6　旋转射线法示意图

(2) 然后旋转射线 LS_0，使 LS_0 与 LS_1 之间一组客户节点的供货要求能满足一辆运输工具运量的 80%～90%，确定射线 LS_1；然后继续旋转射线，直至射线与 LS_0 重合。

(3) 如果最后射线不能与 LS_0 重合，且最后扇形区域内的货运量小于其他区域的运量时，将此运量平均分到各区域，再按此货运量确定单台运输工具的运量，旋转射线 LS_0 对服务区重新分组。

(4) 最后按单回路运输的 TSP 模型确定每个区域内的行车路线，检查路线是否满足约束条件，如果不满足约束条件，对节点重新分组。

3．图表分析作业法

图表分析作业法主要包括图表分析法、图上作业法、表上作业法 3 种求解方法。

(1) 图表分析法：在分区产销平衡所确定的供销区域内，按照生产地与消费地的地理分布，根据有利于生产、有利于市场供给、近产近销的原则，应用交通路线示意图和商品产销平衡表找出产销之间经济合理的商品运输路线。

(2) 图上作业法：利用商品产地和销地的地理分布和交通路线示意图，采用科学的规划方法，制定商品合理运输方案，以求得商品运输最小吨公里的方法。适用于交通路线为线状、圈状、而且对产销地点的数量没有严格限制的情况。基本原则可以归纳为：流向划右方，对流不应当；里圈、外圈分别算，要求不过半圈长；如若超过半圈长，应舍弃运量最小段；反复求算最优方案。

(3) 表上作业法：是用列表的方法求解线性规划问题中运输模型的计算方法。当某些线性规划问题采用图上作业法难以进行直观求解时，就可以将各元素列成相关表，作为初始方案，然后采用检验数来验证这个方案，否则就要采用一定的方法进行调整，直至得到满意的结果。在寻求运输网络系统的优化方案时有两种方法。

① 最小费用法。它直接以商品运输费用最小作为目标函数来求得最优运输方案。一般是利用单位运价表和产销平衡表等表格，运用霍撒克法则进行表上作业，通过编制初始运输方案及其制定、调整，求出运费最省的优化方案。

② 左上角法(西北角法)。除了最小费用法外，左上角法也是求得运输初始方案的一种途径，并通过霍撒克法则最终得出最优运输方案。根据该法求出运输初始方案后，为了进一步算出最优方案，仍需要运用霍撒克法则进行优化，检验方法可与最小费用法中采用的方法一致。

小知识

霍撒克法则是检验配送路线方案的一种方法，由获得"小诺贝尔经济学奖"的亨德里克·霍撒克(Hendrik S.Houthakker，1963)提出，具体内容可查阅相关资料。

4. 单纯形法

单纯形法是求解线性规划问题的通用方法，由美国数学家 G. B. 丹齐克于 1947 年首先提出。有关研究经验表明：对于运输问题，当起运站和目的地都多于 5 个时，用其他方法求解比较困难或繁琐，一般宜采用单纯形法求解。

理论根据：线性规划问题的可行域是 n 维向量空间 R_n 中的多面凸集，其最优值如果存在，必在该凸集的某顶点处。顶点所对应的可行解称为基本可行解。

基本思想：先找出一个基本可行解，对它进行鉴别，看是否是最优解；若不是，则按照一定法则转换到另一改进的基本可行解，再鉴别；若仍不是，则再转换，按此重复进行。因基本可行解的个数有限，故经有限次转换必能得出问题的最优解。如果问题无最优解也可用此法判别。

单纯形法的一般求解可归纳为以下几个步骤。

(1) 把线性规划问题的约束方程组表达成典型方程组，找出基本可行解作为初始基本可行解。

(2) 若基本可行解不存在，即约束条件有矛盾，则问题无解。

(3) 若基本可行解存在，以初始基本可行解为起点，根据最优性条件和可行性条件，引入非基变量取代某一基变量，找出目标函数值更优的另一基本可行解。

(4) 按步骤(3)进行迭代，直到对应检验数满足最优性条件(这时目标函数值不能再改善)，即得到问题的最优解。

(5) 若迭代过程中发现问题的目标函数值无界，则终止迭代。

用单纯形法求解线性规划问题所需的迭代次数主要取决于约束条件的个数。现在一般的线性规划问题都是应用单纯形法标准软件在计算机上求解，对于具有 106 个决策变量和 104 个约束条件的线性规划问题已能在计算机上求解。

资料卡

对于改进单纯形法和对偶单纯形法的介绍见表 6-10。

表 6-10　改进单纯形法与对偶单纯形法

	改进单纯形法		对偶单纯形法
于 1953 年由美国数学家 G. B. 丹齐克提出	改进单纯形法的提出是为了改进单纯形法每次迭代中积累起来的进位误差。其基本步骤和单纯形法大致相同，主要区别是在逐次迭代中不再以高斯消去法为基础，而是由旧基阵的逆直接计算新基阵的逆，再由此确定检验数。这样便提高了计算精度，也减少了存储量	于 1954 年由美国数学家 C.莱姆基提出	单纯形法是从原始问题的一个可行解通过迭代转到另一个可行解，直到检验数满足最优性条件为止。对偶单纯形法则是从满足对偶可行性条件出发通过迭代逐步搜索原始问题的最优解。在迭代过程中始终保持基解的对偶可行性，而使不可行性逐步消失

本 章 小 结

本章主要介绍物流配送中心配送运输系统概述、配送运输方式、配送计划与车辆调度、配送积载技术和配送路线优化方法 5 个方面内容。

配送运输是指将客户所需的货物使用汽车或其他运输工具从供应点送到客户手中的活动过程。配送运输通常是一种短距离、小批量、高频率的运输形式。配送运输是对干线运输的一种补充和完善，属于末端运输、支线运输，因此具有不同于干线运输的特点。

现代运输主要有铁路、公路、水路、航空和管道 5 种基础运输方式，在这 5 种基本运输方式的基础上，还可以组成不同的综合运输方式，各种运输方式都有其特定的运输路线、运输工具、运输技术、经济特性及合理的使用范围。

配送计划是指配送企业在一定时间内编制的生产计划。它是物流配送中心生产经营的首要职能和中心环节。配送计划的主要内容应包括配送时间、车辆选择、货物装载及配送路线、配送顺序等的具体选择。配送计划包括配送主计划、每日配送计划和特殊配送计划。

车辆调度是指制定行车路线，使车辆在满足一定的约束条件下，有序地通过一系列装货点和卸货点，达到诸如路程最短、费用最小、耗时最少等目标。车辆调度由计划、监督(控制)与统计分析 3 大部分构成。

车辆积载是指对货物在运输工具上的配置与堆装方式做出合理的安排。由于配送运输作业本身的特点，配送工作的运输工具一般为汽车。需要配送的货物的体积、形状、包装形式和比重各异，因此在装车时，不但要考虑车辆的载重量，还要考虑车辆的容积，使得车辆的载重和容积利用率最大。车辆积载技术要解决的主要问题就是在充分保证货物质量、外形和包装完好的情况下，尽可能地提高车辆的载重量和容积利用率，以提高车辆的利用率，达到节约运输费用和运力的目的。

配送路线优化是指对一系列的发货点和收货点，组织适当的行车路线使车辆有序地通过它们，在满足一定的约束条件下(货物需求量与发送量，车辆载重量和容积限制，行驶里程限制)，力争实现一定的目标(行驶里程最短，使用车辆尽可能少)。由于配送作业情况复杂多变，不仅存在配送点多、货物种类多、道路网复杂、路况多变等情况，而且运输服务区域内需求网点分布也不均匀，使得路线优化问题是一个无确定解多项式难题，需要使用启发式算法去求得近似最优解。

关键术语

配送运输系统(Distribution and Transportation Systems)

多式联运(Multimodal Transport)

配送计划(Distribution Planning)

配送需求计划(Distribution Requirements Planning)

车辆路径问题(Vehicle Routing Problem)

车辆调度问题(Vehicle Scheduling Problem)

配送积载(Distribution Stowage)

吨位利用率(Tonnage Utilization)

配送路线(Delivery Route)

吨公里数(Tonne-kilometers)

旅行商问题(Traveling Salesman Problem)

最近邻点法(Nearest Neighbor)

最近插入法(Nearest Insertion)

节约里程法(Savings Algorithm)

习　题

1．选择题

(1) 配送运输的特点包括(　　)。

　　A．时效性　　　　B．安全性　　　　C．方便性　　　　D．经济性

(2) 配送运输的影响因素包括(　　)。

　　A．动态因素　　　B．自然因素　　　C．社会因素　　　D．静态因素

(3) 配送运输系统的作业流程包括的作业环节有(　　)。

　　A．划分基本配送区域　　　　　　B．车辆配载

　　C．车辆安排　　　　　　　　　　D．选择配送路线

(4) 主要的运输方式包括(　　)。

　　A．铁路运输　　　B．公路运输　　　C．水路运输　　　D．航空运输

(5) 配送车辆积载的原则包括(　　)。

　　A．轻重搭配的原则

　　B．装载时不允许超过车辆所允许的最大载重量

　　C．装载时尽量做到"后送先装"

　　D．大小搭配的原则

(6) 配送计划包括(　　)。

　　A．配送主计划　　　　　　　　　B．特殊配送计划

　　C．配送能力需求计划　　　　　　D．每日配送计划

(7) 车辆调度的特点包括(　　)。

  A．计划性   B．机动性   C．预防性   D．及时性

(8) 根据时间特性和空间特性，车辆调度优化问题分为(　　)。

  A．车辆路径规划问题   B．满载问题

  C．非满载问题   D．车辆调度问题

(9) 配送运输路径优化方法包括(　　)。

  A．节约里程法   B．最近临点法

  C．最近插入法   D．旋转射线法

(10) 使用节约里程法进行配送路线优化时需要的事项包括(　　)。

  A．适用于顾客需求稳定的物流配送中心

  B．应充分考虑交通和道路情况

  C．要考虑驾驶员的作息时间及客户要求的交货时间

  D．充分考虑收货站的停留时间

2．简答题

(1) 简述配送运输的含义。

(2) 简述主要的特殊货物配送运输类型及其含义。

(3) 如何理解配送计划？

(4) 配送计划的实施过程包括哪几个阶段？

(5) 什么是车辆调度？

(6) 车辆调度的原则包括哪些内容？

(7) 如何理解车辆积载？

(8) 什么是配送路线优化？配送路线优化的意思是什么？

3．判断题

(1) 配送运输只能采用汽车运输方式进行。 (　　)

(2) 配送运输是对干线运输的一种补充和完善，属于末端运输、支线运输，因此具有不同于干线运输的特点。 (　　)

(3) 各种运输方式都有其特定的运输技术、经济特性及合理的适用对象和范围。(　　)

(4) 在条件允许的情况下，大宗货物的长距离运输可以采用铁路或水路运输方式。 (　　)

(5) 多式联运广泛应用于国际货物运输中，称为国际多式联运。 (　　)

(6) 仅考虑最佳路线就能达到合理配送的目的。 (　　)

(7) 在货物的装卸过程中要做到"省力、节能、减少损失、快速、低成本"。 (　　)

(8) 一般情况下，最近临点法比最近插入法求解的结果理想。 (　　)

(9) 节约里程法是求解单回路运输问题的启发式算法。 (　　)

(10) 利用旋转射线法求解多回路 VRP 模型时，在划分初始配送区域阶段，要使每一辆运输工具的货运量尽可能做到100%利用。 (　　)

4. 计算题

(1) 某物流配送中心接受某电子商务公司的委托，为其提供配送服务。现有 A、B 两种货物需向顾客送货。其中，货物 A 的单件重量为 10kg，重量体积为 $0.03m^3/t$，货物 B 的单件重量为 10kg，重量体积为 $0.01m^3/t$。送货车辆的载重量为 10t，有效容积为 $20m^3$。问 A、B 两种货物应如何配装？

(2) 表 6-11 给出 5 个节点的距离矩阵，试用最近邻点法和最近插入法分别求其对应回路的 T_1 和 T_2，并计算相对应的总行使距离 S_1 和 S_2，并就计算的结果简要比较一下两种方法的优劣。

表 6-11　距离矩阵

项　　目	V_1	V_2	V_3	V_4	V_5
V_1	—	6	10	5	14
V_2		—	8	7	15
V_3			—	4	12
V_4				—	16
V_6					—

(3) 某物流配送中心配置的车辆的载重量一次最多只能为 4 个客户服务。表 6-12 给出了该物流配送中心与 10 个客户的距离矩阵。由于配送时间的要求，每车配送的运距不超过 160km。试用节约里程法给出相应的配送路线。

表 6-12　距离矩阵　　　　　　　　　　　　　　　　　　(单位：km)

项目	0	1	2	3	4	5	6	7	8	9	10
0	—										
1	41	—									
2	22	32	—								
3	50	57	32	—							
4	42	73	41	36	—						
5	22	60	32	45	22	—					
6	51	90	61	64	28	30	—				
7	51	92	67	78	45	36	20	—			
8	32	64	54	81	63	41	57	45	—		
9	36	32	45	76	78	58	85	81	41	—	
10	61	28	58	85	98	82	112	110	73	32	—

5. 思考题

(1) 如何提高配送车辆的容积利用率？

(2) 查阅相关文献资料，总结一下配送路线优化方法的种类及各自的适用范围。

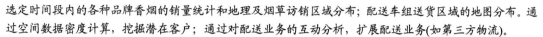

选定时间段内的各种品牌香烟的销量统计和地理及烟草访销区域分布；配送车组送货区域的地图分布。通过空间数据密度计算，挖掘潜在客户；通过对配送业务的互动分析，扩展配送业务(如第三方物流)。

(5) 烟草物流GPS车辆监控管理。通过对烟草送货车辆的导航跟踪，提高车辆的运作效率，降低车辆管理费用，抵抗风险。车辆跟踪能对任一车辆进行实时的动态跟踪监控，提供准确的位置及运行状态、行车路线查询等。在送货途中遇到被抢被盗或其他紧急情况时，按下车上的GPS报警装置即可向公司的信息中心报警。轨迹回放功能是根据所保存的数据，将车辆实际行车过程重现于电子地图上，随时查看行车速度、行驶时间、位置信息等，为事后事故处理提供有力证据。

(6) 烟草配送车辆信息维护。根据车组和烟草配送人员的变动，及时在这一模块中进行车辆、司机、送货员信息的维护操作，包括添加车辆和对现有车辆信息的编辑。

白沙物流烟草配送GIS及路线优化系统的上线运行，标志着白沙物流的信息化建设迈上了一个新的台阶，对白沙打造数字化的跨区物流企业进程起到巨大推动作用。

问题：

(1) 结合案例分析白沙烟草物流GIS配送优化系统的功能构成。

(2) 结合案例分析白沙烟草物流GIS配送优化系统的优势有哪些？

(3) 白沙烟草物流GIS配送运输优化系统的运作实践给其他企业的启示体现在哪些方面？

第7章 物流配送中心的设备选用

【本章教学要点】

知识要点	掌握程度	相关知识
储存设备选用	掌握	托盘、货架
装卸搬运设备选用	掌握	手推车、叉车、巷道堆垛机、自动导引搬运车
输送设备选用	掌握	带式输送机、辊子输送机、链式输送机、斗式提升机、螺旋输送机
分拣设备选用	掌握	挡板型分拣机、浮出型分拣机、倾翻型分拣机
其他类型设备选用	了解	流通加工设备、集装单元器具、站台登车桥

【本章技能要点】

技能要点	掌握程度	应用方向
储存设备的选用	掌握	在了解储存设备结构、特点、适用场合的情况下，可在物流配送中心的规划过程中正确选择和配置存储设备
装卸搬运设备的选用	掌握	在了解装卸搬运设备结构、特点、适用场合的情况下，可在物流配送中心的规划过程中正确选择和配置装卸搬运设备
输送设备的选用	掌握	在了解输送设备结构、特点、适用场合的情况下，可在物流配送中心的规划过程中正确选择和配置输送设备
分拣设备的选用	掌握	在了解分拣设备结构、特点、适用场合的情况下，可在物流配送中心的规划过程中正确选择和配置分拣设备
其他类型设备的选用	了解	在了解其他类型设备结构、特点、适用场合的情况下，可在物流配送中心的规划过程中正确选择和配置相应的物流设备

【知识架构】

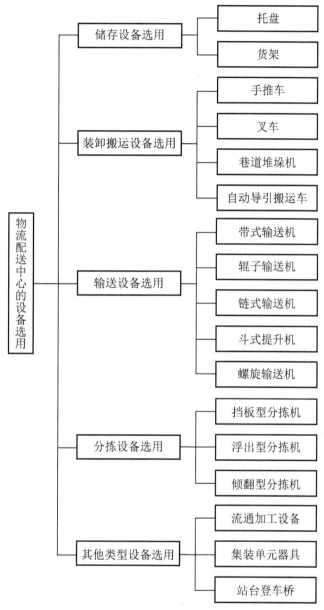

导入案例

最好才合适，还是合适才最好

对于物流配送中心作业而言，收货作业、库内搬运作业、拣选作业及增值服务作业是有机联系的，应该从总体优化的角度把握物流设备的规划与选用，以实现作业高效率和节省成本的总体目标。

在沃尔玛(中国)物流配送中心、BIG-W(澳大利亚)物流配送中心、联华上海(曹杨路)物流配送中心、7-11台湾(捷盟行销)物流配送中心，这些同是优秀企业的物流配送中心，其中的设施与设备的选择却非常迥异。在 BIG-W 物流配送中心(南半球最大的商业物流配送中心)，高速分拣机占了其平面布局的一半；在沃尔玛深圳的物流配送中心，大量的无线射频应用设备则使其物流运作非常灵活；而在 7-11 物流配送中心里，其他地方看不到的电子标签系统承担着物流作业的主力。究其原因，是物流配送中心的作业需求决定了物流设备的选择结果。这就引出物流设备规划与选择的最重要前提：最好的设备不见得是最适合企业的作业需求的，但是，最适合企业作业需求的设备就是最好的。

思考题：

(1) 物流设备选择要遵循哪些原则？

(2) 物流配送中心常用的物流设备包括哪些类型？

(3) 在物流配送中心，经常会用到分拣设备？常见的分拣机有哪些？有何功能特点？适合于哪种货物？

物流设备的规划与选用是物流设备前期管理的重要环节。物流设备具有投资大、使用期限长的特点，在规划与选用时，一定要进行科学决策和统一规划。正确地选择与配置物流设备，可为物流作业选择出最优的技术设备，使有限的投资发挥最大的技术经济效益。通常，物流设备选型应遵循以下原则。

(1) 系统化原则。系统化就是在物流设备配置、选择中用系统的观点和方法，对物流设备运行所涉及的各个环节进行系统分析，把各个物流设备与物流系统总目标、物流系统各要素有机地结合起来，改善各个环节的机能，使物流设备配置、选择最佳，从而使物流设备发挥最大的效能，并使物流系统整体效益最优。

(2) 适用性原则。适用性是指物流设备满足使用要求的能力，包括适应性和实用性。在配置与选择物流设备时，应充分注意到物流设备与目前物流生产作业的需要和发展规划相适应；应符合货物的特性、货运量的需要；应适应不同的工作条件和多种作业性能要求，操作使用灵活方便。

(3) 技术先进性原则。技术先进性是指配置与选择的物流设备能够反映当前科学技术先进成果，在主要技术性能、自动化程度、结构优化、环境保护、操作条件、现代新技术的应用等方面具有技术上的先进性，并在时效性方面能满足技术发展要求。它以生产适用为前提，以获得最大经济效益为目的。

(4) 经济合理性原则。经济合理性是指所选择的物流设备应是费用最低、综合效益最好的设备。在实际工作中，应将生产上适用、技术上先进和经济上合理三者结合起来，全面考查物流设备的价格和运行费用，选择整个生命周期费用低的物流设备，才能取得良好的经济效益。

(5) 可靠性和安全性原则。可靠性是指物流设备在规定的使用时间和条件下，完成规定功能的能力。它是物流设备的一项基本性能指标，是物流设备功能在时间上的稳定性和保持性。物流设备的可靠性与物流设备的经济性是密切相关的。从经济上看，物流设备的可靠性高就可以避免因发生故障而造成的停机损失与维修费用支出。

安全性是指物流设备在使用过程中保证人身和货物安全及环境免遭危害的能力。它主要包括设备的自动控制性能、自动保护性能，以及对错误操作的保护和警示装置等。

随着物流作业现代化水平的提高，可靠性和安全性日益成为衡量设备好坏的重要因素。

(6) 一机多用原则。一机多用是指物流设备具有多种功能，能适应多种作业的能力。配置和选择一机多用的物流设备，可以实现一机同时适应多种作业环境的连续作业，有利于减少作业环节，提高作业效率，并减少物流设备台数，便于对物流设备进行管理，从而充分发挥物流设备的潜能，确保以最低投入获得最大的效益。

本章将主要从储存设备选用、装卸搬运设备选用、输送设备选用、分拣设备选用、其他类型设备选用等几个方面进行详细介绍。

7.1 储存设备选用

7.1.1 托盘

托盘是最基本的物流器具，是指用于集装、堆放、搬运和运输的，放置作为单元负荷的货物和物品的水平平台装置。

托盘作为物流运作过程中重要的装卸、储存和运输设备，与叉车配套使用，在现代物流中发挥着巨大的作用。托盘给现代物流业带来的效益主要体现在：可以实现物品包装的单元化、规范化和标准化，保护物品，方便物流和商流。其结构如图7-1所示。

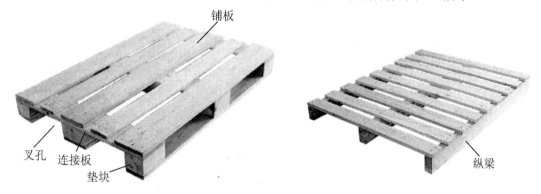

图7-1 托盘的结构

1. 平托盘

由于平托盘的应用范围最广，利用数量最大，通用性最好，因此平托盘几乎成了托盘的代名词。平托盘可分为以下3种类型。

(1) 按台面进行分类，主要包括单面型、单面使用型、双面使用型和翼型4种。

(2) 按叉车叉入方式进行分类，主要包括单向叉入型、双向叉入型、四向叉入型3种。

(3) 按材料进行分类，主要包括木制平托盘、钢制平托盘、塑料制平托盘、复合材料制平托盘及纸制托盘5种。

其中，木质平托盘有许多结构样式，如图7-2所示。

2. 箱式托盘

箱式托盘是四面有侧板的托盘，有的箱体上有顶板，有的没有顶板。箱板有固定式、折叠式、可卸下式3种。四周栏板有板式、栅式和网式，四周栏板为栅栏式的箱式托盘也称笼式托盘或仓库笼。箱式托盘如图7-3所示。

箱式托盘防护能力强，可防止塌垛和货损；可装载异型不能稳定堆码的货物，应用范围广。

样式1   样式2

样式3   样式4

样式5   样式6

图 7-2   木质平托盘的结构样式

3．柱式托盘

柱式托盘的基本结构为托盘的 4 个角有钢质立柱，柱子上端可用横梁连接，形成框架型，如图 7-4 所示。柱式托盘的主要作用包括：利用立柱支撑重物，往高叠放；可防止托盘上放置的货物在运输和装卸过程中发生塌垛现象。

图 7-3   箱式托盘

图 7-4   柱式托盘

柱式托盘多用于包装件、桶装货物、棒料和管材等的集装，还可以作为可移动的货架、货位。

4．轮式托盘

轮式托盘与柱式托盘和箱式托盘相比，多了下部的小型轮子。因而，轮式托盘显示出能短距离移动、自行搬运或滚上滚下式的装卸等优势，用途广泛，适用性强。轮式托盘如图 7-5 所示。

图 7-5　轮式托盘

5. 特种专用托盘

1) 平板玻璃集装托盘

平板玻璃集装托盘也称平板玻璃集装架，有许多种类，如 L 形单面装放平板玻璃单面进叉式、A 形双面装放平板玻璃双向进叉式、吊叉结合式和框架式等。运输过程中托盘起支撑和固定作用，平板玻璃一般都立放在托盘上，并且玻璃还要顺着车辆的前进方向，以保持托盘和玻璃的稳固。平板玻璃集装托盘如图 7-6 所示。

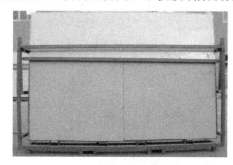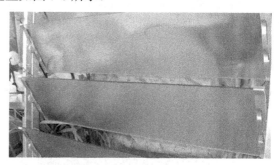

图 7-6　平板玻璃集装托盘

2) 轮胎专用托盘

轮胎的特点是耐水、耐蚀，但怕挤、怕压，轮胎专用托盘较好地解决了这个矛盾。利用轮胎专用托盘，可多层码放，不挤不压，大大地提高了装卸和储存效率。轮胎专用托盘如图 7-7 所示。

图 7-7　轮胎专用托盘

3) 长尺寸物托盘

长尺寸物托盘是一种专门用来码放长尺寸物品的托盘，有的呈多层结构。物品堆码后，就形成了长尺寸货架。长尺寸物托盘如图 7-8 所示。

图 7-8　长尺寸物托盘

4) 油桶专用托盘

油桶专用托盘是专门存放、装运标准油桶的异型平托盘，双面均有波形沟槽或侧板，以稳定油桶，防止滚落。其优点是可多层堆码，提高仓储和运输能力。油桶专用托盘如图 7-9 所示。

图 7-9　油桶专用托盘

7.1.2　货架

储存设备主要是指货架，下面介绍各类货架的结构特点及适用场合。

1. 托盘货架

特点：托盘货架是指以托盘为存储单元的货架，又称工业货架，如图 7-10 所示。大多为装配式结构，具有刚性好，自重轻，层高可调节，运输安装便利，存取方便等优点。托盘货架高通常取 6m 以下，3～5 层。

适用范围：这种货架适用于常规品种、批量的储存，出入库不受先后顺序的影响，一般叉车就可以完成存入、取出等操作。选择托盘货架时要考虑储存单元的托盘尺寸、堆垛高度、重量和层数，由此确定托盘货架的支柱和横梁规格尺寸。

2. 轻量型货架

特点：轻量型货架是货架系列中用户选择的理想产品，其结构是由立柱、层板、卡销组合插接而成。上、下两层固定，其余中间层可随意调节。采用机械冲孔使层板、立柱通过卡销，以插接结构锁紧，具有拆装方便、无需用强力、自然锁定的优点如图 7-11 所示。

图 7-10　托盘货架

图 7-11　轻量型货架

适用范围：用途广泛，适合储存小零件、配件等较轻的工作场所，每层承载能力为 100～150kg，以人力和手工搬运、存储及拣选作业为主。

3. 中量型货架

特点：中量型货架坚固结实，承载力大，一般都可以拆装组合，层板高度可以调节；承重层承载能力为 200～800kg；货架所有金属件全部经过防锈处理，外表经防静电喷涂；中量型货架使用于大、中、小型仓库存放货物，如图 7-12 所示。

适用范围：中量型货架广泛用于商场、超市、企业仓库及事业单位。

4. 重量型货架

特点：重量型货架由立柱、隔板、横撑、斜撑及自锁螺栓组装而成，可以有效防止螺栓松动后引发货架失稳，如图 7-13 所示。该货架结构可靠、重量轻、承载力强、造价低、耐磨损、更换简单。

适用范围：适用于人工存取，每层标准有效承载 800kg 以上，适合于人工存取箱式货物，或与零件盒、周转箱配套装载零散重型货物。

图 7-12　中量型货架

图 7-13　重量型货架

5. 贯通式货架

特点：贯通式货架可供叉车驶入货道内存取单元货物，如图 7-14 所示。由于叉车作业通道与物品储存场所为同一位置，贯通式货架存储密度高，存储量大，仓储区面积利用率很高，但存取性较差。

适用范围：贯通式货架适合于大批量、少品种、流动量大的物流存放，存储单元为托盘。

6. 悬臂式货架

特点：悬臂式货架是在立柱上装有外悬的杆臂，是一种边开式货架。储存货物时直接把物品存放在层板上，如图 7-15 所示。若要存放圆形物品，应在悬臂端装设阻挡块防止滑落。悬臂式式货架具有结构简单、自重轻、造价低、装配简单等特点。

适用范围：悬臂式货架适合存放长条形、板形、圆形货物，如管材、线材、板材等。

图 7-14　贯通式货架

图 7-15　悬臂式货架

7. 阁楼式货架

特点：利用钢梁和承重隔板将原有储区进行两层或多层的楼层分割，或对旧仓库进行技术改造，如图 7-16 所示。每层楼可存放不同的物品，一般上层存放较轻的物品，底层存放较重的物品。具有成本低、空间利用率高等优点。

图 7-16　阁楼式货架

适用范围：适用于多品种零配件的存储。

8. 移动式货架

特点：移动式货架在其底部安装有滚轮，可在地面或轨道上运行，如图 7-17 所示。

适用范围：这种货架适用于存放品种多、出入库频率较低的物品；也可存放出入库频率较高，但可按一定顺序出入库的物品。移动式货架广泛应用于办公室、图书馆、银行、车间、仓库等场所，用于存放长期保存和短期很少使用的档案、文献、隐秘文件等。

9. 重力式货架

特点：重力式货架又称为流利式货架，一般采用滚轮式铝合金或钣金流利条，呈一定坡度(3°左右)放置。其是将货物置于滚轮上，利用一边通道存货，另一边通道取货。货物通常为纸包装或将货物放于塑料周转箱内，利用其自重实现货物的流动和先进先出，货物由小车进行运送，人工存取，存取方便，单元货架每层承载能力通常在 100kg 左右，货架高度在 2.5m 以内。料架朝出货方向向下倾斜，货物在重力作用下向下滑动，可实现先进先出，并可实现一次补货，多次拣货，如图 7-18 所示。

图 7-17 移动式货架

图 7-18 重力式货架

适用范围：重力式架存储效率高，适合大量货物的短期存放，广泛应用于物流配送中心、货运行、出版社及自动化程度较高的工厂。适于装配线两侧的工序转换、流水线生产、物流配送中心的拣选作业等场所，可配以电子标签实现货物的信息化管理。广泛应用于汽车、医药、化工和电子等行业。

10. 旋转式货架

旋转式货架设有电力驱动装置(驱动部分可设于货架上部，也可设于货架底座内)。货架沿着由两个直线段和两个曲线段组成的环形轨道运行，用开关或小型电子计算机操纵。存取货物时，把货物所在货格编号由控制盘按钮输入，该货格则以最近的距离自动旋转至拣货点停止。由于货架转动，使得拣货线路简捷，拣货效率高，拣货时不容易出现差错。

根据旋转方式不同，旋转式货架可分为垂直旋转式和水平旋转式两类。

1) 垂直旋转式货架

垂直旋转式货架类似于垂直提升机，在两端悬挂有成排的货格，货架可正转，也可以反转。货架的高度为 2~6m，正面宽 2m 左右，单元货位承载 100~400kg，回转速度 6m/min 左右。垂直旋转货架属于拣选型货架。占地空间小，存放的品种多，最多可达 1 200 种左右。货架货格的小格可以拆除，这样可以灵活地存储各种尺寸的货物。在货架的正面及背面均设置拣选台面，可以方便地安排出入库作业。在旋转控制上用开关按钮即可轻松的操作，也可利用计算机操作控制，形成联动系统，将指令要求的货层经最短的路程送至要求的位置。垂直旋转式货架如图 7-19 所示。

垂直旋转式货架主要适用于多品种、拣选频率高的货物，如果取消货格，用支架代替，也可以用于成卷货物的存取。

2) 水平旋转式货架

(1) 多层水平旋转式货架。这种货架的最佳长度为 10～20m，高度为 2～3.5m，单元货位承载 200～250kg，回转速度为 20～30m/min。

多层水平旋转式货架是一种拣选型货架，各层可以独立旋转，每层都有各自的轨道，用计算机操作时，可以同时执行几个命令，使各层货物从近到远，有序地到达拣选地点，拣选效率很高。这种货架存主要用于出入库频率高、多品种拣选的仓库中。多层水平旋转式货架如图 7-20 所示。

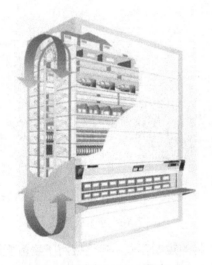

图 7-19　垂直旋转式货架

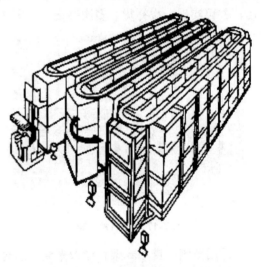

图 7-20　多层水平旋转式货架

(2) 整体水平旋转式货架。这种货架由多排货架连接，每排货架又有多层货格，货架做整体水平式旋转，每旋转一次，便有一排货架达到拣货面，可对这一排进行拣货。这种货架每排可放置同种物品，也可以一排货架不同货格放置互相配套的物品，一次拣选可在一排上将相关的物品拣出。这种货架还可作为小型分货式货架，每排不同的货格放置同种货物，旋转到拣选面后，将货物按各用户分货要求分放到指定货位。整体水平旋转式货架主要是拣选型，也可以看成是拣选分货一体化货架。整体水平旋转式货架如图 7-21 所示。

11. 自动化立体仓库

自动化立体仓库也称为自动化立体仓储，利用立体仓库设备可实现仓库高层合理化、存取自动化、操作简便化。自动化立体仓库是当前技术水平较高的仓库形式。自动化立体仓库的主体由货架、巷道式堆垛机、入(出)库工作台、自动运进(出)及操作控制系统组成。货架是钢结构或钢筋混凝土结构的建筑物或结构体，货架内是标准尺寸的货位空间，巷道堆垛机穿行于货架之间的巷道中，完成存、取货的工作。管理上采用计算机及条形码技术。自动化立体仓库如图 7-22 所示。

图 7-21 整体水平旋转式货架

图 7-22 自动化立体仓库

 知识拓展

自动化立体仓库在我国的应用

1. 工业生产领域

(1) 医药生产：是最早应用自动化立体仓库的领域之一。1993 年广州羊城制药厂建成了国内最早的医药生产用自动化立体仓库。此后，吉林敖东药业、东北制药、扬子江制药、石家庄制药、上药集团等数十个企业成功应用了自动化立体仓库。

(2) 汽车制造：是国内最早应用自动化立体仓库的领域之一。中国二汽是最早应用自动化立体仓库的单位。目前国内主要汽车制造企业几乎无一例外地应用自动化立体仓库。

(3) 机械制造：是广泛应用自动化立体仓库的领域之一，如三一重工等。

(4) 电子制造：联想等电子领域在 2000 年后开始采用自动化立体仓库系统。

(5) 烟草制造业：是国内采用自动化立体仓库最普遍的行业，而且大量采用进口设备。典型的如红河、长沙等。

2. 物流领域

(1) 烟草配送：广泛采用自动化立体仓库系统。

(2) 医药配送：为了响应 GSP 认证，大量的自动化立体仓库被应用到全国医药流通领域，如国药、上药等。

(3) 机场货运：是较早采用自动化立体仓库的领域。各主要机场均采用自动化立体仓库系统，用于行李处理。

(4) 地铁：随着我国地铁建设的蓬勃兴起，自动化立体仓库应用大面积展开。

3. 商品制造领域

(1) 服装：应用自动化立体仓库是近几年的事情。

(2) 酒：如洋河、牛栏山等。

(3) 牛奶：蒙牛、伊利等企业有应用。

(4) 化工：是最早应用自动化立体仓库的行业之一。

(5) 印刷、出版、图书：是广泛应用自动化立体仓库的行业之一。

4. 军事应用

后勤、装备等尤为普遍。

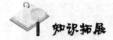

使用中重型货架安全小常识

(1) 防超载：货品存放的每层重量不得超过货架设计的最大承载。

(2) 防超高、超宽：货架层高、层宽已受限制，货物的尺寸应略小于净空间 100mm。

(3) 防撞击：叉车在运行过程中，应尽量轻拿轻放。

(4) 防头重脚轻：应做到高层放轻货，底层放重货的原则。

(5) 货架上方有摆放货物时，操作人员尽量不要直接进入货架底部。如发现货架的横梁和立柱有严重损坏，应及时通知厂家更换。

7.2 装卸搬运设备选用

装卸搬运设备是进行装卸搬运作业的劳动工具或物质基础，其技术水平是装卸搬运作业现代化的重要标志之一。装卸搬运作业是物流配送中心的主要作业之一。随着物流业的发展，根据物流配送中心的实际需要，设计和生产的装卸搬运设备品种繁多，规格多样。物流配送中心的装卸搬运设备主要分为起重机械和搬运车辆。

1. 手推车

手推车是以人力推、拉的搬运工具。虽然物料搬运技术不断发展，但手推车仍然作为不可缺少的搬运工具而沿用至今。

手推车有独轮、两轮、三轮和四轮之分。独轮车可在狭窄的跳板、便桥和羊肠小道上行驶，能够原地转向，倾卸货物十分便利。常用的两轮车有搬运成件物品的手推搬运车、架子车和搬运散状物料的斗车等。三轮手推车中有一个、四轮手推车中有两个可绕铅垂轴回转的回转脚轮。这种回转脚轮在运行中能随着车辆运动方向的改变而自动调整到运行阻力最小的方向。四轮手推车如图 7-23 所示。

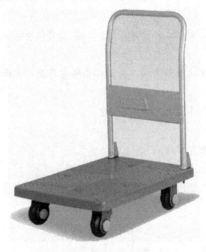

图 7-23 手推车

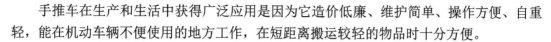

手推车在生产和生活中获得广泛应用是因为它造价低廉、维护简单、操作方便、自重轻，能在机动车辆不便使用的地方工作，在短距离搬运较轻的物品时十分方便。

在世界范围内手推车的应用非常广泛，一般在欧洲、北美国家手推车用于花园比较多，而在非洲手推车用于矿山比较多，中东国家则以建筑用为多。中国青岛胶南的手推车制造基地较为有名，常年不断地为世界各地的手推车用户服务着；著名企业有青岛泰发集团和青岛华天车辆。防静电手推车适合半导体、食品、生物医药制造企业及各种无尘室作业区域存放货品用。

2. 叉车

叉车是工业搬运车辆，是指对成件托盘货物进行装卸、堆垛和短距离运输作业的各种轮式搬运车辆。国际标准化组织 ISO/TC110 称为工业车辆。常用于仓储大型物件的运输，通常使用燃油机或者电池驱动。

叉车广泛应用于车站、港口、机场、工厂、物流配送中心等国民经济部门，是机械化装卸、堆垛和短距离运输的高效设备。

自行式叉车出现于 1917 年。中国从 20 世纪 50 年代初开始制造叉车。大连叉车总厂于 1958 年生产制造了中国第一台 5t 内燃叉车，命名"W5-卫星号"。1959 年 10 月 1 日，为庆祝建国十周年，中国第一台 5t 内燃叉车作为中国机械工业的新产品，随国庆游行队伍通过天安门广场，向国庆十周年献礼，向党和国家领导人报捷。中国第一台内燃叉车的诞生，在中国叉车制造史这张白纸上画下了重重的一笔，大连叉车成为中国叉车的鼻祖，并由此开创了中国叉车制造业历史。

叉车通常可以分为 3 大类：内燃叉车、电动叉车和仓储叉车。内燃叉车又分为普通内燃叉车、重型叉车、集装箱叉车和侧面叉车。

1) 内燃叉车

(1) 普通内燃叉车，一般采用柴油、汽油、液化石油气或天然气发动机作为动力，承载能力为 1.2～8.0t，作业通道宽度一般为 3.5～5.0m。考虑到尾气排放和噪声问题，通常用在室外、车间或其他对尾气排放和噪声没有特殊要求的场所。由于燃料补充方便，因此可实现长时间的连续作业，而且能胜任在恶劣的环境下(如雨天)工作。内燃叉车如图 7-24 所示。

(2) 重型叉车，采用柴油发动机作为动力，承载能力为 10.0～52.0t，一般用于货物较重的码头、钢铁等行业的户外作业。重型叉车如图 7-25 所示。

(3) 集装箱叉车，采用柴油发动机作为动力，承载能力为 8.0～45.0t，一般分为空箱堆高机、重箱堆高机和集装箱正面吊，用于集装箱搬运，如集装箱堆场或港口码头作业。集装箱叉车如图 7-26 所示。

(4) 侧面叉车，采用柴油发动机作为动力，承载能力为 3.0～6.0t。在不转弯的情况下，具有直接从侧面叉取货物的能力，因此主要用来叉取长条形的货物，如木条、钢筋等。侧面叉车如图 7-27 所示。

图 7-24　内燃叉车

图 7-25　重型叉车

图 7-26　集装箱叉车

图 7-27　侧面叉车

2) 电动叉车

以电动机为动力，蓄电池为能源，承载能力为 1.0～8.0t，作业通道宽度一般为 3.5～5.0m。由于没有污染、噪声小，因此广泛应用于室内操作和其他对环境要求较高的工况，如医药、食品等行业。随着人们对环境保护的重视，电动叉车正在逐步取代内燃叉车。由于每组电池一般在工作约 8h 后需要充电，因此对于多班制的工况需要配备备用电池。电动叉车如图 7-28 所示。

3) 仓储叉车

仓储叉车主要是为仓库内货物搬运而设计的叉车。除了少数仓储叉车(如手动托盘搬运车)是采用人力驱动仓储叉车外，其他都是以电动机驱动的。因其车体紧凑、移动灵活、自重轻和环保性能好而在仓储业得到普遍应用。在多班作业时，电动机驱动的仓储叉车需要备用电池。仓储叉车如图 7-29 所示。

(1) 电动搬运车，承载能力为 1.6～3.0t，作业通道宽度一般为 2.3～2.8m，货叉提升高度一般在 210mm 左右，主要用于物流配送中心内的水平搬运及货物装卸。其有步行式、站驾式和坐驾式 3 种操作方式，可根据效率要求选择，具体如图 7-30～图 7-32 所示。

图 7-28　电动叉车

图 7-29　仓储叉车

图 7-30　步行式电动搬运车

图 7-31　站驾式电动搬运车

图 7-32　坐驾式电动搬运车

(2) 电动托盘堆垛车，分为全电动托盘堆垛车和半电动托盘堆垛车两种类型。顾名思义，前者为行驶、升降都为电动控制，比较省力；后者是需要人工手动拉或者推着叉车行走，升降则是电动的。电动托盘堆垛车如图 7-33 所示。

电动托盘堆垛车承载能力为 1.0～2.5t，作业通道宽度一般为 2.3～2.8m，在结构上比电动搬运车多了门架，货叉提升高度一般在 4.8m 内，主要用于物流配送中心内的货物堆垛及装卸。

(3) 前移式叉车，承载能力 1.0～2.5t，门架可以整体前移或缩回，缩回时作业通道宽度一般为 2.7～3.2m，提升高度最高可达 11m 左右，常用于物流配送中心内中等高度的堆垛、取货作业。前移式叉车如图 7-34 所示。

图 7-33　电动托盘堆垛车

图 7-34　前移式叉车

(4) 电动拣选式叉车，是操作台上的操作者可与装卸装置一起上下运动，并拣选储存在两侧货架内物品的叉车。按升举高度可分为低位拣选式叉车和高位拣选式叉车。

低位拣选式叉车适于车间内各个工序间加工部件的搬运，操作者可乘立在上下车便利的平台上，驾驶搬运车并完成上下车拣选物料，以减轻操作者搬运、拣选作业的强度，如图 7-35 所示。低位拣选式叉车一般乘立平台离地高度仅为 200 mm 左右，支撑脚轮直径较小，仅适用于在车间平坦路面上行驶。按承载平台(货叉)的起升高度分为微起升和低起升两种，可根据拣选物品的需要进行选择。

高位拣选式叉车适用于多品种、少量入出库的特选式高层货架仓库，如图 7-36 所示。起升高度一般为 4～6m，最高可达 13m，可以大大提高仓储区空间利用率。为保证安全，操作台起升时，只能微动运行。

图 7-35　低位拣选式叉车

图 7-36　高位拣选式叉车

4) 叉车的选型

叉车的基本作业功能分为水平搬运、堆垛/取货、装货/卸货、拣选。根据企业所要实现的作业功能可以从上面介绍的车型中初步确定。另外，特殊的作业功能会影响到叉车的具体配置，如搬运的是纸卷等，需要叉车安装属具来完成特殊功能。

叉车的作业要求包括托盘或货物规格、提升高度、作业通道宽度、爬坡度等，同时还需要考虑作业效率(不同的车型其效率不同)、作业习惯(如习惯坐驾还是站驾)等方面的要求。

如果企业需要搬运的货物或仓库环境对噪声或尾气排放等环保方面有要求，在选择车型和配置时应有所考虑。如果是在冷库中或是在有防爆要求的环境中，叉车的配置也应该是冷库型或防爆型的。仔细考察叉车作业时需要经过的地点，设想可能的问题。例如，出入库时门高对叉车是否有影响；进出电梯时，电梯高度和承载对叉车的影响；在楼上作业时，楼面承载是否达到相应要求；等等。

在选型和确定配置时，要向叉车供应商详细描述工况，并实地勘察，以确保选购的叉车完全符合企业的需要。在完成以上步骤的分析后，可能仍然有几种车型能同时都能满足上述要求，此时需要注意以下几个方面。

(1) 不同的车型，工作效率不同，那么需要的叉车数量、司机数量也不同，会导致一系列成本发生变化。

(2) 如果叉车在物流配送中心内作业，不同车型所需的通道宽度不同，提升能力也有所差异，由此会带来物流配送中心布局的变化，如货物存储量的变化。

(3) 车型及其数量的变化，会对管理等诸多方面产生影响。

(4) 不同车型的市场保有量不同，其售后保障能力也不同。例如，低位驾驶三向堆垛叉车和高位驾驶三向堆垛叉车同属窄通道叉车系列，都可以在很窄的通道内(1.5～2.0m)完成堆垛、取货。但是前者驾驶室不能提升，因而操作视野较差，工作效率较低；而后者能完全覆盖前者的功能，且性能更出众，因此在欧洲后者的市场销量比前者超出4～5倍，在中国则达到6倍以上。因此大部分供应商都侧重发展高位驾驶三向堆垛叉车，而低位驾驶三向堆垛叉车只是用在小吨位、提升高度低(一般在6m以内)的工况下。在市场销量很少时，其售后服务的工程师数量、工程师经验、配件库存水平等服务能力就会相对较弱。要对以上几个方面的影响综合评估后，选择最合理的方案。

知识拓展

我国叉车海外市场状况

2007年，中国叉车销量达到13.9万辆，同比增长30%；出口叉车4.7万辆，同比增长78%，出口量约占销量的34%；而出口增量对销量增长的贡献率达到65%。

2007年，全球叉车销量达到90.7万辆，同比增长10%。消费量按地区构成情况如下：欧洲占世界叉车市场份额约为40%；其次为北美(美国+加拿大)市场，约为21%；中国所占市场份额已超过11%；日本所占份额不超过10%；世界其他地区所占份额则接近16%。

在我国内燃平衡重式叉车约占销量的80%，而全球叉车销量中电动叉车比例超过了50%。这是因为在欧、美、日的叉车市场上，电动叉车已成为主流产品。由于我国对环保要求较低、叉车作业较频繁、作业环境较恶劣及运行成本等因素，较长时间内我国的叉车需求仍将倾向于使用内燃叉车。

在全球叉车市场格局中，丰田和林德遥遥领先，年销售收入超过 50 亿美元；而安叉和杭叉在国内叉车市场上称雄，合计市场占有率超过 50%。

由于我国叉车出口量占海外市场比例仍较低，性价比优势突出，以及出口退税导致国内企业出口冲动等，预计未来我国叉车出口仍将保持较快增速。

【例 7-1】 某物流配送中心每月(30 天)的装卸搬运作业量 48 000t，现欲购买某型号的叉车进行作业，该叉车的生产定额为 50t/(台·h)，每天工作 8h，每天的等待保养时间为工作时间的 20%，求该物流配送中心应购买几台该型号叉车？

解： (1) 每天的总作业量为

$$Q=48\ 000÷30=1\ 600t$$

(2) 一台叉车每天的作业量为

$$50×8×(1-20\%)=320t$$

(3) 所需叉车数量为

$$1\ 600÷320=5(台)$$

【例 7-2】 在例 7-1 中，若每台该型号叉车市场售价为 5 万元，且公司目前购买设备的可用资金只有 20 万元的话(含各种途径借款所得)，若采用加班的方式如何保证每天的作业量需求？

解： (1) 可购买叉车数量为

$$Q=20÷5=4(台)$$

(2) 每小时的总作业量为

$$50×4=200t$$

(3) 所需有效工作时间为

$$1\ 600÷200=8h$$

(4) 所需工作时间为

$$8÷(1-20\%)=10h$$

因此，为了保证每日的作业量，需要叉车运行 10h，即加班 2h。

3. 巷道堆垛机

巷道堆垛机是由叉车、桥式堆垛机演变而来的。桥式堆垛机仅适用于出入库频率不高或存放长条形原材料和笨重货物的物流配送中心。而巷道堆垛机的主要用途是在高层货架的巷道内来回穿梭运行，将位于巷道口的货物存入货格，或者取出货格内的货物运送到巷道口。巷道堆垛机如图 7-37 所示。

巷道堆垛机具有以下特点。

(1) 电气控制方式包括手动、半自动、单机自动及计算机控制。

(2) 大多数堆垛机采用变频调速、光电认址，具有调速性能好、停车准确度高的特点。

(3) 采用安全滑触式输电装置，保证供电可靠。

(4) 运用过载松绳、断绳保护装置确保工作安全。

图 7-37　巷道堆垛机

(5) 堆垛机机架重量轻，抗弯、抗扭刚度高，起升导轨精度高，耐磨性好，可精确调位。

(6) 可伸缩式货叉减小了对巷道的宽度要求，提高了物流配送中心面积的利用率。

巷道堆垛机的类型、特点和用途如表 7-1 所示。

表 7-1　巷道堆垛机的类型、特点和用途

项目	类　型	特　点	用　途
按结构分类	单立柱型巷道堆垛机	(1) 机架结构是由一根立柱、上横梁和下横梁组成的一个矩形框架； (2) 结构刚度比双立柱差	适用于起重量在 2t 以下，起升高度在 16m 以下的立体仓库
	双立柱型巷道堆垛机	(1) 机架结构是由两根立柱、上横梁和下横梁组成的一个矩形框架； (2) 结构刚度较好； (3) 质量比单立柱大	(1) 适用于各种起升高度的立体仓库； (2) 一般起重量可达 5t，必要时还可以更大； (3) 可用于高速运行
按支撑方式分类	地面支承型巷道堆垛机	(1) 支承在地面铺设的轨道上，用下部的车轮支承和驱动； (2) 上部导轮用来防止堆垛机倾倒； (3) 机械装置集中布置在下横梁，易保养和维修	(1) 适用于各种高度的立体仓库； (2) 适用于起重量较大的立体仓库； (3) 应用广泛
	悬挂型巷道堆垛机	(1) 在悬挂于立体仓库屋架下弦装设的轨道下翼沿上运行； (2) 在货架下部两侧铺设下部导轨，防止堆垛机摆动	(1) 适用于起重量和起升高度较小的小型立体仓库； (2) 使用较少； (3) 便于转巷道
	货架支承型巷道堆垛机	(1) 支承在货架顶部铺设的轨道上； (2) 在货架下部两侧铺设下部导轨，防止堆垛机摆动； (3) 货架应具有较大的强度和刚度	(1) 适用于起重量和起升高度较小的小型立体仓库； (2) 使用较少
按用途分类	单元型巷道堆垛机	(1) 以托盘单元或货箱单元进行出入库； (2) 自动控制时，堆垛机上无司机	(1) 适用于各种控制方式，应用最广； (2) 可用于"货到人前"拣选作业
	拣选型巷道堆垛机	(1) 在堆垛机上的操作人员从货架内的托盘单元或货物单元中取少量货物，进行出库作业； (2) 堆垛机上装有司机室	(1) 一般为手动或半自动控制； (2) 用于"人到货钱"拣选作业

4. 自动导引搬运车

自动导引搬运车(Automated Guided Vehicle，AGV)是指装备有电磁或光学等自动导引装置，能够沿规定的导引路径行驶，具有安全保护及各种移载功能的运输车。在工业应用中不需驾驶员，以可充电的蓄电池为其动力来源。一般可通过计算机来控制其行进路线及行为，或利用电磁轨道来设立其行进路线，电磁轨道粘贴于地板上，AGV 则依循电磁轨道所带来的信息进行移动与动作，如图 7-38 所示。

图 7-38　自动导引搬运车

AGV 以轮式移动为特征，较之步行、爬行或其他非轮式的移动机器人具有行动快捷、工作效率高、结构简单、可控性强、安全性好等优势。与物料输送中常用的其他设备相比，AGV 的活动区域无需铺设轨道、支座架等固定装置，不受场地、道路和空间的限制。因此，在自动化物流系统中，最能充分体现其自动性和柔性，实现高效、经济、灵活的无人化生产。

AGV 具有以下优点。

(1) 自动化程度高，由计算机、电控设备、激光反射板等控制。

当车间某一环节需要辅料时，由工作人员向计算机终端输入相关信息，计算机终端再将信息发送到中央控制室，由专业的技术人员向计算机发出指令，在电控设备的合作下，这一指令最终被 AGV 接受并执行——将辅料送至相应地点。

(2) 充电自动化。当 AGV 的电量即将耗尽时，它会向系统发出请求指令，请求充电(一般技术人员会事先设置好一个值)，在系统允许后自动到充电的地方"排队"充电。

另外，AGV 的电池寿命很长(在 10 年以上)，并且每充电 15min 可工作 4h 左右。

(3) 美观，提高观赏度，从而提高企业的形象。

(4) 方便，减少占地面积。

7.3　输送设备选用

1. 带式输送机

带式输送机是一种摩擦驱动、以连续方式运输物料的机械，主要由机架、输送带、托辊、滚筒、张紧装置、传带式输送机动装置等组成。它可以将物料在一定的输送线上，从最初的供料点到最终的卸料点间形成一种物料的输送流程。它既可以进行碎散物料的输送，也可以进行成件物品的输送。除进行纯粹的物料输送外，还可以与各工业企业生产流程中的工艺过程要求相配合，形成有节奏的流水作业运输线。

带式输送机可分为普通带式输送机、钢绳芯带式输送机和钢绳牵引带式输送机。输送带根据摩擦传动原理而运动，适用于输送堆积密度小于 1.67t/m^3，易于掏取的粉状、粒状、小块状的低磨琢性物料及袋装物料，如煤、碎石、砂、水泥、化肥、粮食等。胶带输送机可在环境温度为-20～40℃的范围内使用，被送物料温度小于 60℃。其机长及装配形式可根据用户要求确定，传动可用电滚筒，也可用带驱动架的驱动装置。带式输送机如图 7-39 所示。

适用范围：带式输送机可以用于水平运输或倾斜运输，使用非常方便，广泛地应用在冶金、煤炭、交通、水电、化工等部门，如用于矿山的井下巷道、矿井地面运输系统、露天采矿场及选矿厂中。带式输送机还应用于建材、电力、轻工、粮食、港口、船舶等部门。带式输送机具有输送量大、结构简单、维修方便、成本低、通用性强等优点。根据输送工艺要求，可以单台输送，也可多台或与其他输送设备组成水平或倾斜的输送系统，以满足不同布置形式的作业线需要。

2．辊子输送机

辊子输送机是利用按一定间距架设在固定支架上的若干个辊子来输送成件物品的输送机。固定支架一般由若干个直线或曲线的分段按需要拼成。辊子输送机如图 7-40 所示。

图 7-39　带式输送机

图 7-40　辊子输送机

辊子输送机可以从不同视角进行分类，如按驱动方式不同可分为动力滚筒线和无动力滚筒线；按布置形式不同可分为水平输送滚筒线、倾斜输送滚筒线和转弯滚筒线。

辊子输送机可以单独使用，也可在流水线上与其他输送机或工作机械配合使用，具有结构简单、工作可靠、安装拆卸方便、易于维修、线路布置灵活等优点，适合于运送成件物品。辊子输送机分动力型和无动力型，可以实现直线、曲线、水平、倾斜运行，并能完成分流、合流等要求，实现物品在机上加工、装配、试验、包装、挑选等工艺。

辊子输送机适用于各类箱、包、托盘等件货的输送，散料、小件物品或不规则的物品需放在托盘上或周转箱内输送，能够输送单件重量很大的物料，或承受较大的冲击载荷。

3．链式输送机

链式输送机是利用链条牵引、承载，或由链条上安装的板条、金属网带、辊道等承载物料的输送机。

根据链条上安装的承载面的不同，可以分为链条式、链板式、链网式、板条式、链斗式、托盘式、台车式。此外，链式输送机也常与其他输送机、升降装置等组成各种功能的生产线。链式输送机如图 7-41 所示。

图 7-41　链式输送机

链式输送机主要有以下特点。

(1) 输送能力大：高效的输送机允许在较小空间内输送大量物料。

(2) 输送能耗低：借助物料的内摩擦力，变推动物料为拉动，使其与螺旋输送机相比节电 50%。

(3) 密封和安全：全密封的机壳使粉尘无缝可钻，操作安全，运行可靠。

(4) 使用寿命长：用合金钢材经先进的热处理手段加工而成的输送链，其正常寿命大于 5 年，链上的滚子寿命(根据不同物料)大于等于 2～3 年。

(5) 工艺布置灵活：可高架、地面或地坑布置，可水平或爬坡(≤15°)安装，也可同机水平加爬坡安装，可多点进出料。

(6) 使用费用低，节电且耐用，维修少，费用低，能确保主机的正常运转，以增加产出，降低消耗，提高效益。

应用范围：链式输送机广泛用于食品、罐头、药品、饮料、化妆品和洗涤用品、纸制品、调味品、乳业及烟草等的自动输送、分配和后道包装的连线输送。

4. 斗式提升机

斗式提升机是利用均匀固接于无端牵引构件上的一系列料斗，竖向提升物料的连续输送机械，分为环链、板链和皮带 3 种。

工作原理：料斗把物料从下面的储藏中舀起，随着输送带或链提升到顶部，绕过顶轮后向下翻转，斗式提升机将物料倾入接收槽内。带传动的斗式提升机的传动带一般采用橡胶带，装在下面或上面的传动滚筒和上面或下面的改向滚筒上。链传动的斗式提升机一般装有两条平行的传动链，上面或下面有一对传动链轮，下面或上面是一对改向链轮。斗式提升机一般都装有机壳，以防止斗式提升机中粉尘飞扬，如图 7-42 所示。

斗式提升机适用于低处往高处提升，供应物料通过振动台投入料斗后机器自动连续运转向上运送。根据传送量可调节传送速度，并随需要选择提升高度，料斗为自行设计制造。

斗式提升机适用于食品、医药、化学工业品、螺钉、螺母等产品的提升上料，可通过包装机的信号识别来控制机器的自动停启。

5. 螺旋输送机

螺旋输送机工作时旋转的螺旋叶片将物料推移而进行螺旋输送机输送，使物料不与螺旋输送机叶片一起旋转的力是物料自身重量和螺旋输送机机壳对物料的摩擦阻力。螺旋输送机旋转轴上焊有的螺旋叶片，叶片的面型根据输送物料的不同有实体面型、带式面型、叶片面型等型式。螺旋输送机的螺旋轴在物料运动方向的终端有止推轴承以随物料给螺旋的轴向反力，在机长较长时，应加中间吊挂轴承，如图 7-43 所示。

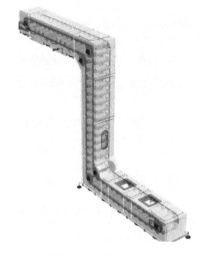

图 7-42　斗式提升机

图 7-43　螺旋输送机

螺旋输送机主要具有以下特点。

(1) 性能好、运行平稳可靠。

(2) 可多点装料和卸料，操作安全，维修简便。

(3) 防尘、耐高温、故障率低。

螺旋输送机广泛应用于各行业，如建材、化工、电力、冶金、煤矿、粮食等，适用于水平或倾斜输送粉状、粒状和小块状物料，如煤矿、灰、渣、水泥、粮食等，物料温度应小于 200℃。螺旋机不适于输送易变质、黏性大、易结块的物料。

7.4　分拣设备选用

随着消费需求的多元化，商品品种的多样化，多品种、多批次的商品拣选作业也相应得到迅速发展。自动分拣系统(Automatic Sorting System，ASS)就是目前应用最广的拣货系统。

自动分拣系统一般由输送装置、控制装置、分拣道口、分拣装置和计算机控制系统组成。

输送装置的主要组成部分是传送带或输送机，其主要作用是使待分拣商品通过控制装置、分类装置；在输送装置的两侧一般要连接若干分拣道口，使分好类的商品滑下主输送机(或主传送带)以便进行后续作业。

控制装置的作用是识别、接收和处理分拣信号，根据分拣信号的要求指示分类装置按商品品种、送达地点或按货主的类别对商品进行自动分类。这些分拣需求可以通过不同方式，如条形码扫描、色码扫描、键盘输入、重量检测、语音识别、高度检测及形状识别等方式，输入到分拣控制系统中去。分拣控制系统根据对这些分拣信号判断，来决定某一种商品应进入哪一个分拣道口。

分拣道口是已分拣商品脱离主输送机(或主传送带)进入集货区域的通道，一般由钢带、皮带、滚筒等组成滑道，使商品从主输送装置滑向集货站台，在那里由工作人员将该道口的所有商品集中后或入库储存，或组配装车并进行配送作业。

分拣装置的作用是根据控制装置发出的分拣指示，当具有相同分拣信号的商品经过该装置时，该装置动作，使商品改变在输送装置上的运行方向进入其他输送机或进入分拣道口。分类装置的种类很多，一般有推出式、浮出式、倾斜式和分支式。不同的装置对分拣货物的包装材料、包装重量、包装物底面的平滑程度等有不完全相同的要求。

以上 4 部分装置通过计算机网络联结在一起，配合人工控制及相应的人工处理环节构成一个完整的自动分拣系统。

自动分拣系统的使用条件

自动分拣系统是先进物流配送中心所必需的设备之一，具有很高的分拣效率，通常每小时可分拣商品 6 000~12 000 箱。可以说，自动分拣系统是提高物流配送效率的一项关键因素，该系统目前已经成为发达国家大中型物流配送中心不可缺少的一部分。

在引进和建设自动分拣系统时一定要考虑以下因素。

1. 一次性投资巨大

自动分拣系统本身需要建设短则 40~50m，长则 150~200m 的机械传输线，还有配套的机电一体化控制系统、计算机网络及通信系统等。这一系统不仅占地面积大，动辄 20 000m² 以上，而且一般自动分拣系统都建在自动化主体仓库中，这样就要建 3~4 层楼高的立体仓库；库内需要配备各种自动化的搬运设备，其投资不低于建立一个现代化工厂所需要的硬件投资。这种巨额的先期投入要花 10~20 年才能收回，因此需要有可靠的货源做保证。这类系统大都由大型生产企业或大型专业物流公司投资，小企业无力进行此项投资。

2. 对商品外包装要求高

自动分拣系统只适于分拣底部平坦且具有刚性的包装规则的商品。袋装商品、包装底部柔软且凹凸不平、包装易变形和破损，以及超长、超薄、超重、超高、不能倾覆的商品不能使用普通的自动分拣系统进行分拣。因此，为了使大部分商品都能用机械进行自动分拣，可以采取两种措施：一是推行标准化包装，使大部分商品的包装符合国家标准；二是根据所分拣的大部分商品的统一包装特性定制特定的分拣系统。但要让所有商品的供应商都执行国家的包装标准是很困难的，定制特定的分拣系统又会使硬件成本上升，并且越是特别的其通用性就越差。因此公司要根据经营商品的包装情况来确定是否建或建什么样的自动分拣系统。

分拣设备主要有挡板型、浮出型和倾翻型 3 类。

1. 挡板型分拣机

被分拣的物品放置在沿轨道运行的钢带式或链板式输送机上，转动挡板使物品沿挡板杆斜面滑到指定位置，以达到分拣物品的目的，如图7-44所示。

挡板型分拣系统具有结构简单、价格较低等特点。

2．浮出型分拣机

浮出型分拣机是将物品从输送机上托起，并引导出主输送机的分拣设备。浮出型分拣机又可分为滑块型和辊筒式两种。滑块型分拣机如图7-45所示。

图7-44 挡板型分拣机

图7-45 滑块型分拣机

辊筒式分拣机由辊筒或链条主输送机和安装在主输送机下方的有动力斜向辊筒组成。当物品移动到分拣位置时，斜向辊筒浮起，将物品移出主输送机，达到分拣商品的目的。辊筒式分拣机对商品冲击力小，分拣轻柔，分拣快速准确，分拣出口数量多，适合分拣各类硬纸箱、塑料箱等平底面物品。辊筒式分拣机如图7-46所示。

3．倾翻型分拣机

倾翻型分拣机将被分拣的物品放置在沿特殊条板输送机运行的条板上，到达分拣口时，条板一端升起，使条板倾斜将物品移离输送机。倾翻型分拣机如图7-47所示。

图7-46 辊筒式分拣机

图7-47 倾翻型分拣机

倾翻型分拣机可立体布局，适合大批量产品的分拣，如报纸捆、米袋等，并具有可靠耐用、易维修保养等特点。

7.5 其他类型设备选用

7.5.1 流通加工设备

流通加工设备根据其实现的功能不同可分为包装设备、计量设备、分割设备、组装设备、冷冻设备、精加工设备等。

包装设备有填充机、装箱机、液体灌装机、裹包机、拆箱机、封口机、装盒机等。常见的包装设备如图7-48~图7-50所示。

图7-48 填充机

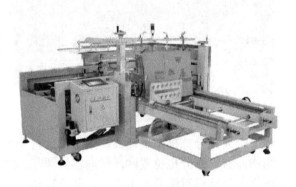

图7-49 全自动装箱机

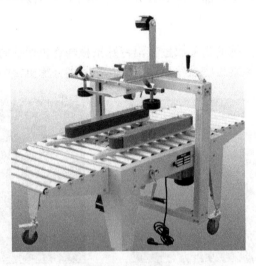

图7-50 拆箱机

7.5.2 集装单元器具

集装单元化是以集装单元为基础，组织装卸、搬运、储存和运输等物流活动的方式。集装单元化是物流现代化的标志。随着科学技术的发展，生产技术得到了发展，各种交通工具、交通设施及交通网络也得到了不断发展，同时由于市场扩大了，为大量生产提供了良好的环境，而大量生产的产品要输送到各地，因此大批量、长距离输送显得越来越重要。要实现大批量、长距离的输送必须依靠集装单元化技术。目前世界各国大都采用了集装单元化技术进行物流活动。

集装器具主要有 3 大类，即托盘、集装箱和其他集装器具。集装箱如图 7-51 所示。

图 7-51　集装箱

集装单元化的实质就是要形成集装单元化系统，集装单元化系统是由货物单元、集装器具、装卸搬运设备和输送设备等组成的，为高效、快速地进行物流服务的系统。

集装单元化技术是随着物流管理技术的发展而发展起来的。采用集装单元化技术后，使物流费用大幅度降低，同时使传统的包装方法和装卸搬运工具发生了根本变革。集装箱本身就成为包装物和运输工具，改变了过去对包装、装卸、储存、运输等各管一段的做法。它是综合规划和改善物流机能的有效技术。

集装单元化技术是物流系统中的一项先进技术，它是适合于机械化大生产，便于采用自动化管理的一种现代科学技术。它是现代化大生产将自动化装置运用于物流活动的产物，它的生命力就在于科学技术的发展。但是在推广应用集装单元化技术的过程中必须注意以下 3 个问题。

(1) 要注意集装单元化系统中必须具有配套的装卸搬运设备和运送设备。

(2) 要注意集装箱和托盘等集装器具的合理流向及回程货物的合理组织。

(3) 要注意实行集装器具的标准化和系列化、通用化。只有随着物流管理技术的不断发展，集装单元化技术才会不断发展和完善，进而实现物流现代化。

7.5.3　站台登车桥

由于站台的装卸货操作平台的高度固定，而来往运输车厢的高度不一，运输车辆与装卸货站台之间总是形成一定的高度落差或间隙，造成搬运叉车不能进出运输车辆，因此物流配送中心站台需要设置站台登车桥配合作业，同时车辆也需固定防撞装置。物流配送中心站台主要辅助设备如图 7-52 所示。

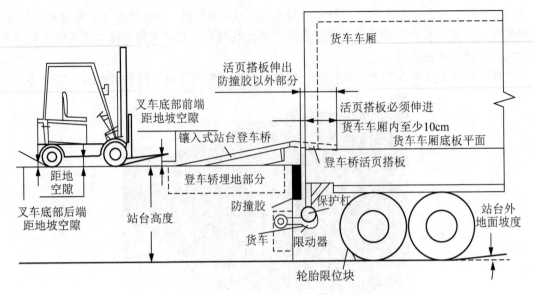

图 7-52 站台主要辅助设备示意图

站台登车桥的长度直接影响着使用过程中升降板的坡度,这一坡度要小于装卸工具能达到的最大爬坡坡度。站台登车桥所需的长度由站台和货车底板之间的最大高度差决定。站台登车桥的宽度有 1.8m、1.95m 和 2.1m 三种,最常用的是 1.8m,它可适用于大多数托盘货物运输车辆的装卸货。

站台登车桥调节板前端还有一个活页搭板,货车靠泊时,它必须伸进货车内部足够长度,以保证牢固可靠的支撑。多数情况下,标准搭板可伸出防撞胶外 30cm,可提供足够的支撑力。

站台竖直边上还要设置货车限动器。它在货车靠泊站台后,与货车尾部的保护杠钩在一起,以保证在装卸过程中,货车不会发生意外离开站台。尤其是叉车驶入车辆货箱内时,由于有冲击力,若货车意外前移,站台又高的话,会造成叉车机毁人亡的严重事故。故在站台设计时要考虑是否设置货车限动器或采用简单的轮胎限动块。

站台登车桥又称站台平台高度调节板,它提供可靠的连接,使搬运叉车能够安全、快速地进出运输车辆进行装卸货作业。它分为嵌入式、台边式和移动式 3 种类型。

1. 嵌入式登车桥

嵌入式登车桥是指嵌入装卸货操作平台中的登车桥,如图 7-53 所示,安装好的登车桥主板面与装卸货操作平台的上平面呈水平,完全融合于平台中,在没有进行装卸车作业时,不会影响到平台上的其他作业任务。此种类型结构的登车桥最为运用广泛,也是相对最为快捷的一种登车辅助设备。它的设计通常在建筑物结构设计时已规划在内。嵌入式登车桥调节范围大,承载能力强(最大承载能力可达 40t),使用寿命长,斜板长度可达 1.8~3.6m。按嵌入式站台登车桥长度的不同,调节的范围可从站台水平面以上 30~45cm。

2. 台边式登车桥

台边式登车桥直接安装于装卸货平台前端边沿位置,无需在装卸货操作平台上开挖或预留坑位,对建筑结构基本无改动,如图 7-54 所示。若在建筑施工时没有考虑到登车装卸作业因素，台边式登车桥可作为一种补救方案，同样能够达到进入卡车车厢装卸货作业要求。台边式登车桥亦根据不同现场情况设计有多种结构形式，可以在一定范围内向上(站台以下)或是向下(站台以下)调节，能够满足大多数装卸货平台的安装使用。

图 7-53 嵌入式登车桥

图 7-54 台边式登车桥

3. 移动式登车桥

移动式登车桥又称地面登车桥，如图 7-55 所示。其主要用于现场无装卸货平台或需要流动装卸货物的作业场所。如果物流现场没有既定的装卸货平台，作为补救措施，移动式登车桥是非常适用的解决方案。若站台与货车厢底高度相差太大，也可采用升降式的地面登车桥。移动式登车桥相当于一个移动的、可调节自身高度的钢结构斜坡，手动操作液压杆可轻松实现登车桥的坡度调整，达到灵活地搭接不同高度的卡车车厢，叉车同样能直接驶入卡车车厢内部进行批量装卸作业。

图 7-55 移动式登车桥

移动式登车桥配备有两个货柜车支撑腿，在需要移动登车桥时，收起支撑腿，借助于叉车从登车桥尾部将登车桥拖行到指定位置即可实现登车轿的移动任务。移动式登车桥操作简单，只需单人操作，不需动力电源，可轻松实现货物的安全快速装卸。

本 章 小 结

物流设备是实现物流配送中心功能的手段和硬件保证，正确、合理地配置和运用物流设备是实现物流配送中心良好效益的关键环节。物流配送中心设备分为储存设备、装卸搬运设备、输送设备、分拣设备、其他类型设备等。

物流配送中心中最主要的储存设备就是托盘和货架，同时托盘又可以作为集装单元器具。

装卸搬运设备是进行装卸搬运作业的劳动工具或物质基础，其技术水平是装卸搬运作业现代化的重要标志之一。装卸搬运设备主要有手推车、各种类型的叉车、巷道堆垛机、自动导引搬运车等。

连续运输机是沿着一定的输送路线以连续的方式运输货物的机械。常见的输送机有带式输送机、辊子输送机、链式输送机、斗式提升机、螺旋输送机等。

自动分拣设备种类很多，其主要组成部分相似，基本组成包括：输送装置、控制装置、分拣道口、分拣装置和计算机控制系统。常见的自动分拣系统有挡板型、浮出型、倾翻型。

其他物流设备如流通加工设备、集装单元化设备、站台登车桥等在物流领域也起着非常重要的作用。流通加工设备是完成流通加工任务的专用机械设备。集装单元技术是现代物流发展的标志之一，是利用集装单元器具，把物品组成标准规格的单元货件，以加快装卸、搬运、储存、运输等物流活动。集装单元器具中最主要的是各类集装箱和托盘。站台登车桥又称站台平台高度调节板，它提供可靠的连接，使搬运叉车能够安全、快速地进出运输车辆进行装卸货作业，分为嵌入式、台边式和移动式3种类型。

 关键术语

储存设备(Storage Equipment)

货架(Shelf)

巷道堆垛机(Roadway Stackers)

叉车(Forklift)

自动导引搬运车(Automated Guided Vehicle)

带式输送机(Belt Conveyor)

螺旋输送机(Screw Conveyor)

托盘(Tray)

流通加工设备(Distribution and Processing Equipment)

分拣设备(Sorting Equipment)

自动分拣系统(Automatic Sorting System)

集装单元化技术(Set of Unit Load Devices)

习　　题

1. 选择题

(1) 物流设备选型的原则包括(　　)。

　A. 系统化原则　　　　　　　　B. 适用性原则

　C. 经济合理性原则　　　　　　D. 超前性原则

(2) 托盘中使用量最大的是(　　)。

　A. 平托盘　　　B. 箱式托盘　　　C. 柱式托盘　　　D. 轮式托盘

(3) 能实现货物"先入先出"的货架是(　　)。
　　A．阁楼式货架　　　　　　　B．旋转式货架
　　C．悬臂式货架　　　　　　　D．重力式货架
(4) 物流配送中心内部常用的叉车类型包括(　　)。
　　A．内燃叉车　　　　　　　　B．电动叉车
　　C．集装箱叉车　　　　　　　D．拣选式叉车
(5) 输送设备的类型包括(　　)。
　　A．带式输送机　　　　　　　B．辊子输送机
　　C．链式输送机　　　　　　　D．螺旋输送机
(6) 不能用于输送颗粒状货物的设备包括(　　)。
　　A．带式输送机　　　　　　　B．辊子输送机
　　C．斗式提升机　　　　　　　D．螺旋输送机
(7) 自动分拣系统包括(　　)。
　　A．输送装置　　　　　　　　B．分拣装置
　　C．分拣道口　　　　　　　　D．控制装置和计算机控制系统
(8) 站台登车桥的类型包括(　　)。
　　A．嵌入式登车桥　　　　　　B．台边式登车桥
　　C．固定式登车桥　　　　　　D．移动式登车桥

2. 简答题

(1) 平托盘如何进行分类？
(2) 贯通式货架的特点和适用范围有哪些？
(3) 叉车如何进行分类？
(4) 巷道堆垛机的特点是什么？
(5) 分拣设备如何进行分类？

3. 判断题

(1) 配置和选择一机多用的物流设备，可以实现一机同时适应多种作业环境的连续作业。　　　　　　　　　　　　　　　　　　　　　　　　　　　(　　)
(2) 按叉车叉入方式进行分类，主要包括单向叉入型、双向叉入型、四向叉入型等。
　　　　　　　　　　　　　　　　　　　　　　　　　　　　　　　　(　　)
(3) 用托盘装载货物，当各个托盘装载不同货物时，可以堆垛，以提高库容率。(　　)
(4) 与搬运车辆相比，输送机械的能耗、运行成本高，但制造、维修成本低。(　　)
(5) 自动化立体仓库的主体由货架，巷道式堆垛机、入(出)库工作台和自动运进(出)及操作控制系统组成。　　　　　　　　　　　　　　　　　　　　　(　　)
(6) 集装化设备主要是指集装箱。　　　　　　　　　　　　　　　　(　　)

4. 计算题

某物流配送中心每月(按22天计)的装卸搬运作业量为35 200t，现欲购买某型号的叉车来作业，该叉车的生产定额为50t/(台·h)，每天工作8h，每天的等待保养的时间为工作时间20%。求该物流配送中心应购买几台该型号叉车？若每台该型号叉车市场售价为8万元，

且公司目前购买设备的可用资金只有 32 万元(含各种途径借款所得)，若采用加班的方式如何保证每天的作业量需求？

5. 思考题

(1) 在物流配送中心规划与设计时，主要考虑哪些典型设备，各类设备如何选用？

(2) 举出几种常见的流通加工设备。

(3) 为什么需要发展集装单元化技术？

 实际操作训练

课题： 某物流配送中心物流设备应用情况调研

实训项目： 某物流配送中心物流设备应用情况调研。

实训目的： 了解该物流配送中心物流设备的应用情况，分析物流设备的应用给企业带来的优势。

实训内容： 调研当地的一家物流配送中心，了解该物流配送中心物流设备的应用情况。

实训要求： 首先，学生以小组的方式开展工作，每 5 人一组；各组成员自行联系，并调查当地的一家物流配送中心，了解该物流配送中心物流设备的应用情况，分析物流设备的应用给物流配送中心带来的优势；最后形成一个完整的调研分析报告。

 **案例分析**

UPS 国际快递公司

UPS 是一家大型的国际快递公司，它除了自身拥有几百架货物运输飞机外，还租用了几百架货物运输飞机，每天运输量达 1 000 多万件。目前 UPS 在世界上建立了 10 多个航空运输的中转中心，在 200 多个国家和地区建立了几万个快递中心。UPS 公司是从事信函、文件及包裹快递业务的公司，它在世界各国各地区均取得了进出的航空权。在中国，它建立了许多快递中心，公司充分利用高科技手段，树立了迅速安全、物流服务内容广泛的完美形象。

问题：

(1) 为什么说 UPS 是一家国际物流企业？它与一般的物流运输企业有什么不同？

(2) UPS 是否需要建立很多自动化立体仓库？

(3) UPS 的航空运输中转中心需要配备什么类型的物流设备？

(4) 国内快递企业可以从中受到哪些启示？

第 8 章 物流配送中心管理信息系统规划与设计

【本章教学要点】

知识要点	掌握程度	相关知识
物流配送中心管理信息系统概述	掌握	配送信息概述，物流配送中心信息的分类，物流配送中心管理信息系统的作用
物流配送中心管理信息系统设计与开发	掌握	系统设计的目的和结构层次，物流配送中心管理信息系统设计原则，物流配送中心管理信息系统设计的影响因素，系统体系结构与应用环境，系统开发步骤
物流配送中心管理信息系统的模块设计及其描述	重点掌握	物流配送中心管理信息系统的功能结构和联系，各子系统功能描述
物流配送中心管理信息系统的技术基础	了解	电子自动订货系统，条形码技术，EPC 和 RFID 技术，电子数据交换技术，物流信息跟踪技术

【本章技能要点】

技能要点	掌握程度	应用方向
配送信息的主要内容	了解	在后续物流配送中心管理信息系统开发设计时，作为系统获取和处理各种信息的主要依据
物流配送中心管理信息系统开发步骤	掌握	在深入了解物流配送中心管理信息系统各开发阶段主要工作的基础上，利用各阶段的分析与设计方法和工具进行物流配送中心管理信息系统的开发
物流配送中心管理信息系统的功能模块设计及其描述	重点掌握	作为物流配送中心管理信息系统典型功能模块设计的主要参考标准
物流配送中心管理系统的技术基础	了解	针对物流配送中心的管理现状，分析物流配送中心管理信息系统可以采用的支撑技术

【知识架构】

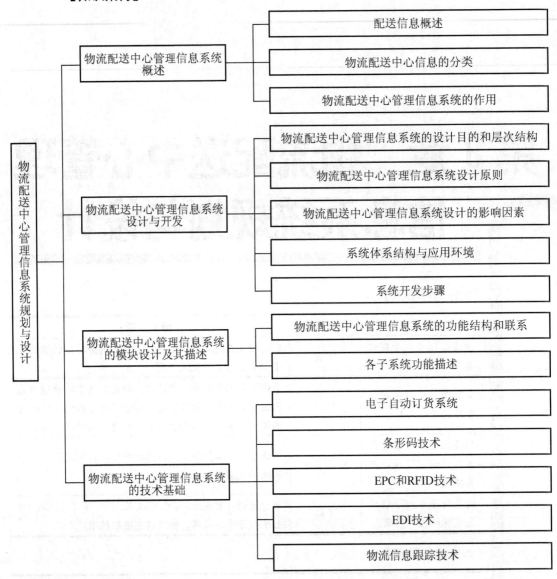

导入案例

无线射频识别(RFID)——沃尔玛强化核心竞争力的新武器

1. 沃尔玛配送技术的演变过程

沃尔玛一直扮演着技术先锋的角色,总是通过采用各种新技术来谋求竞争优势。早在1964年,公司就开始使用计算机管理库存;1980年开始使用条形码;1983年又花费2 400万美元购买商业卫星,构建全球通信网络;1985年开始建立规模庞大的电子数据交换(EDI)系统,并进而演化成具有多种功能的Retail Link系统;1988年使用无线激光扫描枪;到了20世纪90年代,为车队装备了卫星定位系统,以提高物流管理效率。同样是经营商店,沃尔玛的技术水平往往领先同行5~10年。可以看出,沃尔玛的所有技术无一例外都是围绕着改善供应链与物流管理这个核心竞争能力展开的。

2. 用 RFID 替代条形码

2003 年 6 月 19 日, 在美国芝加哥召开的"零售业系统展览会"上, 沃尔玛宣布将采用一项名为 RFID 的技术, 以最终取代目前广泛使用的条形码, 从而成为第一个公布正式采用该技术的企业。按计划, 该公司最大的 100 个供应商应从 2005 年 1 月 1 日开始在供应的货物包装箱和托盘上粘贴 RFID 标签, 并逐渐扩大到单件商品。

促使沃尔玛做出这一决定的原因主要有两个: 第一是条形码必须"看到"才能读取的特性和信息存储量有限的不足, 大大限制了商品处理的效率和准确性; 第二是面对"职员盗窃"和"顾客盗窃"的情况, 条形码技术显得无能为力。但是, 如果用 RFID 标签, 情况就会大不一样, 不仅上述问题几乎可以迎刃而解, 而且整个物流管理过程也会变得更加透明和精确。

3. RFID 强化企业核心竞争力的作用

如果实现用 RFID 替代条形码, 那么从商品的生产完成到零售商再到最终用户, 即商品在整个供应链上的分布情况及商品本身的信息, 都完全可以实时、准确地反映在零售商的信息系统中, 整个供应链和物流管理过程都将变成一个完全透明的体系。

同时, RFID 将为沃尔玛提供一个向产业链上游——物流进行整合的强大工具。沃尔玛供应链上商品从供应商到物流配送中心的环节大多是借助第三方物流公司来完成, 如马士基等。但凭借目前的能力和经验, 沃尔玛完全可以在物流领域大显身手。借助 RFID 技术, 沃尔玛甚至可以实现供应商到门店的直接补货方式, 即门店发出补货订单, 供应商(尤其是像宝洁、卡夫等大供应商)按照商品在门店中陈列, 将位置相邻的各种商品打入同一个包装, 然后直接发送到门店上架出售。

资料来源: 刘彦平. 仓储和配送管理[M]. 北京: 电子工业出版社, 2007.

思考题:

(1) 条形码有哪些缺点?

(2) 与条形码相比, RFID 有哪些优势?

(3) 条形码与 RFID 的区别主要体现在哪些方面?

(4) 射频识别技术在物流配送中心有哪些主要应用领域?

(5) 电子数据交换系统的工作流程是什么?

物流配送中心管理信息系统是一个充分利用计算机硬件、软件、网络通信设备及其他外设, 进行信息的采集、处理、分析、储存和传输, 以提高物流配送中心的效益和效率为目的, 并支持物流配送中心高层决策、中层控制和基层运作的集成化人机交互系统。它的主要任务就是最大限度地利用现代计算机及网络通信技术加强物流配送中心的信息管理。系统通过对物流配送中心所拥有的人力、物力、财力、设备、技术等资源的管理, 建立正确的数据, 并对其进行加工处理及编制成各种信息资料, 及时提供给管理人员, 辅助其进行正确决策, 以提高物流配送中心的管理水平和经济效益。

8.1　物流配送中心管理信息系统概述

8.1.1　配送信息概述

1. 配送信息的概念

配送信息(Distribution Information)是指与配送各种活动有关的知识、资料、图像、数据、文件的总称。配送信息是伴随着企业配送活动的发生而产生的, 企业如果希望对配送活动进行有效的控制，就必须及时掌握准确的配送信息。由于配送信息贯穿于配送活动的整个过程，并通过其自身对整体配送活动进行有效的控制，因此称配送信息是现代配送的中枢神经。

2. 配送信息的主要内容

配送信息包括伴随配送活动而发生的信息和在配送活动以外发生的但对配送有影响的信息。开展配送活动涉及的面很广。首先，是与商流的联系，由于货源来自于商业购销业务部门，只有时刻掌握有关货源方面的信息，才能做出开展配送活动的安排；其次，是与交通运输部门的联系，因为除部分的汽车短途运输外，运输工具是由铁路、航空和港务等部门所掌握的，只有随时了解车、船等运输信息，才能使商品流通顺利进行；最后，在改革开放的过程中出现了运输市场和仓储市场，还得做到知己知彼，要学习国外在配送管理方面的有益经验。由此可见，物流配送中心的信息不仅量大，而且来源分散，更多、更广地掌握配送信息，是开展配送活动的必要条件。

1) 货源信息

货源的多少是决定配送活动规模大小的基本因素，它既是商流信息的主要内容，也是配送信息的主要内容。货源信息一般包括：①商业购销部门的商品流转计划和供销合同，以及提出的委托运输和储存的计划和合同；②工农业生产部门自身销售量的统计和分析，以及提出的委托运输和存储计划和合同；③社会性物资的运输量和储存量分析，以及提出的委托运输和储存计划和合同。

2) 市场信息

市场信息是多方面的，就其反映的性质来看，主要有：①货源信息，包括货源的分布、结构、供应能力；②流通渠道的变化和竞争信息；③价格信息；④运输信息；⑤管理信息。

从广义上看，市场信息还包括社会上各配送行业的信息，也就是通常所说的行业信息。随着改革的深化，运输市场和仓储市场的形成，配送行业有了很大的发展，如城郊农村仓库发展迅速，社会托运行业的兴起，加上铁路、港务部门直接受理面的扩大等，这些行业的发展，不可避免地要吸引一部分货源。因此，了解同行的信息，对争取货源，决定竞争对策同样有重要意义。

3) 运输信息

运输能力的大小，对配送活动能否顺利开展，有着十分密切的关系。运输条件的变化，如铁路、公路、航空运力适量的变化，会使配送系统对运输工具和运输路线的选择发生变化。这些会影响到交货的及时性及费用的增加。在我国运输长期处于短线的情况下，尤其如此。运能信息主要有：①交通运输部门批准的运输月计划，包括追加、补充计划的可能性；②具体的装车、装船日期，对接运商品着重掌握到达车、日期的预报和确认；③运输业的运输能力，包括各地方船舶和车队的运输能力等。

运能信息对商品储存也有着直接的关系。有些待储商品是从外地运来的，要及时掌握到货的数量和日期，以利于安排储位；有些库存是待运商品，更要密切注意运能动态。

4) 企业配送信息

(1) 仅从商业企业配送系统来看，由于商品在系统内各环节流转，每个环节都会产生在本环节内有哪些商品，每种商品的性能、状态如何，每种商品有多少，在本环节内在某

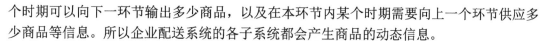

个时期可以向下一环节输出多少商品，以及在本环节内某个时期需要向上一个环节供应多少商品等信息。所以企业配送系统的各子系统都会产生商品的动态信息。

(2) 批发企业产生的配送信息来自批发企业(或供应商)向零售企业配送系统发出的发货通知。发货通知表明有哪些商品、有多少商品将要进入配送系统。所以供应商也是配送信息产生的来源。

(3) 零售企业产生的配送信息。①零售企业营销决策部门下达采购计划向配送系统传递配送信息。这部分信息包括需要采购哪些原来没有采购的商品？采购多少？哪些商品不必采购？这是零售企业在商品经营策略上发生变化时产生的配送信息。②零售企业配送系统产生的配送信息。零售企业每种商品的库存量及需要由物流配送中心供应哪些商品？供应多少？什么时候供应？

5) 配送管理信息

加强配送管理，实现配送系统化是一项繁重的任务，既要认真总结多年来的配送活动经验，又要虚心学习国内外同行对配送管理的研究成果。因此，要尽可能地收集一些国内外有关配送管理方面的信息，包括物流配送企业、物流配送中心的配置，配送网络的组织，以及自动分拣系统、自动化立体仓库的使用情况等。还要借鉴国内外有益的经验，不断提高配送管理水平。

8.1.2　物流配送中心信息的分类

物流配送中心的信息通常可以按信息领域、信息作用、信息加工程度和信息应用领域进行分类，如图 8-1 所示，这样有助于物流配送中心依据各类信息的特征，对不同信息进行有针对性的管理和使用。

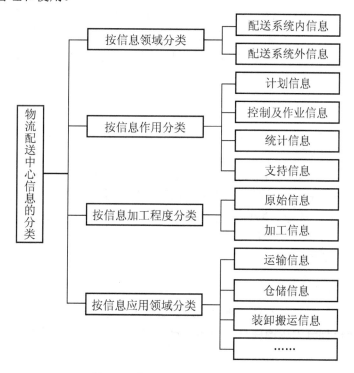

图 8-1　物流配送中心信息的分类

1. 按信息领域分类

(1) 配送系统内信息，是伴随配送活动而发生的信息，包括物品流转信息、物品作业层信息、配送控制层信息和配送管理层信息4个部分。

(2) 配送系统外信息，是在配送活动以外发生的，是提供给配送活动使用的信息，包括供货人信息、顾客信息、订货合同信息、交通运输信息、市场信息、政策信息，还有来自企业内生产、财务等部门的与配送相关的信息。

2. 按信息作用分类

(1) 计划信息，指尚未实现的且已当做目标确认的一类信息，如配送量计划、物流配送吞吐量计划、车皮计划等。只要尚未进入具体操作的，都可以归入计划信息之中。它的特点是带有相对稳定性，信息更新速度较慢。计划信息对配送活动有非常重要的战略指导意义。

(2) 控制及作业信息，是配送活动过程中发生的信息，带有很强的动态性，是掌握配送活动情况不可缺少的信息，如库存种类、库存量、载运量、运输工具状况、物价、运费、投资在建情况、港口发到情况等。它的特点是动态性非常强，更新速度很快，信息的时效性很强。主要作用是控制和调整正在发生的配送活动和指导即将发生的配送活动，以实现对过程的控制和对业务活动的微调。

(3) 统计信息，是配送活动结束后，对整个配送活动的一种归纳性的信息。这种信息是恒定不变的信息，有很强的资料性，如以前年度发生的配送量、配送种类、运输方式、运输工具等信息。它的特点是信息所反映的配送活动已经发生，再也不能改变了。主要作用是正确掌握过去的配送活动及规律，以指导配送战略发展和制订计划。

(4) 支持信息，是指能对配送计划、业务、操作有影响或有关的文化、科技、产品、法律、教育、民俗等方面的信息，如配送技术革新、配送人才需求等。这些信息不仅对配送战略发展有价值，而且也能对控制、操作起到指导、启发作用，可以从整体上提高配送水平。

3. 按信息加工程度分类

(1) 原始信息，指未加工的信息，是信息工作的基础，也是最具有权威性的凭证信息，是加工信息的来源和保障。

(2) 加工信息，指对原始信息进行处理之后的信息。它是原始信息的提炼、简化和综合，可以大大缩小信息量，以形成规律性的信息，便于使用。加工信息需要使用各种加工手段，如分类、汇编、汇总、精选、制档、制表、制音像资料、制文献资料、制数据库等，同时还要制成各种指导使用的资料。加工信息按加工程度的不同可以进一步分为一次信息、二次信息和三次信息等。

4. 按信息应用领域分类

由于配送活动性质存在差异，所以配送各分系统、各不同功能要素领域的信息也有所不同。这样就可以划分为运输信息、仓储信息、装卸搬运信息等。这些信息对配送各个领域活动起具体指导作用，是配送管理细化不可缺少的。

8.1.3 物流配送中心管理信息系统的作用

对配送活动来说,配送信息承担着类似神经细胞的作用。在制订配送战略计划、进行配送管理、开展配送业务、制定配送方针等方面都不能缺少配送信息。

1. 配送信息在配送计划阶段的作用

长期配送战略计划和短期配送战略计划的制订,关键在于是否有正确的内部信息和外部信息。如果缺乏必要的信息或信息的准确性不高,计划就无法做出,甚至会做出脱离实际的计划决策。由于信息不畅,可能会造成配送活动的混乱,而对于整个配送计划决策来说,缺乏信息或信息不可靠,将会造成全局性的失误。

配送信息在建立长期战略计划的模型和掌握本期实绩的计算中,以及计划和实绩的对比中发挥着重要的作用。在配送预算方面,配送信息在预算的制定,以及通过预算和实绩的对比来控制预算等方面也起着重要作用。配送信息在订货、库存管理、进货、装卸、包装、运输、配送等具体配送环节的计划阶段,如安排配送节点,决定库存水平,确定运输手段,找出运输计划、发运计划的最佳搭配等方面都发挥着重要作用。

2. 配送信息在配送实施阶段的作用

(1) 配送信息是配送活动的基础。信息是企业组织配送活动的基础。商业配送系统中各子系统通过商品运输紧密联系在一起,一个子系统的输出就是另一个子系统的输入。要合理组织商业企业配送活动,使运输、储存、装卸、包装、配送等各个环节做到紧密衔接和协作配合,需要通过信息予以沟通,商业配送才能通达顺畅。在发运商品时,必须首先掌握货源的多少,了解运量、运能的大小,从而加强车船的衔接工作。离开了车船和运能的正确信息,就无法准确、及时地把商品发运出去。在安排商品储存时,也必须掌握进库商品的数量、品种及商品的重量、体积等信息,同时要了解各物流配送中心间的空余储位的情况,才能做到合理使用仓容,发挥物流配送中心的使用效能。在组织装卸活动时,只有了解到商品的品种、数量、到货方式及商品的包装状况,才能做到及时装卸。如果缺乏这些方面的信息,不但不能做到及时装卸,还会因商品体积过大,装卸机构不能适应,造成无法进库、影响发运的被动局面。为了使商业企业的配送活动正常而又有秩序进行,必须保证配送信息畅通。

(2) 配送信息是进行配送调度的手段。对配送的管理是动态的管理,联系面广,情况多变。因此在配送活动中,必须加强正确而又灵活的机动性调度和指挥;而正确的调度和指挥,又在于正确有效地运用信息,使配送活动进行得更为顺利。同时还必须利用信息的反馈作用,通过利用执行过程中产生的信息反馈,及时进行调度或做出新的决策。

3. 配送信息在配送评价阶段的作用

配送信息在配送评价阶段的作用是很大的。配送评价就是对配送"实际效果"的把握。配送活动地域性广泛,活动内容也十分丰富,为了把各种配送活动维持在合理的状态,就应该制定一个"范围",即要形成系统和规定处理的标准。然而,只制定范围并不能保证维持其合理性,还需要经常检查计划和效果,对差距大的地方加以修正。正是这样反复循环,才能使配送进入更合理的状态。

8.2 物流配送中心管理信息系统设计与开发

信息化、网络化、自动化是物流配送中心的发展趋势，管理信息系统设计是物流配送中心规划的重要组成部分。物流配送中心管理信息系统的设计与开发，既要考虑满足物流配送中心内部作业的要求，这样有助于提高物流作业的效率，也要考虑同物流配送中心外部的管理信息系统相连，以方便物流配送中心及时获取和处理各种经营信息。

8.2.1 物流配送中心管理信息系统的设计目的和层次结构

1. 物流配送中心管理信息系统的设计目的

物流、资金流、商流和信息流是维系物流配送中心运作的"四流"，其中物流、资金流和商流是以信息的方式"流动"于物流配送中心的，信息流则是物流配送中心运作顺畅与否的关键因素。一个完整的现代物流作业体系除了要有现代化、自动化的硬件设备支撑，还要有整体结合的软件系统进行管理。物流中心管理信息系统就是以提高物流配送中心作业效率、保证信息传输的及时性与正确性，加快物品的流通效率，提升竞争力为设计目的的，其具体体现在以下几个方面。

(1) 时间方面，如缩短采购时间、缩短订单处理时间、缩短配送时间等。

(2) 成本方面，如增加货品周转率、节省信息传输成本、减少人员成本等。

(3) 质量方面，如降低拣选错误率、减少配送错误率、减少资料输入的错误等。

(4) 其他方面，如增加物品控管能力、扩大信息共享的范围、提升企业的形象等。

2. 物流配送中心管理信息系统的层次结构

按信息系统的作用、加工程度及使用的目的不同，物流配送中心管理信息系统可分为业务操作层、管理控制层、分析决策层和战略规划层 4 个层次。一般来说，下层的信息处理量要大于上层的信息处理量，因而就形成了一个金字塔形的层次结构，如图 8-2 所示。

图 8-2　物流配送中心管理信息系统的层次结构

(1) 业务操作层。该层主要包括配送活动的日常经营和管理活动所必需的信息，一般来自具体的业务部门或操作现场，由基层管理者提供，供控制业务进度及进行作业计划调整时使用。

(2) 管理控制层。该层主要包括系统内部管理人员进行经营活动、管理活动和控制过程所需要的信息，其目的是使配送业务活动符合经营目标要求，并监督、控制各分目标的实现。

(3) 分析决策层。该层的信息是经过加工、分析、提炼后，作为资源配置、设施建设等决策支持系统的基础数据。

(4) 战略规划层。该层的信息供企业管理决策层制定配送活动的目标、方针、计划和企业发展战略等使用。

8.2.2 物流配送中心管理信息系统设计原则

物流配送中心管理信息系统的设计必须遵循以下原则。

1. 领导参与原则

物流配送中心管理信息系统的开发是一个政策性强、技术要求高、环境复杂的庞大的系统工程，它涉及物流配送中心日常管理工作的各个方面，所以以物流配送中心高层领导出面组织力量、协调各方面的关系是系统成功开发的首要条件。

2. 可用性原则

物流配送中心管理信息系统所储存的信息必须具有可用性，即物流配送中心管理信息系统应在第一时间向其供应商和客户提供最新的电子信息，向信息需求方提供简易、快捷的获取信息的方式，不受时空限制。

3. 精确性原则

物流配送中心管理信息系统提供的信息不仅要精确地反映物流配送中心处理货物的当前状况，还要能衡量物流中心整体业务运作水平。所谓精确性是指物流配送中心管理信息系统报告与物流配送中心实际业务运作状况的吻合程度。例如，平稳的物流作业要求实际的存货与物流配送中心管理信息系统报告的存货相吻合的精确度最好在99%以上。当实际存货和物流配送中心管理信息系统报告之间存在较低的一致性时，就有必要采取安全的方式来处理这种不确定性。

4. 及时性原则

物流配送中心管理信息系统必须提供及时、快速的信息反馈。及时性是指一种活动的发生与物流配送中心管理信息系统处理该活动之间的时间差。例如，在某些情况下，物流配送中心管理信息系统要经过几个小时或几天才能将一个新订货看作实际需求，因此该订货不一定会直接进入现有需求量数据库，结果是在认识实际需求量时会出现延迟，这种延迟会使计划制订的有效性减小，而使存货量增加。物流配送中心管理信息系统的存货状况也许是按每小时、每半天或每天进行更新的，显然，实时更新或立即更新更具有及时性。

5. 处理异常情况的能动性和主动性原则

物流配送中心管理信息系统应能针对异常情况及时做出预警，帮助物流配送中心的管理者识别需要引起注意的决策，使得管理人员能够把精力集中在最需要引起注意的问题上，或者能提供最佳机会来改善物流服务或降低物流成本。

6. 灵活性原则

物流配送中心管理信息系统必须有能力提供符合特定客户需求的数据，如有的客户需要把订货发票跨地理或跨部门界限进行汇总，有的客户需要每一种物品的发票，而有的客户需要所有物品的总发票。这就要求物流配送中心管理信息系统能够根据客户的不同需要具有定制功能，并有持续不断的快速更新和升级能力。

7. 易操作性原则

物流配送中心管理信息系统必须易操作，提供的信息要有正确的结构和顺序，能有效地向管理人员和客户提供相关信息。

8. 实用性和先进性相结合原则

在物流配送中心管理信息系统的设计过程中既要避免低水平的重复，又要避免片面追求实用价值不高的先进的硬件设备。在物流配送中心管理信息系统的开发过程中要始终把实用性放在第一位，然后再突出系统在技术和管理上的先进性。

8.2.3 物流配送中心管理信息系统设计的影响因素

不同类型的物流配送中心，其管理信息系统的功能和结构会有很大的区别。影响物流配送中心管理信息系统设计的主要因素有物流配送中心的业务职能定位、所具备的功能与作业流程、组织结构及作业内容、作业管理制度等。其中，物流配送中心的业务职能定位直接影响着系统边界的划分；物流配送中心所具备的功能与作业流程对系统的结构产生着重要的影响；物流配送中心组织结构和作业内容影响着系统的划分及功能模块的构成；物流配送中心的作业管理制度影响着系统的详细设计、分析方法及实用性。物流配送中心管理信息系统设计的影响因素如图8-3所示。

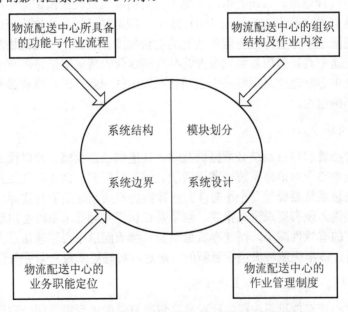

图 8-3　物流配送中心管理信息系统设计的影响因素

1. 物流配送中心的业务职能定位

物流配送中心管理信息系统边界的划分确定了系统的服务范围、所覆盖的功能范围及接口边界。物流配送中心的业务职能定位不同，服务的流通渠道不同，则管理信息系统设计时的系统边界也会有所不同。例如，直销型物流配送中心在管理信息系统的设计上应注重销售、采购、库存、配送系统的一体化开发与应用。

 小知识

所谓直销型物流是指直销企业在出售商品时，物品在供方与需方之间的实体流动。直销(Direct Marketing)是指以面对面且非定点的方式，销售商品和服务，又称"门对门销售"(Door to Door Selling)或"人对人销售"(People to People Selling)。直销是没有中间商的，直销者绕过传统批发商或零售商通路，直接从顾客接收订单。

2. 物流配送中心所具备的功能与作业流程

不同类型的物流配送中心在流通渠道中所扮演的角色与定位不相同，其具有的功能也不相同。物流配送中心要完成不同的功能，需要采用不同的作业环节及其组合。所以，物流配送中心所提供的功能和相应的作业流程决定了物流配送中心管理信息系统的结构。

3. 物流配送中心的组织结构及作业内容

传统的管理信息系统是依据设计者的认知或者组织结构，如以部门分类划分、产品分类划分或地理分类划分来界定系统模块。当物流配送中心的组织结构不完善，或者因产品、顾客、流程的改变而改变时，原管理信息系统的模块就需要重新进行界定和建立，这给物流配送中心造成了浪费。而一个完整的物流配送中心管理信息系统必须要覆盖物流配送中心的各项作业，在进行系统设计时可依据物流配送中心各项活动与活动之间的相关性，将作业内容相关性较大者或者所需数据相关性较大者划分同一个模块，以作为物流配送中心管理信息系统的基本组成模块。

4. 物流配送中心的作业管理制度

为顺利高效地完成物流配送中心的各项基本职能，物流配送中心各项作业活动的执行必须遵循一定的作业策略与管理制度，如服务策略、库存策略、仓储管理策略、人员与设备管理策略。这些策略与制度的建立会成为物流配送中心管理信息系统详细设计时遵循的规则与约束。

8.2.4 系统体系结构与应用环境

软件系统的体系结构是在长期的软件设计中逐渐发展起来的，其实质在于软件模块的构建方式及它们之间的相互影响方式。早期的应用软件结构比较简单，基本可以由软件系统设计人员根据自己的能力和经验决定。随着软件系统的广泛应用，软件系统的规模越来越庞大，单凭一个人或者几个人的力量无法适应软件开发的需要。同时，因系统体系结构的缺陷引起整个软件系统缺陷的情况也日益严重。因此，随着软件系统越来越复杂和庞大，对数据结构和算法的选择在许多情况下成为较次要的部分，而对整个系统的设计和描述变得越来越重要，软件系统的设计人员也意识到为软件寻找到合适的体系结构将成为系统建设成功的关键。

体系结构是软件的构成方式，它是在特殊的应用环境中对应用问题的解决，它捕捉了解决方案的动态与静态结构，对系统之间各部分的工作及协调有深入的了解与说明。良好的体系结构设计可以保证系统的功能能够满足用户的需求；对于用户可能的需求变动来说，系统也能够在一定程度上自动适应；同时，对系统进行升级与扩展也非常简单。例如，如果系统的模块划分及模块间相互通信方式设计得非常清楚，那么要对某个模块进行功能扩展就是一件非常容易的事情；否则，系统的功能扩展经常会造成一些其他的负面影响，甚至会造成整个系统部分或者全部失效。

清晰的体系结构使系统开发人员可以清楚、完整地知道需要完成某一特性时的解决途径。例如，如果一个系统对安全性有很高的要求，那么系统设计人员就必须在进行整个体系结构的设计时，对各个方面进行安全性设计，指导系统开发人员加以具体实现。

企业应用软件系统体系结构的发展大致经历了以下 3 个阶段：文件/服务器(F/S)体系结构、客户机/服务器(C/S)体系结构、浏览器/服务器(B/S)体系结构。当前，绝大多数管理信息系统均采用 C/S 或者 B/S 体系结构。下面，分别对 C/S 与 B/S 体系结构进行说明，并对物流配送中心管理信息系统的体系结构进行设计。

1. C/S 体系结构

C/S 体系结构是 20 世纪 20 年代开始使用的一种系统开发体系结构，在这种结构中，网络中的计算机分为两个部分，即客户端和服务器端，如图 8-4 所示。

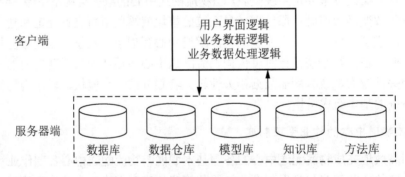

图 8-4　C/S 体系结构

1) C/S 体系结构的原理

客户端一般是一台计算机，可以直接运行客户需求，也可以通过网络向服务器输入资料，或从服务器获取资料。服务器端由数据库服务器来实现，唯一的职能是提供数据库服务；服务器端在获取客户端的资料后，分析处理并存储，或向客户端提供应用软件、数据资料等服务，并执行客户端看不见的后台功能。

2) C/S 体系结构的优点

(1) 客户端与数据库服务器直接相连，响应速度快。

(2) 个性化程度较高，功能扩展不受网络制约，可满足个性化要求。

(3) C/S 结构的管理信息系统具有较强的事务处理能力，能实现复杂的业务流程。

(4) 客户端承担部分数据计算，服务器端计算压力较小。

3) C/S 体系结构的缺点

(1) 客户端需在每个终端安装，分布功能弱，不能够实现快速部署安装和配置。

(2) 客户端兼容性差，不同的开发工具，在不同的操作系统下研发的客户端，对安装客户端的计算机要求较高。

(3) 开发及二次开发的成本较高，对开发人员的技术水平要求同样较高。

(4) 只适合局域网应用环境。

(5) 系统的性能随用户的增加而下降。

2. B/S 体系结构

B/S 体系结构是将两层体系结构中的客户端分离为用户界面层和业务逻辑层，服务器端作为数据访问层，即该结构中包括用户界面层、业务逻辑层和数据访问层，如图 8-5 所示。

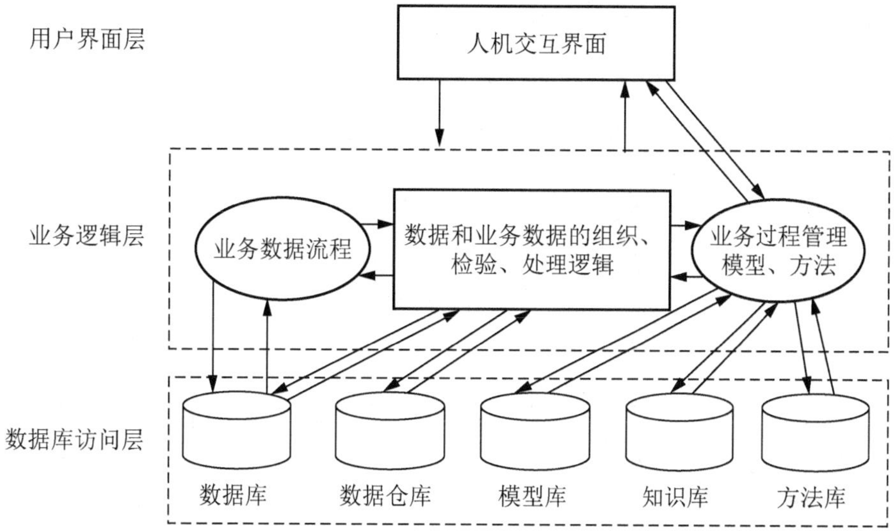

图 8-5 B/S 体系结构

1) B/S 体系结构的原理

(1) 用户界面层。用户界面层是用户直接操作的界面，由界面外观、表单控件、框架及其他部分构成。用户界面层负责使用者和整个系统的交互。在这一层，理想的状态是不包括系统的业务逻辑。同时用户界面层还要负责用户录入数据的获得和校验，并传送给业务逻辑层。

(2) 业务逻辑层。业务逻辑层是整个系统的核心，它与这个系统的业务有关，负责按照用户界面层提交的请求，并按照业务逻辑提取、过滤和处理数据，并将处理完的数据包返回给用户界面层，进行显示。

(3) 数据库访问层。数据库访问层的结构是最复杂的，负责系统数据和信息的存储、检索、优化、自我故障诊断与恢复及业务数据。它根据业务逻辑层的要求，从数据库中提取或修改数据。访问数据库是系统中最频繁、最消耗资源的操作，所以要优化对数据库的访问，提高系统的性能和可靠性。

2) B/S 体系结构的优点

(1) 跨平台、分布性特点较强，对地域及操作系统的要求较低，可以随时、随地进行查询、浏览等业务处理。

(2) 功能模块扩展方便，通过增加相应网页模块即可增加服务功能。

(3) 系统升级及维护简单方便，只需要升级和维护服务器端应用即可达到对全系统的设计和维护，提高了系统的运行维护效率。

(4) 系统开发较简单，后期再次开发难度相对较低，源代码利用率较高，共享性强。

3) B/S 体系结构的缺点

(1) 功能个性化不强，无法实现为不同用户定制具有个性化的功能需求。

(2) 交互方式较单一，多数以鼠标为主，键盘快捷键利用率低。

(3) 页面刷新速度受带宽、服务器相应时间限制，与服务器数据交互量大。

(4) 数据计算多集中在服务器端，因此服务器端数据库访问压力较大。

(5) 传统模式下的特殊功能需求难以实现。

3. 物流配送中心管理信息系统的体系结构设计

物流配送中心管理信息系统的体系结构如图 8-6 所示。

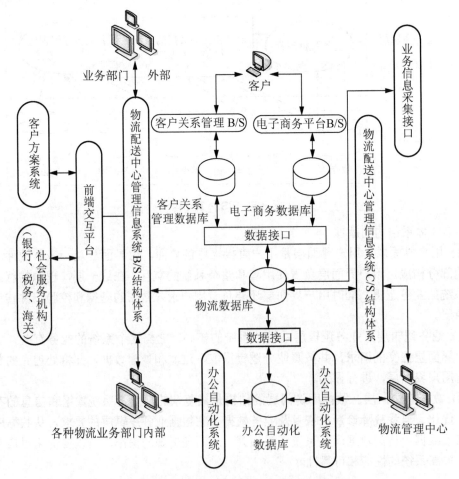

图 8-6　物流配送中心管理信息系统的体系结构

1) 应用端以 B/S 体系结构为主

因 B/S 体系结构具有跨平台、分布性较强、系统升级及维护简单方便等特点，在物流配送中心管理信息系统的应用端使用 B/S 结构，即将物流配送中心与上游供应商及下游客户的订单、采购、进货、库存、出货等相关模块依照 B/S 体系结构进行设计与开发。

2) 管理端以 C/S 体系结构为主

系统的管理端一般位于物流配送中心，其部署安装较快，用户数量有限，主要负责的是数据库管理及物流配送中心管理信息系统的管理。因 C/S 体系结构的管理信息系统具有较强的事务处理能力，在物流配送中心管理信息系统的管理端采用 C/S 体系结构，即物流配送中心的设备管理、财务会计、营运绩效及决策相关管理模块依照 C/S 体系结构进行设计与开发。

8.2.5　系统开发步骤

物流配送中心管理信息系统可参照结构化生命周期法(System Development Life Cycle, SDLC)进行开发。结构化生命周期法的基本思想是用系统工程的思想和系统化的方法，按照用户至上的原则，采用结构化、模块化方法，自顶向下进行系统分析设计和自底向上逐步实施的建立管理信息系统的过程，是组织和管理 MIS 开发过程的一种基本框架，也是迄今为止应用最普遍、最成熟的一种开发方法。

结构化生命周期法包括系统规划阶段、系统分析阶段、系统设计阶段、系统实施阶段、系统运行与维护阶段，如图 8-7 所示。

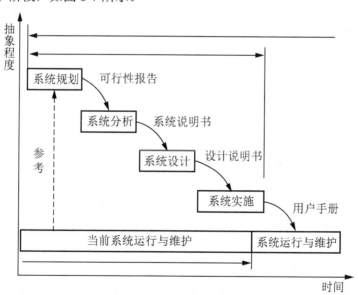

图 8-7　结构化生命周期法模型

(1) 系统规划阶段。系统规划阶段的工作是根据用户的需求，进行初步调查，明确问题，然后进行可行性研究。针对物流管理信息系统的开发，确定要开发的物流信息系统的总体目标，给出物流信息系统的功能、性能、可靠性及所需的接口方面的设想，研究完成该系统的可行性分析，探讨解决方案，并且对可供使用的计算机硬件、人力资源和开发进度进行预估，制订完成开发任务的实施计划。如果不满意，则要反馈修正这一过程；如果不可行，则取消项目；如果可行并满意，则进入下一个阶段工作；如果可行但不满意则要反馈并修正直至满意为止。

(2) 系统分析阶段。系统分析主要是对开发的系统进行业务调查和分析，充分理解用户的需求，明确这些需要的逻辑结构并且加以确切的描述。系统分析阶段的任务是：分析业务流程、分析数据与数据流程；分析功能与数据之间的关系，最后提出新系统的逻辑方案(逻辑模型)。若方案不可行则停止项目；若方案可行但不满意，则修改此方案；如可行并满意，则进入下一个阶段的工作。

数据和数据流程分析

数据与数据流程分析是建立数据库系统和设计功能模块的基础。因此，如果发现数据不全、采集过程不合理、处理流程不流畅、数据分析不深入等问题，应该在本阶段加以解决。

数据分析的内容主要包括以下几个方面。

(1) 原有数据流程的分析。分析原有业务流程的各处理过程是否具有存在的价值，其中哪些过程可以删除或合并；原有数据处理流程中哪些过程不尽合理，可以进行改进或优化。

(2) 数据流程的优化。数据流程优化主要是分析原有数据流程中哪些过程存在冗余信息处理，哪些可以按计算机处理的要求进行优化，流程优化可以带来什么好处等。

(3) 确定新的数据流程。按上述的分析和优化结果，利用流程描述类工具设计出新的数据流程图。

(4) 确定新系统的人机界面。主要是确定新的数据流程图中人与机器的分工，即哪些工作可由计算机自动完成，哪些必须由人来参与。

数据流程图(Data Flow Diagram，DFD)是结构化分析的基本工具，它描述了信息流和数据转换，通过对加工进行分解可以得到数据流程图。数据流程图的基本符号如图 8-8 所示。

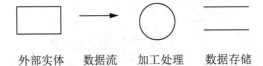

外部实体　　数据流　　加工处理　　数据存储

图 8-8　数据流程图的基本符号

(1) 外部实体。外部实体指本系统之外的人或单位，它们与本系统有信息的传递关系。在绘制某一子系统的数据流程图时，凡属本子系统之外的人或单位，也都被列为外部实体。

(2) 数据流。数据流用带箭头的线段表示，表示流动的数据。它可以是一项数据，也可以是一组数据(如扣款数据文件、订货单等)，也可以用来表示对数据文件的存储操作。其中箭头指示数据的流向，线段上标注数据流的名称，数据流的命名要用名词，且不要使用意义空洞的名词，尽量使用显示系统已有的名称。

(3) 加工处理。加工处理用一个圆形来表示，图形中填写处理的标识和名称(如开发票、出库处理等)；数据加工处理有进有出，其中指向加工处理符号的数据流箭头方向表示"入"，否则表示"出"。处理的编号用来说明这个处理在层次分解中的位置。处理的命名原则为：顶层的处理名就是整个系统项目的名称；尽量使用动宾词组，也可使用主谓词组，但不要使用空洞的动词。

(4) 数据存储。数据存储用双实线来表示，指通过数据文件、文件夹或账本等存储数据。数据存储符号表示数据存储的地点。数据存储符号都有入有出，其中指向数据存储符号的数据流箭头方向表示"入"，否则表示"出"。其命名规则与数据流相似。

通常，数据流程图是分层绘制的，整个过程反映了自顶向下进行功能分解和细化的分析过程。顶层(第0层)数据流程图用于表示系统的开发范围，以及该系统与周围环境的数据交换关系。最底层数据流程图代表了那些不可以进一步分解的"原子加工"。中间层数据流程图是对上一层父图的细化，其中的每一个加工可以继续细化，中间层次的多少由系统的复杂程度决定。

创建数据流模型具体包括以下步骤。

(1) 采用顶层数据流程图将整个系统表示成一个加工。

(2) 确定并标记主要的输入和输出。

(3) 分离出下一层中的加工、数据对象和存储，并对其进行细化，一次细化一个加工。

(4) 标记所有加工和箭头。

(5) 重复步骤(3)和(4)，直到所有的加工只执行一个简单的操作，可以很容易地使用程序实现。

数据流程图的绘制过程中应注意以下几个方面的问题。

(1) 数据流程图的绘制一般由左至右进行。

(2) 父图与子图的平衡。

(3) 数据流至少有一端连着处理框。

(4) 数据存储流入、流出的协调。

(5) 数据处理流入、流出的协调。

(6) 合理命名，准确编号。

 案例分析

简化的商业自动化系统

建立一个简化的商业自动化系统。其中，售货员负责录入销售的商品，包括商品名称、编号、单价和数量，必要时要根据特定情况对销售的商品进行修改或删除；收款员负责收取现金，并将多交的款项退还给用户；销售经理需要随时查询整个部门的销售情况，包括时间、商品编号、销售额，并在日结时统计各类商品的销售金额。简化的商业自动化系统顶层的数据流程图如图 8-9 所示。

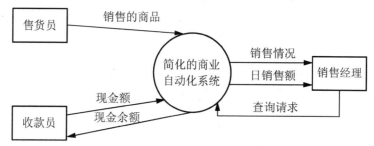

图 8-9 简化的商业自动化系统顶层的数据流程图

首先，按照人或部门的功能要求，将加工分解，同时在分解过程中给每个加工添加一个编号；其次，分解数据流，其中要根据特定的加工要求进行分解，在分解时，要保持与顶层数据流的一致，可以不引入数据源；最后，引入存储，使之形成一个有机的整体。上述简化的商业自动系统第 1 层的数据流程图如图 8-10 所示。

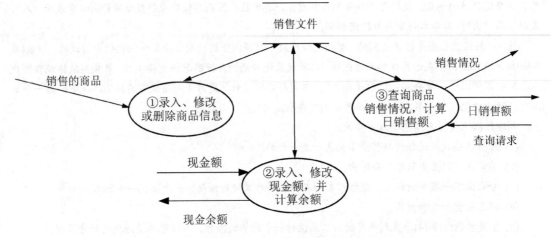

图 8-10 简化的商业自动化系统第 1 层的数据流程图

资料来源：王世文. 物流管理信息系统[M]. 北京：电子工业出版社，2010.

（3）系统设计阶段。系统设计阶段的任务是依据系统分析说明书进行新系统的物理设计，提出一个由一系列物理设备构成的新系统设计方案。其通常分为总体设计阶段和详细设计阶段。总体设计阶段包括系统空间布局设计、系统模块结构设计、系统软硬件结构设计；详细设计阶段包括数据库/文件设计、编码设计、输入/输出模块结构设计与功能设计。

数据库设计

数据库设计是物流配送中心管理信息系统的核心和基础，物流配送中心管理信息系统可采用目前广泛应用于管理信息系统开发的 Oracle 或 Microsoft SQL Server 大型关系型数据库。关系型数据库可减少数据的冗余，减少对数据库的操作，从而减少误操作。设计时以低冗余度、结构清晰、易于管理的原则将物流配送中心管理信息系统中大量的数据按一定得模型组织起来，为系统提供存储、维护、检查数据的功能，使系统可以方便、及时、准确地从数据库中获得所需的信息。数据库设计的好坏影响到系统以后数据的质量、可扩展性及运行效率等方面。物流配送中心管理信息系统的数据库设计可分为以下 6 个阶段。

(1) 用户需求分析：准确了解与分析用户需求。
(2) 概念结构设计：将分析得到的用户需求抽象为概念模型。
(3) 逻辑结构设计：将概念结构设计阶段设计好的基本 E-R 图转换为与数据模型相符合的逻辑结构。
(4) 物理结构设计：将给定的逻辑数据模型转换成最适合应用要求的物理结构。
(5) 数据库实施：用 RDBMS 提供的数据定义语言将数据库逻辑设计和物理设计结果严格描述出来。
(6) 数据库运行与维护：组织数据入库并维护。

（4）系统实施阶段。系统实施阶段的任务包括：购置计算机硬件、系统软件，并安装测试；程序设计、程序及程序系统的调试；系统试运行；编写操作说明等文字资料；操作人员培训等。

（5）系统运行和维护阶段。其主要任务是同时进行系统的日常运行管理、评价、监理这 3 部分工作。在系统运行过程中要逐日记录，发现问题要及时对系统进行修改、维护或局部调整。

 知识拓展

物流配送中心管理信息系统的其他开发方法

物流配送中心管理信息系统的其他开发方法主要还包括原型法、面向对象方法和计算机辅助开发方法。各种方法都有自己的适用范围，不能简单地说哪种方法最好或明显比其他方法优越，往往各种方法会在系统开发的不同侧面和不同阶段为信息系统的开发提供有益的帮助或明显提高开发质量及效率。因此，不能对开发人员硬性规定必须采用何种方法从事系统的开发工作，而只能因地制宜，具体问题具体分析。

1. 原型法

为了弥补结构化生命周期法开发周期长的不足，人们在 1977 年提出一种在思想、工具和手段上都是全新的开发方法——原型法(Prototyping Approach)。

原型法的主要思想是由用户与系统分析设计人员合作，在短期内根据用户的要求首先建立一个能反映用户主要需求的原型，然后与用户反复协商改进，使之逐步完善，最终建立完全符合用户要求的新系统。它既可以单独作为一种开发方法加以应用，又可以作为结构化生命周期法的辅助方法和工具。

原型法的开发过程包括 4 个基本阶段：确定需求的基本信息，建立初始模型，对初始模型运行和评价，修改和改进模型——原型迭代。

2. 面向对象方法

面向对象方法(Object Oriented)是从 20 世纪 80 年代各种面向对象的程序设计方法中逐步发展而来的，起初用于程序设计，后来扩展了系统开发的全过程，出现了面向对象分析和面向对象设计。面向对象方法是一种认识问题和解决问题的思维方法，它把客观世界看成是由许多不同的对象构成的。对象是一组属性和方法的集合，对象之间通过消息进行交叉。在面向对象的系统中，可把系统中所有资源(如系统、数据、模块)都看成是对象，每一对象都有自己的运动规律和内部状态。不同对象间的相互联系和相互作用构成了完整的客观世界。

面向对象方法开发的工作过程大致分为以下 4 个阶段：系统调查和需求分析，分析问题的性质和求解问题(面向对象分析)，整理问题(面向对象设计)，程序实现(面向对象编程)。

3. 计算机辅助开发方法

计算机辅助开发方法(Computer Aided Software Engineering，CASE)是 20 世纪 80 年代末期，随着计算机图形处理技术和程序生成技术的出现，运用人们在系统开发过程中积累的大量宝贵经验，再让计算机来辅助进行管理信息系统的开发和实现，是集图形处理技术、程序生成技术、关系型数据库技术和各类开发工具于一身的技术。

计算机辅助开发方法可以进行各种需求分析，生成各种结构化图表(数据流程图、结构图、实体/关系图、层次化功能图、矩阵图等)，并能支持系统开发的全生命周期。

严格地说，计算机辅助开发方法只是一种开发环境而不是具体的开发方法，具体开发时，还需要与其他方法结合。典型的计算机辅助开发方法通常包括下列工具：图形工具、原型化工具、代码生成器、测试工具和文件生成器。

8.3 物流配送中心管理信息系统的模块设计及其描述

8.3.1 物流配送中心管理信息系统的功能结构和联系

对于物流配送中心而言，管理信息系统的功能不再只是处理作业信息，而是进一步向辅助决策支持和运营绩效管理等高层次发展。根据典型物流配送中心的业务和功能需求，

按照功能之间的相关性、涉及作业内容的相关性及作业流程的相关性，将物流配送中心管理信息系统划分为若干相互联系的子系统。这些子系统主要包括：销售出库管理子系统、采购入库管理子系统、库存管理子系统、运输配送管理子系统、运营绩效管理子系统、财务管理子系统、决策支持子系统等，如图 8-11 所示。

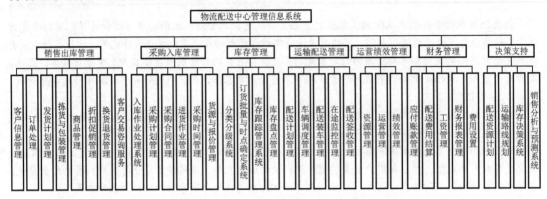

图 8-11 物流配送中心管理信息系统功能结构

每个子系统又由若干子模块组成，它们协同运转，实现物流配送中心作业的各种功能，完成物流配送中心的系统目标。各子系统的信息关联如图 8-12 所示。

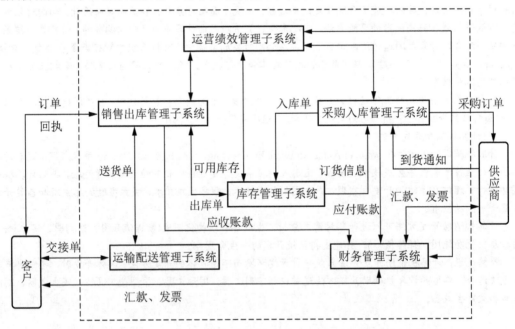

图 8-12 物流配送中心管理信息系统各子系统信息关联

8.3.2 各子系统功能描述

1. 销售出库管理子系统

销售出库管理子系统是物流配送中心信息管理的中心之一，它所涉及的对外作业主要是从客户处取得订单，进行订单处理、拣货管理、出货准备，直至到将实际商品运送至客户手中为止，均以对客户服务为对象。销售出库管理子系统包括客户信息管理、订单处理、发货计划管理、拣货与包装管理、商品管理、折扣促销管理、换货退货管理和客户交易咨询服务等。

1) 客户信息管理

客户信息管理以配送客户的基本资料管理为主，并根据配送作业所需，建立以下相关客户信息。

(1) 客户配送区域划分。根据地理和交通路线特性，将客户分类到不同的配送区域。

(2) 配送车辆选派。根据客户所在地点和交通限制状况，选派适合该客户特点的配送车辆类型。

(3) 卸货特征说明。说明客户的建筑环境(如地下室、高楼层)和设施不足造成卸货困难的情况。

(4) 收货时间说明。说明有无收货时间上的特别要求。

2) 订单处理

订单处理包括自动报价和接收订单，自动报价系统需要输入的数据包括客户名称、询问商品的名称、商品的详细规格、商品等级等，然后系统根据这些数据调用产品明细数据库、客户交易此商品的历史数据库、对此客户报价的历史数据库、客户数据库、生产厂商采购报价等，以取得此项商品的报价历史资料、数量折扣、客户以往交易记录及客户折扣、商品供应价等数据，再由物流配送中心按其所需净利润与配送成本、保管成本等来制定估价公式并计算销售价格。接着由报价单制作系统打印出报价单，'经销售主管核实后即可送予客户，报价单经客户签回后即可成为正式订单。

在订单资料输入计算机之后，如何有效地汇总和分类，是拣货作业和车辆选派的关键。其中有一些重要信息必须掌握。这些信息包括以下几个方面。

(1) 预定送货日期信息。确认客户对送货时间的要求，并依据此作为订单处理批次分类的依据。

(2) 订单状态信息。订单进入物流配送中心后，其处理状态将一直随着作业流程的移动而发生变化，因此，必须有效掌握订单处理的状况。一般可将订单处理状态分为输入、确认、批次汇总、发货指令、拣货、装车、客户验收签字和完成确认等。

(3) 订单汇总信息。物流配送中心因订单数量多、客户类型等级多、每天配送次数多，因此，通常需进行订单的分类和汇总以确保最佳的作业效率。

订单分类汇总按不同的作业要求分为单一订单处理，接用户路线特性分批处理，按配送区域路线分批处理，按流通加工要求分批处理，按车辆型号分批处理，以及按批量拣货条件分批处理等处理方式。

订单处理管理的设计应具有以下功能要点。

(1) 所需输入的数据为客户资料、货品规格资料、货品数量等。

(2) 订单号码、日期、报价单号码由系统自动生成填写。

(3) 具备按客户名称和编号、货品名称和编号、订单号码、订货日期、出货日期等查询订单内容的功能。

(4) 具备客户的多个出货地址记录，可根据不同的交货地点开具发票。

(5) 可查询客户信用、库存数量、设备工具的使用状况、人力资源分配。

（6）满足单一订单或批次订单不同需求的功能。

（7）具备客户最近报价日期、最近订货数据等查询，具备该客户的报价历史、订购出货状况和付款状况等资料，作为对客户进行购买力分析与信用评估的依据。

3）发货计划管理

发货计划管理是指以客户预定送货日期为主依据，综合库存量和紧急发货情况，进行商品库存分配及配送资源和车辆的分配。

4）拣货与包装管理

拣货与包装管理是根据客户订购内容做出货前的准备工作，通常由仓库管理员或生产工作规划人员来使用。管理人员在一定时间调用此系统，输入配送日期或包装、流通加工日期后由计算机自动检索订单数据库、库存控制数据库、设备调用数据库、工具调用数据库、人力资源调用数据库、自动拣货系统数据控制对照数据库、拣货产能调用数据库、自动包装系统数据控制对照数据库、包装材料数据库、包装标准数据库、流通加工标准数据库、包装产能调用数据库等来计算工作需求、人力需求和库存量需求等，以便制作拣货规划报表、包装流通加工规划报表、批次拣货调度报表、批次拣货单、订单式拣货单、客户地址标签、包装流通加工批次规划报告、包装流通加工批次调度报表、批次包装流通加工单、订货式包装流通加工单、机器设备调度报表、人力规划报表、补货调度规划报表、补货批次调度报表、库存取用统计表、自动拣选设备拣货报表、拣货差异分析表、自动包装设备包装流通加工报表、差异分析报表等，作为分派工作的依据及工程进度的管理与控制的依据。拣选人员或包装流通人员领取分派工作单或拣货单时，即根据分派工作单或拣货单进行作业，完毕后将实际作业进度及其他修正数据输入各数据库，作为拣货流通加工数据库、包装流通加工数据库及订单数据库中拣货、包装流通加工需求、库存量的减项，并打印各类实际工作报表。商品经拣取、包装、流通加工后即可集中在出货区内准备装车配送。

5）商品管理

商品管理是协助销售主管了解消费者对商品的偏好趋势。一般只需按需求输入查询即可。常用的商品管理报表包括商品销售排行表、畅销品及滞销品分析表、商品周转率分析表、商品获利率分析表等。

6）折扣促销管理

物流配送中心因下游零售商的销售策略，而有配合地进行折价、促销管理。

7）换货退货管理

换货退货的功能是对满足换货、退货条件的商品进行换货、退货管理。在进行该功能模块设计时，应注意退货原因的分类、退货客户的统计、退货的分类处理及再入库等问题。

8）客户交易咨询服务

物流配送中心管理人员或客户可运用该功能模块进行订单执行状态、交易内及相关订单信息查询。

2. 采购入库管理子系统

采购入库管理子系统包括：入库作业处理系统、采购计划管理、采购合同管理、进货作业管理、采购时间管理、货源与报价管理等。

1) 入库作业处理系统

入库作业处理系统包括预定入库数据处理、实际入库和采购管理作业。

供货商管理包括供货商的基本资料、交易形态(如买断、代理、委托配送等)、交货方式、交货时段和信用额度等基本信息的管理。

2) 采购计划管理

采购计划管理的主要任务是用来生成物品采购计划(包括商品规格数量、交易条件和预定交货日期等基本信息)，供物品采购者使用。其主要功能有计划编制和选择、计划审核、查询修改及报表打印等。

3) 采购合同管理

采购合同管理的主要任务是用来管理物品和设备的采购合同，其主要功能有合同生成、合同录入、查询修改、合同审核、合同处理及报表打印等。

4) 进货作业管理

进货作业管理包括按采购单进行进货验收、进一步管理物品的入库等工作。

(1) 预定入库数据处理。预定入库数据处理打印的定期入库数据报表，为入库站台调度、入库人力资源及物流设备资源分配提供参考。其数据来自于采购单上的预定入库日期、入库商品、入库数量等，以及供应商预先通告的进货日期、商品及入库数量。

(2) 实际入库作业。实际入库作业则发生在厂商交货之时，输入数据包括采购单号、厂商名称、商品名称、商品数量等，可按采购单号来查询商品名称、内容及数量是否符合采购内容，并用于确定入库站台。然后由库管人员指定卸货地点及摆放方式，并将商品叠于托盘上，库管人员检验后将修正入库数据输入，包括修正采购单并转入入库数据库并调整库存数据库。退货入库的商品也需检验，可用品方可入库。这种入库数据既是订单数据库、出货配送数据库、应收账款数据库的减项，也是入库数据库及库存数据库的加项。商品入库后有两种处理方式：立即出库或上架入库再出库。对于立即出库，入库系统需具备待出库数据查询并连接派车计划及出货配送系统，当入库数据输入后即访问订单数据库取出该商品待出货数据，将该数据转入出货配送系统，当入库数据输入后即访问订单数据库取出该商品待出货数据，特此数据转入货配送数据库，并修正库存可调用量。对于上架入库再出库，入库系统需具备货位指定功能或货位管理功能。货位指定功能是指当入库数据输入时即启动货位指定系统，由货位数据库、产品明细数据库来计算入库商品所需货位大小。根据商品特性及货位储存现状来指定最佳货位，货位的判断可根据诸如最短搬运距离、最佳储运分类等法则来选用。货位管理系统则主要完成商品货位登记、商品跟踪，并提供现行使用货位报表、空货位报表等作为货位分配的参考。也可以不使用货位管理系统，由人先行将商品入库，然后将储存位置登入货位数据库来查询商品所在货位，输出的报表包括货位指示单、商品货值报表、可用货位报表、各时间段入库一览表、入库统计数据等。

货位指派系统还需具备人工操作的功能，以方便库管人员调整货位，还能根据多个特性查询入库数据。商品入库后系统可用随即过账的功能，使商品随入库计入总账。

5) 采购时间管理

采购时间管理的主要任务是对采购物品、交货时间和预定交货期的准确性进行管理。

6) 货源与报价管理

货源与报价管理的主要任务是对货品来源、替代品和厂商报价等记录做定期维护管理。

3. 库存管理子系统

库存管理子系统主要完成库存数量控制和库存量规划，以避免因库存积压过多造成的利润损失。库存管理子系统包括：分类分级系统、订购批量与时点确定系统、库存跟踪管理系统、库存盘点管理等。前3者只需读取现有的数据文件，如库存数据库、货位数据库、厂商报价数据库、采购批量计算公式数据库等，来做内部运算。

1) 分类分级系统

分类分级就是按商品类别统计其库存量，并按库存量排序和分类，作为仓储区域规划布置、商品采购、人力资源、工具设备选用的参考。商品分类分级还可按商品单价或实际库存金额进行排序。此系统主要是以商品为主体生成各种排序报表。

2) 订购批量与时点确定系统

由于采购时间和采购数量会影响资金的调用及库存成本，因此采购前就需要制定商品经济采购批量及采购时间。这就需要系统访问产品数据库、厂商报价数据库、库存数据库、采购数据库等来获得商品名称、单价、现有库存量、采购提前期及运送成本等数据来计算经济订购批量及订购时点，也可通过诸如安全库存量、经济采购量等其他方法来完成。系统要输入的数据为商品名称，并需要其他文件，如厂商报价数据库、库存数据库、采购数据库和运送成本数据库等，主要输出报表包括商品安全库存报表、商品经济批量报表、定期采购点查核报表、定期库存员统计报表等。此外，还需建立采购量及采购时间数据库。

3) 库存跟踪管理系统

库存跟踪管理系统主要是延续入库作业处理中货位的管理，该系统不需要输入太多的数据，主要是从现有的数据库中调用现有库存的储存位置、储存区域及分布状况，或由库存数据库中调用现有库存数据查核库存量等，系统主要生成的报表包括商品库存量查询报表、商品货位查询报表、积压货存量或货位报表等。

4) 库存盘点管理

库存数量的管理与控制及货位的管理等作业依赖于库存数据和货位数据的正确性，因此需要进行库存盘点管理。一般有两种盘点方式：定期盘点及循环盘点。盘点管理系统主要包括定期打印各类商品报表，待实际盘点后输入实际库存数据并打印盘盈盘亏报表、库存损失率分析报表等。定期盘点以季、半年或年度为盘点时段，循环盘点则在普通工作日针对某些商品进行盘点。仓库管理员在盘点前调用盘存清单打印系统，输入某类商品或某仓库名称、仓库某区域名称，此时系统调用库存数据库或货位数据库来检索商品储放位置及数量或该区域所有商品的库存数及货位数据，打印盘点清单。然后库管人员持该清单会同会计人员进行实际盘点，将盘点误差修正在盘点清单上，盘点后可将此数据由盘点数据库维护系统输入库存数据库与货位数据库。此外盘点还可由库管人员合同会计人员以手持式数据收集设备现场收集库存数据，当某一区域盘点完毕或数据集满后返回办公室将数据输入计算机中，以批量方式修正库存数据库；或采用射频数据收集设备，在盘点的同时将数据同步传回计算机加以处理。若采用这些设备，系统需具备数据接收、传送、转换等功能。最后可由盘点报表打印系统打印盘亏损表、库存损失率报表、呆废料盘存报表等。

库存控制系统必须具备按商品名称、货位、仓库、批号等数据分类查询的功能，并有定期盘点或循环盘点时点设定功能，使系统在设定时间自动启动盘点系统，打印各种表单协助盘点作业。当同一种商品有不同储存单位时，系统应具备储存单位自动转换功能。在移库整顿或库存调整作业时，系统需具备大量货位及库存数据批量处理功能。

4. 运输配送管理子系统

运输配送管理子系统主要用于与出库商品实际的运输交付过程相关的派车、配载、运输、签收等作业活动的管理。运输配送管理子系统包括：配送计划管理、车辆调度管理、配送装车管理、在途监控管理、配送签收管理等。

1）配送计划管理

该模块根据订单内容，即由物流配送中心管理人员(配送业务员)根据订单数据将当日预定出货订单汇总，查询当前车辆信息表、车辆调用信息表、客户信息表、地图信息表等，先将客户按其配送地址划分区域，然后统计该区域出货商品的体积与重量，以体积或重量最大化等条件为首选配送条件来分配配送车辆的种类与数量。随后查询外协车辆信息表、自营车队调用信息表、设备调用信息表、工具调用信息表、人力资源调用信息表来制定出车批次、装车计划及配送调度计划，并打印配送批次规划报告、配送调度报告等。配送调度报告包括装卸平台、机械设备、车辆、装车搬运人力、司机分配等报表。自动规划的配送计划可以进一步进行人工修改，修改后的数据即转入出货配送信息表，并作为车辆、装卸平台、设备、人力分配计划基础数据。

该模块主要包括代运管理、配送路线规划、订单整合和装车计划等功能。

(1) 代运管理。当用户选择的运输方式为代运时，由物流配送中心委托其他运输企业对商品进行运送。该功能模块负责对代运委托单据、货运提单、到货记录、客户取货记录的管理。

(2) 配送路线规划。配送路线如何选择以决定最佳配送顺序往往会影响整个配送作业的效率。配送路线规划功能模块的一般设计思想是：在得到订单中商品运输的目的地信息后，按最快速度送达目的地为原则设计路径，即根据各点的位置关联性及交通状况来做路径的选择规划。除此之外，还必须考虑某些客户或其所在环境有送达时间的限制，如某些客户只在特定时间收货，或是某些城市个别道路在高峰时段不准卡车进入等，都应尽量在选择路径时避开。

(3) 订单整合。为让整个配送有一个可遵循的基础，物流配送中心通常会首先根据订单中客户所在地点的远近、关联状况做一区域上的基本划分，如华北、华东、华南、华中等；其次，当订单中商品性质差异很大，有必要分批配送时，则需根据各订单中商品的特性做优先级的划分，如生鲜食品与一般食品使用不同的运输工具，需分批配送；另外，客户订单下达时间的先后顺序也是考虑因素之一。

(4) 装车计划。该项功能包括两个基本部分：车辆的安排，即分配何种车型，使用自备车辆还是使用外单位车辆等；车辆的装载方式。

对于车辆安排，需要从客户要求、车辆状况及运输成本 3 方面综合考虑。在客户要求方面，需按照客户的订货量、订货体积、重量，而且要考虑客户目的地的卸货特性限制；在车辆状况方面，要知道到底有哪些车辆可供调派，以及这些车辆的载货体积与重量限制；在运输成本方面，必须根据自备车的成本结构及外雇车的计价方式来计算选择哪种方式较为划算。综合以上 3 方面的信息后才能做出最合适的车辆安排计划。

对于装车方式，一般的原则是根据客户配送需求先后顺序，将商品按"后到先上"的顺序装车。有时为了最大程度地利用装载空间，可能还会考虑物品本身的性质(怕振、怕撞、怕湿)、形状、容积及重量来做弹性调整。此外，对于这些出货品的装卸方式也有必要按物品的性质、形状等来决定。

2) 车辆调度管理

该模块完成对车辆和司机的任务分配，主要包括生成派车单、车辆编号编组、司机配置、生成监控计划等功能。

(1) 生成派车单。客户的订单在最终确认之后，承运人就要按照客户的要求进行派车。生成派车单的主要功能有派车单录入、修改、查询。派车单是由客户订单的相关信息、运送货物信息及车辆信息经过匹配加工组合而成的。一个订单可能对应多个派车单，一个派车单也可以完成多个订单的运输任务。派车单由配送业务员下达给签有运输合同的运输人。

(2) 车辆编号编组。按订单整合的结果对配送计划进行手工调整。在车辆指派的基础上根据配送路线、配送优先顺序等条件对其进行编组，并记录编组信息。

(3) 司机配置。根据当前司机信息指派空闲的司机给已确定的配送车辆，并记录指派结果。司机及随车人员的调派最好能考虑司机的工作能力、体力、以往的工作量及曾经配送的区域范围，以便于更有效地安排配送人员。

(4) 生成监控计划。在配送业务中，为了能使货物及时、完好地运抵目的地，除了在派车环节进行合理的车辆调度外，货物在途的监控也必不可少。能否实施有效的监控也是客户评价物流服务提供商服务质量的一个重要指标。因此，拟订一个合理有效的监控计划是整个监控环节的首要任务。目前，一些先进的科技手段已应用到配送业务中，使得实时的监控成为可能。

根据派车单上的信息，如起始城市/地点、终点城市/地点、运输方式，结合 GIS 提供的路线建议，拟订监控计划(即预计什么时间，到达什么地点)。

配送业务员可以在系统推荐的监控计划的基础上拟订最终的监控计划。监控计划的拟定方式有两种：按地点进行监控和按时间点进行监控。按地点进行监控这种方式是根据运输线路的规划，将一些重要的途经城市/地点设定为监控计划的监控点，在运输车辆途经或到达这些预定的监控城市/地点时，司机需要反馈到达时间及当时的运输情况和货物状况，由系统记录反馈的情况，比较监控计划的预定到达时间及任务完成情况，并结合实际情况帮助管理人员做出进一步的安排或调整。按时间点进行监控的方式，是以设定时间间隔的方式来定时监控货物在途情况，这些定时监控的时间点也就是监控计划的监控点，当到预定时间点时司机反馈到达的地点信息及当时的车况和货物状况，以此实现按计划地在途监控。

3) 配送装车管理

根据物流配送中心的出库单，生成货物装车明细清单，并投运输保险。配送装车管理主要包括货物装车和运输投保两大功能。

(1) 货物装车。派车单和拟订的监控计划下达后，承运人就要根据客户的要求和具体情况装车，在出库单上记录货物装车明细信息。同时，记录实际装货数量，作为到达卸货点交割的依据；记录提送费、装卸费、搬运费、运输费、保险费及其他费用，作为与客户结算的依据。

(2) 运输投保。根据实际装货数量和单价填写投保单明细，为客户货物代投保。对于运输人投的保险，如果由运输人支付保险费，在系统中只做备注。投保单的内容主要包括投保人、保险人、投保项目、投保货物信息、投保金额、保险费率、保单状态、经办人、投保日期、回复日期等信息。

4) 在途监控管理

在途监控管理环节主要包括在途监控、事故处理、在途货物装卸 3 部分内容。

(1) 在途监控。根据监控计划中设定的沿途监控点，对一个车次进行全方位跟踪，记录每个路段的具体信息，包括计划到达时间、实际到达时间、实际行驶里程、路段费用情况。在系统中，可以根据需要增加新的监控点(重大事件记录点)，记录运输过程的各种情况。

(2) 事故处理。在运输过程中，如果发生意外，需要拖运或者换车，司机应及时向总部调度或配送业务员反馈情况以决定下一路段是否能继续运输。中途发生意外(指车祸、雨雪等不可预知的情况)时，该系统记录发生的时间、地点，并记录货物破损的明细。中途需要拖运时，该系统记录拖运工具的车牌号、开始时间、结束时间、起点、终点、费用、里程。中途需要换车时，后续运输有两种方式，其一是本车次的运输人自己组织替换车辆，支付替换车辆的运费，将货物运达卸货点后，记录换车后的车号、司机姓名及各车货物的明细，到货交接的仍是原运输人；其二是向承运人求援，由承运人重新组织车辆，完成剩余的运输任务。第二种方式要结束原运输人的运输车次，记录扣款金额；承运人重新组织的车辆，按新派车单的要求，到中途接管全部出库单，清点货物，运输到约定卸货点；如果新组织的车辆是多台，则要在派车单中分割原来装在一台车上的货物，但出库单号不变，出库单的实发数量是实际从故障车上分装的数量。

(3) 在途货物装卸。沿途有装货和卸货时，记录沿途所发生的货物装车与卸货起止时间。

5) 配送签收管理

运输车辆按派车单要求，将货物运至目的地，收货人核查实际到货数量，确认并签收。签收单是收货人对所到货物的实际情况进行验收记录的单据，同时也是运输人向承运人出示的货物运抵凭证。

签收单记录卸车货物名称及其数量，如果少于出库单的实发数量，一般由运输人赔偿，能确认在下一次运输时补齐的，可以在货物补齐后，再更新相关单据的完成标志；如果收货数量大于出库单的数量，要将多余货物退回给客户，或由客户补开出库单，也可以用于补齐以往的拖欠数量。

进行联运时，货物只是交割给下一运输人，由下一运输人或其后的运输人根据承运人新派车单的要求交给收货人。

5. 运营绩效管理子系统

运营绩效管理子系统通过与仓储管理系统、配送管理系统及财务结算管理系统的交互取得运营绩效信息，此外也可从外部获得各种市场信息来制定并调整各种运营政策，而后将政策内容及执行方针通知各个业务部门。运营绩效管理子系统包括：资源管理、运营管理和绩效管理等。

1) 资源管理

在物流配送系统中，运输配送是涉及影响因素最多的环节，包括客户、合同、运输人、车辆、司机、道路、货物、保险、运费等信息。该模块实现对上述资源的统一管理。其中，合同管理主要包括合同输入、合同查询、合同审核、合同延期、合同预警等功能；车辆管理包括车辆基本信息输入查询、规费支出、车辆保险、车辆年审、保养小修、交通事故、大修及报废、月度绩效、收支平衡等功能；司机管理包括司机基本信息输入查询、个人借款、违章记录、驾照年审、月度绩效、收支平衡等功能。

2) 运营管理

运营管理模块通常由物流配送中心较高层的管理人员使用，主要用来制定各类管理方案，如车辆设备租用、采购计划、销售策略计划、配送成本分析、运费制定、外车管理等，偏向于投资分析与预算预测。

(1) 车辆设备租用。物流配送中心可执行两种不同的配送方案：使用本单位自有车辆配送，或雇用外单位车辆配送。在两种方案的选用上，基本上考虑两点：车辆的管理方便与否，资金投入金额大小及成本效益。该模块利用现有系统数据，如配送需求统计、车辆调派信息表、人力资源的利用率等信息来作为车辆采购或租用车的分析基础。在采用外车情形下，该模块也可设计成对不同租用方案的选用分析，如采用车辆租赁公司专车配送或雇用货运公司只做单程单一批货的配送，是否租用个人货车、运费如何计算、各货运公司或个人间如何协调与管理等。若决定自购货车来进行配送，则可利用各种成本回收方法，如回收年限预估法、净现值法、决策树分析法等来选择最有效益的资金投资及回收方案。

(2) 销售策略计划。该模块主要利用销售金额、业务员的销售实绩、商品的销售能力、销售区域的分配状况等数据来做单一物流配送中心的销售规划，规划的内容可包括所销售商品内容、客户分布区域的规划、业务员销售金额及区域的划分、市场的行销对策制定、促销计划等。

(3) 配送成本分析。一般均以财务结算子系统数据作为基础进行物流配送中心各项费用分析，主要用来反映盈利或资源投资回收的状况，同时也可作为运费制定系统中运费制定的基准。配送成本分析与运费制定模块对以提供仓储储存、管理及配送业务为主的运输型物流配送中心而言是一个重要的功能，物流配送中心的盈亏很大程度上依赖于运费是否能够低廉足以吸引客户并且合理地反映应有的成本。

(4) 外车管理。该模块用于管理外租车辆，主要内容包括外车租用信息的维护、管理方法的选择分析、配送车辆的调度及排程计划等。

3) 绩效管理

物流配送中心的经营状况是否良好，除了取决于各项运营管理策略制定的正确性、计划的实际执行效果之外，更在于有良好的信息反馈机制来作为制定、管理及实施方法修正的依据，这也是绩效管理模块存在的主要原因。该模块的主要内容包括：业务人员管理、客户管理、订单处理绩效分析、存货周转率评估、库存保管情况分析、运输绩效分析等。

(1) 业务人员管理，主要包含业务销售区域划分、销售业绩管理、呆账率分析、票据期限分析等。

(2) 客户管理，主要包含客户销售金额管理、客户信用管理、客户投诉管理等。

(3) 订单处理绩效分析，主要包括订单处理失误率分析、订单处理时效分析、订单处理量统计分析等。

(4) 存货周转率评估，主要包含资金周转率分析与计算、单一物品周转率分析、某一种类产品的平均周转率分析与比较。

(5) 库存保管情况分析，物流配送中心一般会在一定时期进行库存盘点，比较盘盈、盘亏并计算报废商品的金额及数量。

(6) 运输绩效分析，主要用于提供对运输作业效率的统计和分析。运输绩效为运输业务的预测与决策提供数据依据。运输绩效主要从人、财、物 3 个方面来考核，并进一步涉及运输规划的合理性及配送时效性等。

① 设备负荷指标：衡量运输设备的总作业量、平均作业量和单位作业量等，考察运输设备的使用情况。

② 运输成本指标(资金绩效)：用于衡量运输成本花费的多少，主要考核总运输成本、吨公里运输成本、线路成本。

③ 人员作业指标：用于评估配送人员的工作分摊(距离、重量、车次)及其作业贡献度(配送量)，以衡量配送人员的能力负荷与作业绩效；同时判断是否应增添或删减配送人员数量。主要考核的要素有人均配送量、人均配送车次、人均配送吨公里数等。

④ 配送规划指标：考核配送规划的合理程度，考核的要素有配送频率、积载率、每车次配送重量、每车次配送吨公里数等。

⑤ 配送时效指标：用于考核配送的时间利用情况、配送是否及时等，主要考核的要素有平均配送速度、配送时间比率、单位时间配送量、单位时间生产率等。

6. 财务管理子系统

财务管理子系统主要由财务会计部门使用，对外主要以物品入库信息查询供应商所送来的应付款单，并据此进行付款；或由销售部门取得出货单、制作应收账款清单并收取账款。财务结算系统也可自动生成各种财务报表提供给运营绩效管理子系统作为调整运营政策的参考。财务管理子系统与其他子系统之间的关系如图 8-13 所示。

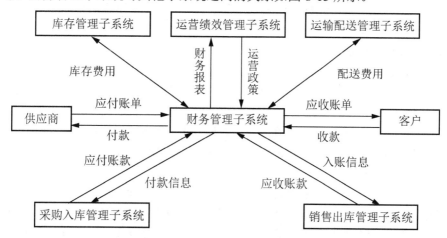

图 8-13 财务管理子系统与其他子系统的关系

财务管理子系统主要包括：应付账款管理、配送费用结算、工资管理、财务报表管理和费用设置等。

1) 应付账款管理

当采购商品入库后，采购信息即由采购数据库转入应付账款数据库，会计管理人员在供货厂商开立发票及清款单时即可调用该模块，按供货厂商进行应付账款统计并做核对。账款支付后可由会计人员将付款信息录入系统，更改应付账款表中的相应内容。管理人员可使用该模块功能制作应付账款一览表、应付账款已付款统计报表等。

2) 配送费用结算

当商品配送出库后，订购数据即由订单数据库转入应收账款数据库，财务人员于结账日将应收账款按客户进行统计，并打印催款单及发票。发票的打印可以比较灵活，将统计账款总数开成一张发票，或以订单为基础开具多张发票。收到的账款可由会计人员确认并登记，作为应收账款的销项并转为会计收支系统的进项。

3) 工资管理

工资管理模块包含人事信息维护、工资统计报表管理、工资单管理。其中，从运营绩效管理子系统获得业务部门各岗位工作人员工作量统计及绩效考核信息，以此作为工资单管理和编制的依据。

4) 财务报表管理

财务报表管理模块负责各类财务报表的生成和打印，包括资产负债表、损益表两大财务报表，可以查看任意账务期间的报表，可以进行跨年度查询报表。

5) 费用设置

根据业务需要定制各项费用的名称及计价方式，使得费用名称可与业务单据自由绑定。

7. 决策支持子系统

为使现代物流配送中心具有战略性的竞争力，作为经营策略分析工具的决策支持系统应包括：配送资源计划、运输路线规划、库存决策系统、销售分析与预测系统等。

1) 配送资源计划

在物流配送作业及接单过程中，应对库存量、人员、设备和运输车辆等资源进行确认，必须掌握人员数、车型、载重量、各车的可调度时间和车辆运输时间等信息，从而进行最有效的调度，实现最佳决策支援。

2) 运输路线规划

根据用户对送货的时间要求、客户的地理位置、卸货条件、车辆型号、物流配送中心位置、可用交通路线和各时间段的交通状况等因素，进行配送车辆指派和运输路线的规划。随着物流信息技术的飞速发展及物流业务的扩展和城市环境的发展，物流配送中心可应用GPS 及 GIS 等信息科学技术，实现配送车辆指派和路线规划的最优化。

3) 库存决策系统

库存决策系统以降低库存量为目标，分类分项对物品进行管理，分析制定最佳订货时点、经济订货批量、安全库存量水平和库存周转率，尽量缩短交货的提前期，并根据品项数据、发货规模和货物性质计算库存量管理水平，实现在有限成本内发挥最佳的管理效益。

4) 销售分析与预测系统

销售分析与预测系统要能分析订单增长趋势、订单季节变化趋势，并对用户的地区、阶层和订购习惯等进行销售分析。此外，还可对未来的需求变化、库存需求、物流成本和投资成本等做预测分析，从而向经营管理者提供决策用的参考信息和依据。

(1) 销售分析。销售分析主要是为了让销售主管及高层主管对现有销售状况有全面的了解。管理人员可输入销售日期、月份、年度、商品类别、商品名称、客户名称、作业员名称、仓库等数据以查询各个销售资料或销售统计资料。销售分析与销售预测系统只读取文件内容，访问的文件包括订单数据库、出货配送控制数据库、入库数据库等。销售分析与销售预测系统主要有总商品销售量统计表、年度商品销量统计表、年度及月份商品数量统计比较分析报表、商品成本利润百分比分析报表，并可查询作业员销售业绩及各仓库经营业绩等数据。

(2) 销售预测。销售预测是协助高层主管根据现有销售资料来评估物流配送中心的发展方向，准备未来库存需求量、产能需求及投资成本的需求。基于计算机的预测可提高时效性，销售预测一般可根据作业模式或统计方法实现，包括最小平方法、移动平均法、时间序列分析法、指数平滑法、多元回归分析等。销售预测系统还需将影响销售预测结果的外界数据转换成模型内的参数，并按特定需求查询及打印商品销售预测报表、工具设备需求报表、库存需求报表、人力资源需求报表和成本需求分析报表等。

8.4　物流配送中心管理信息系统的技术基础

8.4.1　电子自动订货系统

1. 电子自动订货系统的含义

电子自动订货系统(Electronic Ordering System，EOS)是一套订货作业和订货信息交换的系统，是将批发、零售商场所发生的订货数据输入计算机，即通过计算机通信网络连接的方式将资料传送至总公司、物流配送中心、商品供货商或制造商处。

2. 电子自动订货系统的特点

(1) 商业企业内部计算机网络应用功能完善，能及时产生订货信息。

(2) 销售终端(Point of Sale，POS)与EOS高度结合，产生高质量的信息。

(3) 满足零售商和供应商之间的信息传递。

(4) 通过网络传输信息订货。

(5) 信息传递及时、准确。

(6) EOS是许多零售商、物流配送中心及供应商之间的整体运作系统，而不是单个零售商店和单个供应商之间的系统。电子订货系统在零售商、物流配送中心及供应商之间建立起了一条高速通道，使各方的信息及时得到沟通，使订货过程的周期大大缩短，既保障了商品的及时供应，又加速了资金的周转，实现了零库存战略。

3. 电子自动订货系统的种类

(1) 连锁体系内部的网络型。即连锁门店有电子订货配置，连锁总部或连锁公司内部的物流配送中心有接单计算机系统，并用即时、批次或电子信箱等方式传输订货信息。这是"多对一"(即众多的门店对连锁总部)与"一对多"(即连锁总部对众多的供应商)相结合的初级形式的电子订货系统。

(2) 供应商对连锁门店的网络型。其具体形式有两种：一种是直接的"多对多"，即众多的不同连锁体系下属的门店对供应商，由供应商直接接单发货至门店；另一种是一个连锁体系内部的物流配送中心为中介的间接的"多对多"，即连锁门店直接向供应商订货，并告知物流配送中心有关订货信息，供货商按商品类别向物流配送中心发货，并由物流配送中心按门店组配，向门店送货，这可以说是中级形式的电子订货系统。

(3) 众多零售系统共同利用的标准网络型。其特征是利用标准化的传票和社会配套的信息管理系统完成订货作业。其具体形式有两种：一是地区性社会配套的信息管理系统网络，即成立众多的中小型零售商、批发商构成的区域性社会配套的信息管理系统营运公司，为本地区的零售业服务，支持本地区 EOS 的运行；二是专业性社会配套信息管理系统网络，即按商品的性质划分专业，如食品、医药品、运动用品、玩具、衣料等，从而形成各个不同专业的信息网络，这是高级形式的电子订货系统，必须以统一的商品代码、统一的企业代码、统一的传票和订货的规范标准的建立为前提条件。

4. **电子自动订货系统对物流企业的作用**

(1) 对于传统的订货方式，如上门订货、邮寄订货、电话或传真订货等，EOS 可以缩短从接到订单到发出订货的时间，缩短订货商品的交货期，减少商品订单的出错率，节省人工费。

(2) 信息传递及时准确，减少差错。

(3) 有利于降低库存水平，提高库存管理效率，同时也能防止商品特别是畅销商品缺货现象的出现。

(4) 使物流管理信息系统的效率大大提高，减少信息重复输入、传递，各个子系统之间交换数据的能力大大增强，也提高了信息处理速度。

(5) EOS 系统内的企业还可以通过历史数据分析和挖掘，分析订货规律，制定有效的应对计划。

5. **电子自动订货系统的应用要点**

(1) 订货业务的标准化。EOS 对订货业务有严格的标准要求，否则信息处理和传递就无法进行。

(2) 商品代码的设计。每一个商品品种必须对应一个唯一独立的商品代码，商品代码一般采用国家统一规定的标准，对于统一标准中没有规定的商品则采用系统内自己规定的商品代码。商品代码的设计是应用 EOS 的基础条件。

(3) 必须制作和及时更新订货商品目录手册。订货商品目录手册的设计和运用是 EOS 成功的重要保证。

(4) 保障 EOS 运行的硬件和软件条件。这是 EOS 运行的物质保证。

(5) 加强相关员工培训，深入熟悉和了解订货业务，熟悉了解 EOS 的使用。

6. **电子自动订货系统的操作流程**

(1) 在零售店的终端利用条形码阅读器获取准备采购的商品条形码，并在终端机上输入订货资料，利用通信网络传到批发商的计算机中。

(2) 批发商开出提货传票，并根据传票开出拣货单，实施拣货，然后根据送货传票进行商品发货。

(3) 送货传票上的资料便成为零售商店的应付账款资料及批发商的应收账款资料，并传到应收账款的系统中去。

(4) 零售商对送到的货物进行检验后，就可以陈列出售了。

7. 物流配送中心电子自动订货系统的配置

物流配送中心电子自动订货系统的配置包括硬件设备配置与确立电子订货方式两个方面。

(1) 在硬件设备配置方面，一般由 3 个部分组成。

① 电子订货终端机。其功能是将所需订货的商品和条形码及数量以扫描和键入的方式，暂时储存在记忆体中，当订货作业完毕时，再将终端机与后台计算机连接，取出储存在记忆体中的订货资料，存入计算机主机。电子订货终端机与手持式扫描器的外形有些相似，但功能却有很大差异，其主要区别是：电子订货终端机具有存储和传输等计算机基本功能，而扫描器只有阅读及解码功能。

② 数据机。它是传递订货主计算机与接单主计算机信息资料的主要通信装置，其功能是将计算机内的数据转换成线性脉冲资料，通过专有数据线路，将订货信息从门店传递给商品供方的数据机，供方以此为依据来发送商品。

③ 其他设备。如个人计算机、价格标签及店内码的印制设备等。

(2) 在确立电子订货方式方面，常用的电子订货方式有 3 种。

① 电子订货簿。电子订货簿是记录包括商品代码/名称、供应商代号/名称、进/售价等商品资料的书面表格。利用电子订货簿订货就是由订货者携带订货簿及电子订货终端机直接在现场巡视缺货状况，再由订货簿寻找商品，对条形码进行扫描并输入订货数量，然后直接上数据机，通过通信网络传输订货信息。

② 电子订货簿与货架卡并用。货架卡就是装设在货架槽上的一张商品信息记录卡，显示内容包括：商品名称、商品代码、条形码、售价、最高订量、最低订量、厂商名称等。利用货架卡订货，不需携带订货簿，而只要手持电子订货终端机，一边巡货一边订货，订货手续完成后再直接接上数据机将订货信息传输出去。若有日配品或不规则形状的商品难设置货架卡，可借助于订货簿来辅助订货。

③ 低于安全存量订货法。即将每次进货数量输入计算机，销售时计算机会自动将库存扣减，当库存量低于安全存量时，会自动打印货单或直接传输出去。

8.4.2 条形码技术

条形码技术(Bar Code Technology)是以计算机、光电技术和通信技术为基础的综合性高新技术，是高速发展的信息技术的一个重要组成部分。其主要目的在于实时而准确地获取信息，及时掌握准确的物流相关信息，并对客户的需求做出快速响应，从而最大限度地占领市场份额。

1. 条形码概述

条形码技术包括条形码的编码技术、条形符号设计技术、快速识别技术和计算机管理技术，是实现计算机管理和电子数据交换不可缺少的开端技术。

1) 条形码的概念及种类

条形码是由一组按编码规则排列的条、空符号，用于表示一定字符、数字及符号组成的信息，如图 8-14 所示。条形码中的条、空和相应的字符代表相同的信息，前者用于机器识读，后者供人直接识读或通过键盘向计算机输入数据使用。

图 8-14　条形码示例

这些条和空可以有不同的组合方式，从而构成不同的图形符号，即各种符号体系，也称码制，适用于不同的场合。目前国际广泛使用的条形码种类有 EAN 码、UPC 码、Code39 码、ITF25 码等。其中，EAN 码是当今世界上应用最广的商品条形码，是电子数据交换的基础。

2) 物流系统常用的几种码制

物流系统在地域、时间上跨度较大，由于涉及多个行业，稳定性差，需要其具有较高的协调性。同时，物品的流通要迅速、及时。因此，物流条形码需要具有储存单位的唯一标识、服务于供应链的全过程、信息多、可变性强、维护性高等特点。

国际上常用的物流条形码包括 EAN 码、UCC/EAN-128 码。另外，二维条形码在物流业也有广泛的应用。

(1) EAN 码。EAN 码是国际上通用的商品条形码，我国通用商品条形码标准也采用 EAN 码结构。EAN 码有两种类型，即 EAN-13 码(标准码)和 EAN-8 码。

标准码由 13 位数字码及相应的条形码符号组成，它包括前缀码、制造厂商代码、商品代码和校验码 4 部分。

前缀码由前 3 位数字组成，是国家代码，由国际物品编码协会统一决定，如 00～09 代表美国、加拿大；45～49 代表日本；690～695 代表中国大陆。制造商代码由接下来的 4 位数字组成，我国物品编码中心统一分配并统一注册，一厂一码。商品代码由 5 位数字组成，表示每个制造商的商品，由厂商确定，可识别 10 万种商品。校验码是最后一位数字，用于校验前面各码的正误。

资料卡

EAN-13 码的校验码计算方法如下。首先，将 EAN-13 码按照从右向左逐个递增的顺序编码，其编码结果为 1，2，3，…，13。之后按下面的算法进行计算。

(1) 将所有偶数位上的数值求和，并将结果乘以 3，赋值给变量 a。

(2) 除去校验码所在的码位外，将奇数位上的数值求和，并将结果赋值给变量 b。

(3) 将 a 和 b 两个变量对应的数据求和，并赋值给变量 c。

(4) 取大于或等于变量 c 的且为 10 的最小整数倍的数值，赋值给变量 d。

(5) 用变量 d 对应的数值减去变量 c 对应的数值，所得的结果即为所求校验码的值。

其计算过程如图 8-15 所示。

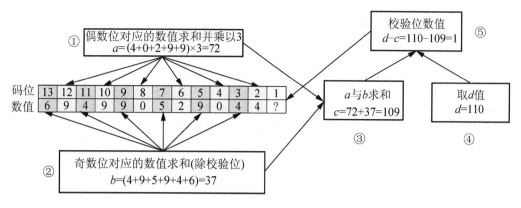

图 8-15 EAN-13 码校验位的计算过程

(2) UCC/EAN-128 码。UCC/EAN-128 码是由国际物品编码协会、美国统一代码委员会和自动识别制造商协会制定的一种连续型、非定长条形码，其能更多地标识贸易单元中需表示的信息，如产品批号、数量、规格、生产日期、有效性、交货地等。

UCC/EAN-128 码由应用标识符和数据两部分组成。因为其携带大量信息，所以应用领域非常广泛，包括制造业的生产流程控制、批发物流业或运输业的仓储管理、车辆调度、货物跟踪等，是使信息伴随货物流动的全面、系统、通用的重要商业手段。

(3) 二维条形码。二维条形码是用某种特定的几何图形按一定规律在平面(二维方向)上分布的黑白相间的图形符号信息。二维条形码不仅可以作为数据库信息的引用，还可以起到数据库的作用。目前，二维条形码有两类，即堆叠式和矩阵式。

二维条形码具有信息容量大，编码范围广，保密、防伪性好，可靠性高，纠错能力好等优点。由于具有以上特点，二维条形码在制造业中应用广泛。二维条形码示例如图 8-16 所示。

图 8-16 二维条形码示例

一维条形码和二维条形码的特点对比见表 8-1。

表 8-1 一维条形码和二维条形码的特点对比

一维条形码	二维条形码
可直接显示内容为英文、数字、简单符号	可直接显示英文、中文、数字、符号、图形
储存数据不多，主要依靠数据库	储存数据量大，是一维条形码的几十到几百倍
保密性能不高	保密性高(可加密)
损污后可读性差	安全级别最高，损污 50%仍可读取完整信息
译码错误率约为百万分之二	误码率不超过千万分之一，可靠性极高

2. 条形码在物流中的应用

条形码在物流中的有较为广泛的应用，主要表现在以下几个方面。

1) 销售信息系统

在商品上贴上条形码就能快速、准确地利用计算机进行销售和配送管理。其过程如下：对销售商品进行结算时，通过光电扫描读取并将信息输入计算机，然后输进收款机，收款后开出收据，同时，通过计算机处理，掌握进、销、存的数据。

2) 库存系统

在库存物品上应用条形码技术，尤其是规格包装、集装、托盘货物上，入库时自动扫描并输入计算机，由计算机处理后形成库存的信息，并输出入库区位、货架、货位的指令，出库程序则和 POS 条形码应用一样。

3) 分货拣选系统

在物流配送中心仓库出货时，采用分货拣选方式，需要快速处理大量的货物，利用条形码技术便可自动进行分货拣选，并实现有关的管理。其过程如下：物流配送中心接到若干个配送订货要求，将订货汇总，每一品种汇总成批后，按批发出所在条形码的拣货标签，拣货人员到库中将标签贴于每件商品上并取出，用自动分拣机分货，自动分拣机始端的扫描器对处于运动状态的自动分拣机上的货物进行扫描，一方面是确认所拣出货物是否正确；另一方面识读条形码上的用户标记，指导商品进入确定的分支分流，到达各用户的配送货位，完成分货拣选作业。

8.4.3 EPC 和 RFID 技术

1. EPC

产品电子编码(Electronic Product Code，EPC)是国际编码组织推出的新一代产品编码体系。EPC 最终目标是为每一个商品建立全球的、开放的编码标准。EPC 统一了在世界范围内的商品的标识编码的规则，并通过应用于 RFID 系统中，联合网络技术而组成了 EPC 系统。

目前 EPC 系统中应用的编码类型主要有 3 种：64 位、96 位和 256 位。EPC 编码由版本号、产品域名管理、产品分类部分和序列号 4 个字段组成。EPC-64 编码类型分为 Type I、Type II 和 Type III三种；EPC-96 编码类型目前只有一种 Type I 型，版本号字段占 8 位，产品域名管理占 28 位，产品分类部分占 24 位，序列号占 36 位；EPC-256 编码类型分为 Type I、Type II 和 Type III三种。EPC 编码体系见表 8-2。

表 8-2 EPC 编码体系

编码类型		版本号字段	产品域名管理	产品分类部分	序列号
EPC-64	Type I	2	21	17	24
	Type II	2	15	13	32
	Type III	2	26	13	23
EPC-96	Type I	8	28	24	36
EPC-256	Type I	8	32	56	160
	Type II	8	64	56	128
	Type III	8	128	56	64

EPC-96 的编码体系如图 8-17 所示。

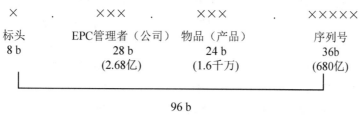

图 8-17　EPC-96 编码体系

96 位的 EPC 码，可以为 2.68 亿个公司赋码，每个公司可以有 1 600 万种产品分类，每类产品有 680 亿的独立产品编码。

2．RFID 及工作原理

无线射频识别(Radio Frequency Identification，RFID)技术是在自动识别领域应用中较具体的技术。RFID 系统的组成一般至少包括两个部分：电子标签(Tag)和阅读器(Reader)。

电子标签中一般保存有约定格式的电子数据，在实际应用中，电子标签附着在待识别物体的表面。阅读器又称为读出装置，可无接触地读取并识别电子标签中所保存的电子数据，从而达到自动识别物体的目的。进一步通过计算机及计算机网络实现对物体识别信息的采集、处理及远程传送等管理功能。

RFID 系统所采用的技术称为微波反射技术，它基于电子标签内微波天线的负载阻抗随储存的电子数据而变化的特点，来实现对电子标签内电子数据的读取。其原理如图 8-18 所示，即 RFID 装置发出微波查询信号时，安装在被识别物体上的电子标签将接收到的部分微波的能量转换为直流电，供电子标签内部电路工作，而将另外部分微波通过自己的微带天线反射回电子标签读出装置。由电子标签反射回的微波信号携带了电子标签内部储存的数据信息，反射回的微波信号经读出装置进行数据处理后，得到电子标签内储存的识别代码信息。

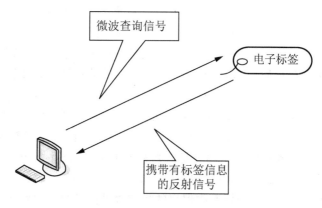

图 8-18　RFID 系统的工作原理

3. RFID 的分类

(1) 根据 RFID 技术所采用的频率不同，可分为低频率系统和高频率系统两类。低频率系统一般指其工作频率小于 30MHz，典型的工作频率有 125kHz、225kHz、13.56MHz 等，这些频点应用的 RFID 系统一般都有相应的国际标准予以支持。其基本特点是电子标签的成本较低、标签内保存的数据量少、阅读距离较短(无源情况典型阅读距离为 10cm)、电子标签外形多样(卡状、环状、纽扣状、笔状)、阅读天线方向性不强等。高频系统一般指其工作频率大于 400MHz，典型的工作频段有 915MHz、2 450MHz、5 800MHz 等。高频系统在这些频段上也有众多的国际标准予以支持。高频系统的基本特点是电子标签及阅读器成本均较高，标签内保存的数据量较大，阅读距离较远(可达几米至十几米)，适应物体高速运动性能好，外形一般为卡状，阅读天线及电子标签天线均有较强的方向性。

(2) 根据电子标签内是否装有电池为其供电，又可将其分为有源系统和无源系统两大类。有源电子标签内装有电池，一般具有较远的阅读距离，不足之处是电池的寿命有限(3～10 年)；无源电子标签内无电池，它接收到阅读器(读出装置)发出的微波信号后，将部分微波能量转化为直流电供自己工作，一般可做到免维护。与有源系统相比，无源系统在阅读距离及适应物体运动速度方面略受限制。

(3) 根据电子标签内保存信息的注入方式可将其为分集成电路固化式、现场有线改写式和现场无线改写式 3 大类。集成电路固化式电子标签内的信息一般在集成电路生产时即将信息以 ROM 工艺模式注入，其保存的信息是一成不变的；现场有线改写式电子标签一般将电子标签保存的信息写入其内部的 E2 存储区中，改写时需要专用的编程器或写入器，改写过程中必须为其供电；现场无线改写式电子标签一般适用于有源类电子标签，具有特定的改写指令，电子标签内保存的信息也位于其中的 E2 存储区。一般情况下，改写电子标签数据所花费的时间远大于读取电子标签所花费的时间。常规为改写所花费的时间为秒级，阅读所花费的时间为毫秒级。

(4) 根据读取电子标签数据的技术实现手段，可将其分为广播发射式、倍频式和反射调制式 3 大类。广播发射式 RFID 系统实现起来最简单。电子标签必须采用有源方式工作，并实时将其储存的标志信息向外广播，阅读器相当于一个只收不发的接收机。这种系统的缺点是电子标签因需不停地向外发射信息，对其自身而言费电，对环境而言造成电磁污染，同时系统不具备安全保密性。因此倍频式 RFID 系统实现起来有一定难度。一般情况下，阅读器发出射频查询信号，电子标签返回的信号载频为阅读器发出射频的倍频。这种工作模式对阅读器接收处理回波信号提供了便利，但是，对无源电子标签来说，电子标签将收到的阅读器发来的射频能量转换为倍频回波载频时，其能量转换效率较低，提高转换效率需要较高的微波技巧，这就意味着更高的电子标签成本。同时这种系统工作需占用两个工作频点，一般较难获得无线电频率管理委员会的产品应用许可。反射调制式 RFID 系统实现起来要解决同频收发问题。系统工作时，阅读器发出微波查询(能量)信号，电子标签(无源)收到微波查询能量信号后将其一部分整流为直流电源供电子标签内的电路工作，另一部分微波能量信号被电子标签内保存的数据信息调制后反射回阅读器。阅读器接收反射回的幅度调制信号，从中提取出电子标签中保存的标志性数据信息。系统工作过程中，阅读器发出微波信号与接收反射回的幅度调制信号是同时进行的。反射回的信号强度较发射信号要弱得多，因此技术实现上的难点在于同频接收。

4. RFID 技术与条形码技术的区别

从概念上来说，两者很相似，目的都是快速准确地追踪物体。其主要具有以下区别。

(1) 有无写入信息或更新内存的能力。条形码的内存不能更改。射频标签不像条形码，它特有的辨识器不能被复制。

(2) RFID 技术与条形码是两种不同的技术，有不同的适用范围，有时会有重叠。两者最大的区别是条形码技术是"可视技术"，扫描仪在人的指导下工作，只能接收它视野范围内的条形码。RFID 技术不要求看到目标，射频标签只要在接收器的作用范围内就可以被读取。条形码本身还具有其他缺点，如条形码被划破、污染或脱落，扫描仪就无法辨认目标。条形码只能识别生产者和产品，并不能辨认具体的商品，贴在同一种产品包装上的所有条形码都一样，无法辨认哪些产品先过期。

(3) 在成本方面，由于组成部分不同，电子标签要比条形码贵得多，条形码的成本就是条形码纸张和油墨成本，而有内存芯片的主动射频标签价格在 2 美元以上，被动射频标签的成本也在 1 美元以上。但是，没有内置芯片的电子标签价格只有几美分，它可以用于对数据信息要求不那么高的情况，同时又具有条形码不具备的防伪功能。

5. RFID 技术在物流配送中心的应用

1) 在对物流的跟踪方面

RFID 主要完成的任务是通过自动化增加生产力并限制人工干涉，避免人为错误；获得快速的物流管理，取得即时的供应链动态资料，实现供应链完全可视化，加速物流的运送并改善对运送的掌握；减少多余的资料输入并提高资料的正确性。

由于 RFID 标签可以唯一地标志商品，通过同计算机技术、网络技术、数据库技术等的结合，可以在物流的各个环节上跟踪货物，实时地掌握商品处于物流的哪个节点上。应用该技术，可以实现如下目标，从而获得预期的经济效益。

(1) 缩短作业流程。根据物流配送中心流程，出入库在平时作业中占很大的比例，在每个托盘、周转箱或货物上固定安装一张电子标签，在物流配送中心出入库口处安放阅读器，这样在出入库时利用叉车将货物送入(出)物流配送中心，在出入口处无需再停下进行扫描，可以直接在流程中获取数据，系统根据货位信息安排入库位置。阅读器可以远距离地、动态地一次性识别多个标签，计算机根据阅读到的信息，将托盘或周转箱上的货物信息与电子标签捆绑输入数据库，并进行相应的数据记录，大大节省了出入库的作业时间。

(2) 降低运转费用。由于 RFID 技术具有可以动态地同时识别多个数据且识别距离较大的特点，所以在出入库的作业过程中，验收和出入库几乎是同时完成的，不再需要像以前一样先将货物堆放在收货区中等待验货，而是直接可以入库和拣货后出库，降低了搬运所带来的设备费用和人工费用。

(3) 增加物流配送中心的吞吐量。当出入库的作业效率提高以后，物流配送中心对货物的处理能力将大大提高，这样就可以增加每日货物的吞吐量，从而获得更大的经济效益。

2) 在进货验收方面的应用——RF 手机进行货物验收

当供货商货车在站台进行卸货时，物流配送中心负责验收人员即以 RF 手机将暂堆放于站台的各托盘待验收商品进行相关的进货验收程序，而仓储管理会根据从 MIS 所接收的预计进货数据，并通过 RF 手机双向传输，将相关的商品验收条件与信息，实时传给作业人员，以便完成各项验收稽核动作。

此外，物流配送中心内的堆高机若配制有车用型 RF 终端机(以下简称 RF 车机)，可协助人员进行相关作业。其任务是将已完成验收的商品，进行上架作业，当人员由 RF 车机输入已验收商品信息后，系统会自动提示建议上架储位及其他备用储位，作业人员可遵循系统建议，或选择其他备用储位，并由 RF 车机所配制的长距离雷射扫描器，依照系统作业指示完成商品的上架作业。

3) 在拣货方面的应用

物流配送中心拣选区域安装识别系统，把拣选完的货物信息读/写入周转箱上的电子标签。物流配送中心分拣区安装识别系统，在进行货物分流的同时，实现自动复核出库。叉车车体安装识别系统，识别托盘上电子标签所携带的相关信息，并根据信息做出相应操作。

4) 在信息流管理方面的应用

在整个信息流的过程中，主要由多套 RFID 系统、中间件(MDW)、数据库系统及仓库管理信息系统(WMS)组成，如图 8-19 所示。

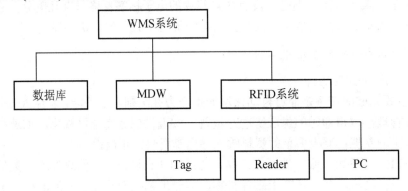

图 8-19　信息流管理

数据库系统：各种数据信息的录入、分析、输出、管理。

WMS 系统：控制流程各环节动作，完成收货人入库管理、盘点调拨管理、拣货出库管理及整个系统的数据备份、数据查询、数据统计、报表生成、报表管理。

6. 配送中心利用 RFID 技术的优点

(1) 托盘、周转箱一次贴标可重复使用。

(2) 优化调整物流配送中心流程，RFID 系统的信息防冲撞功能，能读取多张不同标签，实现出库的自动复核，大大提升出库速度，降低物流配送中心的劳动力成本。

(3) 精准的库存管理，增强物流配送中心的计划、周转、分配能力，降低损耗和调节成本。

(4) 研究表明：应用 RFID 解决方案能使物流配送中心的效率提高 10%～20%，而库存和发货精度则能达到 100%。

8.4.4　EDI 技术

1. EDI 的概念

电子数据交换(Electronic Data Interchange，EDI)是计算机与计算机之间结构化的事务数据交换，它是通信技术、网络技术与计算机技术的结晶。它将数据和信息规范化、标准化后，在计算机应用系统间直接以电子方式进行数据交换。EDI 是目前较为流行的商务信息、管理业务信息的交换方式，它使业务数据自动传输、自动处理，从而大大提高了工作效率。EDI 就是一类电子邮包，按一定规则进行加密和解密，并以特殊标准和形式进行传输。

国际标准化组织(ISO)将 EDI 描述成："将贸易(商业)或行政事务处理按照一个公认的标准变成结构化事务处理或信息数据格式，实现从计算机到计算机的电子数据传输。"

EDI 是信息进行交换和处理的网络化、智能化、自动化系统，是将远程信息、计算机及数据库三者有机结合在一个系统中，实现数据交换、数据资源共享的一种信息系统。这个信息系统也作为管理信息系统和决策支持系统的重要组成部分。

EDI 是一套报文通信工具，它利用计算机的数据处理与通信功能，将交易双方彼此往来的商业文档(询价单或订货单)转换成标准格式，并通过通信网络传输给对方。由于报文结构与报文含义有公共标准，交易双方所往来的数据能够由对方的计算机系统识别处理，因此可大幅度提高数据传输与交易的效率，也避免了重复输入。

EDI 按照协议，对具有一定结构特征的标准经济信息，经过电子数据通信网，在商业贸易伙伴的计算机系统之间进行交换和自动处理的全过程，无需人工介入操作，从而大大提高了流通效率，降低了物流成本。

2．EDI 的系统模型

EDI 包含 3 个方面的内容，即计算机应用、通信网络和数据标准化。其中，计算机应用是 EDI 的条件，通信网络是 EDI 应用的基础，数据标准化是 EDI 的特征。EDI 信息的最终用户是计算机应用软件系统，它自动处理传递来的信息，因而这种传输是机—机、应用—应用的传输，为 EDI 与其他计算机应用系统的互联提供了方便。EDI 系统模型如图 8-20 所示。

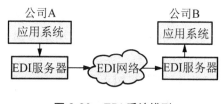

图 8-20　EDI 系统模型

3．EDI 系统的工作原理

当今世界通用的 EDI 通信网络是建立在信报处理系统数据通信平台上的信箱系统，其通信机制是信箱信息的存储和转发。其具体实现方法是在数据通信网上加挂大容量信息处理计算机，在计算机上建立信箱系统，通信双方需申请各自的邮箱，其通信过程是把报文传到对方的信箱中。文件交换由计算机自动完成，在发送报文时，用户只需进入自己的邮箱系统即可。EDI 系统的工作流程如图 8-21 所示。

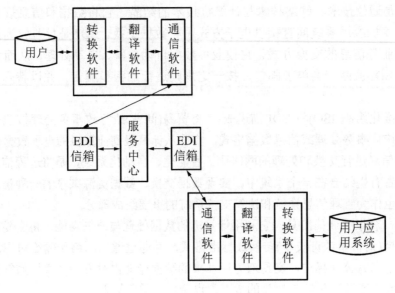

图 8-21 EDI 系统的工作流程

4. EDI 的类型

(1) 直接型的 EDI。直接型的 EDI 系统是通过用户与用户之间直接相连而构成的。EDI 的用户开发各自的系统，这样开发的系统只同自己的客户相联系，不同其他的系统相联系，即所谓的专用 EDI 系统。

(2) 基于增值网的 EDI。所谓增值网是指能提供额外服务的计算机网络系统。增值网可以提供协议的更改、检错和纠错等功能。基于增值网的 EDI 的单证处理过程包括以下几步。

① 生成 EDI 平面文件。EDI 平面文件是通过应用系统将用户的应用文件或数据库文件中的数据映射成一种标准的中间文件，这是一种普通的文本文件，用于生成 EDI 电子单证。

② 翻译生成 EDI 标准格式文件。翻译器按照 EDI 标准将平面文件翻译成 EDI 标准格式文件，即 EDI 电子单证。电子单证是 EDI 用户之间进行业务往来的数据，具有法律效力。

③ 通信。用户通过计算机系统由通信网络接入 EDI 信箱，将 EDI 电子单证投递到对方的信箱中，具体过程由 EDI 信箱系统自动完成。

④ EDI 文件的接收和处理。用户接入 EDI 系统，打开自己的信箱，将来函收到自己的计算机系统中，经过格式校验、翻译、映射之后还原成应用文件，并对应用文件进行编辑、处理和回复。

(3) 基于 Internet 的 EDI。由于增值网的安装和运行费用较高，许多中小型公司难以承受，它们大都使用传真和电话来进行贸易往来。即使使用 EDI 的大公司也不可能完全做到节省费用，因为它们的许多贸易伙伴并没有使用 EDI。Internet 的发展则提供了一个费用更低、覆盖面更广且服务更好的系统，使中小型公司和个人都能使用 EDI。随着 Internet 安全性的提高，已表现出部分取代增值网而成为 EDI 网络平台的趋势。

在物流管理中，运用 EDI 系统的优点在于供应链组成各方基于标准化的信息格式和处理方法，通过 EDI 共同分享信息，提高流通效率，降低物流成本。

8.4.5 物流信息跟踪技术

物流信息跟踪是利用信息技术及时获取有关物流状态或位置的实时信息,辅助决策,对物流各环节进行指挥、调度等控制,同时服务于客户的方法。物流信息跟踪是物流企业用来跟踪内部物品流向的一种手段,也是向客户免费开放任其查询的一种增值服务。在物流信息跟踪系统中用到的主要技术是 GPS 技术和 GIS 技术。

1. GPS

全球定位系统(Global Positioning System,GPS)是由一系列卫星组成的,能 24h 提供高精度的世界范围的定位和导航信息的系统。准确地说,它由 24 颗沿距地球 12 000km 高度的轨道运行的 NAVSTAR GPS 卫星组成,不停地发送回精确的时间和它们的位置。GPS 接收器同时接收 3~12 颗卫星的信号,从而判断地面上或接近地面的物体的位置,还有它们的移动速度和方向等。

GPS 系统在物流中的应用体现在对车辆行驶状态的管理,以及货物流动的查询。用户只需在每辆长途运输车辆上安装 GPS 接收设备,便可实现实时跟踪、管理记录的功能。运输公司可以通过 GPS 了解车辆工作状态,如查询车辆是否按预定轨迹接送货物、中间有无停车、在哪里停的车、停了多长时间等。对于货物的委托用户,可以进行网上查询,及时了解货物运转状态。利用 GPS 防爆反劫功能,将为货主、运输公司提供更多安全保障,尤其是对贵重物品和特殊物品的运输管理。

2. GIS

地理信息系统(Geographic Information System,GIS)是以地理空间数据库为基础,在计算机软硬件的支持下,对空间相关数据进行采集、管理、操作、分析、模拟和显示,并采用地理模型分析方法,适时提供多种空间和动态的地理信息,为地理研究和决策服务建立起来的计算机技术系统。简言之,GIS 就是一个空间数据库管理系统。

GIS 的基本功能是将表格型数据(来自数据库、电子表格文件或直接在程序中输入)转换为地理图形显示,然后对显示结果进行浏览、操作和分析。其显示范围可以从洲际地图到非常详细的街区地图,显示对象包括人口、销售情况、运输线路及其他内容。

在物流管理中应用 GIS 主要是指利用 GIS 强大的地理数据功能来完善物流分析技术。国外有公司已经开发出利用 GIS 为物流提供专门分析的工具软件。完整的 GIS 物流分析软件集成了车辆路线模型、网络物流模型、分配集合模型和设施定位模型等。

本 章 小 结

本章主要介绍物流配送中心管理信息系统概述、物流配送中心管理信息系统设计与开发、物流配送中心管理信息系统的模块设计及其描述、物流配送中心管理信息系统的技术基础 4 个方面内容。

配送信息不仅包括伴随配送活动而发生的信息,而且包括在配送活动以外发生的但对配送有影响的信息。物流配送中心的信息通常可以按信息领域、信息作用、信息加工程度和信息应用领域来进行分类，这样有助于物流配送中心依据各类信息的特征，对不同信息进行有针对性的管理和使用。

按信息系统的作用、加工程度及使用目的不同，物流配送中心管理信息系统可分为业务操作层、管理控制层、分析决策层和战略规划层 4 个层次。一般来说，下层的信息处理量要大于上层的信息处理量，因而就形成了一个金字塔形的层次结构。

物流配送中心管理信息系统的设计必须遵循领导参与、可用性、精确性、及时性及处理异常情况的能动性和主动性、灵活性、易操作性、实用性和先进性相结合等原则。

影响物流配送中心管理信息系统设计的主要因素有物流配送中心的业务职能定位、所具备的功能与作业流程、组织结构及作业内容、作业管理制度等。其中，物流配送中心的业务职能定位直接影响着系统边界的划分；物流配送中心所提供的各项功能与作业流程对系统的结构会产生重要的影响；物流配送中心组织结构和作业内容，影响着系统的划分及功能模块的构成；物流配送中心的作业管理制度影响着系统的详细设计、分析方法及其实用性。

企业应用软件系统体系结构的发展大致经历了以下 3 个阶段：文件/服务器(F/S)体系结构、客户机/服务器(C/S)体系结构、浏览器/服务器(B/S)体系结构。当前，绝大多数管理信息系统均采用 C/S 或 B/S 体系结构。

结构化生命周期法包括系统规划阶段、系统分析阶段、系统设计阶段、系统实施阶段、系统运行与维护阶段。物流配送中心管理信息系统的其他开发方法主要还包括原型法、面向对象方法和计算机辅助开发方法。各种方法都有自己的适用范围，不能简单地判断哪种方法最好或明显比其他方法优越，往往各种方法会在系统开发的不同侧面和不同阶段为信息系统的开发提供有益的帮助或明显提高开发质量及效率。因此，不能对开发人员硬性规定必须采用何种方法从事系统的开发工作，而只能因地制宜，具体问题具体分析。

根据典型物流配送中心业务和功能需求，按照功能之间的相关性、涉及的作业内容的相关性及作业流程的相关性，将物流配送中心管理信息系统划分为若干相互联系的子系统，这些子系统主要包括：销售出库管理子系统、采购入库管理子系统、库存管理子系统、运输配送管理子系统、财务管理子系统、运营绩效管理子系统等。

电子自动订货系统是一套订货作业和订货信息交换的系统，是将批发、零售商场所发生的订货数据输入计算机，即通过计算机通信网络连接的方式将资料传送至总公司、物流配送中心、商品供货商或制造商处。

条形码是由一组按编码规则排列的条、空符号，用于表示一定字符、数字及符号组成的信息。条形码中的条、空和相应的字符代表相同的信息，前者用于机器识读，后者供人直接识读或通过键盘向计算机输入数据使用。目前国际广泛使用的条形码种类有 EAN 码、UPC 码、Code39 码、ITF25 码等。其中，EAN 码是当今世界上应用最广的商品条形码，是电子数据交换的基础。

产品电子编码是国际编码组织推出的新一代产品编码体系。EPC 最终目标是为每一个商品建立全球的、开放的编码标准。EPC 统一了对世界范围内的商品的标识编码规则，并通过应用于 RFID 系统中，联合网络技术而组成了 EPC 系统。

RFID 技术是自动识别领域应用中更具体的技术。RFID 系统的组成一般至少包括两个部分：电子标签(Tag)和阅读器(Reader)。

EDI 是计算机与计算机之间结构化的事务数据交换，它是通信技术、网络技术与计算机技术的结晶。它将数据和信息规范化、标准化后，在计算机应用系统间直接以电子方式进行数据交换。EDI 是目前较为流行的商务信息、管理业务信息的交换方式，它使业务数据自动传输、自动处理，从而大大提高了工作效率。EDI 就是一类电子邮包，按一定规则进行加密和解密，并以特殊标准和形式进行传输。

物流信息跟踪是利用信息技术及时获取有关物流状态或位置的实时信息，辅助决策，对物流各环节进行指挥、调度等控制，同时服务于客户的方法。物流信息跟踪是物流企业用来跟踪内部物品流向的一种手段，也是向客户免费开放任其查询的一种增值服务。在物流信息跟踪系统中用到的主要技术是 GPS 技术和 GIS 技术。

 关键术语

配送信息(Distribution Information)

管理信息系统(Management Information System)

客户机/服务器(Client/Server)

浏览器/服务器(Browser/Server)

体系结构(Architecture)

电子自动订货系统(Electronic Ordering System)

条形码技术(Bar Code Technology)

产品电子编码(Electronic Product Code)

无线射频识别(Radio Frequency Identification)

电子数据交换(Electronic Data Interchange)

全球定位系统(Global Positioning System)

地理信息系统(Geographic Information System)

习　　题

1. 选择题

(1) 配送信息主要包括(　　)。

　　A．货源信息　　　　B．市场信息　　　　C．运输信息　　　　D．企业配送信息

(2) 按信息的作用进行分类，主要包括(　　)。

　　A．计划信息　　　　　　　　　　B．控制及作业信息

　　C．加工信息　　　　　　　　　　D．统计信息

(3) 按信息系统的作用、加工程度及使用目的不同，物流配送中心管理信息系统可以分为(　　)。

　　A．业务操作层　　　　　　　　　B．管理控制层

　　C．分析决策层　　　　　　　　　D．战略规划层

(4) 物流配送中心管理信息系统设计必须遵循的原则包括( )。

    A. 可用性原则　　　　　　　　　　B. 精确性原则

    C. 灵活性原则　　　　　　　　　　D. 易操作性原则

(5) 对物流配送中心管理信息系统的体系结构表述正确的有( )。

    A. 应用端以 B/S 体系结构为主　　　B. 管理端以 C/S 体系结构为主

    C. 应用端以 C/S 体系结构为主　　　D. 管理端以 B/S 体系结构为主

(6) 物流配送中心管理信息系统的开发方法主要包括( )。

    A. 面向对象方法　　　　　　　　　B. 计算机辅助开发方法

    C. 结构化生命周期法　　　　　　　D. 原型法

(7) 结构化生命周期法主要包括的阶段有( )

    A. 系统规划阶段　　　　　　　　　B. 系统实施阶段

    C. 系统设计阶段　　　　　　　　　D. 系统分析阶段

(8) 物流配送中心电子自动订货系统的硬件配置包括( )。

    A. 电子订货终端机　　　　　　　　B. 数据机

    C. 计算机　　　　　　　　　　　　D. 价格标签及店内码的印制设备

(9) 与一维条形码相比,二维条形码具有的特点包括( )。

    A. 储存数据量大　　　　　　　　　B. 保密性高

    C. 安全级别高　　　　　　　　　　D. 译码错误率约为百万分之二

(10) 目前 EPC 系统中应用的编码类型主要包括( )。

    A. EPC-64 编码类型　　　　　　　　B. EPC-96 编码类型

    C. EPC-128 编码类型　　　　　　　D. EPC-256 编码类型

(11) EDI 软件主要包括( )。

    A. 通信软件　　　　　　　　　　　B. 翻译软件

    C. EDI 服务中心　　　　　　　　　D. 转换软件

(12) GIS 是指( )。

    A. 地理信息系统　　　　　　　　　B. 全球定位系统

    C. 物流配送中心管理信息系统　　　D. 结构化生命周期法

2. 简答题

(1) 物流配送中心的信息可以从哪些角度进行分类?

(2) 简述物流配送中心管理信息系统的作用。

(3) 分析 C/S 体系结构的优势。

(4) 分析典型物流配送中心管理信息系统的主要功能模块。

(5) 简述条形码技术和射频识别技术的区别。

3. 判断题

(1) 配送信息仅包括伴随配送活动而发生的信息。　　　　　　　　　　( )

  (2) 在制订配送战略计划、进行配送管理、开展配送业务、制定配送方针等方面都不能缺少配送信息。　　　　　　　　　　　　　　　　　　　　　　　　　　( )

(3) 统计信息是对原始信息的提炼、简化和综合，可以大大缩小信息量，以形成规律性的信息，便于使用。 （ ）

(4) 在物流配送中心管理信息系统的开发过程中始终要把先进性放在第一位，然后再突破系统在技术上和管理上的实用性。 （ ）

(5) 影响物流配送中心管理信息系统设计的主要因素有物流配送中心的业务职能定位、所具备的功能与作业流程、组织结构及作业内容、作业管理制度等。 （ ）

(6) B/S 体系结构比 C/S 体系结构好。 （ ）

(7) 系统规划主要是对开发的系统进行业务调查和分析，充分理解用户的需求，明确这些需要的逻辑结构并且加以确切的描述。 （ ）

(8) 计算机辅助开发方法是所有物流配送中心管理信息系统开发方法中最好的方法。

（ ）

(9) EAN 标准码由 13 位数字码及相应的条形码符号组成，它包括前缀码、制造厂商代码、商品代码和后缀码 4 部分。 （ ）

(10) EPC 只实现了对物品类别的标识，未实现对单一物品的标识。 （ ）

(11) EPC-96 编码目前只有 3 种类型。 （ ）

(12) 根据电子标签内是否装有电池为其供电，又可将其分为有源系统和无源系统两大类。 （ ）

(13) EDI 是一套报文通信工具，它利用计算机的数据处理与通信功能，将交易双方彼此往来的商业文档(询价单或订货单)转成标准格式，并通过通信网络传输给对方。 （ ）

4. 思考题

(1) 物流配送中心管理信息系统的不同开发方法适合哪种类型系统的开发？
(2) 目前全面使用 RFID 技术有哪些障碍？
(3) 信息管理技术在物流各环节的重要性是什么？

 实际操作训练

课题 8-1：小型物流配送中心管理信息系统的设计

实训项目： 小型物流配送中心管理信息系统的设计。

实训目的： 掌握物流配送中心管理信息系统设计原则、过程和设计中所用到的分析方法与工具。

实训内容： 调研当地的一家小型物流配送中心，依据该物流配送中心的实际作业流程，为其设计一个较为实用的管理信息系统。

实训要求： 首先，学生以小组的方式开展系统的设计工作，每 5 人一组；各组成员自行联系，并调查当地的一家小型物流配送中心(或仓库)，分析其业务运作的相关流程，了解该物流配送中心对管理信息系统的需求；之后，应用管理信息系统开发方法帮该物流配送中心设计一个较为实用的管理信息系统；系统设计过程中要包括完整的数据库设计、详细的业务流程图和数据流程图、详尽的系统功能结构，并设计合适的测试用例，完成系统的测试工作；最后，形成一个完整的系统使用说明书。

课题 8-2：某大型物流配送中心管理信息系统和信息技术的应用情况调研

实训项目： 某大型物流配送中心管理信息系统和信息技术的应用情况调研。

实训目的： 了解该物流配送中心管理信息系统和信息技术的应用情况，分析管理信息系统和信息技术的应用给企业带来的益处。

实训内容：调研当地的一家大型物流配送中心，了解该物流配送中心管理信息系统和信息技术的应用情况。

实训要求：首先，学生以小组的方式开展工作，每5人一组；各组成员自行联系，并调查当地的一家大型物流配送中心，了解该物流配送管理信息系统和信息技术的应用情况，分析管理信息系统和信息技术的应用给该物流配送中心带来的益处；其中，包括分析该物流配送中心管理信息系统的功能、体系结构；信息技术应用的种类和应用范围；进行物流配送中心管理信息系统和信息技术效益分析；最后形成一个完整的调研分析报告。

案例分析

某大型连锁超市物流配送中心管理信息系统设计

我国商业连锁经营的起步较晚，发展至今不过数十年历史，但其发展速度极快，竞争异常激烈，已经到了"后方供应制约着前方规模"的阶段。要取得进一步的发展，并在竞争中取得主动地位，关键是建立完善的"配送体系"及相应的"信息体系"。

我国某大型连锁超市公司目前已拥有300多家连锁门店(以下简称门店)，且新增门店速度较快，其目前所拥有的两个物流配送中心的配送量不能适应公司的发展要求。公司决策层决定新建一个大型的具有独立法人资格的物流配送中心，该物流配送中心的建设要为公司今后一段时期的发展留有余地。对物流配送中心管理信息系统建设有以下具体要求。

(1) 系统独立性。考虑到今后成立配送公司，系统应具有独立采购、销售、储存及运输等功能。

(2) 系统通用性。考虑将来公司还将在不同地区建立不同规模的物流配送中心，系统应能通过参数的变化适应这些不同的物流配送中心的业务需求。

(3) 系统应具有良好接口。考虑供应商、公司总部、门店等各系统与本系统的数据接口问题。

(4) 系统超前性。考虑到供应商、公司总部及各门店今后对各不同物流配送中心业务联系的复杂性，公司将指定一家物流配送中心作为各物流配送中心的"信息中心"，供应商、总部及各门店与物流配送中心的数据交换均经此"信息中心"转发到各物流配送中心，该系统应具有"信息中心"功能。

该公司目前拥有的两个物流配送中心的管理信息系统主要存在以下问题：①物流配送中心系统与总部系统、门店系统及供应商之间的信息难以及时交换；②各物流配送中心分片包干相应门店，各物流配送中心的商品不能调剂配送；③供应商无法动态了解各物流配送中心的存货情况，导致供货周期延长；④无法动态跟踪商品的进、销、存、运情况；为巩固公司在国内连锁业的优势地位，综合考虑决策后的目标及目前所存在的问题，可以从系统的结构和功能两方面进行了认真的研究和设计，下面分别介绍如下。

系统结构设计与实施方案要解决以下问题。

(1) 满足决策者提出的"信息中心"目标，各物流配送中心的数据传递均由"信息中心"控制、调度。

(2) 从物理结构上解决与供应商、总部、门店的数据及时交换问题。

(3) 通过对各配送中心的数据控制、调度，解决商品配送调剂问题。

(4) 供应商可通过浏览器动态了解各物流配送中心的存货情况，使供应商做到"心中有数"，缩短供货周期。

系统功能设计与实施方案要解决以下问题。

(1) 满足系统独立性目标。

(2) 满足系统通用性目标。系统每一个模块的启用与否均可通过参数设置，并且提醒用户在启用某一模块前，它的前提条件及基础模块是什么。

(3) 解决商品进、销、存、运的动态跟踪问题。系统运用统一的编码技术跟踪商品的每一个状态数据。

目前，我国大多数连锁超市所属的物流配送中心业务仅停留在库存管理及运输调度范围。考虑到该物流配送中心为独立法人机构，有权自行采购及销售，并且该公司已策划在全国设立几个类似的物流配送中

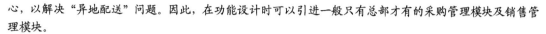

心，以解决"异地配送"问题。因此，在功能设计时可以引进一般只有总部才有的采购管理模块及销售管理模块。

因此，可以将系统分为 6 大模块。

(1) 采购管理模块，包括供应商管理、合同管理、订货管理、退货管理、应付账款管理及采购价格管理等模块。

(2) 销售管理模块，包括门店订货管理、物价管理、批发管理、退货管理、销售分析及应收账款管理等模块。

(3) 库存管理模块，包括入库、出库、损益、盘点、预警及综合查询分析等模块。

(4) 运输管理模块，包括运输计划、配载管理、运单结算、车辆管理等模块。

(5) 决策分析模块，包括商品流转分析及市场预测分析模块，其中商品流转分析又分为销售分析、采购分析、库存分析及综合流转分析等子模块。

(6) 数据管理模块，包括系统初始化、月度数据结转、系统参数管理、公共档案管理、日志管理及数据备份等模块。

资料来源：张芮. 配送中心规划设计[M]. 北京：中国物资出版社，2011.

问题：

(1) 该物流配送中心管理信息系统存在的问题及解决办法是什么？

(2) 该物流配送中心系统的结构设计和功能设计的特点是什么？

(3) 该物流配送中心管理信息系统的设计给其他物流配送中心带来了哪些启示？

第 9 章 物流配送中心运营管理系统规划与设计

【本章教学要点】

知识要点	掌握程度	相关知识
物流配送中心客户服务管理	了解	客户服务的概念和特点，物流配送中心客户服务的内容，物流配送中心客户服务策略
配送合同管理	了解	配送合同的订立，配送合同的主要内容，配送合同当事人的权利和义务
物流配送中心成本管理和控制	熟悉	物流配送中心成本的含义、分类、特征、影响因素、管理意义、管理方法，物流配送中心成本控制

【本章技能要点】

技能要点	掌握程度	应用方向
物流配送中心客户服务的内容与策略	掌握	为物流配送中心设计客户服务内容提供参考，并针对物流配送中心不同类型的客户给出不同的服务策略，帮助管理人员实施重点管理
配送合同的主要内容	掌握	作为了解订立配送合同主要内容的基础知识，为配送合同的成功订立提供理论支撑
物流配送中心成本的分类	掌握	提供物流成本计算的几种不同视角，物流配送中心可以根据自己的业务需要加以选择
物流配送中心成本控制	掌握	提供几类成本控制的策略，物流配送中心可以将其作为进行物流成本控制的参考

【知识架构】

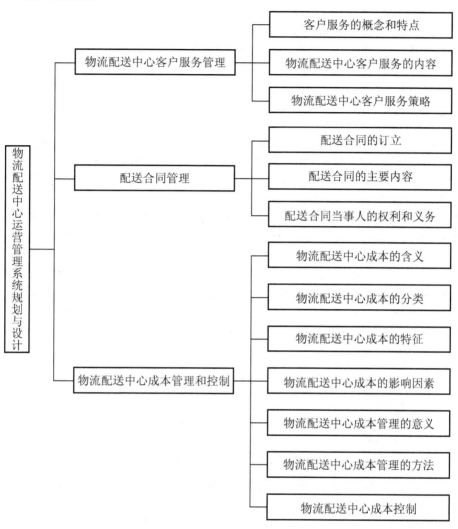

物流配送中心运营管理系统规划与设计
- 物流配送中心客户服务管理
  - 客户服务的概念和特点
  - 物流配送中心客户服务的内容
  - 物流配送中心客户服务策略
- 配送合同管理
  - 配送合同的订立
  - 配送合同的主要内容
  - 配送合同当事人的权利和义务
- 物流配送中心成本管理和控制
  - 物流配送中心成本的含义
  - 物流配送中心成本的分类
  - 物流配送中心成本的特征
  - 物流配送中心成本的影响因素
  - 物流配送中心成本管理的意义
  - 物流配送中心成本管理的方法
  - 物流配送中心成本控制

导入案例

美国布鲁克林酿酒厂物流成本管理与控制

1. **基本情况**

布鲁克林酿酒厂在美国分销布鲁克林拉格和布郎淡色啤酒。虽然在美国还没有成为国家名牌，但在日本市场却已创建了一个每年 200 亿美元销售额的市面。

Taiyo 资源有限公司是 Taiyo 石油公司的一家国际附属企业。在这个公司的 Keiji Miyamoto 访问布鲁克林酿酒厂之前，该酿酒厂还没有立即将其啤酒出口到日本的计划。但 Miyamoto 认为：日本消费者会喜欢这种啤酒。其后布鲁克林酿酒厂与 Hiroyo 贸易公司全面讨论在日本的营销业务。Hiroyo 贸易公司建议布鲁克林酿酒厂将啤酒航运到日本，并通过广告宣传其进口啤酒具有独一无二的新鲜度。这是一个营销战略，也是一种物流作业，因为高成本使得目前还没有其他酿酒厂通过航空将啤酒出口到日本。

2. 物流成本管理与控制

1) 布鲁克林酿酒厂运输成本的控制

布鲁克林酿酒厂于 1987 年 11 月装运了它的第一箱布鲁克林拉格到达日本,并在最初的几个月里使用了各种航空承运人。最后,日本金刚砂航空公司被选为布鲁克林酿酒厂唯一的航空承运人。金刚砂公司之所以被选中,是因为它向克鲁克林酿酒厂提供了增值服务。金刚砂公司在其 J.F.K.国际机场的终点站交付啤酒,并在飞往东京的商航班上安排运输,金刚砂公司通过其日本报关行办理清关手续。这些服务有助于保证产品完全符合新鲜要求。

2) 布鲁克林酿酒厂物流时间与价格的控制

通过航空运输,可以在啤酒酿造后的一周内将啤酒从酿酒厂直接运达客户手中,而海外装运啤酒的平均订货周期为 40 天。具有较高新鲜度的啤酒能够超过一般价值定价,高于海运装运啤酒价格的 5 倍。虽然布鲁克林拉格在美国是一种平均价位的啤酒,但在日本,它是一种溢价产品,获得了极高的利润。

3) 布鲁克林酿酒厂包装成本控制

布鲁克林酿酒厂通过改变包装,以装运小桶装啤酒而不是瓶装啤酒来降低运输成本。虽然小桶重量与瓶装啤酒相等,但减少了玻璃破碎而使啤酒损毁的机会。此外,小桶装啤酒对保护性包装的要求也比较低,这也进一步降低了装运成本。

3. 物流成本管理与控制的成效

布鲁克林拉格的高价并没有阻碍该啤酒在日本的销售。1988 年,即其进入日本市场的第一年,布鲁克林酿酒厂取得了 50 万美元的销售额。1989 年销售额增加到 100 万美元,而 1990 年则为 130 万美元,其出口总量占布鲁克林酿酒厂总销售额的 10%。

资料来源: 贾争现,刘利军. 物流配送中心规划与管理[M]. 北京: 机械工业出版社,2011.

思考题:

(1) 布鲁克林酿酒厂空运到日本的啤酒,其物流成本由哪几部分构成?

(2) 影响布鲁克林酿酒厂物流成本的因素有哪些?

(3) 从布鲁克林酿酒厂物流成本管理与控制的案例中,可以得到哪些启示?

物流配送中心运营管理系统是物流配送中心系统的重要组成部分。因此,物流配送中心运营管理系统的规划与设计是物流配送中心规划与设计的重要环节。本章主要介绍物流配送中心运营管理系统中的客户服务管理、配送合同管理、物流配送中心成本管理和控制等方面的内容。

9.1 物流配送中心客户服务管理

9.1.1 客户服务的概念和特点

1. 客户服务的概念

物流配送中心客户服务就是物流配送中心围绕客户(包括内部客户和外部客户)而进行的一系列服务。除了传统的储存、运输、包装、流通加工等服务外,更强调物流配送服务功能的恰当定位与不断完善和系列化,强调在外延上进行市场调查与预测、采购及订单的处理,向下则延伸至物流配送咨询、物流配送方案的选择与规划、库存控制策略建议、货款回收与结算、教育培训等增值服务。

配送的本质是服务，而客户服务水平是衡量物流配送中心为顾客创造的时间和空间效用能力的尺度。在物流配送中心，从接受订单开始到将物品送到客户手中的全部过程贯穿着客户服务，做好客户服务可以留住老顾客，保持和发展客户忠诚度与满意度，还可以树立良好的企业形象而赢得新客户。

站在不同的经营实体上，配送服务有着不同的内容和要求。通常把支持大多数客户从事正常生产经营和正常生活的服务称为基本服务，而针对具体客户进行的独特的、超出基本服务范围的服务称为增值服务。

 小知识

增值服务的内容一般可归纳为以下5个方面：①以顾客为核心的增值服务；②以促销为核心的增值服务；③以制造为核心的增值服务；④以时间为核心的增值服务；⑤以成本为核心的增值服务。

2. 客户服务的特点

1) 从属性

客户企业的物流需求是以商流发生为基础，一般是伴随着商流的发生而产生的。物流服务需要满足这样的需求，它具有从属于货主企业物流系统的特征。其主要表现在：处于需方的客户企业，能选择和决定流通的货物种类、流通时间、流通方式等，甚至自行提货还是靠物流配送也由自己选定。

2) 无形性

物流服务生产的是无形的产品，是一种伴随销售和消费同时发生的即时服务，它具有即时性和非储存性的特征。

3) 移动性与分散性

物流服务的对象分布广泛，具有不固定的特点，物流服务具有移动性及面广、分散的特点。

4) 波动性

物流企业在经营上常常出现劳动率低、费用高的情况，这是由于物流服务的对象难以固定，同时客户需求方式和数量往往又是多变的，有较强的波动性。

5) 替代性

一般企业基本上都具有自营运输、自家保管等自营物流的能力，都可以进行物流服务。这种自营物流的普遍性使得物流企业从量上和质上调整物流服务的供给力变得相当困难，即物流服务从供给能力方面来看具有替代性。

9.1.2　物流配送中心客户服务的内容

按照物流配送中心和其客户之间发生服务的时间为依据，可以把物流配送中心客户服务内容的因素分为交易前、交易中和交易后3类，如图 9-1 所示，每个阶段都包括不同的服务因素。

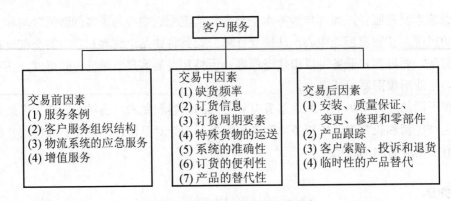

图 9-1 客户服务内容的构成要素

1. 交易前因素

交易前因素(Pre-Transaction Elements)是指交易发生之前，物流配送中心为了促使交易的发生而提供的一系列相关服务。这部分要素直接影响客户对物流配送中心及产品或服务的初始印象，为物流配送中心稳定持久地开展客户服务活动打下良好的基础。

1) 服务条例

客户服务条例以正式的文字说明形式表示，其内容包括：如何为客户提供满意的服务，客户服务标准，每个职员的职责和业务等。这些具体的条例可以增进客户对物流配送中心的信任。

2) 客户服务组织结构

每一个物流配送中心，应根据实际情况，有一个较完善的组织结构来总体负责客户服务工作。明确各组织结构的职责范围，保障和促进各职能部门之间的沟通与协作，以求最大限度地实现客户服务的优质化，提高客户的满意度。

3) 物流系统的应急服务

为了使客户得到满意的服务，在缺货、自然灾害、劳动力紧张等突发事件出现时，必须有应急措施来保证物流系统的正常高效运作。

4) 增值服务

增值服务是为了巩固与客户的合作伙伴关系，向客户提供管理咨询服务及培训活动等。具体方式包括发放培训材料、举办培训班、面对面或利用通信工具进行咨询等。本质上，物流配送中心进行增值服务的目的是为了更好地与客户长期合作。

2. 交易中因素

交易中因素(Transaction Elements)是指在从物流配送中心收到客户订单到把产品送到客户手中这段时间内，物流配送中心提供的相关服务。这些因素直接决定着客户服务质量的好坏，对于客户满意度的影响很大。

1) 缺货频率

缺货频率是产品现货供应比率的衡量尺度。为了便于发现潜在问题，缺货情况应根据产品和客户做完备记录。当缺货出现时，物流配送中心可以通过安排合适的替代产品；或当产品已入库时，可以通过加速发货来维持与客户的良好关系。妥善地处理缺货问题的目的在于尽可能保持顾客的忠诚度，留住顾客。

2) 订货信息

订货信息是指为客户提供关于库存情况、订单状态、预期发货和交付日期及延期交货情况的快速和准确信息的能力。延期交货的能力使物流配送中心能够确定和加速那些需要加以立即关注的订单。

3) 订货周期要素

订货周期是指从客户开始发出订单到产品交付给客户过程的总时间。订货周期包括下订单、订单传递、订单输入、订单处理、订单分拣和包装、交付等几个组成部分。客户往往更加关心订货周期稳定性而非绝对的天数，因此监控和管理好订货周期的每一个组成部分是物流配送中心的重任。

4) 特殊货物的运送

有些货物不能按常规方法运送，而需采用特殊运送方式。提供特殊运送服务成本比较高，但为了能够跟客户长期合作，这一服务也是非常重要的。例如，那些为了缩短正常订货周期时间而需要得到加急发货的货物。

5) 系统的准确性

系统的准确性主要指订货数量、订购产品和发票的准确性，这对于制造商和客户来说是很重要的。

6) 订货的便利性

订货的便利性是指一个客户在下订单时的便利程度。由模糊的订单形式或非标准化的术语引起的问题会影响客户的满意度。一个比较合适的绩效衡量指标是与便利性有关的问题数占订单总数的百分比。物流配送中心应当定期做客户回访工作，征求客户的意见以便更好地完善订货的流程。

7) 产品的替代性

一个客户所订购的产品被同一种但不同尺寸的产品或另一种具有同样性能或性能更好的产品所替代，称为产品的替代性。

3. 交易后因素

交易后因素(Post-Transaction Elements)指在产品运达客户手中之后的相关服务，这些服务包括：产品使用时的服务支持，保护客户利益不受缺陷产品的损害；提供包装(可返还的瓶子、托盘等)返还服务；处理索赔、投诉和退货。这些活动发生在售出产品或提供服务之后，能够保证客户的满意程度持续下去，对于提高客户的忠诚度来说至关重要，但必须在交易前和交易阶段就做好计划。

1) 安装、质量保证、变更、修理和零部件

为了执行这些功能，物流配送中心需要做到：协助确保产品在客户开始使用时其性能与期望的要求相符；可获得零部件和修理人员；对现场人员的文件支持及容易获得零部件的供应；证实质量保证有效的管理职能。

2) 产品跟踪

产品跟踪是客户服务的另一个必要的组成要素。为了避免发生诉讼，物流配送中心必须做到一旦发生问题，就收回存在潜在危险的产品。

3) 客户索赔、投诉和退货

几乎每一个物流配送中心都有一些退货产品，对这些物品进行的非日常性处理成本是

很高的。物流配送中心应规定如何处理索赔、投诉和退货。物流配送中心应保留有关索赔、投诉和退货方面的数据，从而为物流配送中心的职能部门提供有价值的客户信息。

4) 临时性的产品替代

客户服务的最后一个要素是临时性的产品替代，当客户在等待采购的物品和等待先前采购的产品被修理时，为客户提供临时性的产品替代。

9.1.3 物流配送中心客户服务策略

客户分类管理的策略主要有以下几点。

1. 抓大放小的策略

为使客户分类更加规律化，可以把客户划分为关键、重点、一般、维持、无效等几种，以分别制定不同的销售和服务政策并提供差异化管理。然后在"提供利润能力"这个中心下，近似地将客户数量层次分类法和提供能力分类法联系起来，并进行整合，如图 9-2 所示。

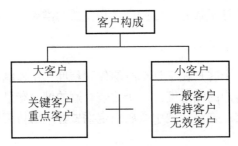

图 9-2　客户构成结构

进行整合后会得到如图 9-3 所示的结果，即创造利润的客户数量金字塔和客户利润提供能力倒金字塔，其体现了客户类型、数量分布和创造利润能力之间的关系。

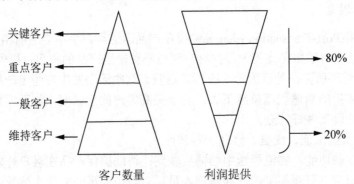

图 9-3　客户数量和利润提供金字塔

从图 9-3 可以看到，物流配送中心 80%的利润来自 20%的大客户，大客户是影响物流配送中心生存的关键，大客户无疑是市场上最具有策略意义的客户，也是客户管理应保持高度重视的客户群体，所以在客户分类管理中就要掌握抓"大"放"小"的策略。

实施客户管理抓"大"放"小"，要防止走两个极端：即不要因为客户"大"就丧失管理原则；也不要因为客户"小"就盲目抛弃。

2. 大客户管理的策略

物流配送中心的大客户管理应该是完全动态的，上一年的大客户未必是下一年的大客户，原来的中小客户如果做得成功也会成为大客户。在快速变化的市场上，客服人员工作就是挑选优胜者。在界定大客户时，既要关注现在，又要考虑未来，两者同样重要。

同时，在界定大客户时强调"忠诚度"而非"客户满意度"。权威研究结论表明：有66%~85%的客户虽然已经流失但仍对企业"满意"，这绝对不是"忠诚"。因此，需要把"忠诚度"作为衡量大客户的一个因素，能够让物流配送中心看清谁才是自己真正的"上帝"。

 小知识

作为一种营销理念，"顾客就是上帝"应追溯到19世纪中后期的马歇尔·菲尔德百货公司。在19世纪那个现代服务业还不甚发达的时代，这种营销手段自然大获成功，甚至被服务业接纳成为一种新的准则。

3. 客户关系管理的策略

客户关系管理(Customer Relationship Management，CRM)是开发并且加强客户购买关系的商业流程。开展的关键之处在于企业所采用的系统是否足以实现企业的目标。要实施以客户为导向的成功的客户关系管理解决方案，企业必须首先对CRM项目进行可行性评估。

可行性评估并不仅仅是一种技术评估，更应该是一种文化的评估。从全球实施CRM的经验可以看出，企业成败的原因主要在于企业文化的变革。决定实施CRM的企业首要的问题不是去购买软件，而是要聘请有丰富经验的专业咨询管理公司对企业进行评估，明确问题的关键所在，即哪些问题可以通过技术解决，哪些问题需要通过策略调整解决，哪些问题需要通过转变观念、重塑文化来解决。企业必须明确一点，CRM不是万能钥匙，也并非所有的企业都适宜上CRM项目。

 小知识

CRM的5种要素：①物流客户的管理相关者；②物流客户关系管理的途径；③物流客户的信息技术工具；④物流客户关系管理数据库；⑤客户关系管理的合作关系。

4. 客户满意管理的策略

物流配送中心想要真正做到客户满意，就必须制定和实施切实可行的有效策略。

1) 满足客户需要

为了更好地满足客户的需要，物流配送中心必须具有很强的物流运作能力，而为了实现这个目标必须首先建立快速的存货补给系统。

这套系统要求将产品不断地运送到物流配送中心，经过筛选、重新包装，再迅速分送。产品在物流配送中心的停留时间一般不超过48h。物流配送中心借助这套物流系统，再加之大批量的商品采购，能大幅度降低存货成本和处理费用，从而获得规模经济效益。这套系统主要包括3个部分：高效率的物流配送中心、迅速的运输系统和先进的信息支持系统。

2) 关注细节

细节决定成败。关注细节会给物流配送中心带来很多好处，所以物流配送中心在提供客户管理时一定要求要追求完美。假设一个员工在99%的时间内时间是可靠的，那么当3人一组时，可靠性就会降到97%，可见服务的可靠性是递减的，这一规律被称为"客户满意度递减原理"。递减的比率到了一定的界限，客户满意度就会下降，从而削减物流配送中心的利润。

3) 处理好客户的投诉

任何一个物流配送中心都不可能没有客户的投诉，对待客户的抱怨必须要有良好的态度，要认识到客户投诉不一定是坏事。从一定意义上讲，客户的投诉往往比客户赞美对物流配送中心的帮助更大，它可以让物流配送中心认识到问题出在什么地方，并及时加以改进。如果客户的投诉得到了回应，他们就会产生信任感，物流配送中心的服务水平也会因此得以提升。

 案例9-1

松下电器公司怎样对待客户投诉

松下电器公司的创始人松下幸之助非常重视客户投诉问题。在松下幸之助创业之初，他规定每周六上午9~12点是总经理接待时间，并将这一规定广泛地告知松下电器公司的客户。公司许多部门的经理对这一规定不理解，认为解决客户服务的问题是客户服务部门的事情和职责，作为总经理，不应该在最终用户方面花费大量的时间。同时，认为松下幸之助的规定实际上是一个越权行为，使职能部门的工作受到影响。但松下幸之助对部门经理的怨言不以为然。

松下幸之助认为，作为公司的总经理，首先要了解公司的产品在哪些方面不足，而只有接触大量的用户，才能对自己的产品了如指掌，才能知道产品的设计存在怎样的问题，怎样才能满足客户的要求。另一方面，总经理亲自接待投诉用户，可以使用户感受到与众不同的受尊重感，而这一点是部门经理和服务员工所不能做到的。同时，总经理对待投诉的批示，更能督促职能部门完成相应的工作。正是松下幸之助幸之助的与众不同，才创造了松下电器的辉煌。

资料来源：王淑娟，吴蔚，万力军. 物流客户关系管理与服务[M]. 北京：清华大学出版社，2011.

5. 巩固物流客户的策略

除了寻找新的客户，物流配送中心还应巩固现有的客户。巩固客户是一项长期、艰巨的任务，任何简单化的方法都将导致客户的流失。因此，巩固客户的方法往往是带有策略性的。物流配送中心一般可采用以下方法和途径来巩固客户，培养客户的忠诚度。

1) 建立物流服务品牌

建立物流服务品牌是具有策略意义的物流配送中心巩固客户方法，是实现利润增长、保证长期发展的有效途径，是每个物流配送中心必须实行的策略。服务品牌能使客户满意，使客户对品牌产生极大的忠诚度，从而巩固客户。

2) 提高客户的满意度

提高客户的满意度是巩固客户的关键。其实物流配送中心所做的一切都是为了提高客户的满意度。

3) 开发物流服务新项目

服务和服务项目往往难以分离，服务项目的开发决定着客户管理是否成功。可以说巩固客户应从服务项目的设计开发开始，物流配送中心应着力开发自己的核心服务项目，为客户提供优质服务以达到巩固客户的目的。

4) 强化内部客户的管理

通常说的客户是指外部客户，即购买物流配送中心产品或服务的人或组织。而从"组织-员工-客户"这一网链式关系来理解，物流配送中心的最终用户并不是唯一的用户，员工也是客户。把员工作为企业的客户即是"内部营销"概念的核心。通过强化内部客户的管理，使内部客户满意，进而提供高外部客户的满意度，以维系外部客户，即巩固客户。

5) 改进物流服务质量

提供良好的服务是物流配送中心的经营宗旨，而服务质量又是服务市场营销的精髓。客户的需求在不断发展，对服务质量的追求也在不断提高。在这一动态的发展过程中，怎样改进并保持优质服务，让客户满意，是物流配送中心在客户管理中必须考虑的主要问题。

9.2 配送合同管理

配送合同是配送经营人与配送委托人之间有关确定配送服务权利和义务的协议。或者说，配送合同是配送服务经营人收取费用，将委托人委托的配送物品，在约定的时间和地点交付给收货人而订立的合同。配送合同一经签订就具有法律效力，合同中的委托人可以是配送物的所有人或占有人，在法律主体上可是企业、组织或者个人。

9.2.1 配送合同的订立

配送合同应依据《中华人民共和国合同法》(简称《合同法》)及相关规定进行订立。配送合同是双方经协商对委托配送达成一致意见的协议。合同订立经过要约和承诺过程，承诺生效，合同订立。在现阶段，我国配送合同的订立往往需要配送经营人先进行要约，向客户提出配送的整体方案，指明配送业务对客户产生的利益和配送实施的办法，以便客户选择和接受配送服务并订立合同。

配送合同的要约和承诺可用口头形式、书面形式或其他形式。同样地，配送合同也采用口头形式、书面形式或其他形式。口头形式为非要约式合同，但由于配送时间长，配送服务所涉及的计划管理性强，配送服务过程受环境因素的影响较大(如交通事故等)，为了便于双方履行合同，利用合同解决争议，采用完整的书面合同最为合适。

9.2.2 配送合同的主要内容

配送合同主要包括以下内容。

(1) 合同当事人。合同当事人是合同的责任主体，是所有合同都必须明确表达的项目。

(2) 配送合同的标的。配送合同的标的就是将配送物品有计划地在确定的时间和地点交付收货人，配送合同的标的是一种行为，因而配送合同是行为合同。

(3) 配送方法。配送方法(或配送要求)是双方协商同意配送所要达到的标准，是合同标的完整细致的表达，根据委托方的需要和配送方的能力协调确定。应在合同中明确配送时间和间隔、发货地点或送达地点、数量等。配送方法还包括配送人对配送物处理的行为约定，如配装、分类、装载及配送方法的变更等。

(4) 标的物。被配送的对象可以是生产资料或生活资料，但必须是动产或有形的财产。配送物品的种类、包装、单重、尺度体积及性质等决定了配送的操作方法和难易程度，必须在合同中明确。

(5) 当事人的权利和义务。这是在合同中明确双方当事人需要履行的行为或者不为的约定。

(6) 违约责任。违约责任即约定任何一方违反合同约定时需向对方承担的责任。违约责任的内容包括有违约行为时需要支付的违约金及其数量，违约造成对方损失的赔偿责任及赔偿方法，违约方继续履行合同的条件等。

(7) 补救措施。补救措施本身是违约责任的一种，但由于配送合同的未履行可能产生极其严重的后果，为了避免损失的扩大，合同约定发生一些可能产生严重后果时的违约补救方法，如紧急送货、就地采购等措施的采用条件和责任承担等。

(8) 配送费和价格调整。配送费是配送经营人订立配送合同的目的。配送人的配送费应该弥补其开展配送业务的成本支出和获取可能得到的利益。合同中须明确配送费的计费标准和计费方法或者总费用及费用支付的方法。

由于配送合同持续时间长，在合同期间因为构成价格的成本要素价格发生变化，如劳动力价格、保险价格、燃料电力价格和路桥费等变化，为了使配送方案不至于亏损，或者委托方也能够分享成本降低的利益，允许对配送价格进行适当调整，这些均应在合同中予以明确。

(9) 合同期限和合同延续条款。对于按时间履行的配送合同，必须在合同中明确合同的起止时间。起止时间用明确的日期表达。配送关系建立后，一般都会保持很长时间，会出现合同不断延续的情况。为了使延续合同不发生较大的变化，简化延续合同订立程序，往往须在合同中确定延续合同的订立方法和基本条件要求，如提出续约的时间、没有异议时自然续约等约定。

(10) 合同解除的条件。配送合同都需要持续较长的时间，为了使履约中的一方不因另一方能力的不足或没有履约诚意而招致损害，或者出现合同没有履行必要和履行可能时又不至于发生违约，在合同中须约定解除合同的条款，包括解除合同的条件和解除合同的程序。

(11) 不可抗力和免责。不可抗力是指由于自然灾害和当事人不可抗拒的外来力量所造成的危害，如风暴、风雪、地震、雾、山崩及洪水等自然灾害，还包括政府限制、战争及罢工等社会现象。不可抗力是《合同法》规定的免责条件，但《合同法》没有限定不可抗力的具体内容。人们对一般认可的不可抗力虽已形成共识，但专门针对配送诸行为影响的特殊不可抗力的具体情况，如道路塞车等及需要在合同中陈述的当事人认为必要的免责事项仍须在合同中明确。不可抗力条款还包括发生以上不可抗力的通知、协调方法等约定。

(12) 其他约定事项。配送物品种类繁多，配送方法多样，当事人在订立合同时应充分考虑到可能发生的事件和合同履行的需要，并达成一致意见，这是避免发生合同争议的最彻底的方法。特别是涉及成本、行为的事项，更需要事先明确，如配送容器的使用、损耗、退货及信息传递方法等。

(13) 争议处理。合同须约定发生争议的处理方法，主要是约定仲裁、仲裁机构，或者约定管辖的法院。

(14) 合同签署。合同由双方的法定代表人签署，并加盖企业合同专用章。私人订立合同时，由其本人签署。合同签署的时间为合同订立时间；双方签署的时间不同时，以后签署的时间为订立时间。

9.2.3　配送合同当事人的权利和义务

配送合同双方应该按照合同的约定严格履行合同，任意一方不得擅自改变合同的约定，这是双方的基本合同义务。此外，依据合同的目的，可确定双方当事人还需要分别承担一些责任，尽管合同上并没有约定。

(1) 配送委托人保证配送物适宜配送。配送委托人需要保证由其本人或其他人提交的配送物适宜配送和配送作业。对配送物进行必要的包装或定型；标注明显的标识，并保证能够与其他物品相区别；保证配送物可以按配送要求进行分拆、组合；配送物能用约定的或者常规的作业方法进行装卸、搬运等；配送物不是法规禁止运输和仓储的禁品；对于限制运输的物品，须提供准予运输的证明文件等。

(2) 配送经营人采取合适的方法履行配送义务。配送经营人所使用的物流配送中心具有合适的库场，适宜配送物的仓储、保管及分拣等作业；采用合适的运输工具、搬运工具及作业工具(如对杂货使用厢式车运输)，使用避免损害货物的装卸方法，大件货物使用起重机及拖车作业；对运输工具进行妥善装载，使用必要的装载衬垫、绑扎及遮盖；采取合理的配送运输线路；使用公认的或者习惯的理货计量方法，保证理货计量准确。

(3) 配送人员提供配送单证。配送经营人在送货时必须向收货人提供配送单证、配送货物清单。配送清单一式两联，详细列明配送的品名、等级及数量等配送物信息。经收货人签署后，收货人跟配送人各持一联，以备核查和汇总。配送人须按一定的时间间隔向收货人提供配送汇总单。

(4) 收货人收受货物。委托人保证所要求配送的收货人正常地接收货物，不会出现无故拒收；收货人提供合适的收货场所和作业条件。收货人对接受的配送物有义务进行理算查验，并签收配送单和注明收货时间。

(5) 配送人向委托人提供存货信息和配送报表。配送人需要在约定的时间(如每天)向委托人提供存货信息，并随时接受委托人的存货查询，定期交配送报表、收货人报表、货物残损报表等汇总材料。

(6) 配送人接收配送物并承担仓储和保管业务。配送经营人须按配送合同的约定接收委托人送达的配送物，承担查验、清点、交接、入库登记及编制报表的义务；安排合适的地点存放货物，妥善堆积或上架；对库存货物进行妥善的保管和照料，防止存货受损。

(7) 配送人返还配送剩余物，委托人处理残料。配送期满或者配送合同履行完毕，配送经营人须将剩余的物品返还给委托人，或者按委托人的要求交付给指定的其他人。配送经营人不得无偿占有配送剩余物。同样委托人有义务处理配送残余物或残损废品，回收物品及加工废料等。

9.3 物流配送中心成本管理和控制

9.3.1 物流配送中心成本的含义

在物流过程中，为了提供有关服务、开展各项业务活动，必然要占用和消耗一定的活劳动和物化劳动，这些活劳动和物化劳动的货币表现即物流成本。物流成本包括物流各项活动的成本，并且与物流职能息息相关，涉及货物商品包装、运输、存储、装卸搬运、流通加工、配送、信息处理等方面的成本与费用，成本涉及的环节如图 9-4 所示，这些成本与费用之和构成了物流的总成本。

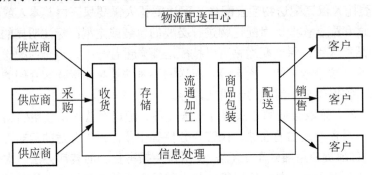

图 9-4 物流配送中心成本涉及的环节

活劳动与物化劳动是物质资料生产中所用劳动的一对范畴。前者指在物质资料生产过程中发挥作用的能动的劳动力，是劳动者加进生产过程的新的、流动状态的劳动。后者亦称死劳动，又称过去劳动或对象化劳动，指保存在一个产品或有用物中凝固状态的劳动，是劳动的静止形式。

9.3.2 物流配送中心成本的分类

1. 按物流配送中心的费用支付形式分类

按费用的支付形式进行物流配送中心成本分类的方法也就是通常所说的财务会计统计方法。这种分类方法将物流费用分为本企业支付的物流费用和其他企业支付的物流费用两大模块。这两大模块中的物流费用又可以进一步细分为 7 部分。

(1) 材料费，包括因包装材料费、燃料费、消耗工具材料等物品的消耗而生成的费用。

(2) 人工费，包括因物流从业人员劳务的消耗而发生的费用，如工资、奖金、退休金、福利费等。

(3) 水电费，包括水费、电费、煤气费等。

(4) 维持费，指土地、建筑物及各种设施设备等固定资产的使用、运转和维护保养所产生的费用。其中包括维修费、消耗材料费、房租、保险费等。

(5) 管理费用，包括组织物流过程花费的各项费用，如差旅费、交际费、教育费、会议费、书报资料费、上网费、杂费等。

（6）特别经费，是指与存货有关的物流成本费用支付形态，如折旧费等。

（7）委托物流费，包括包装费、运费、保管费、入出库费、手续费等委托企业外部承担物流业务支付的费用。

2. 按物流配送中心的活动发生范围分类

按物流配送中心的活动发生范围分类也就是按物流配送中心的物流流动过程进行分类，它把物流配送中心的成本分为：供应物流成本、生产物流成本、销售物流成本、回收物流成本、废弃物物流成本。

小知识

有些废弃物对该企业已没有再利用的价值，如炼钢生产中的钢渣、工业废水、废弃的计算机、废弃电池及其他各种无机垃圾等，但如果不妥善加以处理，就地堆放会妨碍生产甚至造成环境污染。对这类废弃物的处理过程就产生了废弃物物流。

3. 按物流配送中心的功能类别分类

按物流配送中心活动所发生的功能类别可以将物流配送中心的成本分为物流环节成本、信息流通成本、物流管理成本等。物流环节成本包括运输费、仓储费、包装费、装卸费、流通加工费等。信息流通成本指处理物流相关信息发生的费用，包括库存管理、订单处理、客户服务等相关费用。物流管理成本指物流计划、组织、领导、控制、协调等管理活动方面发生的费用。

4. 按物流配送中心成本的可见性分类

按物流配送中心成本的可见性分类，可分为物流显性成本和物流隐性成本。

（1）物流显性成本，包括仓库租金、运输费用、包装费用、装卸费用、加工费用、订单清关费用、人员工资、管理费用、办公费用、应交税金、设备折旧费用、设施折旧费用、物流软件费用等。

（2）物流隐性费用，包括库存资金占用费用、库存积压降价处理、库存呆滞产品成本、回程空载成本、产品损坏成本、退货损失费用、缺货损失费用、异地调货费用、设备设施闲置成本等。

5. 物流配送中心成本的其他分类

还可以按成本是否具有可控性进行分类，分为可控成本和不可控成本，以及按物流成本的性态分为变动成本和固定成本等。

9.3.3　物流配送中心成本的特征

1. 复杂性

物流配送中心成本不仅涉及物流配送中心运营的多个部门与多个环节，而且各环节中费用组成多样化，既有人工费、管理费、材料费、信息处理费，还有设施、设备、器具的折旧费和利息等。

2. 效益背反性

物流配送中心成本具有效益背反性(也称"交替损益性")的基本特征。物流配送中心成本的效益背反性主要指物流配送中心在运作过程中物流各功能环节成本高低以彼此为基础,且各功能环节成本彼此间存在着损益的特性。物流成本与服务水平的效益背反可用图 9-5 表示。

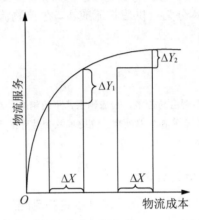

图 9-5 物流成本与服务水平的关系

由图 9-5 可见,物流服务如处于较低水平,追加物流成本ΔX,物流服务水平可上升ΔY_1;物流服务如处于较高水平,同样追加物流成本ΔX,物流服务水平仅上升ΔY_2,但$\Delta Y_2 < \Delta Y_1$。

3. 系统性

物流是一个系统,物流成本同样也具有系统性。在确定物流配送中心总成本时,应该从系统整体出发。

9.3.4 物流配送中心成本的影响因素

物流配送中心成本是各种作业活动的费用总和,成本的高低与下面 5 个因素相关。

1. 时间

配送时间延后带来的后果是占用了物流配送中心库存,进而大量消耗了物流配送中心的固定成本。而这种成本往往表现为机会成本,使得物流配送中心配送服务水平降低、收益减少以致需要增加额外成本来弥补;或者影响了其他配送服务,在其他配送服务上增加了不必要的成本。

 小思考

由于交通拥堵,无法按时给 4S 店提供商品车,有何补救措施?

2. 距离

距离是影响配送运输成本高低的关键因素,距离越远意味着消耗的成本越高,同时会造成运输设备增加、送货员增加。

3. 货物种类及作业过程

不同种类的货物配送难度决定了配送作业的要求高低，承担的责任也随之不一样，因而对成本会产生较大的影响。采用原包装配送，成本支出显然要比配送配装要少，因而不同的配送作业过程直接影响配送成本。

4. 货物的数量和重量

数量和重量增加会使配送作业量增大，但大批量的作业往往使配送效率提高。因为配送的数量和重量是委托人获得价格折扣的理由，配送的货物数量越多和重量越大，委托人获得的折扣就越多，相应的物流配送中心的收益就会降低。

5. 外部成本

配送经营涉及面广，不仅依靠内部资源，有时需要使用物流配送中心以外的资源，例如，有时装卸搬运需要使用起吊设备，物流配送中心就需要租用起吊设备从而增加额外的成本支出。又如，当地的路桥收费站普遍多且无相应管制措施，则必然导致增加额外的配送成本。此外买家大量订购货物，需求量太大，需要租用其他企业的仓库，货物保管费用势必会增加。

9.3.5　物流配送中心成本管理的意义

物流配送中心的成本管理，归根到底是为了在提高物流配送效率和服务水平的同时，不断地降低物流配送中心成本，对原材料、半成品、成品及相关的信息流动做到6R，即正确的产品、正确的质量、正确的顾客、正确的地方、正确的时间和正确的成本。同时这也是现代物流管理的实质。加强成本管理对社会和物流配送中心均具有长远而深刻的意义。

 小思考

现代物流号称为"电子物流"，请列出几个实际例子加以说明，并具体分析现代物流管理的实质。

从微观的角度来说，加强物流配送中心成本管理是提高物流配送中心核心竞争力的重要手段。对于物流配送中心而言，通过加强物流配送中心的成本管理，不断降低物流配送中心成本，在买方市场的条件下，可以更大限度地降低服务价格且对外提高物流配送服务，进而不断扩大物流配送中心市场占有率；对于流通企业而言，物流成本管理带来物流配送中心成本下降，从而使产品总成本下降，进而在保证利润水平的前提下，大幅度降低产品价格。低廉的产品价格又会带来销售量的大幅度提高，进而使利润总水平大幅度提升。如此的良性循环，企业可以形成更多的资源用于进一步优化物流系统，实现企业物流管理的战略目标，提高企业的核心竞争力。

从宏观的角度来说，加强物流配送中心成本管理，是保持物价稳定的重要措施。物流配送中心成本是商品价格的重要组成部分，通过加强物流成本管理，使用于物流管理领域的人力、物力、财力的耗费不断下降，这将对商品价格产生积极的影响，使得社会物价相对下降，从而起到平抑通货膨胀，进而相对提高国民的购买力的作用。加强物流成本管理，是提高国家核心竞争力的重要手段。从全社会来看，物流配送中心成本管理的过程是优化和整合全社会商品流程的过程。在优化流程的过程中，会使全社会物流效率普遍提高，物流成本水平不断降低。这不仅意味着创造同等数量的财富所消耗的物化劳动和活劳动得到节约，而且也会增加外国投资者前来投资的吸引力，对提高国家的核心竞争力具有重要意义。

9.3.6　物流配送中心成本管理的方法

配送成本的大小、多少，决定于评价的对象，其中评价对象包括配送活动的范围和采用的评价方法等。规定的评价范围和使用的评价方法如果不同，得出的配送成本结果差别是很大的。如今国际上企业对配送成本的计算方法大致有 3 种：即形态别配送成本控制、功能别配送成本控制以及适用范围别配送成本控制。这 3 种方法的选择，决定着配送成本的大小，每个物流配送中心应根据自己的实际情况，决定自己的配送成本计算范围。

1．不同形态的成本管理方法

不同形态的成本管理方法是指将配送成本按照支付运费、支付保管费、商品材料费、本企业配送费、人员费、配送管理费、配送利息费等支付形态来进行分类。通过这样的管理方法，物流配送中心可以很清晰地掌握配送成本在物流配送中心整体费用中处于什么位置，配送成本中哪些费用偏高等问题。这样，物流配送中心既能充分认识到配送成本合理化的重要性，又能明确控制配送成本的重点在于管理控制哪些费用。

该方式的具体方法是：在物流配送中心每月单位损益计算表中"销售费及一般管理费"的基础上，乘以一定的指数得出配送部门的费用。配送部门是分别按照"人员指数"、"台数指数"、"面积指数"和"时间指数"等计算出配送费的。

知识拓展

作业成本法的起源

作业成本法是基于不同形态的成本管理，而作业成本法的产生，最早可以追溯到 20 世纪美国的杰出会计大师埃里克·科勒(Eric Kohler)。科勒在 1952 年编著的《会计师词典》中，首次提出了作业、作业账户、作业会计等概念。1971 年，乔治·斯托布斯(George Staubus)在《作业成本计算和投入产出会计》(*Activity Costing and Input Output Accounting*)中对"作业"、"成本"、"作业会计"、"作业投入产出系统"等概念做了全面、系统的讨论。

2．不同功能的成本管理方法

不同功能的成本管理方法是将配送费用按照包装、保管、装卸、信息、配送管理等功能进行分类，通过这种方式把握配送各机能所承担的配送费用，进而着眼于配送不同功能的改善和合理化，特别是计算出标准配送功能成本后，通过作业管理，能够正确设定合理化目标。具体方法是：在计算出不同形态配送成本的基础上，再按功能算出配送的成本。

3．不同范围的成本管理方法

不同范围的成本管理方法是指分析配送成本适用于什么对象，以此作为控制配送成本的依据。例如，可将适用对象按商品类别、地域类别、顾客类别、负责人等进行划分。当前先进企业的做法是，按分公司营业点类别来把握配送成本，有利于各分公司或行业点进行配送费用与销售额、总利润的构成分析，从而正确掌握各分机构的配送管理现状，及时加以改善；按顾客类别控制配送成本，有利于全面分析不同顾客的需要，及时改善配送服务水准，调整配送经营战略；按商品类别管理配送成本，能使企业掌握不同商品群配送成本的状况，合理调配、管理商品。

9.3.7　物流配送中心成本控制

物流配送中心成本控制是指在配送活动的全过程中，对配送成本进行预测、计划、分析和核算，并对其进行严格的控制和管理，使配送成本减少到最低限度，以达到预期的配送成本目标。要实现对物流配送中心的成本控制，主要包括以下内容。

1. 控制好采购成本

物流配送中心承担了采购职能，而其成本控制主要内容之一就是采购成本的控制。采购成本包括：购买价款、相关税费、运输费、装卸费、保险费及其他可归属于采购成本的费用。要实现采购成本控制，主要从以下3方面加强控制。

(1) 加强对市场采购信息的收集和分析。主要收集和分析的市场采购信息包括货源信息、流通渠道信息、价格信息、运输信息、管理信息。物流配送中心只有掌握了以上信息，才能获得最优惠的进货价，进而降低采购成本。

(2) 与供应商建立融洽的伙伴关系。物流配送中心不是一个独立的个体，需要与供应商进行联系与合作。与供应商建立融洽的关系，有利于合作的紧密和供应渠道的稳定，在价格上取得最大的优惠，从而降低采购成本。供应商的类型及相关特性见表9-1。

表9-1　供应商的类型及相关特性

供应商类型		关系特征	质　量	时间跨度	供　应	合　同	成本/价格
商业型供应商		运作联系	按采购企业要求，并由采购业选择	一年以下	订单订货	按订单变化	市场价格
优先型供应商		运作联系	按采购企业要求 采购企业与供应商共同控制质量	一年左右	年度协议+订单订货	年度协议	价格+折扣
伙伴型供应商	供应伙伴	战术考虑	供应商保证 采购企业审核	1～3年	顾客定期向供应商提供物料需求计划	年度协议 质量协议	价格+降价目标
	战略伙伴	战略考虑	供应商保证 供应商早期介入产品设计及产品质量标准	1～5年	EDI系统 系统对接	设计合同 质量协议	公开价格与成本结构 不断改进，降低成本

(3) 制定适宜的采购时机与合理的采购批量。采购时机与采购批量的合理确定，就是要使采购成本与储存成本最低。而采购时机也就是订货点，采购批量就是经济订货批量。

2. 确定合理的配送计划、配送路线和车辆配载，是控制物流配送中心成本的关键

确定合理的配送计划的意义在于避免发生临时配送、紧急配送或无计划配送带来的配送成本增加的现象。确定合理的配送计划就要制定健全的分店配送申报制度或完善门店的POS、EOS系统，以便物流配送中心及时掌握各门店的存货情况，并及时安排配货计划。此外，配送路线合理与否，直接影响到配送的速度和成本。而确定配送路线的主要方法有综合评价法、线性规划法、网络图法和节约里程法等。使用以上方法必须要满足以下条件。

(1) 满足门店的配货要求(如品种、规格、数量、时间等)。

(2) 在物流配送中心配货能力范围内。

(3) 配送路线、配送数量不超过车载容限。

(4) 最大限度地节约配送时间。

 小知识

POS系统即销售时点信息系统，是指通过自动读取设备(如收银机)在销售商品时直接读取商品销售信息(如商品名、单价、销售数量、销售时间、销售店铺、购买顾客等)，并通过通信网络和计算机系统传送至有关部门进行分析加工以提高经营效率的系统。

EOS系统即电子订货系统，是指将批发、零售商场所发生的订货数据输入计算机，即通过计算机通信网络连接的方式将资料传送至总公司、批发商、商品供货商或制造商处。

此外，在确定配送路线过程中要充分考虑车辆最大配载量，不同品种的商品在包装形态、储运性能、物流密度上差别较大，因此在车辆配载时应重视重商品同轻商品的组合搭配，既要充分利用车辆的载重能力，又要充分利用车辆的有效容积。根据实际情况，现在使用的配载方法主要有两大类：一是大类组合法，即将要配载的商品按体积和密度分成若干类别，从中选出密度最大和最小的两种，再利用二元一次方程计算配载；二是利用计算机，将商品的密度、体积及车辆的技术指标储存起来，当配载时输入将要配载的全部商品编号，由计算机输出配载方案。

 **知识拓展**

配载5大原则

(1) 根据运输工具的内径尺寸，计算出其最大容积量。

(2) 测量所载货物的尺寸重量，结合运输工具的尺寸，初步算出装载轻重货物的比例。

(3) 装车时注意货物摆放顺序，堆码时的方向，是横摆还是竖放，要最大限度地利用车厢的空间。

(4) 配载时不仅要考虑最大限度地利用车载量，还要具体情况具体分析，根据货物的价值来进行价值的搭配。

(5) 以单位运输工具能获取最大利润为配载总原则。

本 章 小 结

物流配送中心运营管理系统是物流配送中心系统的重要组成部分。因此，物流配送中心运营管理系统的规划与设计是物流配送中心规划与设计的重要环节。本章主要介绍了物流配送中心运营管理系统中的客户服务管理、配送合同管理、成本管理和控制等方面的内容。

物流配送中心客户服务就是物流配送中心围绕客户(包括内部客户和外部客户)而进行的一系列服务。除了传统的储存、运输、包装、流通加工等服务外，更强调物流配送服务功能的恰当定位与不断完善和系列化，强调在外延上进行市场调查与预测、采购及订单的处理，向下则延伸至物流配送咨询、物流配送方案的选择与规划、库存控制策略建议、货款回收与结算、教育培训等增值服务。

按照物流配送中心和其客户之间发生服务的时间为依据，可以把物流配送中心客户服务内容的因素分为交易前、交易中和交易后 3 类。

配送合同是配送经营人与配送委托人之间有关确定配送服务权利和义务的协议。或者说，配送合同是配送服务经营人收取费用，将委托人委托的配送物品，在约定的时间和地点交付给收货人而订立的合同。配送合同一经签订就具有法律效力，合同中的委托人可以是配送物的所有人或占有人，在法律主体上可是企业、组织或者个人。

在物流过程中，为了提供有关服务、开展各项业务活动，必然要占用和消耗一定的活劳动和物化劳动，这些活劳动和物化劳动的货币表现，即物流成本。物流成本包括物流各项活动的成本，并且与物流职能息息相关，涉及货物商品包装、运输、存储、装卸搬运、流通加工、配送、信息处理等方面的成本与费用，这些成本与费用之和构成了物流的总成本。

物流配送中心成本管理，归根到底是为了在提高物流配送效率和服务水平的同时，不断地降低物流配送中心成本，对原材料、半成品、成品及相关的信息流动做到 6R，即正确的产品、正确的质量、正确的顾客、正确的地方、正确的时间和正确的成本。

国际上企业对配送成本的计算的方法大致有 3 种，即形态别配送成本控制、功能别配送成本控制以及适用范围别配送成本控制。这 3 种方法的选择决定着配送成本的大小，每个物流配送中心应根据自己的实际情况，决定自己的配送成本计算范围。

物流配送中心成本控制是指在配送活动的全过程中，对配送成本进行预测、计划、分析和核算，并对其进行严格的控制和管理，使配送成本减少到最低限度，以达到预期的配送成本目标。

 关键术语

运营管理系统(Operations Management System)
客户服务管理(Customer Service Management)
交易前因素(Pre-Transaction Elements)
交易中因素(Transaction Elements)

交易后因素(Post-Transaction Elements)
客户关系管理(Customer Relationship Management)
配送合同管理(Distribution Contract Management)
物流成本(Logistics Cost)
成本管理(Cost Management)
成本控制(Cost Control)

习　题

1. 选择题

(1) 客户服务的特点包括(　　)。

  A. 从属性   B. 替代性

  C. 要求的波动性   D. 移动性与分散性

(2) 从物流配送中心收到客户订单到把产品送到客户手中这段时间内，物流配送中心提供的相关服务属于(　　)。

  A. 交易前因素   B. 交易中因素

  C. 交易后因素   D. 以上全不对

(3) 物流配送中心客户服务策略包括(　　)。

  A. 大客户管理策略   B. 客户关系管理策略

  C. 客户满意管理策略   D. 巩固物流客户策略

(4) 配送合同的主要内容包括(　　)。

  A. 配送合同的标的   B. 标的物

  C. 当事人的权利和义务   D. 争议处理

(5) 按物流配送中心的费用支付形式分类，物流费用包括(　　)。

  A. 材料费   B. 人工费   C. 维持费   D. 隐性费用

(6) 影响物流配送中心成本的因素包括(　　)。

  A. 时间   B. 距离

  C. 货物数量和重量   D. 货物种类

2. 简答题

(1) 用图形说明客户服务内容的构成要素。

(2) 简要列举巩固物流客户的方法。

(3) 简要说明配送合同当事人的权利和义务。

(4) 简要说明物流配送中心成本管理的意义。

(5) 简要说明控制物流配送中心成本的方式。

3. 判断题

(1) 配送的本质是服务，而客户服务水平是衡量物流配送中心为顾客创造的时间和空间效用能力的尺度。 (　　)

(2) 在界定大客户时，"客户满意度"比 "客户忠诚度"更重要。　　（　　）

(3) 决定实施 CRM 的企业，首要的问题是购买一款合适的客户关系管理软件。（　　）

(4) 合同订立经过要约和承诺过程，承诺生效，合同订立。　　（　　）

(5) 不可抗力是《合同法》规定的免责条件，且《合同法》详细限定了不可抗力的具体内容。　　（　　）

(6) 双方签署合同的时间不同时，以最先签署的时间为合同订立时间。（　　）

(7) 物流管理成本指物流计划、组织、领导、控制、协调等管理活动方面发生的费用。　　（　　）

(8) 按物流配送中心成本的可见性分类，可分为固定成本和变动成本。（　　）

4. 思考题

(1) 查阅相关文献、书籍或网络信息，了解如何培养客户忠诚度。

(2) 查阅相关文献、书籍或网络信息，总结物流配送中心进行成本控制的策略。

 实际操作训练

课题：某物流配送中心客户服务管理情况调查

实训项目：某物流配送中心客户服务管理情况调查。

实训目的：了解该物流配送中心客户服务管理的现状。

实训内容：确定需要调研的一个物流配送中心，并进行客户服务管理的现状调查，分析其所提供的客户服务内容，并分析其客户服务决策的过程。

实训要求：首先，学生可以以小组的方式开展调查工作，每5人一组；各组成员自行联系，并调查当地的一家物流配送中心；详细调研该物流配送中心客户服务管理的情况，并分析客户服务管理过程中存在的问题，给出改进意见；将上述内容形成一个完整的调查分析报告。

 **案例分析**

IBM 的顾客服务

在全球，IBM 公司每年接到超过 50 000 名顾客的投诉(不包括向公司的免费技术支持系统打进的电话)。IBM 公司从整个公司不同领域抽调员工组成小组，每一个小组都被赋予必要的、立即采取措施的权力，来解决顾客投诉问题。IBM 公司的顾客会收到含有关于产品质量和顾客满意度的 10 个具体问题的调查问卷，这些小组对来自于他们已经交往过的顾客反馈的调查问卷进行研究。

公司将 IBM 研究中心的 1 200 多位员工分配去与具体的顾客一起工作，他们长驻在客户地，了解并反馈顾客信息，提供解决方案。

每年，IBM 公司以 26 种语言在 71 个国家进行 40 000 次顾客访问。一个中央数据库对得到的数据进行分类，并使经理们能够获得这些结果，从而采取全公司范围内的行动，对顾客的问题做出快速的反应，并将其解决。

问题：

(1) IBM 公司处理顾客投诉的小组的成员构成特点是什么？

(2) IBM 公司研究中心的工作特点是什么？

(3) IBM 公司客户服务的内容具备什么特征？

第10章 物流配送中心系统规划方案评价

【本章教学要点】

知识要点	掌握程度	相关知识
物流配送中心系统规划方案评价概述	掌握	系统方案评价的目的，系统方案评价的原则，系统方案评价的标准，物流配送中心系统规划方案综合评价工作流程
物流配送中心系统规划方案评价指标体系	掌握	进出货作业指标，储存作业指标，盘点作业指标，订单处理作业指标，拣货作业指标，配送作业指标，采购作业指标，非作业面指标
物流配送中心系统规划方案评价方法	重点掌握	优缺点列举法，因素分析法，点评估法，成本比较法，层次分析法，关联矩阵法

【本章技能要点】

技能要点	掌握程度	应用方向
物流规划方案综合评价工作流程	掌握	物流配送中心系统规划评价涉及内容多，利益诉求主体多，为了平衡多方利益，应采用科学合理的方法进行综合评价，因此，需要按照规范的评价工作流程进行
物流配送中心系统规划方案评价指标体系	掌握	根据进出货作业、储存作业、盘点作业、订单处理作业、拣货作业、配送作业、采购作业及非作业面指标的评估顺序，提出其生产率指标、计算方法和用途，为方案评价提供具体指标依据
层次分析法	重点掌握	层次分析是对复杂问题做出决策的一种简易的新方法，特别适用于那些难以完全定量进行分析的复杂问题
关联矩阵法	重点掌握	常用的系统综合评论法，主要是用矩阵形式表示替代方案有关评价指标及其重要度与方案关于具体指标的价值评定量之间的关系

【知识架构】

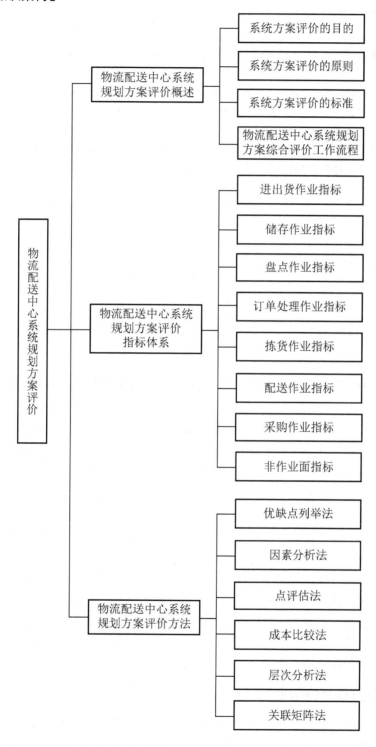

物流配送中心系统规划方案评价

系统方案评价的目的

物流配送中心系统规划方案评价概述 —— 系统方案评价的原则

系统方案评价的标准

物流配送中心系统规划方案综合评价工作流程

进出货作业指标

储存作业指标

盘点作业指标

物流配送中心系统规划方案评价指标体系 —— 订单处理作业指标

拣货作业指标

配送作业指标

采购作业指标

非作业面指标

优缺点列举法

因素分析法

物流配送中心系统规划方案评价方法 —— 点评估法

成本比较法

层次分析法

关联矩阵法

 **导入案例**

物流配送中心系统规划方案评价的原因和问题的决策类型

一般来说，不同的规划设计人员得出的物流配送中心系统规划设计方案往往相差很大；即使是同一个人出于不同的考虑，也经常会得到不同的规划设计方案；并且为了便于科学决策，也往往需要同时给领导提供多个备选方案。这就涉及对各种规划设计方案进行评价与优选的问题。

较好的物流配送中心系统规划设计方案，应有利于减少投资，提高收益；应有利于降低管理成本，提高生产效率；应有利于员工的劳动安全和身心健康。因此，物流配送中心系统规划设计方案的评价问题实际上是一个多目标决策问题。

资料来源：李玉民. 基于主客观赋权和 TOPSIS 的物流中心规划方案评价[J].
郑州大学学报(工学版)，2011，32(4)：42.

思考题：
(1) 对物流配送中心系统规划方案评价的目的是什么？
(2) 对物流配送中心系统规划方案评价的指标体系包括哪些？
(3) 对物流配送中心系统规划方案评价的方法包括哪些？
(4) 对物流配送中心系统规划方案进行综合评价的工作流程有哪些？

10.1 物流配送中心系统规划方案评价概述

物流配送中心和一般的物流系统类似，在其开发和建设过程中，如何把自然因素、技术因素、社会因素、经济因素等合理地统一起来，如何把技术的先进性与经济性，方案的合理性、现实性与先进性，社会的需要与物流配送中心本身的供给很好地结合起来，是物流配送中心系统规划取得成功的基本保证，同时也是开发与建设、运营物流配送中心过程中进行方案评价与选择的客观需要。

物流配送中心系统规划方案绩效评价的主要目标是从系统所涉及的工程技术、经济因素、环境及社会等因素出发，选择技术、经济、环境、社会最优结合的方案。因此，在物流配送中心的开发与建设过程中，应在市场调查和分析的基础上，对提出的各种技术方案进行分析、论证，针对技术上的先进性、生产上的可行性、经济上的合理性，进行综合评价、比较，选择最优方案。在物流配送中心系统规划过程的各个阶段均涉及若干方案的评价和选择，如物流配送中心的地址选择，配送系统的技术选择等，因此，利用各种评价方法和手段解决规划各阶段中所涉及的方案选择问题具有重要意义。

10.1.1 系统方案评价的目的

对物流配送中心系统进行综合评价，是为了从总体上寻求物流配送中心系统的薄弱环节，明确物流配送中心系统的改善方向。因此，物流配送中心系统评价的目的主要有以下两个方面。

(1) 在明确物流配送中心系统目标的基础上，提出技术上可行、财务上有利的多种方案之后，要按照预定的评价指标体系，详细评价这些方案的优劣，从中选出一个可以付诸实施的优选方案。物流配送中心系统评价工作的好坏将决定选择物流配送中心系统决策的正确程度。

(2) 物流配送中心系统建立后期的评价也是必不可少的。通过对物流配送中心系统评价，可以判断物流配送中心系统规划方案是否达到了预定的各项性能指标，环境的变化对系统提出了哪些新的要求，能否在满足特定条件下实现物流配送中心系统的预定目的，以及系统如何改进等。通过评价可以便于决策者理解问题的结构，把握改善的方向，寻求主要的改善点。

10.1.2　系统方案评价的原则

系统评价是一项复杂的工作，必须借助现代科学和技术发展的成果，采用科学的方法进行客观、公正的评价。评价是由人来进行的，评价方案及指标的选择也是由人来完成的，每个人的价值观在评价中起着重要的作用。因此系统评价需要一定的合理原则，这样才具有指导性和有效性。具体来说，对物流配送中心系统的评价应坚持以下原则。

1. 评价的客观性

评价必须客观地反映实际，使评价结果真实可靠。客观地评价才能更好地把握物流配送中心系统现状，确定改进方向。评价的目的是为了决策，因此评价的质量影响着决策的正确性。也就是说，必须保证评价的客观性，必须弄清楚评价资料是否全面、可靠、正确，防止评价人员的倾向性，应注意集中各方面专家的意见，并考虑评价人员组成的代表性。

2. 方案的可比性

替代方案在保证实现系统的基本功能上要有可比性和一致性。对各个方案进行评价时，评价的前提条件、评价的内容要一致，对每一项指标都要进行比较。个别方案功能突出、内容有新意，也只能说明其相关方面，不能代替其他方面。

3. 指标的系统性

评价指标必须反映系统的目标，要包括系统目标所涉及的各个方面，而且对定性问题要有恰当的评价指标，以保证评价不出现片面性。由于物流配送中心系统目标往往是多元的、多层次的、多时序的，因此评价指标体系可能是一个多元的、多层次的、多时序的有机整体。

4. 指标的科学性

要求评价指标体系有理论依据，并能在数量和质量方面及空间和时间上充分反映方案的技术特征和使用品质。

5. 充分考虑物流配送中心系统中的"效益背反"现象

物流系统运营过程中，一个典型的特点是存在"效益背反"现象，即物流配送中心系统的不同主体和不同活动之间可能在目标、运作上存在冲突。例如，运输和仓储两项作业在成本降低的目标上可能存在冲突等。因此，在物流配送中心系统评价时，应明确系统评价的目标，选择适当的考核指标进行整体的评价。

10.1.3 系统方案评价的标准

物流配送中心系统规划方案本身存在择优而用的问题，对物流配送中心系统的评价是基础性环节之一。为了对各种可靠的方案做出客观公正的评价，应该在提出任何方案之前就制定评价的标准。通常，物流配送中心系统评价的标准主要包括以下 9 个方面。

(1) 经济性，包括初始投资，每年的运营费用，直接或间接的经济效益，投资回收期，全员劳动生产率等。

(2) 可靠性，包括单个环节的可靠性和整个系统的可靠性，技术的成熟程度，设备故障率和排除故障的时间。

(3) 灵活性和柔性，指适应物品品种更改和需求量变化的能力，物流配送中心各部分与客户需求匹配的能力，调整物流功能的可能性。

(4) 安全性，包括物品的安全和人员的安全及正常运营和事故状态下的安全保障。

(5) 劳动强度，指需要劳动力的数量，以及作业状态可能引起的劳动者的疲劳程度。

(6) 易操作性，指操作简单且不易出错，只需要少量指令即可使设备及整个物流配送中心投入运营。

(7) 服务水平，指物流配送中心对顾客的要求做出快速响应的能力。

(8) 环境保护，指符合环境保护的要求。

(9) 敏感性，指对外界条件变动的敏感程度。

10.1.4 物流配送中心系统规划方案综合评价工作流程

物流配送中心系统规划评价涉及的内容多，利益诉求主体多，为了平衡多方利益，应采用科学合理的方法进行综合评价，将技术性能指标、经济指标、环境影响指标放在一起综合考虑，其工作流程如图 10-1 所示。

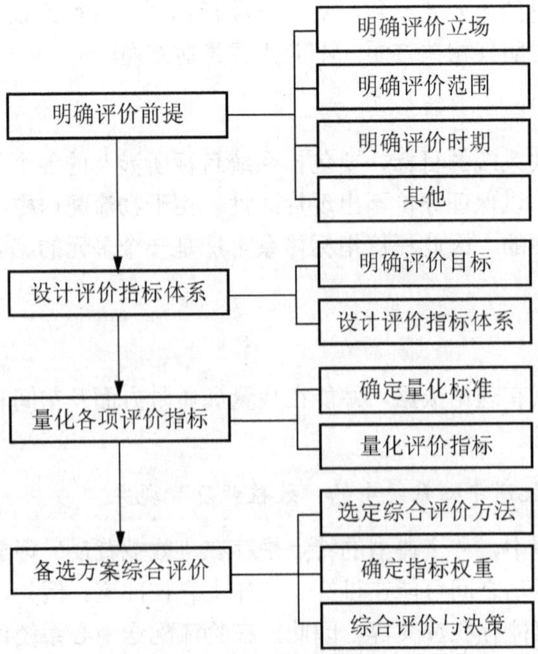

图 10-1 物流配送中心系统规划方案综合评价工作流程

1. 明确评价前提

(1) 必须明确评价立场，即明确评价主体是系统使用者还是开发者，或是二者兼而有之，或是其他受影响者。这与评价目标的确定、评价指标的选择等都有直接的关系。

(2) 要明确评价的范围和时期，即评价对象涉及哪些地区和部门，评价处于系统开发的哪个时期。物流规划从区域范围上讲有全国性的、省和地区(市)级的、企业级的等，涉及交通、经济、统计、土地管理、环境保护等政府部门，或者企业内部的各相关部门。这些都需要在评价前确定下来，以便尽可能组织各方参与评价工作。至于评价的时期，一般分为初期评价、中期评价、终期评价和跟踪评价4个阶段。不同时期的评价目的和要求各不相同，其评价方法也不完全一样，一般是由定性分析过渡到定量分析的。

2. 设计评价指标体系

综合评价指标体系通常具有多层次结构。首先要确定评价目标，这是评价的依据。目标也是分层次的，可分为总目标和具体目标。物流配送中心系统规划方案综合评价的总目标就是整体评价备选方案并选择最佳方案，具体目标要根据方案的性质、范围、条件等确定。目标结构确定后，就要建立评价指标体系，评价指标和标准可以说是目标的具体化，应根据具体目标设立相应的评价指标。

3. 量化各项评价指标

要量化各项评价指标，需要确定相应的量化标准。每项评价指标都应有详细的评价标准，对于可用货币、时间、材料等衡量的指标，可进行定量的分析评价；对社会、自然环境等的影响评价，则只能先做定性分析，然后确定定量化方法。对每项评价指标，均需要确定计算方法，并对评价标准做恰当的说明。评价标准确定后，就可以根据该标准对评价指标评分。在确定评价指标的量值时，可采用直接定量、模糊定量或等级定量等方法，视具体指标的特点分别加以应用。

4. 备选方案综合评价

首先，需要确定综合评价方法，即根据各指标间的相互关系及对总目标的贡献确定各项指标的合并计算方法。下层指标值复合成上层指标值需借助一定的合并规则，常用的有加权规则、乘法规则、指数运算规则、取大规则、取小规则、代换规则、定量规则等。各种规则还可以和"权"配合使用。另外，也可以上述规则为基础进行某种组合和修正，选取合并规则时应考虑到指标的含义和相应的合并目的。

然后，根据各指标的重要性确定合并过程中相应的权重指标值，常用的方法有层次分析法等。

最后，按选定的合并方法计算上层指标的值。如果评价指标体系有多个层次，则逐层向上计算，直到得到第一层次指标值为止。并据此排出备选方案的优劣顺序，进行分析和决策。

10.2 物流配送中心系统规划方案评价指标体系

以下根据进出货作业、储存作业、盘点作业、订单处理作业、拣货作业、配送作业、采购作业及非作业面的评估顺序，提出其生产率指标、计算方法和用途。

生 产 率

生产率一词在日常生活中经常用到，究竟什么是生产率呢？简而言之，生产率就是各种生产因素的有效用度及对整体的贡献度。因此，企业想要提高效益，就要从提高生产率做起。

以目前企业的一般水准来看，我国企业与欧、美、日等国企业的生产率仍有一段差距，其落后原因很多，如作业效率低、产品收益率(附加价值率)低导致经营效率不佳，直接或间接人员比率存在问题，薪资体系未尽合理，员工缺乏成本意识，生产管理方法不善，销售方式不当，都是可能导致企业生产率不佳的因素。

10.2.1 进出货作业指标

进货是物品进入物流配送中心的第一阶段作业，而出货则是物品准备移出物流配送中心的最后阶段作业。进出货作业的评估指标及计算公式见表 10-1。

表 10-1 进出货作业评估指标

评价因素	指标项目	计算公式	指标用途
空间利用	站台使用率	站台使用率 = $\dfrac{\text{进出货车次装卸停留总时间}}{\text{站台数} \times \text{工作天数} \times \text{每日工作时数}}$	观察站台的使用情况，是否因数量不足或规划不佳造成拥塞无效率的问题
	站台尖峰率	站台尖峰率 = $\dfrac{\text{尖峰车数}}{\text{站台数}}$	
人员负担	每人时处理进货量	每人时处进出货量 $= \dfrac{\text{进货量}}{\text{进货人员数} \times \text{每日进货时间} \times \text{工作天数}}$	评价进出货人员的工作分摊及作业速率，以及目前的进出货时间是否合理
	每人时处理出货量	每人时处理出货量 $= \dfrac{\text{出货量}}{\text{出货人员数} \times \text{每日出货时间} \times \text{工作天数}}$	
设备利用	每台进出货设备每天的装卸货量	每台进出货设备每天的装卸货量 $= \dfrac{\text{出货量+进货量}}{\text{装卸设备} \times \text{工作天数}}$	评价每台进出货设备每日的工作分摊
	每台进出货设备每小时的装卸货量	每台进出货设备每小时的装卸货量 $= \dfrac{\text{出货量+进货量}}{\text{装卸设备} \times \text{工作天数} \times \text{每日进出货时数}}$	每台进出货设备每小时的装卸货量

续表

评价因素	指标项目	计算公式	指标用途
时间耗费	进货时间率	$进货时间率 = \dfrac{每日进货时间}{每日工作时数}$	分析进货工作量的大小
	出货时间率	$出货时间率 = \dfrac{每日出货时间}{每日工作时数}$	分析出货工作量的大小

 知识拓展

进出货作业

进货作业是把货品做成实体上的签收，从货车上将货物卸下，并核对该货品的数量及状态，然后将必要信息给予书面化等；出货作业是将拣取分类完成的货品完成出货检验后，根据各个车辆或配送路径将货品送至出货准备区，而后装车准备配送。

进出货作业最主要的动作在于将货物由进货卡车卸至站台后检查入库，以及将客户订购货物点数由站台装上配送车辆。因此对于进出货，管理者主要想了解进出货人员的负担是否合理，进出货装卸设备现在利用率如何，且由于物流配送中心通常是进出货共用站台，停车空间有限，因此对于站台空间的使用程度，以及供货商时间和客户要求交货时间也应特别掌握。

10.2.2 储存作业指标

储存作业的评估指标包括 10 项，其指标含义、计算公式及指标用途见表 10-2。

表 10-2　储存作业评估指标

评价要素	指标项目	计算公式	指标用途
设施空间利用度	储区面积率	$储区面积率 = \dfrac{储区面积}{物流配送中心建筑面积}$	评定物流配送中心空间的利用率是否恰当
	可供保管面积率	$可供保管面积率 = \dfrac{可保管面积}{储区面积}$	判断储区内通道规划是否合理
	储位容积使用率	$储位容积使用率 = \dfrac{存货总体积}{储位总容积}$	用于判断储位规划及使用的货架是否恰当
	单位面积保管量	$单位面积保管量 = \dfrac{平均库存量}{可保管面积}$	
	平均每品项所占储位数	$平均每品项所占储位数 = \dfrac{货架储位数}{总品项数}$	判断储位管理策略是否应用得当
存货效益	库存周转率	$库存周转率 = \dfrac{出货量}{平均库存量} = \dfrac{营业额}{平均库存金额}$	评价营运绩效、评定货品存量是否适当
	库存掌握程度	$库存掌握程度 = \dfrac{实际库存量}{标准库存量}$	设定物品标准库存的根据，可供存货控制参考

续表

评价要素	指标项目	计算公式	指标用途
存货效益	季节品比率	季节品比率 = $\dfrac{本月季节品存量}{平均库存量}$	分析物品的季节性特征
成本花费	库存管理费率	库存管理费率 = $\dfrac{库存管理费用}{平均库存量}$	评定物流配送中心每单位存货的库存管理费用
呆废品情况	呆废品率	呆废品率 = $\dfrac{呆废品件数}{平均库存量} = \dfrac{呆废品金额}{平均库存金额}$	测定物品耗损影响资金积压状况

储存作业

储存作业的主要责任在于把将要使用或者要出货的产品做妥善保存，不仅要善用空间，也要注意存量的控制。由于国内目前的土地成本很高，因此对于储存作业的要求主要在于物流配送中心的每寸空间都有效利用，存货在库量也要控制合理，以符合投资效益，不至造成资金积压。另外，对于库内存货的管理，是否可以用最低的成本获得最妥善的保存，且不会导致过多的呆废品产出，都是管理者关心的重点。

10.2.3 盘点作业指标

盘点作业的评估指标包括 3 项，其指标含义、计算公式及指标用途见表 10-3。

表 10-3　盘点作业评估指标

评价要素	指标项目	计算公式	指标用途
盘点品质	盘点数量误差率	盘点数量误差率 = $\dfrac{盘点误差量}{盘点总量}$	分析盘点误差发生的原因
	盘点品项误差率	盘点品项误差率 = $\dfrac{盘点误差品项数}{盘点总品项数}$	
	平均每件盘差品金额	平均每件盘差品金额 = $\dfrac{盘点误差金额}{盘点误差量}$	判断是否采取 ABC 分类和考察分类的效果

盘点作业

对于物流配送中心的存货，经常要定期或者不定期的检查，及早发现问题，以免造成日后出现更大的损失，这就是进行盘点的目的。因此，在盘点作业上，要以盘点过程中所发现存货数量不符(在计算机记忆中有库存，但物流配送中心中却无现品；或在计算机中记录无库存，但物流配送中心中却有现品)的情况作为主要评价方向。

10.2.4　订单处理作业指标

订单处理作业的评估指标包括 13 项，其指标含义、计算公式及指标用途见表 10-4。

表 10-4　订单处理作业评估指标

评价要素	指标项目	计算公式	指标用途
订单效益	平均每日来单数	$平均每日来单数 = \dfrac{订单数量}{工作天数}$	研究拟定客户管理策略及业务发展状况
	平均客单数	$平均客单数 = \dfrac{订单数量}{下游客户数}$	
	平均每订单包含货品个数	$平均每订单包含货品个数 = \dfrac{出货量}{订单数量}$	
	平均客单价	$平均客单价 = \dfrac{营业额}{订单数量}$	
客户服务品质	订单延迟率	$订单延迟率 = \dfrac{延迟交货订单数}{订单数量}$	反映交货的延迟状况
	订单货件延迟率	$订单货件延迟率 = \dfrac{延迟交货量}{出货量}$	评估是否应实施客户重点管理
客户服务品质	立即缴交率	$立即缴交率 = \dfrac{未超过12h出货订单}{订单数量}$	分析接单至交货的处理时间及紧急接单的需求情况
	顾客退货率	$顾客退货率 = \dfrac{顾客退货数}{出货量} = \dfrac{客户退货金额}{营业额}$	检测公司货品销货、退货情况以便尽早谋求改善
	顾客折让率	$顾客折让率 = \dfrac{销货折让数}{出货量} = \dfrac{销货折让金额}{营业额}$	检测客户满意度
	客户取消订单率	$客户取消订单率 = \dfrac{客户取消订单数}{订单数量}$	
	客户抱怨率	$客户抱怨率 = \dfrac{客户抱怨次数}{订单数量}$	
	缺货率	$缺货率 = \dfrac{接单缺货数}{出货量}$	分析存货控制决策是否合适
	短缺率	$短缺率 = \dfrac{出货品短缺数}{出货量}$	反映出货作业的精确度

 知识拓展

订单处理作业

从接到客户订货至着手拣货之间的作业称为订单处理，包括接单、客户资料确认、存货查询、单据处理等。订单处理可以说是与客户接触最频繁的工作，管理者可由订单处理得知客户订货情形及客户对交货品质、服务品质的看法。

10.2.5 拣货作业指标

拣货作业的评估指标包括 21 项，其指标含义、计算公式及指标用途见表 10-5。

表 10-5　拣货作业评估指标

评价要素	指标项目	计算公式	指标用途
人员效率	每人时平均拣取能力	每人时拣取品项数 $=\dfrac{订单总笔数}{拣取人员数×每日拣货时数×工作天数}$ 每人时拣取次数 $=\dfrac{拣货单位累计总件数}{拣取人员数×每日拣货时数×工作天数}$ 每人时拣取体积数 $=\dfrac{出货品体积数}{拣取人员数×每日拣货时数×工作天数}$	评定拣货的拣取效率，找出隐藏在作业方法与管理方式中的问题所在
	拣取能力使用率	拣取能力使用率 $=\dfrac{订单数量}{每日目标拣取订单数×工作天数}$	判断业绩是否与投入资源相配合
	拣货责任品项数	每位拣货员负责品项数 $=\dfrac{总品项数}{分区拣取区域数}$	评定拣货员的工作负荷与效率是否得当
	拣取品项移动距离	拣取品项移动距离 $=\dfrac{拣货行走移动距离}{订单总笔数}$	检查拣货的行走规划是否高效及储区的布置是否得当
设备利用	拣货人员装备率	拣货人员装备率 $=\dfrac{拣货设备成本}{拣货人员数}$	观察公司对拣货作业的投资程度，以及检查现在有无相对贡献的产出
	拣货设备成本产出	拣货设备成本产出 $=\dfrac{出货品体积数}{拣货设备成本}$	
拣货策略	批量拣货时间	批量拣货时间 $=\dfrac{每日拣货时数×工作天数}{拣货分批次数}$	评定每批次平均拣取时间，可作为现在分批策略是否适用的判断指标
	每批量包含订单数	每批量包含订单数 $=\dfrac{订单数量}{拣货分批次数}$	
	每批量包含品项数	每批量包含品项数 $=\dfrac{各批次订单品项数之和}{拣货分批次数}$	
	每批量拣取次数	每批量拣取次数 $=\dfrac{订单总出货次数}{拣货分批次数}$	
	每批量拣取体积数	每批量拣取体积数 $=\dfrac{出货品体积数}{拣货分批次数}$	
时间效率	拣货时间率	拣货时间率 $=\dfrac{每日拣货时数}{每天工作时数}$	评定拣货耗费时间是否合理
	单位时间处理订单数	单位时间处理订单数量 $=\dfrac{订单数量}{每日拣货时数×工作天数}$	观察拣货系统单位时间处理订单的能力

续表

评价要素	指标项目	计算公式	指标用途
时间效率	单位时间拣取品项数	单位时间拣取品项数 $=\dfrac{\text{订单数量×每张订单平均品项数}}{\text{每日拣货时数×工作天数}}$	观察拣货系统单位时间处理的品项数
	单位时间拣取次数	单位时间拣取次数 $=\dfrac{\text{拣货单位累计总件数}}{\text{每日拣货时数×工作天数}}$	观察拣货所付出劳动力的程度
	单位时间拣取体积数	单位时间拣取体积数 $=\dfrac{\text{出货品体积数}}{\text{每日拣货时数×工作天数}}$	观察单位时间公司的物流体积拣取量
成本耗费	每订单投入拣货成本	每订单投入拣货成本 $=\dfrac{\text{拣货投入成本}}{\text{订单数量}}$	拣货成本与产出的拣货效益做比较,借以控制拣货成本,提升拣取的效益
	每订单笔数投入拣货成本	每订单笔数投入拣货成本 $=\dfrac{\text{拣货投入成本}}{\text{订单总笔数}}$	
	每拣取次数投入拣货成本	每拣取次数投入拣货成本 $=\dfrac{\text{拣货投入成本}}{\text{拣货单位累计总件数}}$	
	单位体积投入拣货成本	单位体积投入拣货成本 $=\dfrac{\text{拣货投入成本}}{\text{出货品体积数}}$	
拣货品质	拣误率	拣误率 $=\dfrac{\text{拣取错误笔数}}{\text{订单总笔数}}$	评定拣货作业的品质,以评价拣货员的细心程度或自动化设备的功能正确性

知识拓展

拣货作业

每张订单都至少包含一项及以上的物品,而将这些不同品种、数量的物品由物流配送中心取出集中在一起,即所谓的拣货作业。由于拣货作业除了少数自动化设备逐渐被开发应用外,多数还是靠人工配合简单机械化设备的劳动密集作业,因此管理者对于拣货人员负担及效率的评价甚为重视。此外,拣货的路程及拣货策略的运用是影响拣货作业时间的主要因素,而拣货的精确度是影响出货品质的重要环节。另外一方面,拣货作业是物流配送中心最复杂的作业,其消耗成本比例最高,因而拣货成本也是管理者关心的重点。

10.2.6 配送作业指标

配送作业的评估指标包括 25 项,其指标含义、计算公式及指标用途见表 10-6。

表 10-6　配送作业评估指标

评价要素	指标项目	计算公式	指标用途
人员负担	平均每人配送量	$平均每人配送量=\dfrac{出货量}{配送人员数}$	评价配送人员的工作分摊(距离、重量、车次)及作用贡献度(配送量)，以评定配送人员的能力负荷与作业绩效
	平均每人配送距离	$平均每人配送距离=\dfrac{配送总距离}{配送人员数}$	
	平均每人配送重量	$平均每人配送重量=\dfrac{配送总重量}{配送人员数}$	
	平均每人配送车次	$平均每人配送车次=\dfrac{配送总车次}{配送人员数}$	
车辆负荷	平均每台车配送距离	$平均每台车配送距离=\dfrac{配送总距离}{自车数量+外车数量}$	评价配送车辆的产能负荷，以判断是否应增减配送车数量
	平均每台车配送重量	$平均每台车配送重量=\dfrac{配送总重量}{自车数量+外车数量}$	
	平均每台车配送吨公里数	$平均每台车的吨公里数$ $=\dfrac{配送总距离×配送总重量}{自车数量+外车数量}$	
	空车率	$空车率=\dfrac{空车行走距离}{配送总距离}$	评定车辆的空间利用率
配送规划	配送车利用率	$配送车利用率$ $=\dfrac{配送总车次}{(自车数量+外车数量)×工作天数}$	评定配送车辆的产能负荷，判断配送车数是否合适
	容积利用率	$容积率$ $=\dfrac{出货品体积数}{车辆总体积数×配送车利用率×工作天数}$	分析发货车在容积和重量上规划的合理性
	平均每车次配送重量	$平均每车次配送重量=\dfrac{配送总重量}{配送总车次}$	分析每次发车的距离规划是否符合经济效率
	平均每车次配送距离	$平均每车次配送距离=\dfrac{配送总距离}{配送总车次}$	
	平均每车次配送量	$平均每车次配送量=\dfrac{配送总数量}{配送总车次}$	分析车辆利用情况
	平均每车次配送吨公里数	$平均每车次吨公里数$ $=\dfrac{配送总距离×配送总重量}{配送总车次}$	
	外车比率	$外车比率=\dfrac{外车数量}{自车数量+外车数量}$	评价外车数量是否合理
	配送平均速度	$配送平均速度=\dfrac{配送总距离}{配送总时间}$	作为配送路径选择及配车司机管理的依据

续表

评价要素	指标项目	计算公式	指标用途
时间效益	配送时间比率	配送时间比率 $= \dfrac{配送总时间}{配送人员数 \times 工作天数 \times 正常班工作时数}$	观察配送时间的贡献度
	单位时间配送量	单位时间配送量 $= \dfrac{出货量}{配送总时间}$	
	单位时间生产率	单位时间生产率 $= \dfrac{营业额}{配送总时间}$	
配送成本	配送成本比率	配送成本比率 $= \dfrac{自车配送成本 + 外车配送成本}{物流总费用}$	衡量配送成本费用
	每吨重配送成本	每吨重配送成本 $= \dfrac{自车配送成本 + 外车配送成本}{配送总重量}$	
	每体积配送成本	每体积配送成本 $= \dfrac{自车配送成本 + 外车配送成本}{出货品体积数}$	
	每车次配送成本	每车次配送成本 $= \dfrac{自车配送成本 + 外车配送成本}{配送总车次}$	
	每公里配送成本	每公里配送成本 $= \dfrac{自车配送成本 + 外车配送成本}{配送总距离}$	
配送品质	配送延迟率	配送延迟率 $= \dfrac{配送延迟车次}{配送总车次}$	掌握交货时间

 **知识拓展**

配送作业

配送是从物流配送中心将货品送达客户的活动。如何达到配送的高效率，需要依靠配送人员、配送车辆、每趟车最佳运行路径的合理规划才能实现。因此，人员、车辆、配送时间、规划方式都是管理者在配送方面考虑的重点。因此，因配送造成的成本费用支出，因配送路途耽搁引起的交货延迟，也是必须重视的因素。

10.2.7　采购作业指标

采购作业的评估指标包括 5 次，其指标含义、计算公式及指标用途见表 10-7。

表 10-7　采购作业评估指标

评价要素	指标项目	计算公式	指标用途
采购成本	出货品成本占营业额比率	出货品成本占营业额比率 $= \dfrac{出货品采购成本}{营业额}$	评定采购成本的合理性
	货品采购及管理总费用	货品采购及管理总费用=采购作业费用+库存管理费用(仓库租金、管理费、保险费、损耗费、资金费用等)	评定采购与库存政策的合理性

续表

评价要素	指标项目	计算公式	指标用途
采购进货品项	进货数量误差率	进货数量误差率 = $\dfrac{进货误差量}{进货量}$	掌握进货准确度及有效度，以配合调整安排库存
	进货不良品率	进货不良品率 = $\dfrac{进货不合品数量}{进货量}$	
	进货延迟率	进货延迟率 = $\dfrac{延迟进货数量}{进货量}$	

知识拓展

采购作业

由于出货使在库量逐次减少，当在库量达到一定点时，就需要马上采购补充货品。然而，应采用何种订购方式，是少量多次采购以减少资金，还是多量少次采购以降低货品购入成本及作业费用，要做最合理的选择。此外，在采购时还应考虑供应商的信用及其货物品质，以防进货发生延迟、短缺，造成整个后续作业的困难。

10.2.8　非作业面指标

非作业面的评估指标包括 13 项，其指标含义、计算公式和指标用途见表 10-8。

表 10-8　非作业面评估指标

评价要素	指标项目	计算公式	指标用途
空间效益	物流配送中心面积收益	物流配送中心面积收益 = $\dfrac{营业额}{建物总建筑面积}$	评定物流配送中心每单位面积的营业收入
全体人员情况	人员生产量	人员生产量 = $\dfrac{出货量}{公司总人数}$	人员对公司的营运贡献是否合理及观察公司商品价格的趋势概况
	人员生产率	人员生产率 = $\dfrac{营业额}{公司总人数}$	
	直间工比率	直间工比率 = $\dfrac{作业员数}{公司总人数 - 作业员数}$	了解作业人员及管理人员的比率是否合理
	加班时数比率	加班时数比率 $= \dfrac{本月加班总时数}{每天工作时数×工作天数×公司总人数}$	了解加班是否合理
	新进人员比率	新进人员比率 = $\dfrac{新进人员数目}{公司总人数}$	测定离职率、新进员工与临时工比率过高是否为影响工作效率的主因，借以评定其合理性
	临时工比率	临时工比率 = $\dfrac{临时人员数目}{公司总人数}$	
	离职率	离职率 = $\dfrac{离职人员数目}{公司总人数}$	
资产装备投资效益	固定资产周转率	固定资产周转率 = $\dfrac{营业额}{固定资产总数}$	评定固定资产的运作绩效

续表

评价要素	指标项目	计算公式	指标用途
资产装备投资效益	劳动装备率	$劳动装备率=\dfrac{固定资产总额}{公司总人数}$	评定公司积极投资程度
货品效益	产出与投入平衡	$产出与投入平衡=\dfrac{出货量}{进货量}$	评定是否维持低库存量
时间效益	每天营运金额	$每天营运金额=\dfrac{营业额}{工作天数}$	评定公司营运作业的稳定性
营业收支状况	营业支出占营业额比率	$营业支出占营业额比率=\dfrac{营业支出}{营业额}$	评定营业支出占营业额比率是否过高，测定营业成本费用负担对该期损益影响程度

知识拓展

非作业面评估

虽然对物流配送中心作业的探讨能掌握物流配送中心内部的各个环节，但有时只评定单个作业，会忽略某些整体性信息，例如，从整个厂区空间的投入效用、全体人员贡献、所有固定资产的使用成效、货品的进出情况及物流配送中心总营运支出等，都能看出物流配送中心整体营运的好坏，但无法反映整体的效益。因此，在整体评估部分，将由设施空间、人员、设备、货品、时间及总成本上来观察整体的效果。

10.3 物流配送中心系统规划方案评价方法

经过周详的物流配送中心系统规划程序后，会产生几个可行的规划方案，规划设计者应本着对各方案特性的了解，提供完整客观的方案评估报告，用以辅助决策者进行方案的选择。因此，方案评价方法和客观性对规划结果影响极为深远。下面就以常见的方案评价方法进行探讨，说明系统方案评价参考模式，以有效提升方案评价品质。

10.3.1 优缺点列举法

优缺点列举法只是将每个方案的配置图、物流动线、搬运距离、扩充弹性等相关优点分别列举，互相比较。这种方法简单且不太费时，但说服力不强，常用于概略方案初步选择阶段。有时为了使本方法更趋准确，可对优点的重要性及缺点的严重性进一步讨论，甚至以数值表示。

10.3.2 因素分析法

因素分析法是将规划方案所欲完成的重要事项——目标因素，由规划者与决策者共同讨论列出，并设定各因素重要程度，权重可采用百分比值或分数数值，其他每个因素再与这个因素做比较，而分别决定其权数值。然后，再逐一用每个因素来评估比较各个方案，并决定每一方案各因素的评分数值(如 5、4、3、2、1、0 等),当其他各评估因素逐一评估完成后,再将因素权重与评估数值相乘合计,选出最可以被接受的方案。

10.3.3　点评估法

点评估法与因素分析法类似,都有考虑主客观因素并计算方案的得分高低,作为方案取舍的依据。本方法主要分成两大步骤实施。

1. 步骤一: 评估因素权重的分析

(1) 经由小组讨论,决定各项评估因素。

(2) 各项评估因素两两比较,若 $A>B$,权重值=1;$A=B$,权重值=0.5;$A<B$,权重值=0 以上述分析为原则,建立评估矩阵,并分别统计其得分,计算权重及排序。

2. 步骤二: 进行方案选择

(1) 确定评估给分标准:如非常满意 5 分、佳 4 分、满意 3 分、可 2 分、尚可 1 分、差 0 分。

(2) 以规划评估小组表决的方式,就各项评估因素,依据方案评估资料给予适当的点数。

(3) 按点数×权重=乘积数计算出乘积数。

(4) 各方案统计其乘积和,排出方案优先级。

10.3.4　成本比较法

最具实质评估参考价值的方案评价方法,是以投入成本比较或经济效益分析等量化数据分析方法,大多数的决策评估者都将其列为评估的重要部分。

投资普遍关心的评价参数有:年度成本(Annual Cost)、净现值(Present Net)、投资报酬率(Capital Worth Rate of Return)、投资回收期等。在大型项目的前期调研和可行性分析阶段,都要对以上比率进行计算和分析,以决定方案的可行性。

10.3.5　层次分析法

1. 层次分析法简介

层次分析法(Analytic Hierarchy Process,AHP)是 20 世纪 70 年代由著名运筹学家萨迪(T.L.Satty)提出的。层次分析法特别适用于那些难以完全用定量进行分析的复杂问题,如生产者对消费者和竞争对手要作出最佳经营决策,消费者对众多的商品要作出最佳购买决策,研究单位要合理地选择科研课题。当要考虑最佳决策时,很容易看到,影响作出决策的因素很多:一些因素存在定量指标,可以度量;但更多的因素不存在定量指标,只有定性关系。要解决的就是如何将定性关系转化为定量关系,从而作出最佳决策。层次分析法就是将半定性、半定量问题转化为定量计算的行之有效的方法。它可以使人们的思维过程层次化,逐层比较多种关联因素,为分析、决策、预测或控制事物的发展提供定量的依据。

2. 层次分析法的基本步骤

运用层次分析法进行分析与决策,大体上可分为 5 个步骤。

1) 系统层次结构的建立

把一个复杂的问题所涉及的因素分解成若干个层次。再把每个层次继续细分，若是麻烦的问题就继续往下细分要素。如此，就构建了一个层次结构。这些层次可以分为 3 类。

(1) 最高层，又称目标层。该层次的元素只有一个，一般为分析问题的预定目标或理想结果。

(2) 中间层，又称准则层。该层次包括了为实现目标所涉及的中间环节，它可以由若干层次组成，包括所需考虑的准则和子准则。

(3) 最底层，又称方案层。这一层次包括了为实现目标可供选择的各种措施、决策方案等。

上述层次之间的支配关系不一定是完全对应的，即可以存在这样的要素，它并不支配下一层次的所有元素，而仅支配其中的部分要素，这种自上而下的支配关系所形成的层次结构图称为递归结构层次示意图，如图 10-2 所示。

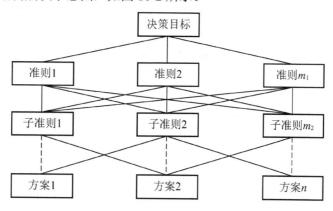

图 10-2 递归结构层次示意图

2) 构造比较判断矩阵

构造判断矩阵是层次分析法的最关键步骤，它是层次分析法工作的出发点。构造判断矩阵就要求人们对要素间的重要性有定量的判断，一般来说，常采用美国运筹学家萨迪提出的 1-9 标度法，其具体含义见表 10-9。

表 10-9 萨迪 1-9 标度法

标　　度	定义(比较要素 i 和 j)
1	要素 i 和 j 一样重要
3	要素 i 和 j 稍微重要
5	要素 i 和 j 较强重要
7	要素 i 和 j 强烈重要
9	要素 i 和 j 绝对重要
2、4、6、8	两相邻判断要素的中间值
倒数	当比较要素 j 和 i 时

在这一步骤中，就是要在已有层次结构的基础上构造两两比较的判断矩阵，用户要解决的问题就是对准则 B 中两个 B 所支配的要素 i 和 j 按 1-9 标度对重要程度赋值，并构成一个判断矩阵 $C = (C_{ij})_{n \times n}$，其中，$C_{ij}$ 就是要素 i 与 j 相对于准则 B 的重要度比值。

显然，判断矩阵具有性质：

$$C_{ij} > 0, \quad C_{ji} = 1/C_{ij}, \quad C_{ii} = 1, \quad i,j = 1,2,\cdots,n \tag{10-1}$$

3）单一准则下元素相对权重计算

权重，即若干要素间的相对重要性次序。用户的目标就是得到一种方法，能够计算出权重。应用下面的定理可通过判断矩阵计算权重。

定理：设有要素 $C_1, C_2, \cdots, C_n$ 和目标 D，记

$$C_{ij} = \frac{C_i}{C_j} \tag{10-2}$$

则得判断矩阵 $\boldsymbol{C} = (C_{ij})_{n \times n}$，解矩阵 $\boldsymbol{C}$ 的特征方程 $|\boldsymbol{C} - \lambda I| = 0$，其中，$\boldsymbol{I}$ 为单位矩阵，求特征值 $\lambda_i (i = 1,2,\cdots,n)$，即最大特征值 $\lambda_{\max}$，对应于 $\lambda_{\max}$ 的标准化特征向量为 $\boldsymbol{Y} = (Y_1, Y_2, \cdots, Y_n)^{\mathrm{T}}$，则 Y_i 为因素 C_i 对目标 D 的权重。对应于判断矩阵最大特征值的特征向量表示因素间的相对重要程度(权重)。

这是一种高精度的计算权重的方法，由于一般的计算只要求近似值，在这里介绍一种近似的解法——和积法。

和积法的算法如下：

第一步，将判断矩阵 $\boldsymbol{C}$ 每列归一化，得

$$C'_{ij} = \frac{C_{ij}}{\sum_{i=1}^{n} C_{ij}}, \quad i,j = 1,2,\cdots,n \tag{10-3}$$

第二步，将归一化后的矩阵按行加总，得

$$\overline{C_i} = \sum_{j=1}^{n} C'_{ij}, \quad j = 1,2,\cdots,n \tag{10-4}$$

第三步，归一化即得到特征向量 $\overline{\boldsymbol{W}} = (W_1, W_2, \cdots, W_n)^{\mathrm{T}}$，即：

$$W_i = \frac{\overline{C_i}}{\sum_{i=1}^{n} \overline{C_i}}, \quad i = 1,2,\cdots,n \tag{10-5}$$

第四步，求得判断矩阵的最大值 $\lambda_{\max}$，即

$$\lambda_{\max} = \sum_{i=1}^{n} \frac{(CW)_i}{nW_i} \tag{10-6}$$

4）单一准则的一致性检验

在判断矩阵的构造中，并不要求判断矩阵具有一致性，这是由于事物的复杂性和人的主观认识的多样性决定的。1-9 标度法也决定了三阶段以上判断矩阵是很难满足一致性的。但要求判断应大体上存在一致性，若出现了 A 事物比 B 事物极端重要，但 B 事物比 C 事物极端重要，但 C 事物却比 A 事物极端重要的判断，那肯定是违反常识的。一个没有逻辑的判断矩阵失去了给用户提供向导的作用，而且用和积法计算当判断矩阵过于偏离一致性时，其可靠程度也就值得怀疑了。因此，需要对判断矩阵的一致性进行检验。

在判断矩阵中，一致性定量为：对任意的 $1 \leqslant k \leqslant n$，都有 $C_{ij} = C_{ik}/C_{jk}$，则称判断矩阵满足一致性。但是实际上 C_{ij} 和理想值总有些偏差，于是，设定一个参数，用来衡量判断矩

阵在何种情况下基本满足一致性。根据矩阵理论可得，当矩阵不具有一致性时：

$$\lambda_1 = \lambda_{\max} > n, \quad -n = -\sum_{i=2}^{n} \lambda_i \tag{10-7}$$

因此引入参数 CI，该参数为判断矩阵最大特征值外的其余特征值的负平均值，以此作为判断矩阵是否偏离一致性的度量指标，$CI = (\lambda_{\max} - n)/(n-1)$。当判断矩阵有完全一致性时，$CI = 0$。CI 值越大，判断矩阵的一致性偏差度就越厉害。考虑到现实和理想的差异，若 CI<0.1，就认为该判断矩阵拥有基本一致性；否则，将返回上层，重新进行重要性的两两比较，以获得一致性。

判断矩阵的维数也影响了该矩阵的一致性。维数越大，则一致性越差。因此，放宽对维数大的矩阵的一致性要求，引入修正值 RI，如表 10-10 所示，对 CI 进行修正，令修正平均值 CR=CI/RI，使更为合理的 CR 作为衡量判断矩阵一致性的指标。同理，CR<0.1 时就认为该判断矩阵基本符合一致性要求。

表 10-10　同阶平均随机一致性指标

矩阵阶数	1	2	3	4	5	6	7	8
RI	0	0	0.58	0.90	1.12	1.24	1.32	1.41
矩阵阶数	9	10	11	12	13	14	15	
RI	1.45	1.49	1.52	1.54	1.56	1.58	1.59	

5) 层次总排序与总一致性检验

相对于上一层次而言，本层次利用与之有联系的所有要素的权重及上层次要素的权重，来计算针对总目标而言的本层次所有要素的权重值的过程，称为层次总排序。层次总排序需由上而下逐层顺序进行。

层次总排序的计算方法如下。假设上一层的所有要素 $A_1, A_2, \cdots, A_m$ 的总排序已完成，得到的相对于总目标的权重为 $a_1, a_2, \cdots, a_m$，本层次共有 n 个要素 $B_1, B_2, \cdots, B_n$，且与上一层元素 $A_i(i=1,2,\cdots,m)$ 对应本层次元素 $B_1 \sim B_n$ 的权重为 $b_1^i, b_2^i, \cdots, b_n^i$（若 B_j 与 A_i 无关系，则 $b_j^i = 0$），则层次分析总排序的结果为

$$\sum_{i=1}^{m} a_i \cdot b_1^i, \quad \sum_{i=1}^{m} a_i \cdot b_2^i, \quad \cdots, \quad \sum_{i=1}^{m} a_i \cdot b_n^i \tag{10-8}$$

由

$$\sum_{i=1}^{m} a_i = 1, \quad \sum_{j=1}^{n} b_j^i = 1 \tag{10-9}$$

得

$$\sum_{j=1}^{n} \left(\sum_{i=1}^{m} a_i \cdot b_j^i \right) = 1 \tag{10-10}$$

即都满足归一性。

为评价层次总排序计算的一致性精度，也需要计算类似的参数：

$$CI = \sum_{i=1}^{m} a_i CI, RI = \sum_{i=1}^{m} a_i RI, CR = \frac{CI}{RI} \tag{10-11}$$

CI,RI,CR 与前面的含义相同，只是考虑了权重的成分和影响。若 CR<0.1，则认为层次点排序具有满意的一致性，可依次把结果再往下逐层求权。若 CR>0.1，需调整某些判断矩阵，通常先调整 CR_i 较大的判断矩阵。

【例 10-1】某物流配送中心需要采购一台设备，在采购设备时需要从功能、价格与可维护性 3 个角度进行评价，考虑应用层次分析法对 3 个不同品牌的设备进行综合分析评价和排序，从中选出能实现物流规划总目标的最优设备，其层次结构如图 10-3 所示。以 A 表示系统的总目标，准则层中 B_1 表示功能，B_2 表示价格，B_3 表示可维护性。C_1、C_2、C_3 表示备选的 3 种品牌的设备。

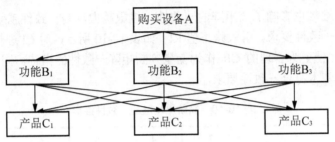

图 10-3 设备采购层次结构

解：

(1) 构造判断矩阵。根据图 10-3 所示的结构模型，将图中各因素两两进行判断与比较，构造判断矩阵：判断矩阵 A-B(即相对于物流系统总目标，准则层各因素相对重要性比较)如表 10-11 所示；判断矩阵 B_1-C(相对功能各方案的相对重要性比较)如表 10-12 所示；判断矩阵 B_2-C(相对价格各方案的相对重要性比较)如表 10-13 所示；判断矩阵 B_3-C(相对可维护性各方案的相对重要性比较)如表 10-14 所示。

表 10-11 判断矩阵 A-B

A	B_1	B_2	B_3
B_1	1	1/3	2
B_2	3	1	5
B_3	1/2	1/5	1

表 10-12 判断矩阵 B_1-C

B_1	C_1	C_2	C_3
C_1	1	1/3	1/5
C_2	3	1	1/3
C_3	5	3	1

表 10-13 判断矩阵 B_2-C

B2	C_1	C_2	C_3
C_1	1	2	7
C_2	1/2	1	5
C_3	1/7	1/5	1

表 10-14　判断矩阵 B_3-C

B_3	C_1	C_2	C_3
C_1	1	3	1/7
C_2	1/3	1	1/9
C_3	7	9	1

(2) 计算各判断矩阵的层次单排序及一致性检验指标。

① 判断矩阵 A-B 的特征向量、特征根与一致性检验。计算判断矩阵 A-B 各行元素的乘积 M_i，并求其 n 次方根，如 $M_1 = 1 \times \frac{1}{3} \times 2 = \frac{2}{3}$，$\overline{W_1} = \sqrt[3]{M_1} \approx 0.874$。类似地有 $\overline{W_2} \approx \sqrt[3]{M_2} = 2.466$，$\overline{W_3} \approx \sqrt[3]{M_3} = 0.464$。对向量 $\overline{W} = [\overline{W_1}, \overline{W_2}, \cdots, \overline{W_n}]^T$ 规范化，有

$$W_1 = \frac{\overline{W_1}}{\sum_{i=1}^{n} \overline{W_i}} = \frac{0.874}{0.874 + 2.466 + 0.464} \approx 0.230$$

类似地有

$$W_2 = 0.648, W_3 = 0.122$$

$$\boldsymbol{W} = [0.230, 0.648, 0.122]^T$$

$$\boldsymbol{AW} = \begin{bmatrix} 1 & 1/3 & 2 \\ 3 & 1 & 5 \\ 1/2 & 1/5 & 1 \end{bmatrix} [0.230, 0.648, 0.122]^T$$

$$AW_1 = 1 \times 0.230 + \frac{1}{3} \times 0.648 + 2 \times 0.122 = 0.69$$

类似的可以得到 $AW_2 = 1.948$，$AW_3 = 0.3666$。计算判断矩阵最大特征根：

$$\lambda_{\max} = \sum_{i=1}^{n} \frac{(AW)}{nW_i} = \frac{0.69}{3 \times 0.230} + \frac{1.948}{3 \times 0.648} + \frac{0.3666}{3 \times 0.122} \approx 3.004$$

一致性验证有：$CI = \frac{\lambda_{\max} - n}{n - 1} = \frac{3.004 - 3}{3 - 1} = 0.002$，查同阶平均随机一致性指标(见表 10-12)得 $RI = 0.58$，故 $CR = \frac{CI}{RI} = \frac{0.002}{0.58} \approx 0.003 < 0.1$。

② 判断矩阵 B_1-C 的特征根、特征向量与一致性检验。类似于第一步的计算过程，可得矩阵 B_1-C 的特征向量、特征根与一致性检验如下：

$$\boldsymbol{W} = [0.105, 0.258, 0.637]^T, \quad \lambda_{\max} = 3.039, \quad CR = 0.033 < 0.1$$

③ 判断矩阵 B_2-C 的特征根、特征向量与一致性检验。类似于第一步的计算过程，可得矩阵 B_2-C 的特征向量、特征根与一致性检验如下：

$$\boldsymbol{W} = [0.592, 0.333, 0.075]^T, \quad \lambda_{\max} = 3.014, \quad CR = 0.012 < 0.1$$

④ 判断矩阵 B_3-C 的特征向量、特征根与一致性检验。类似于第一步的计算过程，可得矩阵 B_3-C 的特征向量、特征根与一致性检验如下：

$$\boldsymbol{W} = [0.149, 0.066, 0.785]^T, \quad \lambda_{\max} = 3.08, \quad CR = 0.069 < 0.1$$

(3) 层次总排序。层次总排序如表 10-15 所示。

表 10-15　层次总排序

层次＼层次	B_1	B_2	B_3	层次 C 总排序权重
	0.230	0.648	0.122	
C_1	0.105	0.592	0.149	0.426
C_2	0.258	0.333	0.066	0.283
C_3	0.637	0.075	0.785	0.291

(4) 结论。由表 10-15 可以看出，3 种品牌设备的优劣顺序为 C_1、C_3、C_2，品牌 1 明显优于其他两种品牌设备。

10.3.6　关联矩阵法

1. 关联矩阵法概述

关联矩阵法(Relational Matrix Analysis，RMA)是常用的系统综合评论法，主要是用矩阵形式表示替代方案有关评价指标及其重要度与方案关于具体指标的价值评定量之间的关系。

关联矩阵法是因其整个程序如同一个矩阵排列而得名。关联矩阵法是对多目标系统方案从多个因素出发综合评定优劣程度的方法，是一种定量与定性相结合的评价方法，它用矩阵形式来表示各替代方案的有关评价指标，然后计算各方案评价值的加权和，再通过分析比较，确定评价值加权和最大的方案即为最优方案。

关联矩阵法的应用过程：根据不同类型人员，确定不同的指标模块(又称一级指标)，然后将指标模块分解获得二级指标(有些复杂的量表还包括三级指标)，建立起具有层次结构的评估体系。

关联矩阵法的基本出发点是建立评价及分析的层次结构，在权重的确定上，关联矩阵法要相对简单，操作性强。它是根据具体评价系统，采用矩阵形式确定系统评价指标体系及其相应的权重，再对评价系统的各个方案计算其综合评价值——各评价项目评价值的加权和。

2. 关联矩阵法的特点

关联矩阵法的特点如下：它使人们容易接受对复杂系统问题的评价思维过程数学化，通过将多目标问题分解为两个指标的重要度对比，使评价过程简化、清晰。

应用关联矩阵法的关键在于确定各评价指标的权重 W_i，以及由评价主体给定的评价指标的评价尺度，确定方案关于评价指标的价值评定量(V_{ij})。目前，确定权重和评价尺度还没有普遍适用的方法，较为常用的有逐对比较法和 A·古林法(KLEE 法)，前者较为简便，后者在对各评价项目间的重要性做出定量估计时显得更为有效。

关联矩阵法最大的特点是引进了权重概念，对各评估要素在总体评价中的作用进行了区别对待。

3. 关联矩阵法的分析步骤

1) 确定指标体系

评估指标体系是定量评估的基本要求，评估指标体系在结构上具有层次性，一般的评估量表由两至三个层次的指标构成。

(1) 指标模块，不同方案的评估量表的模块内容可以不一样，根据评估内容覆盖面的差异，指标模块也可以根据需要分成不同的模块。

(2) 一级指标，又称为指标项目。

(3) 二级指标，是由一级指标模块进一步细分而得来的。有些复杂的量表还包括三级指标。

2) 确定权重体系

在指标体系中，各个指标对于方案(评价主体)的重要程度是不同的，这种重要程度的差别需要通过在各指标中分配不同的权重来体现，一组评价指标相对应的权重组成了权重体系。

任何一组权重 $\{W_j,\ j=1,2,\cdots,m\}$ 体系必须满足以下两个条件。

(1) $0 < W_j \leqslant 1,\ j=1,2,\cdots,m$ 。

(2) $\displaystyle\sum_{j=1}^{m} W_j = 1$ 。

设某一级指标体系为 $\{\chi_j,\ j=1,2,\cdots,m\}$ ，对应权重体系为 $\{W_j,\ j=1,2,\cdots,m\}$ ，则有

(1) $0 < W_j \leqslant 1,\ j=1,2,\cdots,m$ 。

(2) $\displaystyle\sum_{j=1}^{m} W_j = 1$ 。

如果该评价的二级指标体系为 $\{\chi_{jk},\ j=1,2,\cdots,m;\ k=1,2,\cdots,h\}$ ，其对应的权重体系 $\{W_{jk},\ j=1,2,\cdots,m;\ k=1,2,\cdots,h\}$ 则有

(1) $0 < W_j \leqslant 1,\ j=1,2,\cdots,n$ 。

(2) $\displaystyle\sum_{j=1}^{m} W_j = 1$ ，且 $\displaystyle\sum_{k=1}^{h} W_{jk} = 1$ 。

(3) $\displaystyle\sum_{j=1}^{m}\sum_{k=1}^{h} W_j \times W_{jk}$ 。

对于更多级别指标可以以此类推。

3) 单项评价

对单项进行评价通常有以下两种方法。

(1) 专家评定法。由专家打分，去掉最低分和最高分，取算术平均值。

(2) 德尔菲函数法。利用专家的知识和长期积累的经验，减轻权威的影响。

4) 综合评估

在一级指标体系中，评估值为 V_{ij} ，其综合评价值为

$$V_i = \sum_{j=1}^{m} W_j V_{ij} \tag{10-12}$$

在二级指标体系中，评估者对被评估者做出的评估值为 V_{ijk}，其综合评价值为

$$V_i = \sum_{j=1}^{m} W_j B_j \left(\text{其中} B_j = \sum_{k=1}^{h} W_{jk} V_{ijk}\right) \tag{10-13}$$

例如，A_1，A_2，$\cdots$，A_n 是某评价对象的 n 个替代方案；X_1，X_2，$\cdots$，X_m 是评价替代方案的 m 个评价指标或评价项目；W_1，W_2，$\cdots$，W_m 是 m 个评价指标的权重；V_{i1}，V_{i2}，$\cdots$，V_{im} 是第 i 个替代方案 $A_i (i=1,2,\cdots,n)$ 关于 χ 指标 $(j=1,2,\cdots,m)$ 的价值评定量，则相应的关联矩阵表如表 10-16 所示。

表 10-16　关联矩阵表

替代方案	$X_1 X_2 \cdots X_j \cdots X_m$ $W_1 W_2 \cdots W_j \cdots W_m$	V_i（加权和）
A_1	$V_{11} V_{12} \cdots V_{1j} \cdots V_{1m}$	$V_1 = W_1 V_{11} + W_2 V_{12} + \cdots + W_m V_{1m}$
A_2	$V_{21} V_{22} \cdots V_{2j} \cdots V_{2m}$	$V_2 = W_1 V_{21} + W_2 V_{22} + \cdots + W_m V_{2m}$
$\cdots$	$\cdots$	$\cdots$
A_n	$V_{n1} V_{n2} \cdots V_{nj} \cdots V_{nm}$	$V_n = W_1 V_{n1} + W_2 V_{n2} + \cdots + W_m V_{nm}$

4. 关联矩阵法的应用

关联矩阵法应用于多目标系统。它用矩阵形式来表示各替代方案有关评价项目的平均值，然后计算各方案评价值的加权和，再通过分析比较，综合评价值——评价值加权和最大的方案即为最优方案。应用关联矩阵法的关键在于确定各评价指标的相对重要度，即权重，以及由评价主体给定的评价指标的评价尺度。下面结合配送系统中管理信息系统的方案选择来探讨关联矩阵模型的应用与求解过程。

1）逐对比较法

逐对比较法的基本做法如下：对各替代方案的评价指标进行逐对比较，对相对重要的指标给予较高的得分，据此可得到各评价项目的权重 W_j；再根据评价主体综合的评价尺度，对各替代方案在不同的评价指标下一一进行评价，得到相应的评价值，进而求加权和得到综合评价值。

【例 10-2】综合评价为某物流配送中心选择开发管理信息系统所制订的以下 3 种措施。

(1) A_1：自行开发管理信息系统。

(2) A_2：从专业软件商处直接引进新的管理信息系统。

(3) A_3：在原有管理信息系统的基础上开发新的管理信息系统。

根据软件专家与物流专家的讨论结果，确定其评价指标有 5 项：系统可靠性、系统的功能完备性、系统的可维护性、系统的人机友好性和投资费用。对以上 3 种措施，专家预测与评估其效果的结论见表 10-17。

表 10-17　各替代方案的效果评价

评价指标 替代方案	系统可靠性	功能完备性	可维护性	人机友好性	投资费用 (百万元)
A_1	5	6	5	好	1.5
A_2	8	10	10	一般	10
A_3	3	4	2	好	3

解:

(1) 用逐对比较法求出各评价指标的权重,结果见表 10-18。例如,表 10-18 中的系统可靠性与功能完备性相比,前者更为重要,得 1 分,后者得 0 分,以此类推。最后根据各评价项目的累计得分计算权重,见表 10-18 最后一列。

表 10-18　逐对比较法举例

评价 指标	判　　定										得分	权值
	1	2	3	4	5	6	7	8	9	10		
系统 可靠性	1	1	1	1							4	0.4
功能 完备性	0				1	1	1				3	0.3
可维 护性		0			0			1	0		1	0.1
人机 友好性			0			0		0			0	0.0
投资 费用 /百万元				0			0		1	1	2	0.2
合计	1	1	1	1	1	1	1	1	1	1	10	1.0

(2) 由评价主体(一般为专家群体)确定评价尺度,见表 10-19,以便方案在不同指标下的实施结果能统一度量,便于求加权和。

表 10-19　评价尺度举例

得　分 评价指标	5	4	3	2	1
系统可靠性	8 以上	6~7	4~5	2~3	1 以下
功能完备性	8 以上	6~7	4~5	2~3	1 以下
可维护性	8 以上	6~7	4~5	2~3	1 以下
人机友好性	很好	好	一般	差	很差
投资费用/百万元	0~2	2.1~4	4.1~6	6.1~8	8.1 以上

(3) 根据表 10-19 及表 10-17 得到各方案各自评价指标的得分,如 A_1 的系统可靠性评价值是 5,而此值在表 10-19 中的得值区间为 4~5,所以其得分为 3,其他值均类似。结合表 10-18,对各替代方案的综合评价如下。

方案 A_1:
$$V_1 = 0.4 \times 3 + 0.3 \times 4 + 0.1 \times 3 + 0.2 \times 3 = 3.3$$

方案 A_2:
$$V_2 = 0.4 \times 5 + 0.3 \times 5 + 0.1 \times 5 + 0.2 \times 1 = 4.2$$

方案 A_3:
$$V_3 = 0.4 \times 2 + 0.3 \times 3 + 0.1 \times 2 + 0.2 \times 4 = 2.7$$

以上计算可用关联矩阵来表示,见表 10-20。

表 10-20 关联矩阵举例

替代方案	系统可靠性	功能完备性	可维护性	人机友好性	投资费用	V_i
	0.4	0.3	0.1	0.0	0.2	
A_1	3	4	3	4	3	3.3
A_2	5	5	5	3	1	4.2
A_3	2	3	2	4	4	2.7

由表 10-20 可知,$V_2 > V_1 > V_3$,故选择 A_2 方案,即从专业软件商处直接引进新的管理信息系统。

2) Klee 法

在对各评价项目间的重要性作出定量估计时,A.I.Klee 法比逐对比较法更为完善,是确定指标权重和方案价值评定量的基本方法。下面基于上述例子来介绍 Klee 法的计算步骤。

(1) 决定评价指标的权重。

① 把评价指标以任意顺序排列起来。

② 从下至上对相邻的评价指标进行评价,并用数值表示其重要程度,然后填入表 10-21 中的 R_j 列。

表 10-21 评价指标的权重

评价指标	R_j	K_j	W_j
系统可靠性	3	18	0.580
功能完备性	3	6	0.194
可维护性	0.5	2	0.065
投资费用	4	4	0.129
人机友好性	—	1	0.032
合计		31	1.00

③ 把 K_j 列最下面一个值设为 1,接着进行基准化,即按从下而上的顺序乘以 R_j 的值,从而求出各个 K_j 值。

④ 把 K_j 归一化(使列合计值为 1),即为权重 W_j。

本例的权重计算值见表 10-21。

(2) 用各个评价指标对替代方案进行评价。

① 把评价方案以任意顺序排列起来。

② 计算方案 A_i 在指标 χ_j 下的重要度 R_{ij}。方法是将替代方案的预计结果以比例计算出来，如表 10-22 中的 $R_{11} = \dfrac{X_{11}}{X_{21}} = \dfrac{5}{8} = 0.625$。

表 10-22　对替代方案按指标类别的评价

评价指标	方　案	R_{ij}	K_{ij}	V_{ij}
系统可靠性	A_1	0.625	1.667	0.313
	A_2	2.667	2.667	0.5
	A_3	—	1.00	0.187
	合计		5.334	1.00
功能完备性	A_1	0.6	1.5	0.3
	A_2	2.50	2.5	0.50
	A_3	—	1.00	0.20
	合计		5.00	1.00
可维护性	A_1	0.5	2.50	0.295
	A_2	5	5.00	0.588
	A_3	—	1.00	0.118
	合计		8.50	1.00
人机友好性	A_1	1.333	1.000	0.364
	A_2	0.750	0.750	0.272
	A_3	—	1.00	0.364
	合计		2.750	1.00
投资费用	A_1	2.222	0.666	0.339
	A_2	0.3	0.300 0	0.153
	A_3	—	1.00	0.508
	合计		1.966	1.00

③ 把 K_{ij} 列中对应每个指标的最下面一个值设为 1，接着进行基准化，即按从下而上的顺序乘以 R_{ij} 的值，从而求出各个 K_{ij} 值。

④ 把 K_{ij} 归一化(使列合计值为 1)，即为权重 W_{ij}。

替代方案综合得分见表 10-23。

表 10-23　替代方案综合得分

替代方案	系统可靠性	功能完备性	可维护性	人机友好性	投资费用	V_i
	0.580	0.194	0.065	0.032	0.129	
A_1	0.313	0.3	0.295	0.364	0.339	0.419 126
A_2	0.5	0.5	0.588	0.272	0.153	0.456 066
A_3	0.187	0.2	0.118	0.364	0.508	0.336 142

本 章 小 结

本章主要介绍物流配送中心系统规划方案评价概述、评价指标体系及评价方法等基本内容。

物流配送中心系统规划方案评价概述部分主要对系统方案评价的目的、原则、标准和物流配送中心系统规划方案综合评价工作流程进行了描述。对物流配送中心系统规划方案进行综合评价，是为了从总体上寻求物流配送中心系统的薄弱环节，明确物流配送中心系统的改善方向，并且采用科学的方法进行客观、公正的评价。评价是由人来进行的，评价方案及指标的选择也由人来完成，因此系统评价需要一定的合理性原则和标准进行有效指导，并将技术性能指标、经济指标、环境影响指标放在一起综合考虑，并规定其工作流程。

物流配送中心系统规划方案评价的指标体系是根据物流配送中心的活动划分并设定的，分为进出货、储存、盘点、订单处理、拣货、配送、采购作业及非作业面8个方面的评价指标，提出其生产率指标、计算方法和用途。

经过周详的物流配送中心系统规划程序后，会产生几个可行的规划方案，规划设计者应本着对各方案特性的了解，提供完整客观的方案评估报告，用以辅助决策者进行方案的选择。因此，方案评价方法和客观性对规划结果的影响极为深远。本章介绍了6种评价方法，分别是优缺点列举法、因素分析法、点评估法、成本比较法、层次分析法、关联矩阵法。通过对一般常见的方案评价方法进行探讨，说明系统方案评价参考模式，以有效提升方案评价品质。本章重点介绍层次分析法和关联矩阵法。

层次分析法特别适用于那些难以完全用定量进行分析的复杂问题，如生产者对消费者和竞争对手要做出最佳经营决策，消费者对众多的商品要做出最佳购买决策，研究单位要合理地选择科研课题。当要考虑最佳决策时，很容易看到，影响做出决策的因素很多：一些因素存在定量指标，可以度量；但更多的因素不存在定量指标，只有定性关系。要解决的就是如何将定性关系转化为定量关系，从而做出最佳决策。层次分析法就是将半定性、半定量问题转化为定量计算的行之有效的方法。它可以使人们的思维过程层次化，逐层比较多种关联因素，为分析、决策、预测或控制事物的发展提供定量的依据。

关联矩阵法是常用的系统综合评论法，主要是用矩阵形式表示替代方案有关评价指标及其重要度与方案关于具体指标的价值评定量之间的关系。应用关联矩阵法的关键在于确定评价指标的相对重要度及根据评价主体给定的评价指标的评价尺度，确定方案关于评价指标的价值评定量。关联矩阵法的基本出发点是建立评价及分析的层次结构，在权重的确定上，关联矩阵法要相对简单，操作性强。它是根据具体评价系统，采用矩阵形式确定系统评价指标体系及其相应的权重，再对评价系统的各个方案计算其综合评价值——各评价项目评价值的加权和。

 关键术语

评价指标体系(Index Systems)

层次分析法(Analytic Hierarchy Process)

关联矩阵法(Releational Matrix Analysis)

习 题

1. 选择题

(1) 对物流配送中心系统的评价应坚持的原则包括(　　)。
    A. 方案的可比性　　　　　　　　　B. 指标的系统性
    C. 指标的科学性　　　　　　　　　D. 评价的主观性

(2) 物流配送中心系统规划方案综合评价工作流程包括(　　)。
    A. 明确评价前提　　　　　　　　　B. 设计评价指标体系
    C. 量化各项评价指标　　　　　　　D. 备选方案综合评价

(3) 储存作业指标包括(　　)。
    A. 储区面积率　　　　　　　　　　B. 库存周转率
    C. 单位面积保管量　　　　　　　　D. 物流配送中心面积收益

(4) 成本比较法的评价参数可以包括(　　)。
    A. 年度成本　　　　　　　　　　　B. 净现值
    C. 投资报酬率　　　　　　　　　　D. 投资回收期

(5) 关联矩阵法的分析步骤包括(　　)。
    A. 确定指标体系　　　　　　　　　B. 确定权重体系
    C. 单项评价　　　　　　　　　　　D. 综合评价

2. 简答题

(1) 物流配送中心系统规划方案评价指标体系包括哪些方面的指标?

(2) 物流配送中心系统规划方案评价方法主要包括哪些?

(3) 简述层次分析法的基本步骤。

3. 判断题

(1) 物流配送中心系统规划方案绩效评价的主要目标是从系统所涉及的工程技术、经济因素、环境及社会等因素出发的。　　　　　　　　　　　　　　　　　　　(　　)

(2) 对物流配送中心系统进行综合评价,是为了从总体上寻求物流配送中心系统的薄弱环节,明确物流配送中心系统的改善方向。　　　　　　　　　　　　　　(　　)

(3) 在确定评价指标的量值时,可采用直接定量、模糊定量或等级定量等方法,视具体指标的特点分别加以应用。　　　　　　　　　　　　　　　　　　　　(　　)

(4) 系统评价是一项复杂的工作,必须借助现代科学和技术发展的成果,采用科学的方法进行客观、公正的评价。　　　　　　　　　　　　　　　　　　　　(　　)

(5) 物流系统运营过程中,一个典型的特点是存在“效益背反”现象,即系统的不同主体和不同活动之间可能在目标、运作上存在着冲突。　　　　　　　　　　(　　)

(6) 综合评价指标体系通常是单层次结构的。　　　　　　　　　　　　(　　)

(7) 成本比较法是定性的评价方法。 （　　）

(8) 层次分析法适用于单目标系统的评价。 （　　）

4. 计算题

某物流配送中心需要采购一台储存设备，在采购该储存设备时需要从价格、设备的可靠性、设备的可维护性和能耗 4 个角度进行评价，考虑应用层次分析法对 3 种不同品牌的储存设备进行综合分析评价和排序，从中选出能实现总目标的最优储存设备。以 A 表示系统的总目标，准则层中 B_1 表示价格，B_2 表示可靠性，B_3 表示可维护性，B_4 表示能耗。C_1、C_2、C_3 表示备选的 3 种品牌的储存设备。

5. 思考题

成都市物流配送体系规划方案的评价技术路线如图 10-4 所示。由于物流配送体系的方案评价存在不确定性和模糊性，很难定量分析，同时物流配送系统评价指标体系具备多层次性。请思考可以用哪些评价方法进行评价。

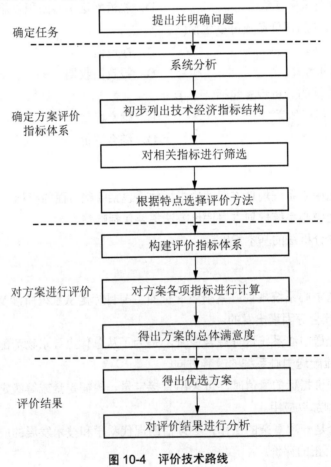

图 10-4　评价技术路线

实际操作训练

课题：物流配送中心系统规划方案评价方法的应用与比较

实训项目：物流配送中心系统规划方案评价方法的应用与比较。

实训目的：掌握物流配送中心系统规划方案评价方法的实际应用，对于多因素的综合评价方法能利用相应工具进行求解计算，并能对应用不同评价方法得到的较优规划方案做出评价，分析不同方法应用的特点和场合。

实训内容：选择不同的物流配送中心系统规划方案评价方法，完成最优规划方案的选择，并分析不同方法选择出的规划方案的差别，比较不同方法应用的特点和场合。

实训要求：首先，将学生进行分组，每5人一组；各组成员查阅相关材料，选择一个综合多种因素的物流配送中心系统规划方案评价的案例，同时案例中要有每个规划方案对应指标的相关数据；选择不同的评价方法(其中至少要用层次分析法和关联矩阵法，考虑实际情况可以再利用其他方法)，完成最优规划方案的选择(在用多因素综合评价方法时，可利用相应工具完成求解)；最后分析不同方法选择出的规划方案的差别，比较不同方法应用的特点和场合。每个小组将上述分析、设计和对比的内容形成一个完整的报告。

案例分析

南京市最大农副产品物流配送中心接受环评

南京市最大的农副产品物流配送中心——南京农副产品物流配送中心即将开建，一期工程环境影响报告书已经完成，正在接受批前公示。

该物流配送中心位于江宁区东山街道上坊高桥门地区，项目建成后主要从事蔬菜、水果、水产、肉类等农副产品的仓储物流。项目计划占地 $2\,000\,000\text{m}^2$，其中一期工程占地 $625\,000\text{m}^2$，投资约7亿元，用于环保的投资为131万元。

由于物流配送中心鲜肉类、海鲜类水产品会产生异味，环评建议，参照同类型肉类、水产交易中心管理经验，设置200m的防护距离，并在肉类、水产交易中心周边种植绿化缓冲带，以减轻对周围人群的影响。根据规划，肉类交易中心、水产品交易中心与周围住户距离均在200m以上，符合防护距离要求。但考虑到不利风向等条件下可能对周围住户产生影响，建议项目实施单位在进行建设时，最好将肉类交易中心、水产品交易中心布置在远离住户的位置，以最大程度减少对周围住户的影响。

资料来源：解悦. 南京日报，2006.

问题：

(1) 物流配送中心建设项目的评价包括哪些内容？

(2) 物流配送中心环评应该包括哪些内容？具体的操作流程包括哪些？

(3) 南京农副产品物流配送中心的环评建议是什么？该物流配送中心经营主体可以采取哪些措施进行改进？

参 考 文 献

[1] 冯耕中，李毅学，华国伟. 物流配送中心规划与设计[M]. 2版. 西安：西安交通大学出版社，2011.

[2] 贾争现，刘利军. 物流配送中心规划与管理[M]. 北京：机械工业出版社，2011.

[3] 张芮. 配送中心规划设计[M]. 北京：中国物资出版社，2011.

[4] 周凌云，赵钢. 物流中心规划与设计[M]. 北京：清华大学出版社，北京交通大学出版社，2010.

[5] 张芮. 配送中心运营管理[M]. 北京：中国物资出版社，2011.

[6] 王转，程国全. 配送中心系统规划[M]. 北京：中国物资出版社，2003.

[7] 汝宜红，田源，徐杰. 配送中心规划(修订本)[M]. 北京：清华大学出版社，北京交通大学出版社，2007.

[8] 孔继利. EIQ 分析法的实验教学模式研究[J]. 物流技术，2010(11)：153-157.

[9] 张芮. 物流中心规划设计[M]. 杭州：浙江工商大学出版社，2011.

[10] 赵小柠. 物流中心规划与设计[M]. 成都：西南交通大学出版社，2011.

[11] 孔继利. 企业物流管理[M]. 北京：北京大学出版社，2012.

[12] 蒋长兵，吴承健，彭建良. 运输与配送管理实验与案例[M]. 北京：中国物资出版社，2011.

[13] 孔继利，顾苧，孙欣，等. 系统聚类和重心法在多节点配送中心选址中的研究[J]. 物流技术，2010，29(5)：83-85.

[14] 蒋长兵，吴承健，彭建良. 运输与配送管理理论与实务[M]. 北京：中国物资出版社，2011.

[15] 刘北林，付玮琼. 物流配送管理[M]. 北京：化学工业出版社，2009.

[16] 殷延海. 配送中心规划与管理[M]. 北京：高等教育出版社，2008.

[17] 孔继利. 仓储系统设计的实验教学模式研究[J]. 物流技术，2011，30(3):146-149.

[18] 陈虎. 物流配送中心运作管理[M]. 北京：北京大学出版社，2011.

[19] 徐正林，刘昌祺. 自动化立体仓库实用设计手册[M]. 北京：中国物资出版社，2009.

[20] 刘彦平. 仓储和配送管理[M]. 北京：中国物资出版社，2007.

[21] 高本河，缪立新，郑力. 仓储与配送管理基础[M]. 深圳：海天出版社，2004.

[22] 冷志杰. 配送管理[M]. 重庆：重庆大学出版社，2009.

[23] 王国文. 仓储规划与运作[M]. 北京：中国物资出版社，2009.

[24] 汝宜红，宋伯慧. 配送管理[M]. 2版. 北京：机械工业出版社，2010.

[25] 甘卫华，尹春建，曹文琴. 现代物流管理[M]. 2版. 北京：电子工业出版社，2010.

[26] 李孟涛，徐健. 物流常用数学工具实验教程——基于 Excel 的建模求解[M]. 北京：中国人民大学出版社，2011.

[27] 王成林. 物流实训[M]. 北京：中国物资出版社，2010.

[28] 中国物流与采购联合会. 中国物流与采购信息化优秀案例集[M]. 北京：中国物资出版社，2009.

[29] 《物流技术与应用》编辑部. 中外物流运作案例集[M]. 北京：中国物资出版社，2006.

[30] 吴清一. 现代物流概论[M]. 2版. 北京：中国物资出版社，2005.

[31] 崔介何. 物流学概论[M]. 4版. 北京：北京大学出版社，2010.

[32] 程国全，王转，张庆华. 物流技术与装备[M]. 北京：高等教育出版社，2008.

[33] 朱耀祥，朱立强. 设施规划与物流[M]. 北京：机械工业出版社，2007.

[34] 杨华龙. 物流实务全解图解操作版[M]. 大连：东北财经大学出版社，2009.

[35] 蒋长兵，吴承健，彭扬. 运输与配送管理建模与仿真[M]. 北京：中国物资出版社，2011.

[36] 陈子侠. 基于 GIS 物流配送路线优化与仿真[M]. 北京：经济科学出版社，2007.

[37] 姚城. 物流配送中心规划与运作管理[M]. 广州：广东经济出版社，2011.

[38] 王文茜，王利，郑玲. 乳制品物流配送中心选址研究——以辽宁省锦州市为例[J]. 安徽农业科学，2012，40(27)：13625-13627.

[39] 中国物资储运总公司《物流中心模式研究》项目组. 物流中心模式研究[J]. 中国储运，2002 (4):13-19.

[40] 徐海东，魏曦初. 物流中心规划与运作管理[M]. 大连：大连理工大学出版社，2010.

[41] 王欣兰. 物流成本管理[M]. 北京：清华大学出版社，2010.

[42] 王淑娟，吴蔚，万立军. 物流客户关系管理与服务[M]. 北京：清华大学出版社，2011.

[43] 王国华. 中国现代物流大全[M]. 北京：中国铁道出版社，2004.

高等院校物流专业创新规划教材

序号	书名	书号	编著者	定价	序号	书名	书号	编著者	定价
1	物流工程	7-301-15045-0	林丽华	30.00	41	物流系统优化建模与求解	7-301-22115-0	李向文	32.00
2	物流管理信息系统	7-301-16564-5	杜彦华	33.00	42	物流管理	7-301-22161-7	张伦举	49.00
3	现代物流学	7-301-16662-8	吴 健	42.00	43	运输组织学	7-301-22744-2	王小霞	30.00
4	物流英语	7-301-16807-3	阚功俭	28.00	44	物流金融	7-301-22699-5	李蔚田	39.00
5	采购管理与库存控制	7-301-16921-6	张 浩	30.00	45	物流系统集成技术	7-301-22800-5	杜彦华	40.00
6	物料学	7-301-17476-0	肖生苓	44.00	46	商品学	7-301-23067-1	王海刚	30.00
7	物流项目招投标管理	7-301-17615-3	孟祥茹	30.00	47	项目采购管理	7-301-23100-5	杨 丽	38.00
8	物流运筹学实用教程	7-301-17610-8	赵丽君	33.00	48	电子商务与现代物流	7-301-23356-6	吴 健	48.00
9	现代物流基础	7-301-17611-5	王 侃	37.00	49	国际海上运输	7-301-23486-0	张良卫	45.00
10	现代物流管理学	7-301-17672-6	丁小龙	42.00	50	物流配送中心规划与设计	7-301-23847-9	孔继利	49.00
11	供应链库存管理与控制	7-301-17929-1	王道平	28.00	51	运输组织学	7-301-23885-1	孟祥茹	48.00
12	物流信息系统	7-301-18500-1	修桂华	32.00	52	物流案例分析	7-301-24757-0	吴 群	29.00
13	城市物流	7-301-18523-0	张 潜	24.00	53	现代物流管理	7-301-24627-6	王道平	36.00
14	营销物流管理	7-301-18658-9	李学工	45.00	54	配送管理	7-301-24848-5	傅莉萍	48.00
15	物流信息技术概论	7-301-18670-1	张 磊	28.00	55	物流管理信息系统	7-301-24940-6	傅莉萍	40.00
16	物流配送中心运作管理	7-301-18671-8	陈 虎	40.00	56	采购管理	7-301-25207-9	傅莉萍	46.00
17	物流工程与管理	7-301-18960-3	高举红	39.00	57	现代物流管理概论	7-301-25364-9	赵跃华	43.00
18	商品检验与质量认证	7-301-10563-4	陈红丽	32.00	58	物联网基础与应用	7-301-25395-3	杨 扬	36.00
19	供应链管理	7-301-19734-9	刘永胜	49.00	59	仓储管理	7-301-25760-9	赵小柠	40.00
20	逆向物流	7-301-19809-4	甘卫华	33.00	60	采购供应管理	7-301-26924-4	沈小静	35.00
21	集装箱运输实务	7-301-16644-4	孙家庆	34.00	61	供应链管理	7-301-27144-5	陈建岭	45.00
22	供应链设计理论与方法	7-301-20018-6	王道平	32.00	62	物流质量管理	7-301-27068-4	钮建伟	42.00
23	物流管理概论	7-301-20095-7	李传荣	44.00	63	物流成本管理	7-301-28606-7	张 远	36.00
24	供应链管理	7-301-20094-0	高举红	38.00	64	供应链管理(第2版)	7-301-27313-5	曹翠珍	49.00
25	企业物流管理	7-301-20818-2	孔继利	45.00	65	现代物流信息技术(第2版)	7-301-23848-6	王道平	35.00
26	物流项目管理	7-301-20851-9	王道平	30.00	66	物流信息管理(第2版)	7-301-25632-9	王汉新	49.00
27	供应链管理	7-301-20901-1	王道平	35.00	67	物流项目管理(第2版)	7-301-26219-1	周晓晔	40.00
28	物流学概论	7-301-21098-7	李 创	44.00	68	物流运作管理(第2版)	7-301-26271-9	董千里	38.00
29	航空物流管理	7-301-21118-2	刘元洪	32.00	69	物流技术装备(第2版)	7-301-27423-1	于 英	49.00
30	物流管理实验教程	7-301-21094-9	李晓龙	25.00	70	物流运筹学(第2版)	7-301-28110-9	郝 海	45.00
31	物流系统仿真案例	7-301-21072-7	赵 宁	25.00	71	交通运输工程学(第2版)	7-301-28602-9	于 英	48.00
32	物流与供应链金融	7-301-21135-9	李向文	30.00	72	第三方物流(第2版)	7-301-28811-5	张旭辉	38.00
33	物流信息系统	7-301-20989-9	王道平	28.00	73	国际物流管理(第2版)	7-301-28927-3	柴庆春	49.00
34	现代企业物流管理实用教程	7-301-17612-2	乔志强	40.00	74	现代仓储管理与实务(第2版)	7-301-28709-5	周兴建	48.00
35	出入境商品质量检验与管理	7-301-28653-1	陈 静	32.00	75	物流配送路径优化与物流跟踪实训	7-301-28763-7	周晓光	42.00
36	物流项目管理	7-301-21676-7	张旭辉	38.00	76	智能快递柜管理系统实训	7-301-28815-3	杨萌柯	39.00
37	智能物流	7-301-22036-8	李蔚田	45.00	77	物流信息技术实训	7-301-28807-8	周晓光	38.00
38	物流决策技术	7-301-21965-2	王道平	38.00	78	电子商务网站实训	7-301-28831-3	邢 颖	45.00
39	新物流概论	7-301-22114-3	李向文	34.00	79	电子商务与快递物流	7-301-28980-8	杨萌柯	49.00
40	库存管理	7-301-22389-5	张旭凤	25.00					

　　如您需要浏览更多专业教材，请扫下面的二维码，关注北京大学出版社第六事业部官方微信(微信号：pup6book)，随时查询专业教材、浏览教材目录、内容简介等信息，并可在线申请纸质样书用于教学。

　　感谢您使用我们的教材，欢迎您随时与我们联系，我们将及时做好全方位的服务。联系方式：010-62750667，63940984@qq.com，pup_6@163.com，lihu80@163.com，欢迎来电来信。客户服务QQ号：1292552107，欢迎随时咨询。